现代数学基础丛书·典藏版 103

线性微分方程的非线性扰动

（第二版）

徐登洲 马如云 著

科学出版社

北京

内 容 简 介

本书灵活地运用多种非线性分析工具，系统地论述了一些重要的常微分方程和偏微分方程边值问题解的存在性和唯一性.主要内容有非共振问题、共振问题、强共振问题、特征线问题及其扰动、非线性常微分方程边值问题正解、结点解的存在性和解集分支的全局结构.本书在第一版的基础上，新增了正算子及分歧，非线性常微分方程边值问题的正解，分歧理论在非线性常微分方程边值问题中的应用等内容.

本书适合高校数学及相关专业师生和科研人员阅读.

图书在版编目(CIP)数据

线性微分方程的非线性扰动/徐登洲，马如云著.—2版.—北京：科学出版社，2008

(现代数学基础丛书・典藏版；103)

ISBN 978-7-03-020531-5

Ⅰ.线… Ⅱ.①徐…②马… Ⅲ.线性方程：微分方程 Ⅳ.0175

中国版本图书馆CIP数据核字(2008)第027194号

责任编辑：林 鹏 张 扬／责任校对：钟 洋
责任印制：徐晓晨／封面设计：陈 敬

科学出版社出版
北京东黄城根北街16号
邮政编码：100717
http://www.sciencep.com
北京凌奇印刷有限责任公司印刷
科学出版社发行 各地新华书店经销
*
2008年3月第 二 版 开本：B5(720×1000)
2015年7月 印 刷 印张：18 3/4
字数：348 000
POD定价： 108.00元

(如有印装质量问题，我社负责调换)

《现代数学基础丛书》序

对于数学研究与培养青年数学人才而言，书籍与期刊起着特殊重要的作用．许多成就卓越的数学家在青年时代都曾钻研或参考过一些优秀书籍，从中汲取营养，获得教益．

20世纪70年代后期，我国的数学研究与数学书刊的出版由于文化大革命的浩劫已经被破坏与中断了十余年，而在这期间国际上数学研究却在迅猛地发展着．1978年以后，我国青年学子重新获得了学习、钻研与深造的机会．当时他们的参考书籍大多还是50年代甚至更早期的著述．据此，科学出版社陆续推出了多套数学丛书，其中《纯粹数学与应用数学专著》丛书与《现代数学基础丛书》更为突出，前者出版约40卷，后者则逾80卷．它们质量甚高，影响颇大，对我国数学研究、交流与人才培养发挥了显著效用．

《现代数学基础丛书》的宗旨是面向大学数学专业的高年级学生、研究生以及青年学者，针对一些重要的数学领域与研究方向，作较系统的介绍．既注意该领域的基础知识，又反映其新发展，力求深入浅出，简明扼要，注重创新．

近年来，数学在各门科学、高新技术、经济、管理等方面取得了更加广泛与深入的应用，还形成了一些交叉学科．我们希望这套丛书的内容由基础数学拓展到应用数学、计算数学以及数学交叉学科的各个领域．

这套丛书得到了许多数学家长期的大力支持，编辑人员也为其付出了艰辛的劳动．它获得了广大读者的喜爱．我们诚挚地希望大家更加关心与支持它的发展，使它越办越好，为我国数学研究与教育水平的进一步提高作出贡献．

杨　乐

2003年8月

第二版前言

本书自 1994 年 2 月出版以来，曾于 1998 年 10 月第二次印刷．现根据读者意见和非线性微分方程研究领域的一些发展动态，结合作者自己近十余年的研究成果，对第一版作了以下修订：

1．第 1 章增加了正算子及分歧方面的基本理论介绍．

2．新增了“非线性常微分方程边值问题的正解”及“分歧理论在非线性常微分方程边值问题中的应用”这两方面的内容，分别列为第 6 章和第 7 章．

3．更正了第一版中许多疏忽和印刷错误．

我们衷心感谢广大读者对本书的关心，并欢迎继续提出宝贵意见．

马如云

2007 年 10 月

第一版前言

非线性微分方程有着极为丰富的源泉，研究它的最基本方法是线性方程的非线性扰动．本书将讨论几种常见而重要的常微分方程和偏微分方程的可解性及多解的存在性问题，我们未拘泥于某一种非线性分析方法，而采用灵活多样的分析工具，如单调算子理论、不动点定理、解集连通理论、拓扑延拓定理及变分理论等．本书坚持先有方程，后找分析工具研究方程的思想．全书是依据扰动项的特征进行分类的．

本书第 1 章是以后诸章的基础，该章简介线性微分方程的基础知识及一系列最必要的分析工具，这样安排是为了便于读者．因而对于已经熟悉了这部分内容的读者，完全可以直接读后几章．有的读者即使不完全熟悉这部分内容，但若有较好的数学基础，也可先从后面几章读起，遇到有关概念和定理时再翻阅这一章．

第 2 章论述线性方程的不跨特征值扰动．我们使用多种不同的分析方法，逐步实现扰动项由渐近一致向渐近非一致的过渡．

第 3 章在单调性假设、Landesman-Lazer 条件及符号条件下讨论线性方程的跨特征值扰动问题的一些结果．

第 4 章是强共振问题和带周期函数扰动项的共振问题之专题讨论．

第 5 章介绍广义谱理论及另外一种与梁方程有关的四阶两参数特征值问题．该章的中心问题是广义特征值问题的非线性扰动的可解性．

每章之末以附注形式介绍有意义的工作和进展，书后的参考文献是按章编排的．

本书虽有系统整理日益膨胀的文献资料的目的，但无囊括一切成果的奢望．在内容选取上我们固然要介绍若干重要的结果，但却又偏重于近二十多年来的进展．由于这些材料至今仍分散在国内外的文献之中，所以编写过程中没有现成的书可借鉴，加之水平所限，成书仓促，疏漏和错误在所难免，真诚地欢迎读者批评指正．

陈文嫄教授和范先令教授阅读了本书初稿，提出了许多宝贵修改意见．作者在此对他们表示深切的感谢．

本书的工作获甘肃省自然科学基金资助．

作　者

1993 年 7 月

目　　录

第1章 半线性微分方程的现代方法简介

在线性微分方程理论中,一个方程的解往往可以借助多种不同的方法得到.本书讨论带有非线性扰动的线性微分方程的解的存在性.对于一个具体的方程,也常常试图利用多种不同的方法进行研究,所以首先对半线性微分方程的现代方法作简单介绍.1.1节介绍本书所论及的几类重要的微分方程及Fredholm抉择在线性微分方程中的应用;1.2节简介Sobolev空间.Sobolev空间是非线性分析应用到微分方程问题中去的桥梁.这部分内容已有许多著作可供阅读.为了方便查阅,仅给出了定义和几个嵌入定理;在1.3~1.10节中,分别罗列单调算子理论、不动点理论(如扭转映射的不动点定理、Schauder不动点定理等)、拓扑度理论(如Leray-Schauder原理、Mawhin延拓定理等)、临界点理论、集连通理论、正算子理论及分歧理论等方面的主要结果.这里仅挑选出以后诸章最必要的材料,而略去证明.对于已经熟悉了这些材料的读者,可越过这几节;对于想了解证明过程的读者,可根据出处参阅有关著作.

1.1 线性微分方程

线性微分方程的理论是非线性微分方程理论的基础.线性微分方程种类繁多,下面简介本书所论及的几类重要的线性微分方程.

1.1.1 线性特征值问题

(I) 弹簧振子的运动是通过二阶线性常微分方程

$$\ddot{x}(t)+\lambda x(t)=0 \tag{1.1.1}$$

来描写的,其中,$\ddot{x}=\dfrac{d^2x}{dt^2}$.

(a) 考虑带周期边值条件的线性特征值问题

$$\begin{cases}-\ddot{x}-\lambda x=0,\\ x(0)-x(2\pi)=\dot{x}(0)-\dot{x}(2\pi)=0,\end{cases} \tag{1.1.2}$$

其中,$\ddot{x}=\dfrac{d^2x}{dt^2}$.

定义线性算子 $L_1: D(L_1)\subset L^2(0,2\pi)\to L^2(0,2\pi)$,

$$L_1u(t)=-\ddot{u}(t),\qquad \forall\, u\in D(L_1),$$

其中，

$$D(L_1)=\left\{u\in L^2(0,2\pi)\,\middle|\,\begin{array}{l}u,\dot{u}\text{ 在}[0,2\pi]\text{上绝对连续},\ddot{u}\in L^2(0,2\pi),\\ u(0)-u(2\pi)=\dot{u}(0)-\dot{u}(2\pi)=0\end{array}\right\},$$

则 L_1 为自伴算子，且 L_1 的特征值为 $r_N=N^2(N=0,1,2,\cdots)$. $r_N=N^2$ 所对应的特征子空间为 span$\{\sin Nx,\cos Nx\}$.

(b) 考虑带两点边值条件(即 Dirichlet 边值条件)的线性特征值问题

$$\begin{cases}-\ddot{x}-\lambda x=0,\\ x(0)=x(\pi)=0.\end{cases}\tag{1.1.3}$$

定义线性算子 $L_2:D(L_2)\subset L^2(0,\pi)\to L^2(0,\pi)$,

$$L_2u(t)=-\ddot{u}(t),\qquad \forall u\in D(L_2),$$

其中，

$$D(L_2)=\left\{u\in L^2(0,\pi)\,\middle|\,\begin{array}{l}u,\dot{u}\text{ 在}[0,\pi]\text{上绝对连续},\\ \ddot{u}\in L^2(0,\pi),u(0)=u(\pi)=0\end{array}\right\},$$

则 L_2 的特征值为 $r_N=N^2(N=1,2,\cdots)$. $r_N=N^2$ 所对应的特征子空间为 span$\{\sin Nx\}$.

(c) 考虑带 Neumann 边值条件的线性特征值问题

$$\begin{cases}-\ddot{x}-\lambda x=0,\\ \dot{x}(0)=\dot{x}(\pi)=0.\end{cases}\tag{1.1.4}$$

定义线性算子 $L_3:D(L_3)\subset L^2(0,\pi)\to L^2(0,\pi)$,

$$L_3u(t)=-\ddot{u}(t),\qquad \forall u\in D(L_3),$$

其中，

$$D(L_3)=\left\{u\in L^2(0,\pi)\,\middle|\,\begin{array}{l}u,\dot{u}\text{ 在}[0,\pi]\text{上绝对连续},\\ \ddot{u}\in L^2(0,\pi),\dot{u}(0)=\dot{u}(\pi)=0\end{array}\right\},$$

则 L_3 的特征值为 $r_N=N^2(N=0,1,2,\cdots)$. $r_N=N^2$ 所对应的特征子空间为 span$\{\cos Nx\}$.

(II) 处于稳定状态的温度场中的温度、流体的势以及弹性理论中的调和位势等均满足 Laplace 方程

$$\Delta_1u=0,\tag{1.1.5}$$

其中，$\Delta_1=\dfrac{\partial^2}{\partial x^2}+\dfrac{\partial^2}{\partial y^2}+\dfrac{\partial^2}{\partial z^2}$.

现在设 $\Omega\subset\mathbb{R}^N$ 为一个具有光滑边界的区域. 记

$$\Delta=\frac{\partial^2}{\partial x_1^2}+\cdots+\frac{\partial^2}{\partial x_N^2}.$$

(d) 考虑带 Dirichlet 边值条件的二阶椭圆方程线性特征值问题

$$\begin{cases} -\Delta u-\lambda u=0, & x\in\Omega, \\ u=0, & x\in\partial\Omega. \end{cases} \tag{1.1.6}$$

定义线性算子 $L_A: D(L_A)\subset L^2(\Omega)\rightarrow L^2(\Omega)$,

$$L_A u=-\Delta u,\qquad \forall u\in D(L_A),$$

其中,

$$D(L_A)=\{u\in L^2(\Omega)\mid u\in W_0^{1,2}(\Omega)\cap W^{2,2}(\Omega)\}$$

(关于 $W_0^{1,2}(\Omega)$及 $W^{2,2}(\Omega)$的定义参见 1.2 节),则 L_A 是自伴算子且 L_A 有一列特征值

$$(0<)\lambda_1<\lambda_2\leqslant\lambda_3\leqslant\lambda_4\leqslant\cdots,$$

具有如下性质:

(i) $\forall k, \lambda_k$ 所对应的特征子空间均为有限维.

(ii) λ_1 所对应的某特征函数 φ满足

$$\varphi(x)>0,\qquad \forall x\in\Omega,$$

$$\frac{\partial\varphi}{\partial\vec{n}}<0,\qquad \forall x\in\partial\Omega,$$

其中,$\frac{\partial}{\partial\vec{n}}$表示外法向导数.

(e) 考虑带 Neumann 边值条件的二阶椭圆方程线性特征值问题

$$\begin{cases} -\Delta u-\lambda u=0, & x\in\Omega, \\ \dfrac{\partial u}{\partial\vec{n}}=0, & x\in\partial\Omega. \end{cases} \tag{1.1.7}$$

问题(1.1.7)的特征值为

$$0=\lambda_1<\lambda_2\leqslant\cdots\leqslant\lambda_k\leqslant\cdots.$$

$\lambda_1=0$ 所对应的特征子空间为 span$\{1\}$.对于任意自然数 k, λ_k 所对应的特征子空间均是有限维的.

不难看出,当 $N=1$ 时,Laplace 算子便是二阶常微分算子 d^2/dt^2.

(III) 弹性弦的波动方程.

设 $Q=[0,2\pi]\times[0,\pi]$.

(f) 考虑带周期- Dirichlet 边值条件的一维波方程的线性特征值问题

$$\begin{cases} u_{tt}-u_{xx}-\lambda u=0, \\ u(t,0)=u(t,\pi)=0, \\ u(0,x)=u(2\pi,x). \end{cases} \tag{1.1.8}$$

定义线性算子 $L_6: D(L_6)\subset L^2(Q)\to L^2(Q)$,

$$L_6 u = u_{tt} - u_{xx}, \qquad \forall u \in D(L_6),$$

其中,$D(L_6)=\left\{ u\in L^2(Q) \;\middle|\; \sum_{\substack{m\in \mathbf{Z}\\ n\in \mathbf{N}}}(n^2-m^2)^2 |C_{mn}|^2<+\infty \right\}$(注意:当 $u\in L^2(Q)$时,u可以 Fourier 展开成 $\sum_{k=1}^{\infty}\sum_{j=-\infty}^{\infty} C_{jk}\mathrm{e}^{ijt}\sin kx$, $\sum_k\sum_j |C_{jk}|^2<\infty$.为方便,常用 $\{C_{jk}\}$表示 u),则 L_6 是一个有闭值域的自伴算子,且 L_6 的特征值集为

$$\{n^2-m^2 \mid n\in \mathbf{N}, m\in \mathbf{Z}\},$$

$r_{n,m}=n^2-m^2$ 所对应的特征函数为

$$\varphi_{nm}=\begin{cases} \dfrac{\sqrt{2}}{\pi}\sin(nx)\sin(mt), & n\in \mathbf{N}, \quad m\in \mathbf{Z}^+, \\ \dfrac{1}{\pi}\sin(nx), & n\in \mathbf{N}, \quad m=0, \\ \dfrac{\sqrt{2}}{\pi}\sin(nx)\cos(mt), & n\in \mathbf{N}, \quad -m\in \mathbf{Z}^+. \end{cases}$$

易见 $\lambda=0$ 所对应的特征子空间是无穷维的.

(IV) 均匀梁的横向运动方程为

$$u_{tt}+c^2 u_{xxxx}=0. \tag{1.1.9}$$

(g) 考虑带周期边值条件的梁方程的线性特征值问题

$$\begin{cases} u_{tt}+u_{xxxx}-\lambda u=0, \\ u(t,0)=u(t,\pi)=u_{xx}(t,0)=u_{xx}(t,\pi)=0, \\ u(0,x)=u(2\pi,x). \end{cases} \tag{1.1.10}$$

定义 $L_7: D(L_7)\subset L^2(\Omega)\to L^2(\Omega)$,

$$L_7 u = u_{tt} + u_{xxxx}, \qquad \forall u\in D(L_7),$$

其中,$D(L_7)=\{u\in L^2(Q) \mid \sum_{\substack{m\in \mathbf{Z}\\ n\in \mathbf{N}}}(n^4-m^2)^2 |C_{mn}|^2<+\infty\}$(注:$\forall u\in L^2(Q)$可 Fourier 展开成

$$\sum_{k=1}^{\infty}\sum_{j=-\infty}^{\infty} C_{jk}\mathrm{e}^{ijt}\sin kx, \qquad \sum_k\sum_j |c_{jk}|^2<\infty),$$

则 L_7 是一个自伴算子,且 L_7 的特征值集为

$$\{n^4-m^2 \mid m\in \mathbf{Z}, n\in \mathbf{N}\}.$$

易见 L_7 的特征值 $\lambda=0$ 所对应的特征子空间是无穷维的.

(h) 如果当时间充分大时,均匀梁的横向运动趋于稳态.这时(1.1.9)相应地退化为一个与 t 无关的方程

$$u_{xxxx} = 0. \tag{1.1.11}$$

考虑带边值条件的弯曲梁方程的线性特征值问题

$$\begin{cases} u_{xxxx} - \lambda u = 0, \\ u(0) = u(\pi) = u''(0) = u''(\pi) = 0. \end{cases} \tag{1.1.12}$$

定义线性算子 $L_9 : D(L_9) \subset L^2(0,\pi) \to L^2(0,\pi)$,

$$L_9 u = u_{xxxx}, \qquad \forall u \in D(L_9),$$

其中,

$$D(L_9) = \left\{ u \in L^2(0,\pi) \,\middle|\, \begin{array}{l} u, \dot{u}, \ddot{u}, \dddot{u} \text{ 在}[0,\pi]\text{上绝对连续}, u^{(4)} \in L^2(0,\pi), \\ u(0) = u(\pi) = \ddot{u}(0) = \ddot{u}(\pi) = 0 \end{array} \right\},$$

则 L_9 的特征值为 $\lambda_N = N^4$ ($N = 1, 2, \cdots$). λ_N 所对应的特征子空间为 $\mathrm{span}\{\sin Nx\}$.

注 1.1.1　除了以上几类特征值问题外,在第5章,还将讨论下列两类特征线问题:

(i)

$$\begin{cases} \ddot{u} + \lambda_+ u^+ - \lambda_- u^- = 0, \\ u(0) = u(\pi) = 0, \end{cases} \tag{1.1.13}$$

其中,$u^+ = \frac{1}{2}(|u| + u)$, $u^- = \frac{1}{2}(|u| - u)$.

(j)

$$\begin{cases} u^{(4)} + \alpha\ddot{u} - \beta u = 0, \\ u(0) = u(1) = \ddot{u}(0) = \ddot{u}(1) = 0. \end{cases} \tag{1.1.14}$$

(1.1.13)不再是线性问题了,(1.1.13)和(1.1.14)可分别看成是(1.1.3)和(1.1.12)的推广.

1.1.2　Fredholm 二择一性质

设 X 和 Y 都是赋范线性空间.映射 $T: X \to Y$ 称为紧的(或全连续的),如果 T 把 X 中的有界集映成 Y 中的相对紧集,或等价地,T 把 X 中的有界序列映为 Y 中含有收敛子列的序列.Fredholm 二择一性质(或称 Riesz-Schauder 原理)涉及空间 X 到自身的紧线性算子,并且是有限维空间线性映射理论的一个推广.

定理 1.1.1　设 T 是赋范线性空间 X 到自身中的一个紧线性映射.那么,或者

(i) 齐次方程

$$x - Tx = 0$$

有非平凡解 $x \in X$,或者

(ii) 对每个 $y\in X$,方程

$$x-Tx=y$$

有唯一确定的解 $x\in X$.而且在情形(ii),已断定其存在性的算子$(I-T)^{-1}$也是有界的.

证明略.参见文献[1].

在 1.1.1 小节中讨论了几类特殊的线性算子的特征值和特征函数.一般地,设 $T:X\to X$ 为紧线性算子,如果 X 中存在非零元 x 满足 $Tx=\lambda x$,就称 λ 为 T 的特征值.很明显,属于不同特征值的特征向量必然是线性无关的.算子 $S_\lambda=\lambda I-T$ 的零空间的维数称为 λ 的重数.如果 $\lambda\neq 0$ 且 $\lambda\in\mathrm{R}$ 不是 T 的特征值,从定理 1.1.1 推出,预解算子 $R_\lambda=(\lambda I-T)^{-1}$是有明确定义的、把 X 映到自身的有界线性映射.

如下结果刻画了赋范线性空间到自身的紧线性映射的特征值集的特性.

定理 1.1.2　赋范线性空间到自身中的紧线性映射 T 的特征值全体构成一个可数集.这个集合除 $\lambda=0$ 可能例外外,没有别的极限点.每一非零特征值均有有限的重数.

证明略.参见文献[1].

定理 1.1.2 可以帮助我们进一步理解 1.1.1 小节中的结果.

例 1.1.1　设 Ω是一个具有足够光滑边界的区域.考虑线性特征值问题

$$\begin{cases}-\Delta u-\lambda u=0, & x\in\Omega,\\ u=0, & x\in\partial\Omega.\end{cases}$$

定义线性算子 $L:D(L)\subset L^2(\Omega)\to L^2(\Omega)$,

$$Lu=-\Delta u,\qquad \forall\, u\in D(L),$$

其中,$D(L)=W^{2,2}(\Omega)\cap W_0^{1,2}(\Omega)$,则 L 为自伴算子.因 L 正定,从而 $\widetilde{K}\triangleq L^{-1}$存在.

由 Poincaré 不等式:

$$\left|\int_\Omega u\cdot v\right|\leqslant C\left(\int_\Omega |u|^2\right)^{\frac{1}{2}}\|v\|_{W_0^{1,2}},\quad \forall\, u\in L^2(\Omega),\quad v\in W_0^{1,2}(\Omega)$$

及 Riesz 表示定理,存在有界线性算子 $K:L^2(\Omega)\to W_0^{1,2}(\Omega)$,使得

$$\int_\Omega u\cdot v=(Ku,v)_{W_0^{1,2}},\qquad \forall\, v\in W_0^{1,2}(\Omega).$$

其实这个 K 就是 $\widetilde{K}=L^{-1}$,这是因为

$$\int_\Omega u\cdot v=\int_\Omega-\Delta\widetilde{K}u\cdot v=\int\nabla\widetilde{K}u\cdot\nabla v=(\widetilde{K}u,v)_{W_0^{1,2}}.$$

于是 K 作为 $W_0^{1,2}(\Omega)$到自身的自伴紧算子有谱 $\mu_1\geqslant\mu_2\geqslant\cdots\geqslant\mu_n\geqslant\cdots\to 0$.由此可见,$L=-\Delta$ 有谱 $\lambda_1\leqslant\lambda_2\leqslant\cdots\leqslant\lambda_n\leqslant\cdots\to+\infty$,其中,$\lambda_i=\dfrac{1}{\mu_i}$,$i=1,2,\cdots$.

1.1.3　线性微分方程

一般的常微分方程教程、数学物理方程教程及线性泛函分析教程中均可见到讨论线性方程解的存在性及解集结构的理论、方法和结果，有些结果已能给出解的具体表达式，故这里仅给出两个特殊的结果.一个是关于二阶线性椭圆方程的结果；另一个是关于线性弯曲梁方程可解性的结果.这类结果本身是重要的，获得它们的方法可以用于处理其他类型的方程.

定理 1.1.3　设 $\Omega\subset \mathbf{R}^N$ 为有足够光滑边界的区域，$h\in L^2(\Omega)$.对于线性椭圆方程 Dirichlet 边值问题

$$\begin{cases} -\Delta u-\lambda u=h, & x\in\Omega,\\ u=0, & x\in\partial\Omega,\end{cases}\tag{1.1.15}$$

有

(i) 如果 λ 不是 $-\Delta$ 的特征值，则(1.1.15)有唯一解 $u\in W^{2,2}(\Omega)\cap W_0^{1,2}(\Omega)$.

(ii) 如果 $\lambda=\lambda_k$ 是 $-\Delta$ 的特征值，M_k 为 λ_k 所对应的特征子空间，则当 $h\perp M_k$ 时，(1.1.15)有无穷多个解；当 h 不与 M_k 直交时，(1.1.15)无解.

注 1.1.2　$h\perp M_k$ 是指 $\forall\varphi\in M_k$，$\int_\Omega h\varphi=0$.

证明　(i) 由定理 1.1.1 知，$-\Delta$：$W^{2,2}(\Omega)\cap W_0^{1,2}(\Omega)\subset L^2(\Omega)\to L^2(\Omega)$有有界逆 K：$L^2(\Omega)\to W^{2,2}(\Omega)\cap W_0^{1,2}(\Omega)$.因 $W_0^{1,2}(\Omega)$紧嵌入 $L^2(\Omega)$，故 K：$L^2(\Omega)\to L^2(\Omega)$为紧算子.

由于齐次方程 Dirichlet 边值问题

$$\begin{cases} -\Delta u-\lambda u=0, & x\in\Omega,\\ u=0, & x\in\partial\Omega\end{cases}$$

当 $\lambda\neq\lambda_k$ 时没有非平凡解，即

$$u-(\lambda K)u=0$$

没有非平凡解.据 Fredholm 二择一性质，对于 $\forall\, y=Kh\in W^{2,2}(\Omega)\cap W_0^{1,2}(\Omega)\subset L^2(\Omega)$，

$$u-(\lambda K)u=y$$

有唯一解 $u\in W^{2,2}(\Omega)\cap W_0^{1,2}(\Omega)$.

(ii) 如果 $\lambda=\lambda_k$.记 L：$D(L)\subset L^2(\Omega)\to L^2(\Omega)$，

$$Lu=-\Delta u-\lambda_k u,\qquad \forall\, u\in D(L),$$

其中，$D(L)=W^{2,2}(\Omega)\cap W_0^{1,2}(\Omega)$.令 $V=\ker(L)$，则 $\mathrm{Range}(L)=V^\perp$.这里 $V^\perp$：$L^2(\Omega)=V\oplus V^\perp$.由嵌入定理，$\widetilde{K}\triangleq(L|_{D(L)\cap V^\perp})^{-1}$：$V^\perp\to V^\perp$ 为紧算子.因 λ_k 不再是 $\widetilde{K}$ 的特征值，故由(i)，在 $V^\perp$ 中，问题

$$\begin{cases} -\Delta u-\lambda_k u=h, & x\in\Omega, \quad u\in D(L)\cap V^{\perp}, \\ u=0, & x\in\partial\Omega \end{cases}$$

有唯一解 u_0.

不难验证,在 $D(L)$上,(1.1.15)的解集为

$$u_0\oplus M_k.$$

如果 $\lambda=\lambda_k$ 且 h不与 $M_k=V$ 直交,则 h可唯一地分解成 $h=h_0+h_1$,其中,$h_0\in V$ 而 $h_1\in V^{\perp}$,并且有 $h_0\neq 0$.反设(1.1.15)有解 u.以 h_0 乘以(1.1.15)的两边,然后分部积分得

$$0=\int_\Omega h_0^2.$$

矛盾!故此时(1.1.15)无解. ■

定理 1.1.4 如果 $f\in C[0,1]$且对 $\forall x\in[0,1]$,有

$$f(x)\neq j^4\pi^4, \qquad j=1,2,\cdots,$$

则对于任给的 $u_0,u_1,\bar{u}_0,\bar{u}_1\in\mathrm{R}$ 及任意连续函数 $g\in C[0,1]$,梁方程边值问题

$$\begin{cases} \dfrac{\mathrm{d}^4 u}{\mathrm{d}x^4}-f(x)u=g(x), & 0<x<1, \\ u(0)=u_0, \quad u(1)=u_1, \quad \ddot{u}(0)=\bar{u}_0, \quad \ddot{u}(1)=\bar{u}_1 \end{cases} \tag{1.1.16}$$

有唯一解.

证明 设 $G(x,s)$是问题

$$\begin{cases} \ddot{v}(x)=h(x), & 0<x<1, \\ v(0)=v(1)=0 \end{cases}$$

的 Green 函数,则可将(1.1.16)转化为空间 $C[0,1]$上的积分方程

$$u-Tu=z, \tag{1.1.17}$$

其中,

$$(Tu)(x)=\int_0^1\int_0^1 G(x,s)G(s,t)f(t)u(t)\mathrm{d}t\mathrm{d}s,$$

$$z(x)=u_0+x(u_1-u_0)+\int_0^1 G(x,s)\left[\bar{u}_0+s(\bar{u}_1-\bar{u}_0)+\int_0^1 G(s,t)g(t)\mathrm{d}t\right]\mathrm{d}s.$$

现在只需证明:对任意 $z\in C[0,1]$,(1.1.17)唯一可解.由于 $T:C[0,1]\rightarrow C[0,1]$ 是紧线性映射,由 Fredholm 二择一性质,只要证得方程

$$u-Tu=0 \tag{1.1.18}$$

只有平凡解 $u=0$ 就够了.

先将(1.1.18)还原成边值问题

$$\begin{cases}\dfrac{\mathrm{d}^4 u}{\mathrm{d}x^4} - f(x)u = 0, & 0 < x < 1, \\ u(0) = u(1) = \ddot{u}(0) = \ddot{u}(1) = 0.\end{cases} \tag{1.1.19}$$

再选取常数 $k \neq j^4\pi^4$，$j=1,2,\cdots$.定义映射 $L: L^2(0,1) \to L^2(0,1)$，

$$Lv = u,$$

其中，u, v 满足

$$\begin{cases}\dfrac{\mathrm{d}^4 u}{\mathrm{d}x^4} - ku = v(x), & 0 < x < 1, \\ u(0) = u(1) = \ddot{u}(0) = \ddot{u}(1) = 0.\end{cases}$$

因 $\{\sqrt{2}\sin(j\pi x)\}_{j=1,2,\cdots}$ 是 $L^2(0,1)$ 的一组完全正交基，故在 $L^2(0,1)$ 中，有

$$u(x) = \sqrt{2}\sum_{j=1}^{\infty} a_j \sin(j\pi x), \qquad v(x) = \sqrt{2}\sum_{j=1}^{\infty} b_j \sin(j\pi x),$$

其中，$a_j = \dfrac{b_j}{j^4\pi^4 - k}$，$j=1,2,\cdots$.利用 Parseval 恒等式，有

$$\begin{aligned}\|u\|_{L^2}^2 &= \sum_{j=1}^{\infty} |a_j|^2 = \sum_{j=1}^{\infty} \frac{|b_j|^2}{(j^4\pi^4 - k)^2} \\ &\leqslant c\sum_{j=1}^{\infty} |b_j|^2 = c\|v\|_{L^2}^2.\end{aligned} \tag{1.1.20}$$

而

$$c = c(k) = \begin{cases}\dfrac{1}{(\pi^4 - k)^2}, & k < \pi^4, \\ \dfrac{1}{\min\{(j^4\pi^4 - k)^2, ([j+1]^4\pi^4 - k)^2\}}, & k \in (j^4\pi^4, [j+1]^4\pi^4),\end{cases} \tag{1.1.21}$$

则由(1.1.20)可知

$$\|L\|^2 \leqslant c. \tag{1.1.22}$$

另一方面，可把(1.1.19)改写成

$$\begin{cases}\dfrac{\mathrm{d}^4 u}{\mathrm{d}x^4} - ku = (f(x) - k)u, & 0 < x < 1, \\ u(0) = u(1) = \ddot{u}(0) = \ddot{u}(1) = 0.\end{cases} \tag{1.1.23}$$

定义 $K: L^2(0,1) \to L^2(0,1)$，

$$(Ku)(x) = L([f-k]u)(x), \qquad u \in L^2[0,1],$$

则 K 是一个线性算子且满足

$$\|Ku\|_{L^2}^2 \leqslant \|L\|^2 \sup(f(x) - k)^2 \|u\|_{L^2}^2. \tag{1.1.24}$$

因为 $f(x)\neq j^4\pi^4$，$\forall x\in[0,1]$，$j=1,2,\cdots$，故由 f 的连续性可知：要么

$$\sup f(x)<\pi^4, \tag{1.1.25}$$

要么存在整数 $j>0$ 及常数 p 和 q，使

$$j^4\pi^4<p\leqslant\inf f(x)\leqslant\sup f(x)\leqslant q<(j+1)^4\pi^4. \tag{1.1.26}$$

利用(1.1.21)～(1.1.24)不难推知：可找到相应于 f 的常数 $c(k)$，使 $c(k)\sup(f(x)-k)^2<1$．从而 $\|K\|<1$．于是，$u=Ku$ 有唯一的不动点 $u=0$，即(1.1.18)仅有平凡解 $u=0$． ■

1.2 Sobolev 空间与嵌入定理

由于本节所有的结果均没有给出证明，不熟悉 Sobolev 空间理论的读者可参阅 Adams[2]，Gilbary 和 Trudinger[1]，李立康和郭毓陶[3]等的专著．

1.2.1 Sobolev 空间

设 $\Omega\subset\mathbf{R}^n$ 是一个有界区域．用以下记号

$$\partial^\alpha=\partial_{x_1}^{\alpha_1}\cdots\partial_{x_n}^{\alpha_n}=\frac{\partial^{|\alpha|}}{\partial x_1^{\alpha_1}\cdots\partial x_n^{\alpha_n}},$$

其中，$\alpha=(\alpha_1,\cdots,\alpha_n)$，$|\alpha|=\alpha_1+\cdots+\alpha_n$．

$D(\Omega)$表示支集关于 Ω 紧的一切 C^∞ 函数全体．用 $D'(\Omega)$表示 $D(\Omega)$上的连续线性泛函全体，即广义函数空间．

设 m 是一个正整数．记

$$C^m(\bar\Omega)=\{u:\bar\Omega\to\mathbf{R}\,|\,\partial^\alpha u(x)\text{ 在 }\bar\Omega\text{ 上连续},|\alpha|\leqslant m\}.$$

规定模为

$$\|u\|_{C^m}=\sum_{|\alpha|\leqslant m}\sup_{x\in\bar\Omega}|\partial^\alpha u(x)|, \tag{1.2.1}$$

称 $C^m(\bar\Omega)$为 m 次连续可微函数空间．

又设 $0<\gamma\leqslant1$，记

$$C^{m,\gamma}(\bar\Omega)=\left\{u\in C^m(\bar\Omega)\,\middle|\,\sup_{\substack{x,y\in\Omega\\x\neq y}}\frac{|\partial^\alpha u(x)-\partial^\alpha u(y)|}{|x-y|^\gamma}<+\infty,|\alpha|=m\right\}.$$

规定模为

$$\|u\|_{m,\gamma}=\|u\|_{C^m(\bar\Omega)}+\sup_{\substack{x\neq y\\|\alpha|=m}}\frac{|\partial^\alpha u(x)-\partial^\alpha u(y)|}{|x-y|^\gamma},$$

称 $C^{m,\gamma}(\bar\Omega)$为 $m+\gamma$ 次 Hölder 连续函数空间．

设 $p\geqslant 1, m\geqslant 0$ 是整数.记

$$W^{m,p}(\Omega)=\{u\in L^p(\Omega)\,|\,\partial^\alpha u\in L^p(\Omega),|\alpha|\leqslant m\},$$

其中,$\partial^\alpha u$ 是 u 的 α 阶广义导数.规定模

$$\|u\|_{W^{m,p}}=\left\{\sum_{|\alpha|\leqslant m}\|\partial^\alpha u\|_{L^p(\Omega)}^p\right\}^{\frac{1}{p}},\tag{1.2.2}$$

称 $W^{m,p}(\Omega)$为 Sobolev 空间.

Sobolev 空间有下列主要性质:

(i) 对于 p:$1<p<\infty$,$W^{m,p}(\Omega)$是可分自反 Banach 空间.

(ii) 在内积

$$\langle u,v\rangle_{W^{m,2}}=\sum_{|\alpha|\leqslant m}\langle\partial^\alpha u,\partial^\alpha v\rangle_{L^2}\tag{1.2.3}$$

下,$W^{m,2}(\Omega)$是一个 Hilbert 空间.

(iii) 记 $W_0^{m,p}(\Omega)$为 $D(\Omega)$在 $W^{m,p}(\Omega)$中的完备化空间,则 $W_0^{m,p}(\Omega)$是 $W^{m,p}(\Omega)$的闭线性子空间,并且 $W_0^{m,2}(\Omega)$在 $W^{m,2}(\Omega)$的内积下为 Hilbert 空间.进一步,

$$\langle u,v\rangle_{W_0^{m,2}}=\sum_{|\alpha|=m}\langle\partial^\alpha u,\partial^\alpha v\rangle_{L^2}\tag{1.2.4}$$

也是 $W_0^{m,2}(\Omega)$的一个内积,并且该内积导出的范数与内积(1.2.3)在 $W_0^{m,2}$ 中导出的范数等价.

1.2.2 嵌入定理

以$\hookrightarrow$表示连续嵌入,而以$\hookrightarrow\hookrightarrow$表示紧嵌入.

定理 1.2.1

(i) 若 $p<\dfrac{n}{m}$,则对任意 $q<\dfrac{np}{n-p}$,有

$$W_0^{m,p}(\Omega)\hookrightarrow\hookrightarrow L^q(\Omega).$$

(ii) 若 $0\leqslant k<m-\dfrac{n}{p}$,则

$$W_0^{m,p}(\Omega)\hookrightarrow\hookrightarrow C^k(\overline{\Omega}).$$

一般来说,在定理 1.2.1 中,$W_0^{m,p}(\Omega)$不能用 $W^{m,p}(\Omega)$来代替.然而对一大类区域 Ω还是可以做这种代替的,如边界满足一致内部锥条件的区域 Ω及具有 Lipschitz 连续边界的区域 Ω等.

对具有 Lipschitz 连续边界的区域,有如下嵌入结果.

定理 1.2.2

(i) $1\leqslant p<n,\dfrac{1}{q}=\dfrac{1}{p}-\dfrac{1}{n}\Rightarrow W^{1,p}(\Omega)\hookrightarrow L^q(\Omega)$.

(ii) $p=n, q\in[1,+\infty]\Rightarrow W^{1,p}(\Omega)\hookrightarrow L^q(\Omega)$.

(iii) $p\geqslant 1, mp<n, \frac{1}{q}=\frac{1}{p}-\frac{m}{n}\Rightarrow W^{m,p}(\Omega)\hookrightarrow L^q(\Omega)$.

(iv) $p\geqslant 1, mp=n, q\in[1,\infty)\Rightarrow W^{m,p}(\Omega)\hookrightarrow L^q(\Omega)$.

(v) $p\geqslant 1, mp>n\Rightarrow W^{m,p}(\Omega)\hookrightarrow C^0(\overline{\Omega})$.

(vi) $1\leqslant p<n, \frac{1}{q}>\frac{1}{p}-\frac{1}{n}\Rightarrow W^{1,p}(\Omega)\hookrightarrow\hookrightarrow L^q(\Omega)$.

(vii) $p\geqslant 1, mp<n, 1\geqslant\frac{1}{q}>\frac{1}{p}-\frac{m}{n}\Rightarrow W^{m,p}(\Omega)\hookrightarrow\hookrightarrow L^q(\Omega)$.

(viii) $q\geqslant 1, mp=n, q\in[1,\infty)\Rightarrow W^{m,p}(\Omega)\hookrightarrow\hookrightarrow L^q(\Omega)$.

(ix) $p\geqslant 1, mp>n\Rightarrow W^{m,p}(\Omega)\hookrightarrow\hookrightarrow C^0(\overline{\Omega})$.

注 1.2.1　在以上两个嵌入定理中，常出现一个 Sobolev 空间嵌入连续函数空间 $C^0(\overline{\Omega})$的结果，如定理 1.2.2(ix)的结论

$$W^{m,p}(\Omega)\hookrightarrow\hookrightarrow C^0(\overline{\Omega}). \tag{1.2.5}$$

依嵌入定义，(1.2.5)表明

$$W^{m,p}(\Omega)\subset C^0(\overline{\Omega}). \tag{1.2.6}$$

这时，应将 $W^{m,p}(\Omega)$理解为按 a.e.相等关系分成的等价类的集合，而(1.2.6)的含义是指 $W^{m,p}(\Omega)$的任何一个等价类中均包含一个定义在 $\overline{\Omega}$上的连续函数.

1.2.3　$n=1$ 时的 Sobolev 空间

由于本书讨论常微分方程的内容较多，故 $n=1$ 时的 Sobolev 空间显得格外重要.

当 $n=1$ 时，$\Omega=(a,b)$.记 $W^{m,p}(a,b)=W^{m,p}(a,b)$.此时，$W^{m,p}(a,b)$可定义为

$$W^{m,p}(a,b)=\left\{u:[a,b]\to\mathrm{R}\ \middle|\ \begin{array}{c}u,\dot{u},\cdots,u^{(m-1)}\text{ 在}[a,b]\text{上绝对连续},\\ u^{(m)}\in L^p(a,b)\end{array}\right\},$$

其模为

$$\|u\|_{W^{m,p}}=\left\{\sum_{i=1}^{m}\|u^{(i)}\|_{L^p}^p\right\}^{\frac{1}{p}}, \tag{1.2.7}$$

其中，$u^{(i)}=\frac{\mathrm{d}^i u}{\mathrm{d}x^i}$.

定理 1.2.3　$W^{m,p}(a,b)\hookrightarrow\hookrightarrow C^{m-1}([a,b])$.

当 $n=1$ 时，$W_0^{m,p}(a,b)$也可定义为

$$W_0^{m,p}(a,b)=\left\{u\in W^{m,p}(a,b)\ \middle|\ \begin{array}{c}u(a)=\cdots=u^{(m-1)}(a)\\ =u(b)=\cdots=u^{(m-1)}(b)=0\end{array}\right\},$$

其模为

$$\|u\|_{W_0^{m,p}(a,b)}=\|u^{(m)}\|_{L^p(a,b)},\qquad u\in W_0^{m,p}(a,b).\tag{1.2.8}$$

可以验证,(1.2.8)与(1.2.7)限制在 $W_0^{m,p}(a,b)$上导出的范数等价.

1.3 单调算子

1.3.1 单调算子的概念

设 E 是实 Banach 空间,E^* 是 E 的共轭空间.对于 $x\in E,f\in E^*$,令$(f,x)=f(x)$.

设 $D\subset E$,算子 $T:D\to E^*$.如果满足条件

$$(Tx-Ty,x-y)\geqslant 0,\qquad \forall\, x,y\in D,\tag{1.3.1}$$

则称 T 是单调算子.若更设(1.3.1)中的等号当且仅当 $x=y$ 时成立,则称 T 是严格单调映射.

设算子 $T:D\to E^*$ 为单调算子,并且由"$(g-Ty,x-y)\geqslant 0$ 对任意 $y\in D$ 成立"可推出"$x\in D$ 且 $Tx=g$",则称 T 为极大单调算子.

例 1.3.1 设 $f:\mathrm{R}\to\mathrm{R}$ 是增函数,即$-\infty<x_1<x_2<+\infty$有 $f(x_1)\leqslant f(x_2)$(注意,f 不必连续),则 f 是单调算子.事实上,$(\mathrm{R})^*=\mathrm{R}$,且

$$(f(x_1)-f(x_2),x_1-x_2)=(f(x_1)-f(x_2))(x_1-x_2)\geqslant 0,\quad \forall\, x_1,x_2\in\mathrm{R}.$$

又显然,若 $f:\mathrm{R}\to\mathrm{R}$ 是严格增函数,即对$-\infty<x_1<x_2<+\infty$有 $f(x_1)<f(x_2)$,则 f 是严格单调算子.

例 1.3.2 设 H 是实 Hilbert 空间,$A:H\to H$ 是非扩张算子,即

$$\|Ax-Ay\|\leqslant\|x-y\|,\qquad \forall\, x,y\in H,$$

则 $T=I-A:H\to H$ 必是单调映射.事实上,有

$$\begin{aligned}(Tx-Ty,x-y)&=\|x-y\|^2-(Ax-Ay,x-y)\\&\geqslant\|x-y\|^2-\|Ax-Ay\|\cdot\|x-y\|\\&\geqslant 0,\qquad \forall\, x,y\in H.\end{aligned}$$

例 1.3.3 设 $f:\mathrm{R}\to\mathrm{R}$ 是增函数,且至少在一点不连续,则 f 是单调映射,但不是极大单调的.事实上,设 f 在 x_0 点不连续,因 f 为增函数,故 $f(x_0-0)$与 $f(x_0+0)$均存在,且

$$f(x_0-0)\leqslant f(x_0)\leqslant f(x_0+0).$$

任取 $g\in(f(x_0-0),f(x_0+0))\setminus\{f(x_0)\}$,则不难验证$(g-f(y),x_0-y)\geqslant 0$ 对 $\forall\, y\in\mathrm{R}$ 成立.但 $f(x_0)\neq g$.故 f 不满足极大单调的定义.

设 $D\subset E$,算子 $T:D\to E^*$.

(i) 设 $x_0\in D$.若 $x_n\in D$, $x_n\to x_0\Rightarrow(Tx_n,y)\to(Tx_0,y)$对 $\forall\, y\in E$ 成立,则称 T 在 x_0 处是次连续的(demicontinuous);若 T 在 D 中的每一点都次连续,则称 T 在 D 上是次连续的.

(ii) 设 $x_0\in D$.若 $h\in E$, $t_n>0$, $x_0+t_nh\in D$, $t_n\to0\Rightarrow(T(x_0+t_nh),y)\to(Tx_0,y)$对 $\forall\, y\in E$ 成立,则称 T 在 x_0 处是半连续的(hemicontinuous);若 T 在 D 中的每一点都半连续,则称 T 在 D 上是半连续的.

定理 1.3.1 设 E 是自反 Banach 空间,则对于单调映射 $T:E\to E^*$, T 在 E 上次连续与 T 在 E 上半连续是等价的.特别地,对于单调线性映射 $T:E\to E^*$, T 在 E 上连续$\Leftrightarrow$ T 在 E 上次连续$\Leftrightarrow$ T 在 E 上半连续.

定理 1.3.2 若 $T:E\to E^*$ 半连续、单调,则 T 必是极大单调的.

证明见文献[4].

1.3.2 单调算子的满值性

定理 1.3.3(单调算子的锐角原理) 设 E 自反,映射 $T:E\to E^*$ 半连续、单调.又设对于某 $r>0$,有

$$(Tx,x)\geqslant 0,\qquad \forall\, x\in\partial\Omega_r,\tag{1.3.2}$$

其中,$\Omega_r=\{x\mid x\in E,\|x\|<r\}$,则方程 $Tx=\theta$ 在 $\overline{\Omega}$ 中必有解.

证明见文献[5]中定理 13.

利用定理 1.3.3 可以推得如下关于单调算子满值性的 Minty-Browder 定理.

定理 1.3.4 设 E 自反,算子 $T:E\to E^*$ 半连续、单调.又设 T 是强制的,即满足

$$\lim_{\|x\|\to\infty}\frac{(Tx,x)}{\|x\|}=+\infty,\tag{1.3.3}$$

则 T 必满值,即 $T(E)=E^*$.

Minty-Browder 定理(定理 1.3.4)是单调算子基本定理之一,有许多应用.

定理 1.3.5 设 E 自反,映射 $T:E\to E^*$ 半连续且满足强单调条件

$$(Tx-Ty,x-y)\geqslant\alpha(\|x-y\|)\cdot\|x-y\|,\qquad\forall\, x,y\in E,$$

其中,$\alpha(0)=0$, $\alpha(t)>0(\forall\, t>0)$, $\lim\limits_{t\to+\infty}\alpha(t)=+\infty$,则 T 满值且是 1-1 对应的(即对任何 $f\in E^*$,方程 $Tx=f$ 在 E 中具有唯一解).

由定理 1.3.5 可以给出单调算子 $T:E\to E^*$ 为 1-1 映射的一组充分条件.

定理 1.3.6 在定理 1.3.5 的条件下,若更设 $T:E\to E^*$ 是连续的,函数 $\alpha(t)$ 在 $0<t<+\infty$上是连续的,则 T 是 E 与 E^* 之间的同胚映射.

推论 1.3.1 设 E 自反,映射 $T:E\to E^*$ 在 E 中每一点 Fréchet 可微,且存在常数 $C>0$,使

$$(T'(x)h,h) \geqslant C\|h\|^2, \qquad \forall x,h \in E,$$

则 T 是 E 与 E^* 之间的同胚映射.

下面假定 $D\subseteq E$,讨论单调算子 $T:D\to E^*$ 的满值性.

定理 1.3.7　设 E 是自反的 Banach 空间,$L:D\subseteq E\to E^*$ 是一个具有线性定义域 D 的极大单调算子,$G:E\to E^*$ 是一个半连续、单调的强制算子,则 $T=L+G$ 满值,即对任意 $g\in E^*$,方程 $Lu+G(u)=g$ 至少有一个解.

证明见文献[6].

定理 1.3.8　设 H 是一个实 Hilbert 空间,$T:D(T)\subseteq H\to H$ 是一个具有闭稠定线性定义域的映射.设 $T=L+G$,其中,L 线性而 $G:H\to H$ 非线性,且满足

(i) G 半连续且有界.

(ii) L 线性、闭且 $L^*=L^*|_{D(L)\cap D(L^*)}$.

(iii) T 为单调算子.

(iv) T 为强制算子,

则 T 满值.

证明见文献[5]中定理 16.

1.3.3　凸泛函与其梯度算子

定理 1.3.9　设 $f(x)$是实 Banach 空间 E 上的泛函,且 $\mathrm{grad}f(x)=F(x)$,$\forall x\in E$,那么 $F:E\to E^*$ 是单调算子的充要条件是 $f(x)$为凸泛函,即

$$f(tx+(1-t)y)\leqslant tf(x)+(1-t)f(y), \qquad \forall x,y\in E, \quad 0\leqslant t\leqslant 1.$$

下面引进一个比凸性更强的概念.

设 E 为实 Banach 空间,$f:E\to \mathrm{R}$.如果存在一个正数 $\alpha>0$,使对 $\forall u,v\in E$ 及 $0\leqslant t\leqslant 1$,有

$$f(tu+(1-t)v)\leqslant tf(u)+(1-t)f(v)-\frac{1}{2}\alpha t\|u-v\|^2,$$

则称 f 在 E 上是 α 凸的.

设 H 是一个 Hilbert 空间.定义在 H 的凸子集上的 α 凸泛函有下列两个性质.

定理 1.3.10　设 $D\subseteq H$ 为 H 的凸子集.$f:D\subseteq H\to \mathrm{R}$ 是一个泛函,而 $\nabla f:H\to H$ 为 f 的 Gâteaux 导数,则 f 在 D 上 α 凸的充要条件为 ∇f 是 α-单调算子,即对 $\forall u,v\in D$,

$$(\nabla f(u)-\nabla f(v),u-v)\geqslant \alpha\|u-v\|^2.$$

定理 1.3.11　设 $D\subseteq H$ 为 H 的一个凸子集,$f:D\subseteq H\to \mathrm{R}$ 是一个泛函,而 $\nabla f:H\to H$ 为 f 的 Gâteaux 导数,则 f 在 D 上 α 凸的充要条件为对 $\forall u,v\in D$,

$$f(u)-f(v)\geqslant(\nabla f(v),u-v)+\frac{1}{2}\alpha\|u-v\|^2.$$

1.4　同胚的充分条件

在定理 1.3.6 及推论 1.3.1 中，曾给出过单调映射为同胚映射的充分条件.本节将进一步介绍映射为同胚映射的其他类型的条件.

定理 1.4.1(Hadamard 反函数定理)　设 X,Y 均为 Banach 空间，$T\in C^1(X,Y)$.设 T 是一个局部同胚映射.记

$$\zeta(R)=\inf_{\substack{x\in X\\ \|x\|<R}}\frac{1}{\|[T'(x)]^{-1}\|}.$$

如果

$$\int_0^{\infty}\zeta(R)\mathrm{d}R=+\infty,$$

则 T 是 X 到 Y 的同胚映射.

证明见文献[7]或文献[8].

下面举例说明，在定理 1.4.1 中，条件 $\int_0^{\infty}\zeta(R)\mathrm{d}R=+\infty$ 是不可少的，甚至在有限维的情形也不能削弱成 $\det f'(x)>0$.

例 1.4.1　考察映射 $F:\mathrm{R}^2\to\mathrm{R}^2$

$$F(x_1,x_2)=(\arctan x_1,x_2(1+x_1^2)^2),$$

则 $F\in C^1$，且

$$F'(x_1,x_2)=\begin{bmatrix}\dfrac{1}{1+x_1^2} & 0\\ 4x_1x_2(1+x_1^2) & (1+x_1^2)^2\end{bmatrix},\qquad \forall(x_1,x_2)\in\mathrm{R}^2.$$

易见

$$\det F'(x_1,x_2)=1+x_1^2\geqslant 1>0,$$

这可以保证 $F:\mathrm{R}^2\to\mathrm{R}^2$ 为局部同胚.由 F 的定义可以看出，$F:\mathrm{R}^2\to\mathrm{R}^2$ 是单射，但 F 不是满射.所以 F 不是同胚.事实上，由 F' 的表达式可以看出，$\lambda=\dfrac{1}{1+x_1^2}$ 是 $F'(x_1,x_2)$的特征值.因此，$\dfrac{1}{\lambda}=1+x_1^2$ 是$[F'(x_1,x_2)]^{-1}$ 的特征值.由此可推出 $\|[F'(x_1,x_2)]^{-1}\|\geqslant 1+x_1^2$.于是，

$$\begin{aligned}\inf_{\|x\|<R}\frac{1}{\|[F'(x_1,x_2)]^{-1}\|}&\leqslant\inf_{\|x\|=\frac{R}{2}}\frac{1}{\|[F'(x_1,x_2)]^{-1}\|}\\&\leqslant\frac{1}{\left\|\left[F'\left(\dfrac{R}{2},0\right)\right]^{-1}\right\|}\leqslant\frac{1}{1+\left(\dfrac{R}{2}\right)^2}.\end{aligned}$$

当然,

$$\int_0^{\infty}\zeta(R)\mathrm{d}R\leqslant\int_0^{\infty}\frac{\mathrm{d}R}{1+\left(\frac{R}{2}\right)^2}<+\infty.$$

设 X,Y 均为 Banach 空间,U 为 X 的一个开子集,$\Phi:U\to Y$ 为一个映射.如果对任意紧集 $K\subset Y$,K 的原像集 $\Phi^{-1}(K)$ 都为 X 中的紧集,则称 Φ 为 proper 映射.

关于 proper 映射,有如下重要性质.

定理 1.4.2　设 $\Phi\in C^1(X,Y)$ 为 proper 映射且为局部同胚,则 $\Phi:X\to Y$ 同胚.

证明见文献[7].

1.5　常用的不动点定理

1.5.1　压缩映射原理

设 (X_1,d_1) 和 (X_2,d_2) 为两个度量空间,$F:D(F)\subset X_1\to X_2$ 是一个映射.如果存在一个常数 $\lambda>0$,使

$$d_2(F(x),F(y))\leqslant\lambda d_1(x,y),\qquad x,y\in D(F),$$

则称 F 是 Lipschitz 连续映射;如果 $\lambda\in[0,1]$,则称 F 为非扩张映射;如果 $\lambda\in[0,1)$,则称 F 为压缩映射.

设 $M\subset X_1$,映射 $T:M\to M$.如果存在 $\bar{x}\in M$,使 $T\bar{x}=\bar{x}$,则称 $\bar{x}$ 为 T 的不动点.最重要的不动点存在性结果是 Banach 压缩映射原理.

定理 1.5.1(Banach 压缩映射原理)　设 X 是一个完备的度量空间,$F:X\to X$ 是一个压缩映射,则 F 有唯一的不动点.

再引述两个与定理 1.5.1 相似的结果.

定理 1.5.2[6]　设 X 是完备的度量空间,$F:X\to X$.如果存在自然数 n,使 $F^n=\underbrace{F\circ F\circ\cdots\circ F}_{n个}$ 为压缩映射,则 F 有唯一的不动点.

定理 1.5.3[6]　设 E 是一个自反 Banach 空间,V 是 E 上一个连续的一致凸实值函数,$V(0)=0$;对 $\forall\, x\neq0$,$V(x)>0$;且对 $\forall\, r\geqslant0$,$\{x\mid V(x)\leqslant r\}$ 为有界集.进一步,设 $K\subset E$ 是一个非空有界闭凸集.如果 $F:K\to K$ 满足 $V(F(x)-F(y))\leqslant V(x-y)$ 对 $\forall\, x,y\in K$ 成立,则 F 在 K 内有一个不动点.

上述结果是根据“度量”特征建立的.

1.5.2　Schauder 不动点定理

在陈述 Schauder 不动点定理之前,先陈述一个有限维空间中的结果.

定理 1.5.4(Brouwer)　设 $K\subset\mathbb{R}^n$ 是一个非空有界闭凸集,映射 $F:K\to K$ 连

续,则 F 至少有一个不动点.

证明见文献[4,6].

在无穷维空间中,非空有界闭凸集不再是紧集,故需对 F 作更强的假定.这便是如下的定理.

定理 1.5.5(Schauder 不动点定理)　设 K 是 Banach 空间 E 中的一个非空有界闭凸集,$F: K\to K$ 是一个紧且连续的映射,则 F 在 K 中至少有一个不动点.

注 1.5.1　定理 1.5.4 和定理 1.5.5 均是根据"拓扑"特征建立的不动点定理.

1.5.3 Poincaré-Birkhoff 不动点定理

令(r,θ)为平面$\mathbb{R}^2$ 上的一个极坐标系,0 为其极点.用 A 表示$\mathbb{R}^2$ 上的一给定圆环域:$R_1\leqslant r\leqslant R_2\ (0<R_1<R_2)$.

一个映射 $T: A\to\mathbb{R}^2\setminus\{0\}$称为扭转映射,如果它可以表示为

$$r^* = f(r,\theta),\qquad \theta^* = \theta + g(r,\theta), \tag{1.5.1}$$

其中,f 和 g 在 A 上连续,对于 θ 是 2π 周期的并且满足以下"扭转条件"

$$g(R_1,\theta)\cdot g(R_2,\theta) < 0, \tag{1.5.2}$$

其中,(r^*,θ^*)表示(r,θ)在映射 T 下的像点.

定理 1.5.6(Poincaré-Birkhoff 定理)　设 T 是环域 A 到自身之上的一个保面积的同胚,它把 A 的两个边界均映为自身.如果 T 是扭转的,则 T 在 A 中至少有两个不动点.

丁伟岳[9]对 Poincaré-Birkhoff 定理作了如下推广.

定理 1.5.7　设 D_i 表示圆盘

$$r < R_i,\qquad i = 1,2.$$

设 $T: A\to T(A)\subset\mathbb{R}^2\setminus\{0\}$是一保面积同胚,如果

(i) T 是扭转映射.

(ii) 存在一个保面积同胚 $T_0: \overline{D_2}\to\mathbb{R}^2$ 是 T 的扩张,即 $T_0|_A = T$.

(iii) $0\in T_0(D_1)$,

则 T 在 A 中至少有两个不动点.

在应用定理 1.5.7 时,常常遇到 T 是在整个$\mathbb{R}^2$ 上定义的保面积同胚,这时定理 1.5.7 的条件(ii)变得十分简单,即有

定理 1.5.8　设 $T:\mathbb{R}^2\to\mathbb{R}^2$ 是保面积同胚.如果 T 在环域 A 上是扭转的且

$$0\in T(D_1),$$

则 T 在 A 中至少有两个不动点.

1.6　含参方程的解集连通理论

设 X 是一个实 Banach 空间，$I=[-1,1]^n\subset\mathbb{R}^n$，$f: I\times X\to X$ 为非线性算子．考察方程

$$f(\lambda,x)=0. \tag{1.6.1}$$

关于含参方程(1.6.1)，已有许多重要的隐函数定理和分歧定理．本节着重讨论方程(1.6.1)的解集的连通性，包括两部分：

(1) 解集为连通集．

(2) 解集中含有连通分支．

本节内容在本书中起着相当重要的作用．因为无论在第 3 章讨论非一致渐近线性问题还是在第 4 章用变分方法讨论强共振问题时都要用到它．

1.6.1　解集为连通集的充分条件

先介绍 0-epi 映射的概念．

设 X,Y 均为实 Banach 空间，$U\subset X$ 是一个非空有界开集．$f:\overline{U}\to Y$ 连续且对 $\forall\, x\in\partial U, f(x)\neq 0$．如果对任意紧连续映射 $h:\overline{U}\to Y$，h 满足 $\forall\, x\in\partial U, h(x)=0$，非线性方程

$$f(x)=h(x)$$

均有解 $x\in U$，则称 f 为 0-epi 映射．

例 1.6.1　设 $f_0=Id-F:\overline{U}\to X$ 为紧连续且 $\forall\, x\in\partial\Omega, x\neq F(x)$．进一步，设

$$\deg(Id-F,U,0)\neq 0,$$

则 f_0 为 0-epi 映射．

事实上，对于满足：$\forall\, x\in\partial U, h(x)=0$ 的 $h:\overline{U}\to X$，由于 $\deg(Id-(F+h),U,0)=\deg(Id-F,U,0)\neq 0$，故 $f_0(x)=h(x)$在 U 中必有解．

0-epi 映射有如下性质．

性质 1.6.1　设 $U\subset X$ 是一个有界开集，$f:\overline{U}\to Y$ 为 0-epi 映射，$h:\overline{U}\times[0,1]\to Y$ 是紧连续映射．假设 $\forall\, x\in\partial U, h(x,0)=0$，

$$\forall\, x\in\partial U \text{ 及 } \forall\, t\in(0,1),\quad \text{有 } h(x,t)\neq f(x),$$

则映射 $g:\overline{U}\to Y$

$$g(x)=f(x)-h(x,1)$$

也是 0-epi 的．

性质 1.6.2　设 $U\subset X$ 是一个有界开集，$f:\overline{U}\to Y$ 是 0-epi 映射且 f 为 proper 映射，则 0 为 $\mathrm{Im} f$ 的内点．

性质 1.6.3 设 $U\subset E$ 是一个有界开集，$f:\overline{U}\to Y$ 是 0-epi 映射. 设 V_1，V_2 为两个不相交的开集且使得 $f^{-1}(0)\subset V_1\cup V_2\subset U$，则 $f|_{V_1}$ 与 $f|_{V_2}$ 中至少有一个是 0-epi 映射.

下面给出由 0-epi 映射 f 所作出的方程

$$f(x)=0 \tag{1.6.2}$$

的解集为连通集的一个充分条件.

定理 1.6.1[10] 设 $f:\overline{U}\to Y$ 为 0-epi 映射且设 f 为 proper 映射. 假设对 $\forall\,\varepsilon>0$ 及 $\forall\,y\in f^{-1}(0)$，均存在紧连续映射族 $h_\varepsilon:\overline{U}\to Y$，使

(i) $h_\varepsilon(y)=0$.

(ii) $\|h_\varepsilon(x)\|<\varepsilon,\ \forall\,x\in U$.

(iii) 方程 $f(x)=h_\varepsilon(x)$ 的解集 ε-链着(ε-chained)，

则 $f^{-1}(0)$ 是一个非空、连通的紧集，即 $f^{-1}(0)$ 为一个闭联集(continuum).

推论 1.6.1 设 $g:\overline{U}\to Y$ 为 0-epi 映射，$k:\overline{U}\to Y$ 是一个紧连续映射且满足 $\forall\,x\in\partial U, k(x)=0$. 假设对 $\forall\,\varepsilon>0$ 及 $\forall\,y\in(g-k)^{-1}(0)$，均存在一个紧连续映射 $k_\varepsilon:\overline{U}\to F$，使

(i) $\|k(x)-k_\varepsilon(x)\|<\varepsilon,\ \forall\,x\in\overline{U}$.

(ii) 方程 $g(x)=k_\varepsilon(x)+k(y)-k_\varepsilon(y)$ 的解集 ε-链着(ε-chained)，

则 $(g-k)^{-1}(0)$ 是一个非空连通的紧集.

推论 1.6.2 设 $U\subset X$ 是一个非空有界开集，$T:\overline{U}\to X$ 是一个紧连续映射. 假设

(i) $\deg(Id-T,U,0)\neq 0$.

(ii) 存在紧连续映射列 $T_n:\overline{U}\to X$ 使

$$\delta_n=\sup_{x\in\overline{U}}\{\|T_n(x)-T(x)\|\}\to 0,\qquad n\to\infty.$$

(iii) $x=T_n(x)+y$, $y=x_0-T_n(x_0)$ 在 U 中至多有一个解(其中，x_0 为方程 $x=T(x)$ 的满足 $\|y\|=\|x_0-T(x_0)\|<\delta_n$ 的任一解)，

则不动点集

$$\{x\in U\,|\,x=T(x)\}$$

为 U 中的一个闭联集.

下例说明定理 1.6.1 中的"f 为 0-epi 映射"这个条件不能去掉.

例 1.6.2 设 $f:[-1,1]\to\mathbb{R}$

$$f(x)=|4x^2-1|,$$

则 $f^{-1}(0)$ 不是连通集. 但另一方面，对 $\forall\,y\in f^{-1}(0)$ 及 $\forall\,\varepsilon>0$，作

$$h_\varepsilon(x)=-\frac{2}{3}\varepsilon|x-y|,$$

$h_\varepsilon(x)$满足定理1.6.1的假设条件(i),(ii),(iii).

最后指出:0-epi映射的概念是由Furi等在文献[11]中首先引入的.本节内容主要选自文献[10].

1.6.2　解集中含有连通分支的条件

含单参紧向量场方程的解集含有连通分支的结果可以追溯到Leray和Schauder[12],Browder[13]建立的如下结果.

定理1.6.2　设X是一个Banach空间,$I=[-1,1]\subset\mathrm{R}$.$U$为$X$的一个有界开集.设$f:[-1,1]\times\overline{U}\to X$为紧连续映射且满足

$$x\neq f(\lambda,x),\qquad \forall(\lambda,x)\in[-1,1]\times\partial U,$$
$$\deg(Id-f(\lambda,\cdot),U,0)\neq 0,\qquad \lambda\in[-1,1],$$

则

$$\varphi=\{(\lambda,x)\in I\times\overline{U}\mid x=f(\lambda,x)\}$$

中含有一条连接$\varphi_{-1}=\varphi\cap(\{-1\}\times X)$与$\varphi_{+1}=\varphi\cap(\{1\}\times X)$的连通分支.

由定理1.6.2不难推出如下结果.

定理1.6.3[14]　设C为Banach空间X的非空有界闭凸集.$K:[\alpha,\beta]\times C\to C$ $(\alpha<\beta)$是紧连续映射,则集合

$$S_{\alpha,\beta}=\{(s,x)\in[\alpha,\beta]\times C\mid K(s,x)=x\}$$

中包含一条连接$\{\alpha\}\times C$与$\{\beta\}\times C$的连通分支.

由点集拓扑学知道:拓扑空间E的子集C分离E的子集A和B是指:存在E的两个不相交的开集U和V,使$A\subseteq U$,$B\subseteq V$且$U\cup V=E\setminus C$.集合A与B在E中分离是指:空集分离A和B.

于是,定理1.6.2可以等价地写成如下定理.

定理1.6.4　在定理1.6.2的假设下,φ_{-1}与φ_{+1}不在φ中分离.

利用拓扑知识及定理1.6.4不难证明如下定理.

定理1.6.5　设定理1.6.2的全部假设成立.进一步,假设$g:\varphi\to\mathrm{R}$是一个连续映射且满足$g(\varphi_{-1})\subseteq\mathrm{R}^-$,$g(\varphi_{+1})\subseteq\mathrm{R}^+$.则$g(\lambda,x)=0$在$\varphi$中有解.

下面讨论含多参紧向量场方程的情形.

记$\lambda=(\lambda_1,\cdots,\lambda_n)\in\mathrm{R}^n$,$I^n=[-1,1]^n\subset\mathrm{R}^n$.设$U$为Banach空间$X$中的一个有界开集,$f:I^n\times\overline{U}\to X$是一族紧向量场且$f$在$I^n\times\partial U$上不取零值.记

$$f_\lambda(\cdot)=f(\lambda,\cdot):\overline{U}\to X.$$

再记

$$\varphi=\{(\lambda,x)\in I^n\times\overline{U}\mid f(\lambda,x)=0\},$$
$$\varphi_i^{\pm}=\{(\lambda,x)\in\varphi\mid\lambda_i=\pm 1\},\quad i=1,2,\cdots,n.$$

于是,有如下重要结果.

定理 1.6.6 设 $f: I^n\times\overline{U}\to X$ 是一族紧向量场且 f 在 $I^n\times\partial U$ 上不取零值.如果

$$\deg(f_\lambda, U, 0)\neq 0,\qquad \lambda\in I^n,$$

则下列结论成立:

(i) 如果 $C_i(i=1,2,\cdots,n)$ 为 φ 的闭子集且 C_i 分离 φ_i^+ 与 φ_i^-,则 $\bigcap_{i=1}^n C_i\neq\varnothing$.

(ii) 如果 $g_i:\varphi\to\mathbf{R}(i=1,2,\cdots,n)$ 连续且使得 $g_i(\varphi_i^+)\subset\mathbf{R}^+$,而 $g_i(\varphi_i^-)\subset\mathbf{R}^-$,则 $\bigcap_{i=1}^n g_i^{-1}(0)\neq\varnothing$,即映射 $g=(g_1,\cdots,g_n):\varphi\to\mathbf{R}^n$ 在 φ 中至少有一个零点.

证明见文献[15]中定理 1.1.

近年来,对含参方程解集结构的研究工作越来越多.参数空间不再局限于 $\mathbf{R}^n$,含参映射也不再局限于全连续场.有兴趣的读者可参看文献[16]—[18]等.

1.7 延拓定理

连续同伦方法是处理非线性微分方程解的存在性问题的最常见、最重要的方法之一.它的核心思想是通过证明某特定同伦方程族的所有可能解有一个先验界,来保证原问题的可解性.本节主要介绍下列问题:

(i) Leray-Schauder 原理.

(ii) Mawhin 延拓定理.

1.7.1 Leray-Schauder 原理

定理 1.7.1[1] 设 X 是一个 Banach 空间,$T: X\times[0,1]\to X$ 为紧连续映射,且对 $\forall\, x\in X$, $T(x,0)=0$.假设存在一个常数 $M>0$,使方程

$$x = T(x,\sigma)$$

的所有解 $(x,\sigma)\in X\times[0,1]$,均有

$$\|x\|_X\leqslant M,$$

则由 $T_1x=T(x,1)$ 给出的 X 到自身的映射 T_1 有一个不动点.

作为定理 1.7.1 的一个特殊情形,有如下定理.

定理 1.7.2[1] 设 T 是 Banach 空间 X 到自身的紧连续映射.又设存在一个常数 $M>0$,使方程

$$x=\sigma Tx,\qquad \sigma\in[0,1],\qquad x\in X$$

的所有解 $(x,\sigma)\in X\times[0,1]$ 均满足

$$\|x\|_X\leqslant M,$$

则 T 有一个不动点.

注 1.7.1　在定理 1.7.2 的条件下,若令

$$C = \{x \in X \mid \|x\|_X \leqslant M\},$$

则由定理 1.6.3,集合

$$S = \{(x,\sigma) \in X \times [0,1] \mid x = \sigma T x\}$$

中含有一支连接 $C\times\{0\}$ 与 $C\times\{1\}$ 的连通分支.

在定理 1.7.1 的条件下,也有类似结论.

1.7.2 Mawhin 延拓定理

设 X 和 Z 均为实赋范向量空间,$L: D(L)\subset X\to Z$ 是一个 0 指标的 Fredholm 算子.由线性泛函分析可知,存在投影 $P: X\to X$, $Q: Z\to Z$,使 $\mathrm{Im}P=\ker L$ 而 $\ker Q=\mathrm{Im}L$.进一步,$L|_{D(L)\cap\ker P}$ 可逆,且记$(L|_{D(L)\cap\ker P})^{-1}=K$.设 Ω 为 X 中的一个有界开集且满足 $D(L)\cap\Omega\neq\varnothing$.记 Ω 的闭包为 $\overline{\Omega}$.

设 E 是一个度量空间,$G: E\to Z$ 是一个映射.G 为 L-紧是指:映射 $QG: E\to Z$ 及 $K(Id-Q)G: E\to X$ 为 E 上的紧映射(即在 E 上连续且 $QG(E)$及 $K(Id-Q)G(E)$均为 Z 的相对紧集).设 $\overline{G}: X\to Z$.$\overline{G}$ 为 L-全连续是指:$\overline{G}$ 在 X 的任意有界子集 $\overline{E}$ 上为 L-紧的.

定理 1.7.3　设 $F=L-N$, $N:\overline{\Omega}\to Z$ 为 L-紧.设 $\widetilde{F}:(D(L)\cap\overline{\Omega})\times I\to Z$

$$\widetilde{F}(x,\lambda) = Lx + G(x,\lambda),$$

其中,$G:\overline{\Omega}\times I\to Z$, L-紧,$I=[0,1]$,同时 $\widetilde{F}(\cdot,1)=F$.如果下列条件成立:

(i) $0\notin\widetilde{F}((D(L)\cap\partial\Omega)\times[0,1))$.

(ii) $D_L(\widetilde{F}(\cdot,0),\Omega)\neq 0$,

则

$$F(x) = 0 \tag{1.7.1}$$

在 $D(L)\cap\overline{\Omega}$ 中至少有一个解.

注 1.7.2　D_L 表示重合度(coincidence degree).

定理 1.7.3 结合 Borsuk 定理有如下有趣的存在性结果.

定理 1.7.4　设 $0\in\Omega$ 且 Ω 关于 0 点对称.$F=L-N$ 而 N 在 $\overline{\Omega}$ 上 L-紧.更设 $Fx\neq\mu F(-x)$对 $\forall(x,\mu)\in(D(L)\cap\partial\Omega)\times(0,1]$,则方程(1.7.1)在 $D(L)\cap\overline{\Omega}$ 中至少有一个解.

定理 1.7.3 的一个相当有用的特殊情形.先记

$$C_L(\Omega) = \left\{ F: D(L)\cap\overline{\Omega}\to Z \;\middle|\; \begin{array}{l} F = L+G, \\ G:\overline{\Omega}\to z \text{ 在 } \overline{\Omega} \text{ 上 } L\text{-紧} \\ \text{且 } 0\notin F(D(L)\cap\partial\Omega) \end{array} \right\}.$$

定理 1.7.5 设 $H\in C_L(\Omega)$, $F=L-N$, $N:\overline{\Omega}\to Z$ 为 L-紧且满足

(i) $\lambda Fx+(1-\lambda)Hx\neq 0$, $\forall(x,\lambda)\in(D(L)\cap\partial\Omega)\times(0,1)$.

(ii) $D_L(H,\Omega)\neq 0$,

则方程(1.7.1)在 $D(L)\cap\overline{\Omega}$ 中至少有一个解.

下面在 $G_L(\Omega)$中寻找特殊的 H,以便定理 1.7.5 的条件(ii)能被满足.

定理 1.7.6 设 $F=L-N$, $N:\overline{\Omega}\to Z$ 为 L-紧.设 $H\in C_H(\Omega)$在 $\overline{\Omega}$ 上 1-1 对应且存在 $z\in H(D(L)\cap\Omega)$,使

$$\lambda Fx+(1-\lambda)(Hx-z)\neq 0$$

对 $\forall(x,\lambda)\in(D(L)\cap\partial\Omega)\times(0,1)$成立,则方程(1.7.1)在 $D(L)\cap\overline{\Omega}$ 中至少有一个解.

定理 1.7.7 设 $F=L-N$, $N:\overline{\Omega}\to Z$ 为 L-紧.设 $A:X\to Z$ 为 L-全连续且

(i) $\ker(L-A)=\{0\}$.

(ii) $\forall(x,\lambda)\in(D(L)\cap\partial\Omega)\times(0,1)$,

$$Lx-(1-\lambda)Ax-\lambda Nx\neq 0.$$

又设 $0\in\Omega$,则方程

$$Lx=Nx \tag{1.7.2}$$

在 $D(L)\cap\overline{\Omega}$ 中至少有一个解.

推论 1.7.1 设 $F=L-N$, $N:\overline{\Omega}\to Z$ 为 L-紧.如果 $\ker L=\{0\}$,$0\in\Omega$ 且

$$Lx-\lambda Nx\neq 0$$

对 $\forall(x,\lambda)\in(D(L)\cap\partial\Omega)\times(0,1)$成立,则定理 1.7.7 的结论成立.

现在再讨论定理 1.7.5 在 $\ker L\neq\{0\}$时的几个特殊情形.

定理 1.7.8 设 $F=L-N$, N 在 $\overline{\Omega}$ 上 L-紧.设 $G:\overline{\Omega}\to Y$ 在 $\overline{\Omega}$ 上 L-紧,而 Y 为 Z 的有限维向量子空间使得 $Z=\operatorname{Im}L\oplus Y$,$\oplus$表示代数直和.设下列条件同时成立:

(i) $Lx-(1-\lambda)G(x)-\lambda Nx\neq 0$, $\forall(x,\lambda)\in(D(L)\cap\partial\Omega)\times(0,1)$.

(ii) $Gx\neq 0$, $\quad\forall x\in\ker L\cap\partial\Omega$.

(iii) $D_0(G|_{\ker L},\Omega\cap\ker L)\neq 0$(其中,$D_0$ 表 Brouwer 度),

则 $Lx=Nx$ 在 $D(L)\cap\overline{\Omega}$ 中至少有一个解.

定理 1.7.9 设 $F=L-N$, N 在 $\overline{\Omega}$ 上 L-紧.假设下列条件同时成立:

(i) $Lx-\lambda Nx\neq 0$, $\forall(x,\lambda)\in((D(L)\setminus\ker L)\cap\partial\Omega)\times(0,1)$.

(ii) $Nx\notin\operatorname{Im}L$, $\forall x\in\ker L\cap\partial\Omega$.

(iii) $D_0(QN_{\ker L},\Omega\cap\ker L)\neq 0$,其中,$Q:Z\to Z$ 为满足 $\ker Q=\operatorname{Im}L$ 的连续投影;$QN_{\ker L}$表示 QN 在 $\ker K\cap\overline{\Omega}$上的限制,

则方程 $Lx=Nx$ 在 $D(L)\cap\overline{\Omega}$ 中至少有一个解.

定理 1.7.3～定理 1.7.9 及其证明可参见文献[19].

当 $X=Z$ 且均为 Hilbert 空间时,有如下延拓定理.

定理 1.7.10　设 $L: D(L)\subset H\to H$ 是一个 0 指标的 Fredholm 算子(L 的右逆为 K),其中 H 是 Hilbert 空间.设 $F: H\to H$ 是一个单调次连续算子.

如果存在一个线性的 α 单调算子 $A: H\to H$ 及一个正数 $\rho>0$,使下列条件满足:

(i) $K\bar{Q}F$ 与 $K\bar{Q}A$ 在 $\bar{B}(\rho)$ 上紧,其中,$\bar{B}(\rho)=\{u\in H \mid \|u\|_H\leqslant\rho\}$,而 $\bar{Q}: H\to \mathrm{Im}\,L$ 为直交投影.

(ii) $F(\bar{B}(\rho))$ 为有界集.

(iii) $\forall\lambda\in[0,1)$ 及 $\forall u\in D(L)\cap\partial B(\rho)$,有

$$Lu-(1-\lambda)Au-\lambda Fu\neq 0,$$

则方程 $Lu-Fu=0$ 在 $D(L)\cap\bar{B}(\rho)$ 中至少有一个解.

1.8　变分方法

变分理论的内容非常丰富,特别是近几十年来又有了重大进展.想了解全貌的读者可参阅文献[20].这里仅引述以后诸章所必需的个别结论.

1.8.1　无约束极值点

设 $f: X\to \mathrm{R}\cup\{+\infty\}$,$f\not\equiv+\infty$,其中,$X$ 是一个 Banach 空间.求 $\min\{f \mid x\in X\}$.

当 $\dim X<+\infty$ 时,若有条件

(1) f 下半连续,即 $x_n\to x_0\Rightarrow\varliminf_{n\to\infty}f(x_n)\geqslant f(x_0)$.

(2) f 是强制的,即 $\lim_{\|x\|\to+\infty}f(x)=+\infty$,

则 f 必定取到极小值点.

当 $\dim X=+\infty$ 时,因无穷维空间中的有界点列未必有收敛子列,故上述结论不再成立.为了给出在无穷维空间的推广,先引进两个概念.

$f: X\to\mathrm{R}\cup\{+\infty\}$ 称为弱下半连续的是指:$x_n\xrightarrow{\text{弱}}x_0\Rightarrow\varliminf_{n\to\infty}f(x_n)\geqslant f(x_0)$.

X 中的一个子集 M 称为是弱闭的是指:$x_n\in M$,$x_n\xrightarrow{\text{弱}}x_0\Rightarrow x_n\in M$.

定理 1.8.1[20]　设 M 是自反 Banach 空间 X 中的一个弱闭非空子集,又设 $f: M\to\mathrm{R}\cup\{+\infty\}$,$f\not\equiv+\infty$ 是弱下半连续的强制函数,则 f 在 M 上达到极小点.

注 1.8.1　弱下半连续蕴含了下半连续,但反过来一般不真.

注 1.8.2　当 $\dim X<+\infty$ 时,弱下半连续等价于下半连续.

注 1.8.3 设 X 为一个自反 Banach 空间，M 为 X 的弱闭凸子集，$f: M\to \mathrm{R}\cup\{+\infty\}$凸，则 f 弱下半连续等价于下半连续.

结合定理 1.8.1 及注 1.8.3 可得到如下定理.

定理 1.8.2[20] 设 X 是一个自反 Banach 空间，$f: X\to \mathrm{R}\cup\{+\infty\}$，$f\not\equiv+\infty$，下半连续且凸，并满足强制性条件，则 f 达到极小点.

1.8.2 Ekeland 变分原理

Ekeland 变分原理也叫 Ekeland 近似极小值点定理，它在不需要空间紧性及泛函凸性的情况下，保证泛函有"近似极小值点".

定理 1.8.3[21] 设(E,ρ)是一个完备的度量空间，$f: E\to \mathrm{R}\cup\{+\infty\}$，且 $f\not\equiv+\infty$，是有下界的下半连续函数.又设有 $\varepsilon>0$ 以及 $x_\varepsilon\in E$，使得

$$f(x_\varepsilon)<\inf_{x\in E}f(x)+\varepsilon,$$

则存在点 $y_\varepsilon\in E$，使得

$$f(y_\varepsilon)\leqslant f(x_\varepsilon), \tag{1.8.1}$$

$$\rho(y_\varepsilon,x_\varepsilon)\leqslant 1, \tag{1.8.2}$$

$$f(x)>f(y_\varepsilon)-\varepsilon\rho(y_\varepsilon,x),\qquad \forall\, x\neq y_\varepsilon. \tag{1.8.3}$$

推论 1.8.1 设(E,ρ)是一个完备度量空间. $f: E\to \mathrm{R}\cup\{+\infty\}$下半连续，有下界且 $f\not\equiv+\infty$，则 $\forall\,\varepsilon>0$，$\exists\, x_\varepsilon\in E$ 满足

$$f(x_\varepsilon)<\inf_{x\in E}f(x)+\varepsilon,$$

$$f(x)\geqslant f(x_\varepsilon)-\varepsilon\rho(x_\varepsilon,x),\qquad \forall\, x\in E.$$

利用定理 1.8.3，不难推出非常有用的如下结果.

定理 1.8.4[21] 设 X 是一个 Banach 空间，$\varphi: X\to \mathrm{R}$ 是一个在 X 上可微且有下界的泛函，则对任意 φ 的极小化序列$\{u_k\}$，存在 φ 的一个极小化序列$\{v_k\}$，使得

$$\varphi(v_k)\leqslant\varphi(u_k),$$

$$|u_k-v_k|\to 0,\qquad k\to\infty,$$

$$|\varphi'(v_k)|\to 0,\qquad k\to\infty.$$

证明见文献[21]中推论 4.1.

现设 X 是一个 Banach 空间，$f\in C^1(X,\mathrm{R})$.为了在 X 上考察 f 的极小值，把"紧性"条件添加到 f 自身上去.

Palais-Smale 条件

设 $f\in C^1(X,\mathrm{R})$，称 f 满足[P.S.]条件，是指 $\forall\,\{p_n\}\subset X$，

$$\left.\begin{array}{l} f(p_n)\text{ 有界} \\ \mathrm{d}f(p_n)\to\theta \end{array}\right\}\Rightarrow\{p_n\}\text{ 有收敛子列}.$$

定理 1.8.5[20]　设 X 是一个 Banach 空间，$f\in C^1(X,\mathbf{R})$满足[P.S.]条件，且 f 下半有界，则 f 达到极小值，即存在 $p_0\in X$，使得

$$f(p_0)=\inf_{p\in X}f(p)\text{ 并且 } df(p_0)=\theta.$$

注 1.8.4　在定理 1.8.5 中，不需要假定 f 是强制的.

1.8.3　极大极小原理

先引进环绕的概念.

设 X 是一个 Banach 空间，$Q\subset X$ 是一个有边的闭 Banach 流形，其边界为∂Q. 又设 S 是 X 中的一个闭子集. 称∂Q 与 S 是环绕的，是指

(i) $\partial Q\cap S=\varnothing$.

(ii) 对任意连续的 $\varphi: Q\to X$，$\varphi|_{\partial Q}=Id|_{\partial Q}$，均有

$$\varphi(Q)\cap S\neq\varnothing.$$

环绕的例子很多. 下面列举的例子是以后要用到的.

例 1.8.1　设 Ω 是 X 中原点 θ 的一个开邻域，$S=\partial\Omega$. 设 $x_0\notin\Omega$，令

$$Q=\{\lambda x_0\mid\lambda\in[0,1]\},$$

则$\partial\Omega=\{\theta,x_0\}$. 由连通性，$\partial\Omega$ 与 S 环绕. 见图 1.8.1.

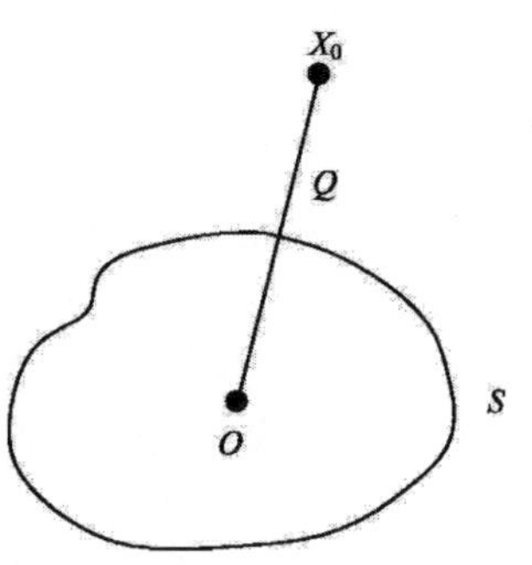

图 1.8.1

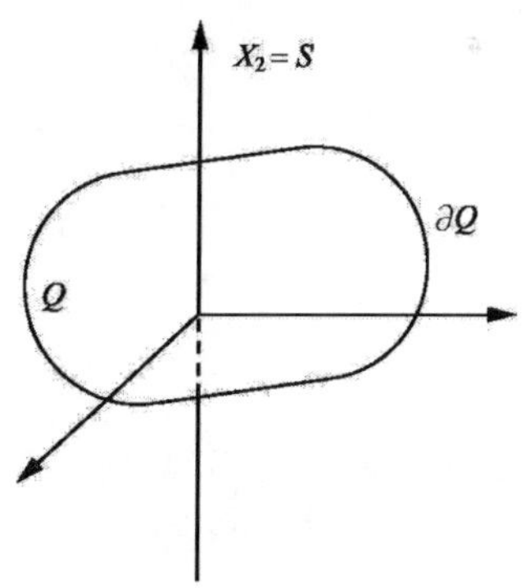

图 1.8.2

例 1.8.2　设 X 是一个 Banach 空间，X_1 是它的一个有穷维线性子空间，X_2 是 X_1 的补空间：

$$X=X_1\oplus X_2.$$

令

$$S=X_2,$$
$$Q=B_R\cap X_1,$$

其中，$B_R=\{x\in X\mid \|x\|_X\leqslant R\}$，则$\partial Q=\{x\in X_1\mid\|x\|=R\}$. 可以证明 S 与∂Q 环

绕,见图 1.8.2.

例 1.8.3 设 X 是一个 Banach 空间,X_1 是一个有穷维线性子空间,X_2 是 X_1 的补空间:

$$X = X_1 \oplus X_2 .$$

又设 $\vec{e} \in X_2$, $\|\vec{e}\| = 1$.设 $R_1, R_2, \rho > 0$.令

$$S = X_2 \cap \partial B_\rho ,$$

$$Q = \{u + t\vec{e} \mid u \in X_1 \cap B_{R_2}, t \in [0, R_1]\},$$

其中,B_r 是以 θ 为中心,$r>0$ 为半径的球,则当 $R_1 > \rho$ 时,S 与∂Q 环绕,见图1.8.3.

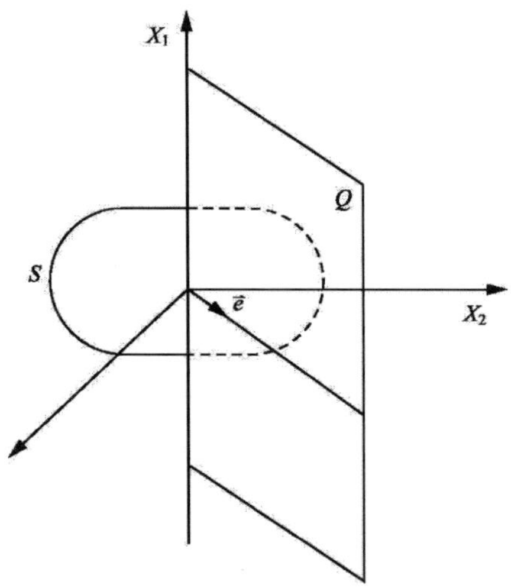

图 1.8.3

定理 1.8.6[20] 设 X 是一个 Banach 空间,$f \in C^1(X, \mathbb{R})$满足[P.S.]条件且 f 在∂Q 与 S 上的值可以分离,即有实数 $\beta > \alpha$,使

(a) $$\sup_{x \in \partial Q} f(x) \leqslant \alpha; \tag{1.8.4}$$

(b) $$\inf_{x \in S} f(x) \geqslant \beta, \tag{1.8.5}$$

其中,∂Q 与 S 环绕,则 f 必有一个临界值 $C \geqslant \beta$.

结合定理 1.8.6 及例 1.8.1 立即得到著名的山路引理(mountain pass lemma),陈述如下:

定理 1.8.7[4,7,20] 设 $f \in C^1(X, \mathbb{R})$, f 满足[P.S.]条件;又设 $\Omega \subset X$ 是 θ 的一个开邻域,$x_0 \notin \Omega$,则当

$$f(x_0), f(\theta) \leqslant 0,$$

$$f|_{\partial\Omega} \geqslant \alpha > 0$$

时，$C=\inf\limits_{h\in\Phi}\sup\limits_{t\in[0,1]}f(h(t))$是 f 的一个正临界值，$C\geqslant\alpha$，其中，

$$\Phi=\{h\in C([0,1],X)\mid h(0)=\theta,h(1)=x_0\},$$

即 Φ 由 X 中连接 θ 与 x_0 的一切道路组成.

对于非线性共振问题所对应的泛函，通常的[P.S.]条件一般不满足.为了克服这个困难，人们引进了其他一些紧性条件，如 Bartolo 等[22]提出下列[C]条件：

(1) $\left.\begin{array}{l}\text{若}\{x_n\}\text{与 }f(x_n)\text{都有界}\\ f'(x_n)\to\theta\end{array}\right\}\Rightarrow\{x_n\}$有收敛子列.

(2) $\exists$常数 $\alpha,R>0$ 使得 $\|f'(x)\|\cdot\|x\|\geqslant\alpha$，当 $\|x\|>R$ 时.

又如 Solimini[23]引进[P.S.]′条件，详见第4章.

对于没有[P.S.]条件的泛函，常常讨论渐近临界值的存在性.现在给出这方面的一个结果.

设 E 是一个 Hilbert 空间，E 的范数和内积分别记为 $\|\cdot\|$ 和$(\cdot,\cdot)$.

设$\{e_n\}$为 E 的一组标准正交基，记 $E_n=\mathrm{span}\{e_1,e_2,\cdots,e_n\}$.设 $P_n:E\to E_n$ 为直交投影，$Q_n=Id_E-P_n$.

给定 $\bar{u}\in E_n$，$r\in\mathbf{R}^+$，记

$$B_n\triangleq B_n(\bar{u},r)=\{u\in E_n\mid\|u-\bar{u}\|<r\}.$$

再记

$$H_n=\{\eta:E\to E\mid\eta(u)=u,\forall u\in\partial B_n\}.$$

令

$$\mathscr{A}_n^1=\{A\subset E\mid\exists\eta\in H_n\text{ 使 }A=\eta(\bar{B}_n)\},\tag{1.8.6}$$

$$\mathscr{A}_n^2=\{A\subset E\mid A\text{ 紧且 }\forall\eta\in H_n\text{ 有 }\eta(A)\cap E_n^{\perp}\neq\varnothing\}.\tag{1.8.7}$$

易见$\mathscr{A}_n^1\subset\mathscr{A}_n^2$.设

$$c_n^i=\inf_{A\in\mathscr{A}_n^i}\sup_A I,\qquad i=1,2,$$

其中，$I\in C^1(E,\mathbf{R})$，则由$\mathscr{A}_n^1\subset\mathscr{A}_n^2\Rightarrow c_n^2\leqslant c_n^1$.下面给出一个没有[P.S.]条件的鞍点定理.

定理 1.8.8[23]　设 $i=1,2$. $c_n^i>\sup\limits_{\partial B_n}I$，则对任意满足$\lim\limits_{k\to\infty}\sup\limits_{A_k}I=c_n^i$ 的集合列$\{A_k\}\subset\mathscr{A}_n^i$，存在点列$\{u_n\}\subset E$，使得

(i)
$$\lim_{k\to\infty}d(u_k,A_k)=0.\tag{1.8.8}$$

(ii)
$$\lim_{k\to\infty}I'(u_k)=0.\tag{1.8.9}$$

(iii)
$$\lim_{k\to\infty}I(u_k)=c_n^i.\tag{1.8.10}$$

注 1.8.5　若 $\inf_{E_n^{\perp}}I>\sup\limits_{\partial B_n}I$，则 $c_n^i>\sup\limits_{\partial B_n}I$.

注 1.8.6　(1.8.9)和(1.8.10)表明,I 有一个渐近临界值 c_n^i(c 是 I 的渐近临界值是指:$\exists\{u_n\}\subset E$,使得 $I'(u_n)\to\theta$ 而 $I(u_n)\to c$).

1.9　正算子理论

1.9.1　锥上的不动点定理

本小节只介绍有关正算子理论的一些基本概念和基础结果.关于正算子不动点的进一步的讨论,参看文献[4].

定义 1.9.1　设 E 是以 $\|\cdot\|$ 为范数的实 Banach 空间,$P\subset E$ 是一个非空凸闭集.若

(i) $x\in P,\lambda\geqslant 0\Rightarrow \lambda x\in P$.

(ii) $x\in P,-x\in P\Rightarrow x=\theta$,$\theta$ 表示 E 中的零元素,

则称 P 是 E 中的一个**锥**.

由锥 K 可以在 E 上建立半序"$\leq$",即 $\forall\, x,y\in E$,

$$x\leq y \Leftrightarrow y-x\in K.$$

本书总假定 E 的范数是单增的,即

$$0\leq x\leq y\Rightarrow \|x\|\leqslant\|y\|.$$

用 K^0 表示 K 的内点集.如果 $K^0\neq\varnothing$,则称 K 是一个**体锥**.

若 $x\leq y,x\neq y$,则记 $x<y$.

若 K 是一个体锥,并且 $y-x\in K^0$,则称 $x\ll y$.

由 Dugundji 扩张定理知,实 Banach 空间中任何非空凸闭集 X 都是 E 的收缩核(即存在连续算子 $r:E\to X$,使当 $x\in X$ 时,恒有 $r(x)=x$).从而,E 中的任何锥 K 都是 E 的一个收缩核.

定义 1.9.2　设 X 是实 Banach 空间 E 中的一个收缩核.假设对于 X 的有界(相对)开集 $U\subset X$,算子 $A:\overline{U}\to X$ 全连续,并且

$$Ax\neq x,\qquad x\in\partial U,$$

则存在唯一的整数 $i(A,U,X)$(称为 A 在 U 上关于 X 的**不动点指数**),满足

(i) 正规性:若 $A:\overline{U}\to\overline{U}$ 是恒同算子,则 $i(A,U,X)=1$.

(ii) 可加性:若 U_1,U_2 均为 E 的互不相交(关于 X)的开子集,

$$Ax\neq x,\qquad x\in\overline{U}\backslash(U_1\cup U_2),$$

则 $i(A,U,X)=i(A|_{U_1},U_1,X)+i(A|_{U_2},U_2,X)$.

(iii) 同伦不变性:设 $H:[0,1]\times\overline{U}\to X$ 全连续,并且

$$H(t,x)\neq x,\qquad (t,x)\in[0,1]\times\partial U,$$

则 $i(H(t,\cdot),U,X)$与 t 无关.

(iv) 可解性：若 $i(A,U,X)\neq 0$，则 A 在 U 中至少有一个不动点.

下设 K 是 E 中的一个锥，从而 K 也是 E 的一个收缩核. 又设 Ω 是 K 中的有界开集，则 $\Omega\cap K$ 是 K 中的有界开集，并且 $\partial(\Omega\cap K)=(\partial\Omega)\cap K$，$\overline{\Omega\cap K}=\overline{\Omega}\cap K$.

引理 1.9.1　设 $\theta\in\Omega$，$A:\overline{\Omega}\cap K\to K$ 全连续，且

$$Ax=\mu x,\qquad x\in K\cap\partial\Omega\Rightarrow\mu<1,$$

则 $i(A,K\cap\Omega,K)=1$.

引理 1.9.2　设 $\theta\in\Omega$，$A:\overline{\Omega}\cap K\to K$ 全连续. 若

(i) $\inf\limits_{x\in K\cap\partial\Omega}\|Ax\|>0$.

(ii) $Ax=\mu x$，$x\in K\cap\partial\Omega\Rightarrow\mu\notin(0,1]$.

则 $i(A,K\cap\Omega,K)=0$.

引理 1.9.3　设 $\theta\in\Omega$，$A:\overline{\Omega}\cap K\to K$ 全连续. 若存在 $u_0\in K$ 满足 $u_0\neq 0$，使得

$$x-Ax\neq\mu u_0,\qquad x\in K\cap\partial\Omega, t\geqslant 0,$$

则 $i(A,K\cap\Omega,K)=0$.

作为引理 1.9.1～引理 1.9.3 的直接推论，有如下定理.

定理 1.9.1　设 E 是 Banach 空间，$K\subset E$ 是 E 中的一个锥. 设 Ω 是 E 的有界开子集，$0\in\Omega$. 若全连续算子

$$A:K\cap\overline{\Omega}\to K$$

满足

$$\|Au\|\leqslant\|u\|,\quad u\in K\cap\partial\Omega.$$

则 $i(A,K\cap\Omega,K)=1$.

定理 1.9.2　设 E 是 Banach 空间，$K\subset E$ 是 E 中的一个锥. 设 Ω 是 E 的有界开子集，$0\in\Omega$. 若全连续算子

$$A:K\cap\overline{\Omega}\to K$$

满足

$$\|Au\|\geqslant\|u\|,\quad u\in K\cap\partial\Omega.$$

则 $i(A,K\cap\Omega,K)=0$.

定理 1.9.3　设 E 是 Banach 空间，$K\subset E$ 是 E 中的一个锥. 设 Ω_1，Ω_2 是 E 的有界开子集，$0\in\Omega_1$，$\overline{\Omega}_1\subset\Omega_2$. 若全连续算子

$$A:K\cap(\overline{\Omega}_2\backslash\Omega_1)\to K$$

满足

(i) $\|Au\|\leqslant\|u\|$，$u\in K\cap\partial\Omega_1$ 且 $\|Au\|\geqslant\|u\|$，$u\in K\cap\partial\Omega_2$，

或

(ii) $\|Au\|\geqslant\|u\|$，$u\in K\cap\partial\Omega_1$ 且 $\|Au\|\leqslant\|u\|$，$u\in K\cap\partial\Omega_2$.

则 A 在 $K\cap(\bar{\Omega}_2\setminus\Omega_1)$ 上有一个不动点.

1.9.2　Gelfand 公式　Krein-Rutman 定理

设$(E,\|\cdot\|)$是复数域C上的一个 Banach 空间.记 $L(E)$为有界线性算子 $T:E\to E$ 的全体在范数

$$\|T\| = \sup\{\|Tx\| \mid \|x\| = 1\}$$

下所构成的 Banach 空间,$I:E\to E$ 为恒同映射,则集合

$$\sigma(T) = \{\lambda\in C \mid \lambda I - T: E\to E\text{存在有界逆}\}$$

称为 T 的**谱**.集合

$$\rho(T) = C\setminus\sigma(T)$$

称为 T 的**预解集**,而

$$r(T) = \sup\{|\lambda| \mid \lambda\in\rho(T)\}$$

称为 T 的**谱半径**.

定理 1.9.4　设 $T\in L(E)$,则

(i) $\sigma(T)\neq\varnothing$.

(ii) (Gelfand's 公式)　$r(T)=\lim\limits_{n\to\infty}\|T^n\|^{1/n}$.

注 1.9.1　设$(E_0,\|\cdot\|)$是实数域R上的 Banach 空间.若 B 是 E_0 上的有界线性算子,则定义 B 的**谱半径**为 B 在 E_0 的复化空间上的自然延拓算子的谱半径,且仍记为 $r(B)$.

下面介绍一类特殊的有界连续线性算子——正算子的概念和性质.主要内容取自文献[24].

定义 1.9.3　设$(E,\|\cdot\|)$是一个 Banach 空间,$K\subset X$ 是一个锥,$T\in L(E)$.若 $TK\subset K$,则称 T 为正算子.

若 $K\subset X$ 是一个体锥,且 $T(K\setminus\{0\})\in K^0$,则称 T 为强正算子.

关于谱半径,有如下重要结果.

定理 1.9.5(Krein-Rutman 定理)　设 E 是一个 Banach 空间,$K\subset X$ 是一个锥满足$\overline{K\setminus K}=E$.设 $T\in L(E)$是一个紧的正算子,并且 $r(T)>0$,则 $r(T)$是 T 的具有正特征函数的正特征值.

定理 1.9.6　设 E 是一个 Banach 空间,$K\subset X$ 是一个锥且满足 $K^0\neq\varnothing$.设 $T\in L(E)$是一个紧的强正算子,则

(a) $r(T)>0$,$r(T)$是 T 的一个具有正特征函数 $v\in K^0$ 的简单特征值,并且 T 再没有其他正特征值.

(b) 对于任何满足 $\lambda\neq r(T)$的特征值 λ,有

$$|\lambda| < r(T).$$

(c) 对任何 $y>0$,当 $\lambda>r(T)$时,方程 $\lambda x-Tx=y$ 有唯一解 $x\in K^0$;当 $\lambda\leqslant r(T)$时,方程 $\lambda x-Tx=y$ 在 K 中无解.

(d) 对任何 $y>0$,方程 $r(T)x-Tx=-y$ 在 K 中无解.

(e) 若 $S\in L(X)$并且 $Sx\geqslant Tx$ 于 K,则 $r(S)\geqslant r(T)$.进一步,若 $Sx\gg Tx$ 对一切 $x>0$ 成立,则 $r(S)>r(T)$.

1.10 分歧理论

本小节的主要内容选自文献[6,25].

设 X,Y 为两个 Banach 空间.考察方程

$$F(\lambda,u)=0, \tag{1.10.1}$$

其中,$F:\mathrm{R}\times X\to Y$ 为一个依赖于实参数 λ 的映射.本节总假定 $F\in C^2(\mathrm{R}\times X,Y)$ 并且

$$F(\lambda,0)=0,\qquad \lambda\in\mathrm{R}. \tag{1.10.2}$$

若(1.10.2)成立,则对任意 $\lambda\in\mathrm{R}$,(1.10.1)总有平凡解 $u=0$.记

$$S=\{(\lambda,u)\in\mathrm{R}\times X\mid u\neq 0,F(\lambda,u)=0\},$$

则称 S 为(1.10.1)的非平凡解的集合.

定义 1.10.1　若存在一个序列$\{(\lambda_n,u_n)\in\mathrm{R}\times X\}$满足

(i) $u_n\neq 0$.

(ii) $F(\lambda_n,u_n)=0$.

(iii) $(\lambda_n,u_n)\to(\lambda^*,0)$,

则称$(\lambda^*,0)$为(1.10.1)的一个**分歧点**.

定理 1.10.1(必要条件)　若$(\lambda^*,0)$为(1.10.1)一个分歧点,则 F 对 u 在$(\lambda^*,0)$点的 Fréchet 导数 $F_u(\lambda^*,0):X\to Y$ 不可逆.

若 $X=Y$,

$$F(\lambda,u)=\lambda u-G(u),$$

则 $F_u(\lambda^*,0)=\lambda^*I-G'(0)$,此时定理 1.10.1 变成

定理 1.10.2[25](必要条件)　若$(\lambda^*,0)$为方程 $\lambda u-G(u)=0$ 的一个分歧点,则 λ^* 属于 $G'(0)$的谱 $\sigma(G'(0))$.

现在,一个有趣的问题是:附加什么条件才能使得满足 $F_u(\lambda^*,0)$不可逆的$(\lambda^*,0)$的确为 $F(\lambda,u)=0$ 的分歧点?

定理 1.10.3[25](指数跳跃原理)　若 X 是一个 Banach 空间,Ω是$\mathrm{R}\times X$ 中的一个开集.设 $F(\lambda,u)=u-h(\lambda,u)$,$(\lambda,u)\in\Omega$,其中,$h:\mathrm{R}\times\Omega\to X$ 全连续,且满足

$$h(\lambda,0)=0,\qquad \forall(\lambda,0)\in\Omega,$$

$$(\lambda_0, 0) \in \Omega.$$

假设存在 $\varepsilon_0 > 0$,使当 $\lambda \in (\lambda_0 - \varepsilon_0, \lambda_0 + \varepsilon_0)$时,$F(\lambda, \cdot)$在 0 点的 Leray-Schauder 指数

$$i_\lambda(0) := \deg[F(\lambda, \cdot), B(0, \varepsilon), 0]$$

有定义.若

$$i_{\lambda_0+\varepsilon}(0) \neq i_{\lambda_0-\varepsilon}(0), \qquad \forall \varepsilon \in (0, \varepsilon_0),$$

则$(\lambda_0, 0)$为 $u = h(\lambda, u)$的一个分歧点.

定义 1.10.2　设 E 为 Banach 空间,$A \in L(E)$为一个全连续算子.若 $\lambda \in \mathrm{C}$ 使得

$$\lambda u - Au = 0$$

在 E 中有非平凡解,则称 λ 为 A 的一个**特征值**;称每个这样的非平凡解为 A 的一个**特征向量**.若 $\mu \in \mathrm{C}$ 使得

$$u - \mu A u = 0$$

在 E 中有非平凡解,则称 μ 为 A 的一个**本征值**.

注 1.10.1　λ 为算子 A 的非零特征值$\Leftrightarrow \mu := \frac{1}{\lambda}$为 A 的本征值.

设 $X = Y$,并考虑方程

$$x = \mu(Lx + Nx), \qquad \mu \in \mathrm{R}, x \in X. \tag{1.10.3}$$

为陈述产生分歧的充分条件,假定

(H1) 算子 $L: X \to X$ 为线性紧算子.

(H2) 非线性算子 $N: U(0) \subset X \to X$ 全连续,并且

$$\frac{\| Nx \|}{\| x \|} \to 0, \qquad x \to 0.$$

(H3) μ_0 为 L 在 X 中的本征值,且其代数重数 $\chi(\mu_0)$为奇数,其中

$$\chi(\mu_0) = \dim\left\{ \bigcup_{m=1}^{\infty} \ker((I - \mu_0 L)^m) \right\}.$$

定理 1.10.4[25] (Krasnosel'skii　1956)　假设(H1),(H2),(H3)成立,则$(\mu_0, 0)$为(1.10.3)的一个分歧点.

定理 1.10.3 是一个局部结果.下面介绍几个全局分歧定理.

定理 1.10.5[6] (Rabinowitz　1971)　设(H1),(H2),(H3)成立.设 $C(\mu_0)$为(1.10.3)的非平凡解集的闭包中包含点$(\mu_0, 0)$的连通分支,则下列两种情形之一出现:

(i) $C(\mu_0)$无界.

(ii) $C(\mu_0)$还连接$(\bar{\mu}, 0)$,而 $\bar{\mu}$ 为不同于 μ_0 的本征值.

对于正算子而言,在一些自然的假设下,可以证明:对于最小正本征值的情形,抉择(ii)不会出现.为此,设

$$S_+ = \{(\mu, x) \in \mathrm{R} \times X \mid (\mu, x) \text{ 为}(1.10.3)\text{ 的解}, \mu > 0, x > 0\}.$$

定理 1.10.6[25] (Dancer　1974)　设(H1),(H2)成立.假设

($H1_+$) 实 Banach 空间有一个锥 K 满足 $X = K - K$,并且 $(L+N)(K) \subset K$.

($H2_+$) L 的谱半径 $r(T) > 0$,令 $\mu_0 = r(L)^{-1}$,

则$(\mu_0, 0)$为(1.10.3)的一个分歧点,并且 S_+ 的闭包中包含一个通过$(\mu_0, 0)$的无界连通分支 $C_+(\mu_0)$.

进一步,若假定

($H3_+$) $L(K \setminus \{0\}) \subset K^0$,

则$(\mu, x) \in C_+(\mu_0)$及 $\mu \neq \mu_0$ 蕴含 $x > 0$ 和 $\mu > 0$.

注 1.10.2　对于非线性项具有更一般形式的方程

$$x = \mu L x + H(\mu, x), \qquad \mu \in \mathrm{R}, x \in X, \tag{1.10.4}$$

也有类似于定理 1.10.5 的结果

定理 1.10.7[25] (Rabinowitz 全局分歧定理)　设(H1),(H3)成立.假设

($H4_+$) $H: \mathrm{R} \times X \to X$ 全连续,并且

$$\lim_{x \to 0} \frac{\| H(\mu, x) \|}{\| x \|} = 0$$

在 λ 的任何有界区间上一致成立.

记 $C(\mu_0)$为(1.10.4)的非平凡解集的闭包中包含点$(\mu_0, 0)$的连通分支,则下列两种情形之一出现:

(i) $C(\mu_0)$无界.

(ii) $C(\mu_0)$还连接$(\bar{\mu}, 0)$,而 $\bar{\mu}$ 为不同于 μ_0 的本征值.

注 1.10.3　在定理 1.10.4、定理 1.10.5 和定理 1.10.7 中,条件(H3)(即本征值的代数重数为奇数)是一个重要条件,并且的确存在这样的例子:本征值 μ_0 的代数重数为偶数,而$(\mu_0, 0)$不是分歧点.然而对于一类特殊的算子——变分算子,其任何本征值 μ_0 所对应的点$(\mu_0, 0)$均为分歧点.

设 X 是一个 Hilbert 空间,$G \in C^1(X, X)$.若存在泛函 $g: X \to \mathrm{R}$ 使得 $G = \nabla g(u)$,则称 G 是一个**变分算子**.

定理 1.10.8[6] (Krasnosel'skii 位势分歧定理)　设 X 是一个 Hilbert 空间,假设 $G \in C^1(X, X)$是一个变分算子并且全连续,则对算子 $A = G'(0)$的每一个特征值 $\bar{\lambda}$,$(\bar{\lambda}, 0)$均为方程

$$\lambda u - G(u) = 0$$

的分歧点.

附　注　Ⅰ

1.关于弱解的概念在本书中是重要的,将在以后各章中根据不同的问题分别给出其定义.

2.设 $\Omega\subset\mathbf{R}^n$ 是一个有界区域,$f:\Omega\times\mathbf{R}\to\mathbf{R}$ 满足 Carathéodory 条件是指:对 $\forall u\in\mathbf{R}$,$f(\cdot,u)$在 Ω 上可测;对 a.e. $x\in\Omega$,$f(x,\cdot)$在R 上连续.Carathéodory 条件在本书中将多次用到.以后还将引进:对 $L^p(\Omega)$的 Carathéodory 条件及位势 Carathéodory 函数等概念.与 Carathéodory 条件有关的性质,见文献[4,7,20].

3.Poincaré-Bohl 定理以及由它导出的锐角原理见文献[7],在证明解的存在性时是重要的.还有 Borsuk 定理等,限于篇幅,本章未能介绍.

第2章　线性方程的不跨特征值扰动

设 L 为1.1.1小节中定义的某线性微分算子，$\{\lambda_k\}$ 为其特征值. 对于半线性方程

$$Lu + g(x,u) = h(x), \qquad u \in D(L)$$

(其中，$u:\Omega \to \mathrm{R}$，$g:\Omega\times\mathrm{R}\to\mathrm{R}$)，记

$$g_*(x) = \liminf_{|s|\to\infty} \frac{g(x,s)}{s}, \qquad g^*(x) = \limsup_{|s|\to\infty} \frac{g(x,s)}{s}.$$

若存在 $k_0\in\mathrm{Z}$，使 $\forall\, x\in\Omega$，有

$$\lambda_{k_0} \leqslant g_*(x), \qquad g^*(x) \leqslant \lambda_{k_0+1},$$

且严格不等式在 Ω 的一个正测度集上成立，则称 g 为线性方程 $Lu=h$ 的不跨特征值扰动.

本章主要讨论带有不跨特征值扰动的方程的解的存在性和唯一性. 下面将运用各种不同的工具逐步实现扰动项由渐近一致向渐近非一致的过渡.

2.1　不跨特征值问题研究概况

2.1.1　Dolph 定理

由定理1.1.3知道，对于线性边值问题

$$\begin{cases} \Delta u + ru = h, & x \in \Omega, \quad (2.1.1)\\ u = 0, & x \in \partial\Omega \quad (2.1.2)\end{cases}$$

(其中，$h\in L^2(\Omega)$，r 为常数). 当 r 不是 $-\Delta$ 的特征值时，即 $\exists\, k\in\mathrm{N}$，当 r 满足

$$\lambda_k < r < \lambda_{k+1} \tag{2.1.3}$$

时，对任意 $h\in L^2(\Omega)$，(2.1.1)，(2.1.2)总存在唯一解.

早在1949年，Dolph 就研究半线性椭圆方程 Dirichlet 边值问题

$$\begin{cases} \Delta u + g(u) = h, & x \in \Omega, \quad (2.1.4)\\ u = 0, & x \in \partial\Omega, \quad (2.1.5)\end{cases}$$

并建立了如下存在唯一性结果.

定理 2.1.1　如果存在正数 $\varepsilon>0$ 及自然数 k，使对任意 $s\in\mathrm{R}$，有

$$\lambda_k + \varepsilon \leqslant g'(s) \leqslant \lambda_{k+1} - \varepsilon, \tag{2.1.6}$$

则(2.1.4),(2.1.5)存在唯一解.

证明 定义一个线性算子 $L: W^{2,2}(\Omega)\cap W_0^{1,2}(\Omega)\subset L^2(\Omega)\to L^2(\Omega)$,

$$Lu=-\Delta u-ru,\qquad r=\frac{\lambda_{k+1}+\lambda_k}{2},$$

再定义 $N: L^2(\Omega)\to L^2(\Omega)$,

$$N(u)=g(u)-ru-h.$$

由题设不难推出,$\forall\, u,v\in W^{2,2}\cap W_0^{1,2}$,均有

$$\| Nu-Nv\|_{L^2}\leqslant\frac{\lambda_{k+1}-\lambda_k-2\varepsilon}{2}\| u-v\|_{L^2}. \tag{2.1.7}$$

再因 L 为自伴的,L 的特征值为 $\mu_i=\lambda_i-r$,满足

$$\mu_1<\mu_2<\cdots<\mu_k=\frac{\lambda_k-\lambda_{k+1}}{2}<0<\frac{\lambda_{k+1}-\lambda_k}{2}=\mu_{k+1}<\cdots.$$

故

$$\| L^{-1}\|=\frac{2}{\lambda_{k+1}-\lambda_k}. \tag{2.1.8}$$

于是由压缩映射原理(见定理 1.5.1),$u=L^{-1}N(u)$有唯一的不动点. ■

若将定理 2.1.1 中的条件(2.1.6)削弱为

$$\lambda_k<g'(+\infty),\qquad g'(-\infty)<\lambda_{k+1},$$

其中,$g'(+\infty)=\lim\limits_{s\to+\infty}g'(s)$,$g'(-\infty)=\lim\limits_{s\to-\infty}g'(s)$,则有如下结果.

定理 2.1.2 假设 $g'(+\infty)$,$g'(-\infty)$均存在且为有限数,同时满足存在自然数 k,使

$$\lambda_k<g'(+\infty),\qquad g'(-\infty)<\lambda_{k+1} \tag{2.1.9}$$

成立,则(2.1.4),(2.1.5)至少有一个解.

证明 由题设(2.1.9)可知,$\exists\,\varepsilon$

$$0<\varepsilon<\min\{g'(\pm\infty)-\lambda_k,\lambda_{k+1}-g'(\pm\infty)\}$$

及依赖于 ε 的正数 A,使当 $s\in(-\infty,-A]\cup[A,+\infty)$时,有

$$\lambda_k+\varepsilon\leqslant g'(s)\leqslant\lambda_{k+1}-\varepsilon. \tag{2.1.10}$$

作一个 C^1 函数 $g_1:\mathbb{R}\to\mathbb{R}$,$g_1$ 在$(-\infty,-A]\cup[A,+\infty)$上等于 g,而在$[-A,A]$上为过$(-A,g(-A))$,$(0,0)$及$(A,g(A))$三点,且斜率属于$[\lambda_k+\varepsilon,\lambda_{k+1}-\varepsilon]$的光滑内插.记

$$g_2=g-g_1,$$

则 g_2 在$\mathbb{R}$上有界.

现在,沿用定理 2.1.1 证明的记号.可知,(2.1.4),(2.1.5)等价于

$$u = L^{-1} Nu,$$

即

$$u = L^{-1}[g_1(u) - ru - h] + L^{-1} g_2(u).$$

记 $N_1 u = g_1(u) - ru - h$，则 $L^{-1} N_1$ 为压缩映射. 结合 $L^{-1} g_2(u)$ 在 $W^{2,2} \cap W_0^{1,2} \subset L^2(\Omega)$ 上一致有界，可推知：存在一个闭球 $\bar{B}(0,R) \subset L^2(\Omega)$，使

$$L^{-1} N : \bar{B}(0,R) \to \bar{B}(0,R).$$

据 Schauder 不动点定理(见定理 1.5.5)，$u = L^{-1} Nu$ 在 $\bar{B}(0,R)$ 中至少有一个不动点. ■

注 2.1.1　定理 2.1.2 证明中出现的 $L^{-1} N$ 不再是压缩映射了，因而无法保证解的唯一性.

2.1.2　一个趋势

对于半线性微分方程

$$Lu + g(u) = h$$

的研究，就非线性项 g 而言(注：为了简单，这里仅对 $g = g(u)$ 的情形讨论)，早期研究是在 $g \in C^1$ 且满足

$$\lambda_k < r \leqslant g'(s) \leqslant r' < \lambda_{k+1} \tag{2.1.11}$$

下进行的. 接着(2.1.11)又被削弱为 $g: \mathrm{R} \to \mathrm{R}$ 连续且满足

$$\lambda_k < r \leqslant \frac{g(u) - g(v)}{u - v} \leqslant r' < \lambda_{k+1}, \qquad u \neq v. \tag{2.1.12}$$

直到 1972 年，Mawhin[26] 在条件：存在 $M > 0$，使

$$\lambda_k < r \leqslant \frac{g(x)}{x} \leqslant r' < \lambda_{k+1}, \qquad \forall |x| \geqslant M \tag{2.1.13}$$

下开始工作.

由于在条件(2.1.11)～(2.1.13)中，均存在常数 r, r'：$r \leqslant r'$，使

$$[r, r'] \subset (\lambda_k, \lambda_{k+1}),$$

故称这类条件为渐近一致条件.

1981 年，Mawhin 和 Ward[27] 在条件：

$$\begin{cases} \text{存在 } \alpha(x), \beta(x) \in L^\infty(\Omega)\text{，使} \\ \lambda_k \leqslant \alpha(x) \leqslant \liminf\limits_{|u| \to \infty} \dfrac{g(x,u)}{u} \leqslant \limsup\limits_{|u| \to \infty} \dfrac{g(x,u)}{u} \leqslant \beta(x) \leqslant \lambda_{k+1} \\ \text{及 } \lambda_k < \alpha(x), \beta(x) < \lambda_{k+1} \text{ 均在 } \Omega \text{ 的一个正测度集上成立} \end{cases} \tag{2.1.14}$$

成立的前提下,讨论非线性椭圆方程 Dirichlet 问题的解的存在性.

1982 年,丁同仁[28]在

$$n^2 \leqslant g'(s) \leqslant (n+1)^2 \tag{2.1.15}$$

下,较完整地解决了半线性 Duffing 方程

$$\ddot{x} + g(x) = e(t) \tag{2.1.16}$$

(其中,e 为以 2π 为周期的连续函数)的 2π-周期解的存在性问题.又如,Omari 和 Zanolin[29]在

$$n^2 \leqslant \frac{g(s)}{s} \leqslant (n+1)^2, \qquad |s| \geqslant \delta > 0 \tag{2.1.17}$$

等条件下研究(2.1.16)在周期边值条件

$$x(0) - x(2\pi) = \dot{x}(0) - \dot{x}(2\pi) = 0 \tag{2.1.18}$$

下的可解性.

由(2.1.14),(2.1.15)及(2.1.17)可以看出,当 $|s| \to \infty$ 时,$\frac{g(s)}{s}$ 的值可与 λ_k,λ_{k+1} 任意靠近,甚至可以"接触"λ_k 和 λ_{k+1}.称这类条件为渐近非一致条件.若 $\lim\limits_{|s| \to \infty} \frac{g(s)}{s} = \lambda_k$,则称 g 非一致渐近 λ_k;若 $\lim\limits_{|s| \to \infty} \frac{g(s)}{s} = \lambda_{k+1}$,则称 g 非一致渐近 λ_{k+1}.

近年来的一个发展动态是在由原函数给出的条件下进行研究,如丁同仁和 Zanolin[30]、柳彬[31]等在

$$n^2 < \frac{2G(x)}{x^2} < (n+1)^2, \qquad |x| \geqslant \delta > 0 \tag{2.1.19}$$

$\left[\text{其中}, G(x) = \int_0^x g(s)\mathrm{d}s\right]$ 等条件下研究 Duffing 方程周期解的存在性.Figueiredo[32]亦在由原函数给出的条件下研究椭圆方程 Dirichlet 问题.值得注意的是,条件(2.1.19)已允许 $\frac{g(x)}{x}$ 的渐近值跨越有限个或无穷多个特征值.

2.1.3　方程组的情形

在 2.1.2 小节中,已经指出从渐近一致条件逐步向渐近非一致条件过渡的发展趋势.这种趋势也是非线性方程组可解性问题及跨特征值扰动问题(见第 3 章)的发展大趋势之一.这里,再简介一下方程组的这种趋势.

Lazer 等[33]在条件

$$
(\mathrm{L})\quad\begin{cases}
\text{存在两个 } n\times n \text{ 对称矩阵 } A,B,\text{使}\\
A\leqslant \dfrac{\partial^2 G(a)}{\partial x_i\partial x_j}\leqslant B,\qquad \forall\, a\in \mathbf{R}^n\\
\text{及 } N_k^2<\gamma_k\leqslant\mu_k<(N_k+1)^2,\\
\text{其中},\gamma_1\leqslant\gamma_2\leqslant\cdots\leqslant\gamma_n \text{ 为 } A \text{ 的特征值},\\
\mu_1\leqslant\mu_2\leqslant\cdots\leqslant\mu_n \text{ 为 } B \text{ 的特征值},\\
N_k\in\mathbf{N}
\end{cases}
$$

下研究方程组

$$
U''(t)+\operatorname{grad}G(U(t))=p(t)\tag{2.1.20}
$$

的 2π-周期解的存在性,其中,$G:\mathbf{R}^n\to\mathbf{R}$ 为 C^2 函数,$p:\mathbf{R}\to\mathbf{R}^n$ 连续且以 2π 为周期.

与 2.1.2 小节中类似,称条件(L)为方程组的渐近一致条件.

沈祖和[34]在条件

$$
(\mathrm{L}')\quad\begin{cases}
\forall\, t\in[0,2\pi],\forall\, u\in\mathbf{R}^n,\text{有}\\
N_k^2<\gamma_k(t,u)<(N_k+1)^2,\\
\delta(t,\|u\|)=\min\limits_{\|v\|\leqslant\|u\|}\left\{\min\limits_{1\leqslant k\leqslant n}[\gamma_k(t,v)-N_k^2,(N_k+1)^2-\gamma_k(t,v)]\right\}\\
\text{且}\displaystyle\int_0^{\infty}\delta(t,s)\mathrm{d}s=+\infty,\\
\text{其中},\gamma_k(t,u)\text{ 为}\left[\dfrac{\partial^2 G(u)}{\partial x_i\partial x_j}\right]\text{的特征值}
\end{cases}
$$

下建立(2.1.20)的 2π-周期解的存在唯一性定理.李树杰和冯德兴在与条件(L′)类似的条件下讨论比(2.1.20)更为广泛的一类方程组的存在唯一性.葛渭高和黄先开等均在比(L′)更广泛的条件下获得至少有一个解的结果.

与(L′)类似的条件是方程组的渐近非一致条件.

2.2　抽象方程・渐近一致・minimax 方法

本节在渐近一致条件下,证明几种类型的半线性微分方程解的存在性和唯一性.所采用的工具主要有单调算子理论以及通过鞍点约化获得的一个抽象的 minimax 定理.选用这样的工具有助于认清不跨特征值扰动的本质.

2.2.1 一个 minimax 定理

设 H 是一个 Hilbert 空间,其内积为$(\cdot,\cdot)$.设 X 和 Y 均为 H 的闭向量子空间,且满足 $H=X\oplus Y$.记

$$Q: H\to X, \quad R: H\to Y$$

分别为到 X 和 Y 上的直交投影.令

$$S=Q-R,$$

则 S 为 H 上的闭双射且 $S^2=Id_H$.

设 $f: H\to \mathbb{R}$ 为一泛函,f 的 Gâteaux 导数$\nabla f: H\to H$ 处处有定义且为半连续映射(即对 $\forall\, u,v\in H$,均有 $w-\lim\limits_{t\to 0}\nabla f(u+tv)=\nabla f(u)$).假设存在常数 m_1, $m_2>0$,使

$$\begin{aligned}&(\nabla f(h_1+y)-\nabla f(h_2+y),h_1-h_2)\\&\leqslant -m_1\|h_1-h_2\|^2,\qquad h_1,h_2\in X,\quad y\in Y,\end{aligned}\tag{2.2.1}$$

$$\begin{aligned}&(\nabla f(x+k_1)-\nabla f(x+k_2),k_1-k_2)\\&\geqslant m_2\|k_1-k_2\|^2,\qquad x\in X,\quad k_1,k_2\in Y,\end{aligned}\tag{2.2.2}$$

其中,$\|\cdot\|$表示 H 中的范数.

将证明如下临界点定理.

定理 2.2.1 设 X 和 Y 是 Hilbert 空间 H 的两个闭子空间,且 $H=X\oplus Y$, $f: H\to\mathbb{R}$ 为一泛函,$\nabla f: H\to H$ 存在且半连续.假设(2.2.1)和(2.2.2)成立,则 f 有唯一的临界点 $v_0\in H$,使$\nabla f(v_0)=0$.进一步,

$$f(v_0)=\max_{x\in X}\min_{y\in Y}f(x+y)=\min_{y\in Y}\max_{x\in X}f(x+y).$$

证明 (i)证明存在 v_0 使$\nabla f(v_0)=0$ 等价于证明方程$\nabla f\circ S(u)=0$ 可解.这是因为 S 是一个闭双射,v_0 是 f 的临界点当且仅当 $u_0=S^{-1}v_0$ 是方程$\nabla f\circ S(u)=0$ 的一个解.下证算子 $M\triangleq-\nabla f\circ S$ 满足单调算子锐角原理(定理 1.3.3)的全部条件.

首先,M 在 H 上处处有定义且半连续.设 u,v 为 H 中任意两点,$u=x+y$, $v=x_1+y_1$,其中,$x=Qu$, $y=Ru$, $x_1=Qv$, $y_1=Rv$.由(2.2.1),(2.2.2)及定理 1.3.11 和定理 1.3.10,可推知

$$\begin{aligned}-f(x_1-y)+f(x-y)\geqslant&(\nabla f(x-y),-x_1+x)\\&+\frac{1}{2}m_1\|x_1-x\|^2,\end{aligned}\tag{2.2.3}$$

$$\begin{aligned}-f(x-y_1)+f(x_1-y_1)\geqslant&(\nabla f(x_1-y_1),-x+x_1)\\&+\frac{1}{2}m_1\|x-x_1\|^2,\end{aligned}\tag{2.2.4}$$

$$f(x-y_1)-f(x-y)\geqslant(\nabla f(x-y),y-y_1)+\frac{1}{2}m_2\|y-y_1\|^2, \tag{2.2.5}$$

$$f(x_1-y)-f(x_1-y_1)\geqslant(\nabla f(x_1-y_1),y_1-y)+\frac{1}{2}m_2\|y-y_1\|^2. \tag{2.2.6}$$

以上四式两边相加,得

$$0\geqslant(\nabla f(x-y)-\nabla f(x_1-y_1),x-x_1)+(\nabla f(x-y)-\nabla f(x_1-y_1),y-y_1)+m_1\|x_1-x\|^2+m_2\|y-y_1\|^2$$

或

$$((-\nabla f(x-y))-(-\nabla f(x_1-y_1)),(x+y)-(x_1+y_1))\geqslant m_1\|x-x_1\|^2+m_2\|y-y_1\|^2,$$

即

$$(Mu-Mv,u-v)\geqslant\nu(\|Q(u-v)\|^2+\|R(u-v)\|^2),$$

其中,$\nu=\min\{m_1,m_2\}$.现在由于$\forall\, w\in H$,有

$$\|w\|^2=\|Qw+Rw\|^2\leqslant 2(\|Qw\|^2+\|Rw\|^2).$$

于是,有

$$(Mu-Mv,u-v)\geqslant\frac{1}{2}\nu\|u-v\|^2, \tag{2.2.7}$$

从而 M 是强单调算子.由(2.2.7)

$$(M(u)-M(0),u-0)\geqslant\frac{1}{2}\nu\|u\|^2$$

或

$$\begin{aligned}(M(u),u)&\geqslant\frac{1}{2}\nu\|u\|^2+(M(0),u)\\&\geqslant\frac{1}{2}\nu\|u\|^2-\|M(0)\|\cdot\|u\|\\&=\frac{1}{2}\nu\|u\|^2-\|\nabla f(0)\|\cdot\|u\|.\end{aligned}$$

可见对$\forall\, u$: $\|u\|\geqslant 2\cdot\frac{1}{\nu}\cdot\|\nabla f(0)\|$,均有

$$(Mu,u)\geqslant 0.$$

利用定理 1.3.3,存在 u_0: $\|u_0\|\leqslant\frac{2}{\nu}\|\nabla f(0)\|$,使 $Mu_0=0$.进而 $v_0=Su_0$ 满足

$\nabla f(v_0)=0$.唯一性可由(2.2.7)立即推出.

(ii)下证 v_0 是 f 的鞍点,即

$$f(v_0)=\max_{x\in X}\min_{y\in Y}f(x+y)=\min_{y\in Y}\max_{x\in X}f(x+y).$$

为此,利用文献[35]中第 6 章命题 1.6 中可微泛函的鞍点判别准则.对于 $J(x,y)\triangleq f(x+y)$,由

$$x\longmapsto J(x,y),\qquad \forall y\in Y\quad 连续凹;$$

$$y\longmapsto J(x,y),\qquad \forall x\in X\quad 连续凸;$$

$$\frac{\partial}{\partial x}J(x_0,y_0)=\nabla f(x_0+y_0)=0;$$

$$\frac{\partial}{\partial y}J(x_0,y_0)=\nabla f(x_0+y_0)=\nabla f(v_0)=0,$$

可知 $v_0=x_0+y_0$ 为 $J(x,y)=f(x+y)$的一个鞍点. ■

现在,对泛函

$$I(u)=\frac{1}{2}(Au,u)-\varphi(u)\tag{2.2.8}$$

建立一个 minimax 定理,其中,

$A:D(A)\subset H\to H$ 是一个有界自伴算子.

$\varphi:H\to\mathbb{R}$ 为一个泛函,φ的 Gâteaux 导数 $F=\nabla\varphi$为在 H 上有定义的连续有界算子.

注意:$u_0\in H$ 是 I 的一个临界点的充要条件为 u_0 是 I的 Euler-Lagrange 方程

$$Au=F(u)\tag{2.2.9}$$

的解.

对于 A 和 F,假定:

(H1) $F:H\to H$ 是一个以泛函 $\varphi:H\to\mathbb{R}$ 为位势的位势算子,且存在有界自伴算子 B_1 和 B_2,使$\forall u,v\in H$,有

$$(B_1(u-v),u-v)\leqslant(F(u)-F(v),u-v)\leqslant(B_2(u-v),u-v).\tag{2.2.10}$$

(H2) 投影 $Q:H\to X,R:H\to Y$ 满足

$$Q(D(A))\subset D(A),\qquad R(D(A))\subset D(A),\tag{2.2.11}$$

且存在常数 $\nu>0$,使

$$((A-B_1)u,u)\leqslant-\nu\|u\|^2,\quad u\in X\cap D(A),\tag{2.2.12}$$

$$((A-B_2)u,u)\geqslant\nu\|u\|^2,\quad u\in Y\cap D(A).\tag{2.2.13}$$

定理 2.2.2 设 $A:D(A)\subset H\to H$ 是一个自共轭算子,$F:H\to H$ 是泛函

$\varphi: H \to \mathbf{R}$ 的位势算子.若 A, F 满足(H1)和(H2),则方程 $Au = F(u)$ 有唯一解 u_0:$\| u_0 \| \leqslant \frac{2}{\nu} \| F(0) \| \cdot \| S \|$,且 u_0 是泛函(2.2.8)的鞍点,即

$$I(u_0) = \max_{x \in X} \min_{y \in Y} I(x + y) = \min_{y \in Y} \max_{x \in X} I(x + y).$$

为了给出证明,需要下列两个简单结果.

命题 2.2.1　(i) $S|_{D(A)}$ 为一个双射.

(ii) $L \triangleq A \circ S$ 是一个闭算子且

$$D(L) = D(L^*) = D(A).$$

命题 2.2.2　设 $F: H \to H$ 满足(H1),则

$$\| F(u) - F(v) \| \leqslant b \| u - v \|, \tag{2.2.14}$$

其中,$b = \max\{ \| B_1 \|, \| B_2 \| \}$.

定理 2.2.2 的证明　记 $N = (A - F) \circ S = L - F \circ S$,则方程 $Au = F(u)$ 等价于方程 $N(u) = 0$.为了证明 $N(u) = 0$ 有解,利用定理 1.3.8.

由命题 2.2.2,$F \circ S$ 是一个连续有界映射.由命题 2.2.1,$L = A \circ S$ 是一闭线性算子且

$$L^* = L^* |_{D(L) \cap D(L^*)}.$$

现证 $-N$ 是一个单调强制算子.

由(H1)和(H2),可推知

$$\begin{aligned}
&(\nabla I(h_1 + y) - \nabla I(h_2 + y), h_1 - h_2) \\
&= (A(h_1 - h_2) - (F(h_1 + y) - F(h_2 + y)), h_1 - h_2) \\
&\leqslant (A(h_1 - h_2) - B_1(h_1 - h_2), h_1 - h_2) \\
&\leqslant -\nu \| h_1 - h_2 \|^2,
\end{aligned}$$

即对 $\forall h_1, h_2 \in X \cap D(A)$,$\forall y \in Y$,有

$$(\nabla I(h_1 + y) - \nabla I(h_2 + y), h_1 - h_2) \leqslant -\nu \| h_1 - h_2 \|^2. \tag{2.2.15}$$

同理,对 $\forall k_1, k_2 \in Y \cap D(A)$,$\forall x \in X$,有

$$(\nabla I(x + k_1) - \nabla I(x + k_1), k_1 - k_2) \geqslant \nu \| k_1 - k_2 \|^2. \tag{2.2.16}$$

用与定理 2.2.1 的证法完全类似的方法,可以推出

$$((-\nabla I \circ S(u)) - (-\nabla I \circ S(v)), u - v) \geqslant \frac{\nu}{2} \| u - v \|^2,$$

$$\forall u, v \in D(N) = D(A), \tag{2.2.17}$$

即 $-N$ 是一个强单调强制算子.至此定理 1.3.8 的全部条件满足,故存在 $w_0 \in D(A)$ 使 $N(w_0) = 0$.因此 $\nabla I(Sw_0) = 0$.令 $u_0 = Sw_0$,则 $Au_0 = F(u_0)$.进一步,

$$\|u_0\| \leqslant \frac{2}{\nu}\|F(0)\| \cdot \|S\|.$$

u_0 为 I 的鞍点可仿定理 2.2.1 证明(ii)部分推得. ■

2.2.2 L^2 空间中的抽象结果

设R^s 为 s 维实欧几里得空间,$\Omega\subset\mathrm{R}^s$ 是一个有正 Lebesgue 测度的可测区域. 记 $H=L^2(\Omega,\mathrm{R}^n)\cong\underbrace{L^2(\Omega)\times\cdots\times L^2(\Omega)}_{n}$, $n\geqslant 1$. 记 $LS(\mathrm{R}^n)$为R^n 上的 $n\times n$ 对称阵全体.

设 $f(\cdot,\cdot):\Omega\times\mathrm{R}^n\to\mathrm{R}^n$. 假设

(i) 对 a.e. $P\in\Omega$, $f(P,\xi)$关于 ξ 连续.

(ii) 对 $\forall\,\xi\in\mathrm{R}^n$, $f(P,\xi)$关于 P 可测,

则称 f 满足 Carathéodory 条件.

命题 2.2.3 若存在函数 $a_j(P)\in L^2(\Omega)$及常数 $b>0$,使 $f(P,\xi)=(f_1(P,\xi),\cdots,f_n(P,\xi))$满足

$$|f_j(P,\xi)|\leqslant a_j(P)+b\sum_{k=1}^{n}|\xi_k|,\qquad j=1,\cdots,n, \tag{2.2.18}$$

则由

$$F(u)\triangleq f(P,u(P)),\qquad u\in L^2(\Omega,\mathrm{R}^n) \tag{2.2.19}$$

定义的算子 F 是将 $L^2(\Omega,\mathrm{R}^n)$映入 $L^2(\Omega,\mathrm{R}^n)$的有界连续算子.

证明见文献[4,7].

注 2.2.1 由(2.2.19)定义的算子 F 通常称为 Nemytskii 算子.

如果 $f:\Omega\times\mathrm{R}^n\to\mathrm{R}^n$ 满足 Carathéodory 条件,且满足

(iii) 存在一个函数 $G:\Omega\times\mathrm{R}^n\to\mathrm{R}$,使

$$f_j(P,\xi)=\frac{\partial}{\partial\xi_j}G(P,\xi),\qquad j=1,\cdots,n,$$

则称 f 满足位势 Carathéodory 条件.

假定 $f(P,\xi)$满足下列条件:

(H1.1) $f:\Omega\times\mathrm{R}^n\to\mathrm{R}^n$ 满足位势 Carathéodory 条件且 $f(P,0)\in L^2(\Omega,\mathrm{R}^n)$.

(H1.2) 存在两个可交换阵 $b_1,b_2\in LS(\mathrm{R}^n)$,使

$$\begin{aligned}(b_1(\xi-\eta),\xi-\eta)_n &\leqslant (f(P,\xi)-f(P,\eta),\xi-\eta)_n\\ &\leqslant (b_2(\xi-\eta),\xi-\eta)_n,\end{aligned} \tag{2.2.20}$$

$\forall\,\xi,\eta\in\mathrm{R}^n$ 及 a.e. $P\in\Omega$,其中,$(\cdot,\cdot)_n$ 表示R^n 中的内积.

在对 f 的假设(H1.1)及(H1.2)下,不难验证命题 2.2.3 的条件(2.2.18)成立,故 f 的 Nemytskii 算子 $F:L^2(\Omega,\mathrm{R}^n)\to L^2(\Omega,\mathrm{R}^n)$连续且有界.

对 $\forall\, b\in LS(\mathbb{R}^n)$,定义算子 $B: H\to H$,

$$(Bu)(P,\xi)=b(u(P,\xi)),\qquad \forall\, u\in H,\quad \text{a.e.}\quad P\in\Omega,$$

则称 B 为由 b 生成的常乘算子.显然,

$$\sigma(B)=\sigma_P(B)=\sigma(b),$$

其中,$\sigma(\cdot)$表示谱,而 $\sigma_P(B)$表示点谱.

设 $\lambda_1^{(j)}\leqslant\lambda_2^{(j)}\leqslant\cdots\leqslant\lambda_n^{(j)}$ 分别为 $b_j(j=1,2)$的特征值,且每个特征值出现其重数次.有如下简单事实.

命题 2.2.4　如果 $b_j\in LS(\mathbb{R}^n)$,$j=1,2$ 且

$$(b_1\vec{\xi},\vec{\xi})_n\leqslant(b_2\vec{\xi},\vec{\xi})_n,\qquad \forall\,\vec{\xi}\in\mathbb{R}^n,$$

则 $\lambda_k^{(1)}\leqslant\lambda_k^{(2)}$,$k=1,\cdots,n$.

证明　设$\{\vec{e}_k^{\,j}: k=1,\cdots,n\}$,$j=1,2$ 是由对称矩阵 b_j 的特征函数构成的$\mathbb{R}^n$ 的正交基.反设存在 s,使 $\lambda_s^{(1)}>\lambda_s^{(2)}$.记

$$M=\operatorname{span}\{\vec{e}_k^{\,2}: k=1,2,\cdots,s\},$$
$$N=\operatorname{span}\{\vec{e}_k^{\,1}: k=s,\cdots,n\}.$$

易见 $M+N=\mathbb{R}^n$.由维数定理可知

$$M\cap N\neq\{0\},$$

从而存在 $\vec{\xi}\in\mathbb{R}^n$,$\vec{\xi}\in M\cap N$ 且 $\vec{\xi}\neq 0$,据 Rayleigh 不等式可知

$$\lambda_s^{(1)}\leqslant\frac{(b_1\vec{\xi},\vec{\xi})_n}{(\vec{\xi},\vec{\xi})_n}\leqslant\frac{(b_2\vec{\xi},\vec{\xi})_n}{(\vec{\xi},\vec{\xi})_n}\leqslant\lambda_s^{(2)}.$$

矛盾!故 $\lambda_k^{(1)}\leqslant\lambda_k^{(2)}$,$k=1,\cdots,n$.　■

现在考察方程

$$Au=f(P,u),\qquad P\in\Omega,\tag{2.2.21}$$

这里 $A: D(A)\subset H\to H$ 是一自伴算子且满足

(H2.1)　XB_j,$j=1,2$ 与 A 可交换;

(H2.2)　$\bigcup\limits_{k=1}^{n}[\lambda_k^{(1)},\lambda_k^{(2)}]\cap\sigma(A)=\varnothing$.

定理 2.2.3　假设(H1.1),(H1.2),(H2.1),(H2.2)均成立,则方程(2.2.21)有唯一解.

证明　设$\{\vec{e}_k^{\,j}: k=1,\cdots,n\}$,$j=1,2$ 为由 b_j 的特征向量构成的$\mathbb{R}^n$ 的两组正交基,则 b_j 有谱分解

$$b_j\vec{\xi}=\sum_{k=1}^{n}\lambda_k^{(j)}(\vec{e}_k^{\,j},\vec{\xi})\vec{e}_k^{\,j},\qquad \vec{\xi}\in\mathbb{R}^n.$$

设 ε_k 是充分小的正数,使得$\{\lambda_k^{(2)}+\varepsilon_k: k=1,\cdots,n\}$和$\{\lambda_k^{(1)}-\varepsilon_k: k=1,\cdots,n\}$逐

点不同且满足

$$\bigcup_{k=1}^{n}[\lambda_k^{(1)}-\varepsilon_k,\lambda_k^{(2)}+\varepsilon_k]\cap\sigma(A)=\varnothing.$$

作

$$b_{1,\varepsilon}=\sum_{k=1}^{n}(\lambda_k^{(1)}-\varepsilon)(\vec{e}_k^{\,1},\cdot)_n\vec{e}_k^{\,1},$$

$$b_{2,\varepsilon}=\sum_{k=1}^{n}(\lambda_k^{(2)}+\varepsilon)(\vec{e}_k^{\,2},\cdot)_n\vec{e}_k^{\,2},$$

则(H2.2)及(2.2.20)在以 $b_{j,\varepsilon}$ 代替 b_j 后仍然成立.由此可知,可以不失一般性地假设 b_j 的特征值 $\lambda_k^{(j)}$ 是逐点不同的.

记 $M_k^j=\ker(B_j-\lambda_k^{(j)}Id)$.设 Q_k^j 为 H 到 M_k^j 上的直交投影.不难看出 Q_k^j 即为由投影 $q_k^j:\mathrm{R}^n\to\mathrm{R}\vec{e}_k^{\,j}$(实际上是一个对称阵)生成的常乘算子.故

$$B_j=\sum_{k=1}^{n}\lambda_k^{(j)}Q_k^j.$$

由于 b_1 和 b_2 可交换,故

$$b_2(b_1\vec{e}_k^{\,2})=b_1(b_2\vec{e}_k^{\,2})=b_1(\lambda_k^{(2)}\vec{e}_k^{\,2})=\lambda_k^{(2)}(b_1\vec{e}_k^{\,2}).$$

可见存在 $\lambda'_k\in\{\lambda_k^{(1)}\mid k=1,\cdots,n\}$,使

$$b_1\vec{e}_k^{\,2}=\lambda'_k\vec{e}_k^{\,2},$$

即存在 $k'\in\{1,\cdots,n\}$,使 $\lambda_{k'}^{(1)}=\lambda'_k$,$\vec{e}_{k'}^{\,1}=\vec{e}_k^{\,2}$.因 b_j 特征值逐点不同,故存在$\{1,\cdots,n\}$的一个重排,使 $Q_k^1=Q_{k'}^2$.不妨设

$$Q_k^1=Q_k^2,\qquad k=1,\cdots,n.\tag{2.2.22}$$

因 A 为自伴算子,故 A 有右连续谱族$\{E_\lambda\mid\lambda\in\mathrm{R}\}$且 A 可谱分解为

$$A=\int_{-\infty}^{+\infty}\lambda\mathrm{d}E_\lambda.$$

对 $\forall\,\alpha,\beta\in\rho(A)$,$\alpha<\beta$ ($\rho(\cdot)$表正则集),记

$$E(\alpha,\beta)=\int_{\alpha}^{\beta}\mathrm{d}E_\lambda.$$

由于 B_j 与 A 可交换,故 Q_k^j 与 $E_\lambda(\lambda\in\mathrm{R})$也可交换.从而自伴算子 $A-B_j$ 有谱分解

$$A-B_j=\sum_{k=1}^{\infty}\int_{-\infty}^{+\infty}(\lambda-\lambda_k^{(j)})\mathrm{d}E_\lambda\circ Q_k^j.\tag{2.2.23}$$

定义算子 $Q_j(j=1,2)$如下:

$$Q_2=\sum_{k=1}^{n}E(\lambda_k^{(2)},+\infty)\circ Q_k^2,$$

$$Q_1=\sum_{k=1}^{n}E(-\infty,\lambda_k^{(1)})\circ Q_k^1,$$

并设

$$X = Q_1(H), \qquad Y = Q_2(H),$$

有

$$E(-\infty, \lambda_k^{(1)}) = Id - E(\lambda_k^{(2)}, +\infty).$$

由(2.2.22)可知

$$Q_2 = Id - Q_1$$

及

$$H = X \oplus Y.$$

进一步,记

$$\gamma = \text{dist}\left(\bigcup_{k=1}^{n} [\lambda_k^{(1)}, \lambda_k^{(2)}], \sigma(A)\right) > 0,$$

则由(2.2.23)可知

$$((A - B_1)u, u) \leqslant -\gamma \| u \|^2, \qquad u \in X \cap D(A),$$

$$((A - B_2)u, u) \geqslant \gamma \| u \|^2, \qquad u \in Y \cap D(A).$$

事实上,设

$$v = Q_1 u = \sum_{k=1}^{n} E(-\infty, \lambda_k^{(1)}) Q_k^1 u, \qquad w = \sum_{k=1}^{n} E(\lambda_k^{(2)}, +\infty) Q_k^2 u,$$

则

$$(A - B_1)v = \sum_{k=1}^{n} \int_{-\infty}^{+\infty} (\lambda - \lambda_k^{(1)}) \mathrm{d}E_\lambda \circ Q_k^1 \left(\sum_{m=1}^{n} E(-\infty, \lambda_m^{(1)}) Q_m^1 u \right)$$

$$= \sum_{k=1}^{n} \int_{-\infty}^{\lambda_k^{(1)}} (\lambda - \lambda_k^{(1)}) \mathrm{d}E_\lambda \circ Q_k^1 u.$$

因 $\lambda \leqslant \lambda_k^{(1)}$, $|\lambda - \lambda_k^{(1)}| \geqslant \gamma$,可知 $\lambda - \lambda_k^{(1)} \leqslant -\gamma$,从而

$$((A - B_1)v, v) = \sum_{k=1}^{n} \int_{-\infty}^{\lambda_k^{(1)}} (\lambda - \lambda_k^{(1)}) \mathrm{d} \| E_\lambda Q_k^1 u \|^2$$

$$\leqslant -\gamma \sum_{k=1}^{n} \int_{-\infty}^{\lambda_k^{(1)}} \mathrm{d} \| E_\lambda Q_k^1 u \|^2$$

$$= -\gamma \| v \|^2.$$

同理,

$$((A - B_2)w, w) \geqslant \gamma \| w \|^2.$$

设 $F: H \to H$ 为 f 的 Nemytskii 算子,则因 f 满足位势 Carathéodory 条件及(2.2.20),故 f 是位势算子且满足

$$(B_1(u - v), u - v) \leqslant (F(u) - F(v), u - v)$$

$$\leqslant (B_2(u-v), u-v), \forall u, v \in H.$$

于是,定理 2.2.2 的全部条件均满足,从而可得方程(2.2.21)有唯一解,且该解为泛函

$$J(x,y) = I(x+y): H \to \mathrm{R}, \qquad x \in X, \quad y \in Y,$$

$$I(u) = \frac{1}{2}(Au, u) - G(p, u), \qquad u \in H, \quad p \in \Omega$$

的一个鞍点. ■

2.2.3 应用举例

先介绍一些记号和术语.

设R^s 是 s 维实欧几里得空间,$s \geqslant 1$.记 $J_s = [0, 2\pi]^s = \underbrace{[0, 2\pi] \times \cdots \times [0, 2\pi]}_{s}$.设

$C_s^\infty = \{\varphi: \mathrm{R}^s \to \mathrm{R}^n \mid \varphi$ 为无穷次可微 2π 周期实值映射$\}$.

设 $H_{0,s} = \left\{ u: J_s \to \mathrm{R}^n \,\middle|\, \sum_{k=1}^n u_k^2 \text{ 在 } J_s \text{ 上可积} \right\}$,则 $H_{0,s}$在内积

$$[u, v]_s = (2\pi)^{-s} \int_{J_s} \sum_{k=1}^n u_k(P) v_k(P) \mathrm{d}P$$

下是一个 Hilbert 空间.

记 $e_\nu(P) = \exp(\mathrm{i}\langle \nu, P \rangle)$,其中,$\nu = (\nu_1, \cdots, \nu_s) \in \mathrm{Z}^s$, $P = (x_1, \cdots, x_s) \in \mathrm{R}^s$, $\langle \nu, P \rangle = \nu_1 x_1 + \cdots + \nu_s x_s$.众所周知,集合$\{e_\nu(P) \mid \nu \in \mathrm{Z}^s\}$是 $H_{0,s}$的一组正交基,见文献[36]. $\forall u \in H_{0,s}$均可表示为一个绝对收敛的 Fourier 级数

$$u(P) = \sum_{\nu \in \mathrm{Z}^s} C_\nu e_\nu(P),$$

其中,$C_\nu = [u(P), e_\nu(P)]_s$, $C_{-\nu} = \overline{C}_\nu$.

设 $H_{k,s}$为 C_s^∞ 在范数

$$\|\varphi\|_{k,s}^2 = \sum_{|\nu| \leqslant k} \|D^\nu \varphi\|_{0,s}^2$$

下的完备化,其中,$|\nu| = \nu_1 + \cdots + \nu_s$,而 $D^\nu \varphi$ 表示 φ 的偏导数$\dfrac{\partial^{|\nu|} \varphi}{\partial^{\nu_1} p_1 \cdots \partial^{\nu_s} p_s}$.由文献[2]中的 Sobolev 引理,有如下命题.

命题 2.2.5　设 $k > \frac{s}{2} + r$,则

$$H_{k,s} \subset C^r, \tag{2.2.24}$$

其中,$C^r = \{\varphi: \mathrm{R}^s \to \mathrm{R}^s \mid \varphi$ 为 r 次可微实值 2π 周期映射$\}$.

再记 D_s 为 C_s^∞ 在半范$\{p_k(\varphi) \mid k = 0, \cdots, +\infty\}$下构成的拓扑空间,其中,

$$p_k(\varphi)=\sum_{|\nu|\leqslant k}\sup_{J_s}\|D^\nu\varphi(P)\|_n,$$

而 $\|\cdot\|_n$ 表 $\mathbb{R}^n$ 中通常的范数.

令 D'_s 为 D_s 上连续线性泛函的全体,$[u,\varphi]$为 $u\in D'_s$ 在 $\varphi\in D_s$ 的取值.显然,$H_{k,s}\subset D'_s(k\geqslant 0)$,并且

$$[u,\varphi]=(2\pi)^s[u,\varphi]_s,\qquad u\in H_{k,s},\qquad \varphi\in D_s.$$

如果 $u\in D'_s$,可定义广义导数 $D^\nu u\in D'_s$,如下:

$$[D^\nu u,\varphi]=(-1)^\nu[u,D^\nu\varphi],\qquad \forall\varphi\in D_s.$$

如果 $u\in H_{0,s}\subset D'_s$, $u=\sum_\nu C_\nu e_\nu(P)$且 $D^\mu u\in H_{0,s}\subset D'$,则

$$D^\mu u=\sum_\nu C_\nu i^{|\mu|}\nu^\mu e_\nu(P).$$

进一步,

$$H_{k,s}=\{u\in H_{0,s}\mid D^\nu u\in H_{0,s},|\nu|\leqslant k\},$$

而

$$\|u\|_{k,s}^2=\sum_{|\nu|\leqslant k}\|D^\nu u\|_{0,s}^2.$$

现设 $L:D(L)\subset H_{0,s}\to H_{0,s}$是一常系数自伴微分算子. L 的定义域 $D(L)=\{u\in H_{0,s}\mid Lu\in H_{0,s}\}$.

定义 2.2.1　方程

$$Lu=f,\qquad f\in H_{0,s}\tag{2.2.25}$$

的广义解是指:一个满足

$$[u,L\varphi]_s=[f,\varphi]_s,\qquad\forall\varphi\in D_s$$

的函数 $u\in D(L)$.

设 $f:J_s\times\mathbb{R}^n\to\mathbb{R}^n$ 是一个满足位势 Carathéodory 条件的函数,$f(P,0)\in L^2(J_s,\mathbb{R}^n)$.

假设存在两个 $n\times n$ 对称可交换(常元素)矩阵 b_1 和 b_2,使

$$\begin{aligned}(b_1(\xi-\eta),\xi-\eta)_n&\leqslant(f(P,\xi)-f(P,\eta),\xi-\eta)_n\\&\leqslant(b_2(\xi-\eta),\xi-\eta)_n,\end{aligned}\tag{2.2.26}$$

对 a.e. $P\in J_s$ 及 $\forall\xi,\eta\in\mathbb{R}^n$ 成立.

设 $F(u)=f(P,u(P))$,则 $F:H_{0,s}\to H_{0,s}$.

现在考察半线性微分方程(组)

$$Lu(P)=f(P,u(P)).\tag{2.2.27}$$

由定理 2.2.3,在 L 和 f 满足(2.2.26)及

$$\bigcup_{k=1}^{n}[\lambda_k^{(1)},\lambda_k^{(2)}]\cap\sigma(L)=\varnothing \tag{2.2.28}$$

(其中,$\{\lambda_k^{(j)};k=1,\cdots,n\}$为 b_j 的特征值,$j=1,2$)时,方程(2.2.27)有唯一解.

下面给出(2.2.27)型方程(组)的两个例子.

例 2.2.1　取

$$H_{0,1}=L^2(J_1,\mathrm{R}^n),\qquad J_1=[0,2\pi],$$
$$L_1:D(L_1)\subset H_{0,1}\to H_{0,1},\qquad L_1u=-u'',$$

其中,

$$D(L_1)=\{u\in H_{0,1}\mid u''\in H_{0,1}\}.$$

若

$$u(t)=\sum_{\nu=-\infty}^{+\infty}a_\nu\exp(\mathrm{i}\nu t),\qquad a_{-\nu}=\bar{a}_\nu,$$

则在分布意义下

$$L_1u(t)=\sum_{\nu=-\infty}^{+\infty}a_\nu\nu^2\exp(\mathrm{i}\nu t).$$

由于 $L_1u\in H_{0,1}$,故

$$\|u''\|_{H_{0,1}}^2=\sum_{\nu=-\infty}^{+\infty}|a_\nu|^2\nu^4<+\infty.$$

从而

$$\|u'\|_{H_{0,1}}^2=\sum_{\nu=-\infty}^{+\infty}|a_\nu|^2\nu^2<+\infty,$$

且 $u\in H_{2,1}$.由 Sobolev 引理(见命题 2.2.5)推知 $u\in C^1$,故 $D(L_1)$亦可写成

$$D(L_1)=\{u\in H_{0,1}\mid u\in C,u'\in C,u''\in H_{0,1}\}.$$

我们知道,L_1 是自伴的,且

$$\sigma(L_1)=\{n^2\mid n=0,1,\cdots\}.$$

设 $f:J_1\times\mathrm{R}^n\to\mathrm{R}^n$ 满足位势 Carathéodory 条件,$f(P,0)\in L^2(J_1,\mathrm{R}^n)$,且存在对称可交换 $n\times n$ 阵 b_1 和 b_2 使(2.2.26)成立.再假设

$$\bigcup_{k=1}^{n}[\lambda_k^{(1)},\lambda_k^{(2)}]\cap\{n^2\mid n\in\mathrm{N}^*\}=\varnothing, \tag{2.2.29}$$

其中,N^* 表示非负整数集.

考察方程

$$-u''=f(t,u(t))+p(t), \tag{2.2.30}$$

其中,$p\in H_{0,1}$.

据定理 2.2.3,得到如下结果.

定理 2.2.4　设条件(2.2.26)和(2.2.29)成立,则对 $\forall\, p\in H_{0,1}$,方程(2.2.30)有唯一的广义解.

注 2.2.2　如果要求定理 2.2.4 中的 $p:\mathrm{R}\to\mathrm{R}^n$ 为连续的 2π-周期映射,而 $f(t,P):\mathrm{R}\times\mathrm{R}^n\to\mathrm{R}^n$ 连续且对 t 以 2π 为周期,则因 $u\in D(L_1)$连续,故 $f(t,u(t))+p(t)$连续.于是,u''连续且以 2π 为周期,即 u 为(2.2.30)的古典 2π-周期解.

例 2.2.2　记

$$I=[0,2\pi]\times[0,\pi],\qquad \hat{H}=L^2(I).$$

设

$$e_{\mu\nu}(t,x)=\frac{1}{\pi}\exp(\mathrm{i}\mu t)\sin\nu x,$$

$$\forall\,\mu\in \mathrm{Z},\qquad \nu\in\mathrm{N}.$$

$\forall\, u\in\hat{H}$ 可展开成 Fourier 级数

$$u(t,x)=\sum_{\mu,\nu\in \mathrm{Z}\times\mathrm{N}}C_{\mu\nu}e_{\mu\nu}(t,x),\qquad C_{-\mu,\nu}=\overline{C}_{\mu,\nu}.$$

设 $\hat{L}:D(\hat{L})\subset\hat{H}\to\hat{H}$,

$$\hat{L}u=\sum_{\mu,\nu\in \mathrm{Z}\times\mathrm{N}}(\nu^2-\mu^2)C_{\mu\nu}e_{\mu\nu}(t,x),$$

其中,

$$D(\hat{L})=\left\{u\in\hat{H}\,\middle|\,\sum_{\mu,\nu\in \mathrm{Z}\times\mathrm{N}}(\nu^2-\mu^2)^2\,|C_{\mu\nu}|^2<+\infty\right\},$$

则 $\hat{L}$ 在 $\hat{H}$ 中为自伴算子且

$$\sigma(\hat{L})=\{\nu^2-\mu^2\mid\mu\in\mathrm{Z},\nu\in\mathrm{N}\}.$$

进一步,有如下事实.

命题 2.2.6　设 $h\in\hat{H}$,$u\in D(\hat{L})$,则

$$\hat{L}u=h$$

的充要条件为 u 是方程

$$u_{tt}-u_{xx}=h$$

的周期-Dirichlet 问题在如下意义下的广义解:

$$\int_I u(t,x)(\varphi_{tt}(t,x)-\varphi_{xx}(t,x))\mathrm{d}t\mathrm{d}x=\int_I h(t,x)\varphi(t,x)\mathrm{d}t\mathrm{d}x,$$

$$\forall\,\varphi\in\left\{\psi\in C^2(I)\,\middle|\,\begin{array}{ll}\psi(t,0)=\psi(t,\pi), & t\in[0,2\pi],\\ \psi(0,x)=\psi(2\pi,x), & \\ \psi_t(0,x)=\psi_t(2\pi,x), & x\in[0,\pi]\end{array}\right\}.$$

现在定义一个自伴算子

$$L_2: D(L_2) \subset H^{(2)} \to H^{(2)}, \qquad L_2 = \mathrm{diag}(\underbrace{\hat{L}, \cdots, \hat{L}}_{n个}),$$

其中，$H^{(2)} = L^2(I, \mathrm{R}^n) = \underbrace{\hat{H} \times \cdots \times \hat{H}}_{n个}$，而 $D(L_2) = D(\hat{L})^n$.

设 $f: I \times \mathrm{R}^n \to \mathrm{R}^n$ 是一个满足 Carathé odory 条件的映射. b_1 和 b_2 为两个对称可交换 $n \times n$ 阵使得(2.2.26)成立.进一步，假定

$$\bigcup_{k=1}^{n} [\lambda_k^{(1)}, \lambda_k^{(2)}] \cap \{\nu^2 - \mu^2 \mid \mu \in \mathrm{Z}, \nu \in \mathrm{N}^*\} = \varnothing. \qquad (2.2.31)$$

考察双曲系统

$$u_{tt} - u_{xx} = f(t, x, u) + g(t, x), \qquad (2.2.32)$$

其中，$g(t, x) \in H^{(2)}$.

利用定理 2.2.3，可以得到如下结果.

定理 2.2.5 设(2.2.26)和(2.2.31)均成立，则双曲系统(2.2.32)有一个广义解.

2.3 常微分方程组的周期解 · 渐近非一致 · Hadamard 反函数定理

本节利用 Hadamard 反函数定理讨论常微分方程组

$$\ddot{u}(t) + A\dot{u}(t) + \mathrm{grad} f(t, u(t)) = e(t) \qquad (2.3.1)$$

的周期解的唯一存在性，其中，A 是 $n \times n$ 对称矩阵，$f: \mathrm{R}^n \times \mathrm{R} \to \mathrm{R}$ 是 C^2 函数且对 t 以 2π 为周期，$e: \mathrm{R} \to \mathrm{R}^n$ 是 2π-周期的连续函数.将在一定的非一致条件下，给出(2.3.1)非共振的一组充分条件.本节内容主要取自文献[8]，类似的结果参见文献[34].

定理 2.3.1 设存在整数 $N > 0$ 及非负函数 $\delta_1, \delta_2: \mathrm{R}^n \to \mathrm{R}$，使对于任意 $u \in \mathrm{R}^n$ 和 $t \in [0, 2\pi]$，满足

$$N^2 I < \delta_1(u) I \leqslant \nabla^2 f(u, t) \leqslant \delta_2(u) I < (N+1)^2 I, \qquad (2.3.2)$$

其中，I 表示 $n \times n$ 单位矩阵，$\nabla^2 f$ 表示 f 的 Hessian 阵.令

$$\rho(R) \triangleq \min\left\{1 - \max_{\sum_{j=1}^{n} |\xi_j| \leqslant R} \frac{\delta_2(\xi)}{(N+1)^2}, \min_{\sum_{j=1}^{n} |\xi_j| \leqslant R} \frac{\delta_1(\xi)}{N^2} - 1\right\}. \qquad (2.3.3)$$

如果

$$\int_1^{\infty} \rho(R) \mathrm{d}R = \infty, \qquad (2.3.4)$$

那么(2.3.1)有唯一的 2π-周期解.

为了给出证明，先介绍一些记号和术语.

以$(\cdot,\cdot)$和$|\cdot|$分别表示欧几里得空间$\mathbf{R}^n$的内积和范数.设H是由满足下列条件的函数v组成的空间:

(i) $v:\mathbf{R}\to\mathbf{R}^n$为绝对连续的$2\pi$-周期函数.

(ii) $\int_0^{2\pi}[|\dot{v}(t)|^2+|v(t)|^2]\mathrm{d}t<+\infty$.

在H中定义内积

$$\langle u,v\rangle_1=\int_0^{2\pi}(\dot{u}(t),\dot{v}(t))\mathrm{d}t+\int_0^{2\pi}(u(t),v(t))\mathrm{d}t,$$

相应的范数记作$\|\cdot\|_1$,则H是Hilbert空间.令

$$V=\left\{x\in H\,\middle|\,x(t)=\frac{a_0}{2}+\sum_{k=1}^{N}(a_k\cos kt+b_k\sin kt)\right\},$$

$$V^{\perp}=\left\{y\in H\,\middle|\,y(t)=\sum_{k=N+1}^{\infty}(a_k\cos kt+b_k\sin kt),\sum_{k=1}^{\infty}k^2(|a_k|^2+|b_k|^2)<\infty\right\},$$

其中,$a_k,b_k\in\mathbf{R}^n$,$k=1,2,\cdots$.于是,

$$H=V\oplus V^{\perp}.$$

设

$$L_n^2=\left\{v:\mathbf{R}\to\mathbf{R}^n\,\middle|\,\int_0^{2\pi}|v(t)|^2\mathrm{d}t<\infty,v\text{ 以 }2\pi\text{ 为周期}\right\}.$$

在L_n^2中定义内积

$$\langle u,v\rangle_0=\int_0^{2\pi}(u(t),v(t))\mathrm{d}t,$$

相应的范数记作$\|\cdot\|_0$,则由Poincaré不等式可推知:存在常数$C>0$,使

$$\|u\|_0\leqslant C\|u\|_1,\qquad\forall u\in H.\tag{2.3.5}$$

从V及$V^{\perp}$的定义立即可得

$$\|v^{\perp}\|_0^2\leqslant\frac{1}{(N+1)^2}\|\dot{v}^{\perp}\|_0^2,\qquad\forall v^{\perp}\in V^{\perp},$$

$$\|\dot{v}\|_0^2\leqslant N^2\|v\|_0^2,\qquad\forall v\in V.$$

利用Riesz表示定理,可定义映射$T:H\to H$,

$$\langle Tu,v\rangle_1=\int_0^{2\pi}[(\dot{u},\dot{v})-(A\dot{u},v)-(\mathrm{grad}f(t,u),v)]\mathrm{d}t,\quad\forall u,v\in H.\tag{2.3.6}$$

不难看出,T是C^1映射且

$$\langle T'(u)w,v\rangle_1=\int_0^{2\pi}[(\dot{w},\dot{v})-(A\dot{w},v)-(\nabla^2f(t,u)w,v)]\mathrm{d}t.\tag{2.3.7}$$

再由 Riesz 表现定理,存在 $g\in H$,使

$$\langle g, v\rangle_1 = -\int_0^{2\pi}(e(t), v(t))\mathrm{d}t, \qquad \forall v\in H. \tag{2.3.8}$$

于是,u 为(2.3.1)的 2π-周期解当且仅当 u 满足算子方程

$$Tu = g, \qquad u\in H. \tag{2.3.9}$$

对于定理 2.3.1 的证明,只需证明(2.3.9)唯一可解就够了.

对于任意 $v\in H$,有唯一的直和分解 $v=\bar{v}+\bar{v}^{\perp}$,其中 $\bar{v}\in V$,而 $\bar{v}^{\perp}\in V^{\perp}$.定义算子 $S: H\to H$,

$$Sv = \bar{v}^{\perp}-\bar{v}, \qquad \forall v\in H.$$

显然,S 是 H 中的自伴酉算子,即 $S=S^*=S^{-1}$.令

$$\tilde{T} = T\circ S,$$

则 $\tilde{T}$ 是 $H\to H$ 的 C^1 映射.由于 S 可逆,故方程组(2.3.1)的 2π-周期解的存在唯一性等价于方程

$$\tilde{T}u = g \tag{2.3.10}$$

的解的存在唯一性.

为此,验证 $\tilde{T}$ 满足 Hadamard 反函数定理(定理 1.4.1)的全部条件.

注意到 $\tilde{T}'(u)=T'(Su)S$,利用(2.3.7)得

$$\langle \tilde{T}'(u)w, v\rangle_1 = \int_0^{2\pi}[(S\dot{w}, \dot{v})-(AS\dot{w}, v)-(\nabla^2 f(t, Su)Sw, v)]\mathrm{d}t.$$

对于 $\forall x\in V, y\in V^{\perp}$,有

$$Ax\in V, \qquad Ay\in V^{\perp}.$$

因此

$$AS = SA.$$

从而由

$$\int_0^{2\pi}(AS\dot{v}, v)\mathrm{d}t = \int_0^{2\pi}(S\dot{v}, Av)\mathrm{d}t = -\int_0^{2\pi}(Sv, A\dot{v})\mathrm{d}t$$
$$= -\int_0^{2\pi}(v, SA\dot{v})\mathrm{d}t = -\int_0^{2\pi}(v, AS\dot{v})\mathrm{d}t, \qquad \forall v\in H$$

推知

$$\int_0^{2\pi}(AS\dot{v}, v)\mathrm{d}t = 0, \qquad \forall v\in H.$$

于是,对任意 $v\in H$,由 $\nabla^2 f$ 的对称性,有

$$\langle \tilde{T}'(u)v, v\rangle_1 = \int_0^{2\pi}[(\dot{\bar{v}}^{\perp}-\dot{\bar{v}}, \dot{\bar{v}}^{\perp}-\dot{\bar{v}})-(\nabla^2 f(t, Su(t))Sv(t), v(t))]\mathrm{d}t$$

$$= \|\vec{v}^{\perp}\|_0^2 - \|\vec{v}\|_0^2 - \int_0^{2\pi} (\nabla^2 f(t, Su)\bar{v}^{\perp}, \bar{v}^{\perp})\mathrm{d}t$$

$$+ \int_0^{2\pi} (\nabla^2 f(t, Su)\bar{v}, \bar{v})\mathrm{d}t.$$

由(2.3.2)知，对 $\forall\, u, v \in H$，有

$$\delta_1(Su)(v, v) \leqslant (\nabla^2 f(t, Su)v, v) \leqslant \delta_2(Su)(v, v). \qquad (2.3.11)$$

对任意 $u \in H, u = u(t) = (u_1(t), \cdots, u_n(t))$，由 Sobolev 嵌入定理，$u_i \in C[0, 2\pi]$，$i = 1, 2, \cdots, n$，其中，

$$C[0, 2\pi] = \{u: [0, 2\pi] \to \mathrm{R} \mid u \text{ 在}[0, 2\pi]\text{上连续且 } u(0) = u(2\pi)\}.$$

令

$$C_n[0, 2\pi] = \underbrace{C[0, 2\pi] \times \cdots \times C[0, 2\pi]}_{n\text{个}},$$

则 $C_n[0, 2\pi]$ 在范数

$$\|u\|_C = \sum_{i=1}^{n} \max_{t \in [0, 2\pi]} |u_i(t)|$$

下为一个 Banach 空间.再由嵌入定理，存在常数 $\alpha > 0$，使

$$\|u\|_C \leqslant \alpha \|u\|_1, \qquad \forall\, u \in H.$$

由于 $\sum_{i=1}^{n} |u_i(t)| \leqslant \|u\|_C \leqslant \alpha \|u\|_1$，从(2.3.11)可知

$$\begin{aligned}(\nabla^2 f(t, Su(t))v(t), v(t)) &\leqslant \delta_2(Su(t))(v(t), v(t)) \\ &\leqslant \max_{\sum_{i=1}^{n} |\xi_i| \leqslant \alpha \|Su\|_1} \delta_2(\xi)(v(t), v(t)),\end{aligned}$$

且

$$\begin{aligned}(\nabla^2 f(t, Su(t))v(t), v(t)) &\geqslant \delta_1(Su(t))(v(t), v(t)) \\ &\geqslant \min_{\sum_{i=1}^{n} |\xi_i| \leqslant \alpha \|Su\|_1} \delta_1(\xi)(v(t), v(t)).\end{aligned}$$

再利用(2.3.11)可知

$$\begin{aligned}\langle T'(u)v, v\rangle_1 \geqslant\ & \|\vec{v}^{\perp}\|_0^2 - \max_{\sum_{i=1}^{n} |\xi_i| \leqslant \alpha \|Su\|_1} \frac{\delta_2(\xi)}{(N+1)^2} \|\vec{v}^{\perp}\|_0^2 \\ & + \min_{\sum_{i=1}^{n} |\xi_i| \leqslant \alpha \|Su\|_1} \delta_1(\xi) \|\bar{v}\|_0^2 - \|\vec{v}\|_0^2. \qquad (2.3.12)\end{aligned}$$

记 $a_i = \frac{1}{\sqrt{2\pi}} \int_0^{2\pi} v_i \mathrm{d}t, i = 1, \cdots, n$.记 $A = (a_1, \cdots, a_n)$，则对 $\forall\, \bar{v} \in V$，有

$$\| A \|_0^2 + \| \vec{v} \|_0^2 \leqslant N^2 \| \bar{v} \|_0^2 . \tag{2.3.13}$$

把(2.3.13)代入(2.3.12),得

$$\begin{aligned}\langle \widetilde{T}'(u)v, v\rangle_1 \geqslant & \| \vec{v}^{\perp} \|_0^2 - \max_{\sum_{i=1}^n |\xi_i| \leqslant \alpha \| Su \|_1} \frac{\delta_2(\xi)}{(N+1)^2} \| \vec{v}^{\perp} \|_0^2 \\ & + \min_{\sum_{i=1}^n |\xi_i| \leqslant \alpha \| Su \|_1} \frac{\delta_1(\xi)}{N^2} (\| \vec{v} \|_0^2 + \| A \|_0^2) - \| \vec{v} \|_0^2 \\ \geqslant & \rho(\alpha \| u \|_1) [\| \vec{v}^{\perp} \|_0^2 + \| \vec{v} \|_0^2] + \| A \|_0^2 \\ = & \rho(\alpha \| u \|_1) \| \dot{v} \|_0^2 + \| A \|_0^2 \\ \geqslant & \rho(\alpha \| u \|_1) [\| \dot{v} \|_0^2 + \| A \|_0^2] \\ \geqslant & \frac{1}{2} \rho(\alpha \| u \|_1) [\| \dot{v} \|_0^2 + \| v - A \|_0^2 + \| A \|_0^2] \\ \geqslant & \frac{1}{2} \rho(\alpha \| u \|_1) \| v \|_1^2 .\end{aligned}$$

注意:上面用到 $\rho(R)<1$ 及 $\| \dot{v} \|_0^2 \geqslant \| v - A \|_0^2$ 这两个事实.依 $\rho(R)$的定义知,$\rho(\alpha \| u \|_1)>0, \forall u \in H$.因此据 Lax-Milgram 引理[1],对 $\forall u\in H$, $\widetilde{T}'(u)$是 $H\to H$ 上的同胚,并且

$$\| [\widetilde{T}'(u)]^{-1} \|_1 \leqslant 2\rho(\alpha \| u \|_1)^{-1}$$

或

$$\rho(\alpha \| u \|_1) \leqslant \frac{2}{\| [\widetilde{T}'(u)]^{-1} \|_1} .$$

因此,

$$\rho(\alpha R) \leqslant \inf_{\| u \|_1 < R} \left(\frac{2}{\| [\widetilde{T}'(u)]^{-1} \|_1} \right) \triangleq 2\xi(R) .$$

由题设(2.3.4)立即得

$$\int_0^{\infty} \xi(R) \mathrm{d}R = \infty ,$$

从而满足定理 1.4.1 的全部条件.　■

2.4　波方程 · 渐近非一致 · Mawhin 延拓定理

本节在渐近非一致的前提下利用 Mawhin 延拓定理给出一类波方程周期-Dirichlet 问题存在弱解的一组充分条件.该方法自然可以用于其他类型方程在带有不跨特征值扰动时可解性的研究.

2.4.1　主要定理

记 $Q=[0,2\pi]\times[0,\pi]$. $f: Q\times\mathbb{R}\to\mathbb{R}$ 满足对 $L^2(Q)$的 Carathé odory 条件,即对 $\forall\, u\in\mathbb{R}$, $f(\cdot,\cdot,u)$在 Q 上可测;对 a.e. $(t,x)\in Q$, $f(t,x,\cdot)$在R 上连续;且对 $\forall\, r>0$, $\exists\, h_r\in L^2(Q)$,使

$$|f(t,x,u)|\leqslant h_r(t,x) \tag{2.4.1}$$

对 $\forall (t,x)\in Q$ 及 $|u|\leqslant r$ 成立.

考察半线性波方程

$$u_{tt}-u_{xx}-f(t,x,u)=0. \tag{2.4.2}$$

定义 2.4.1　在 Q 上,(2.4.2)的周期- Dirichlet 问题的弱解是指:一个函数 $u: Q\to\mathbb{R}$, $u\in L^2(Q)$且满足对任意

$$v\in\left\{ w\in C^2(\overline{Q})\ \middle|\ \begin{array}{ll} w(t,0)=w(t,\pi)=0, & t\in[0,2\pi], \\ w(0,x)-w(2\pi,x)=w_t(0,x)-w_t(2\pi,x)=0, & x\in[0,\pi] \end{array}\right\},$$

有

$$\int_Q u(t,x)[v_{tt}(t,x)-v_{xx}(t,x)]\mathrm{d}t\mathrm{d}x=\int_Q f(t,x,u(t,x))v(t,x)\mathrm{d}t\mathrm{d}x. \tag{2.4.3}$$

从 1.1.1 小节已经知道:非齐次线性方程

$$u_{tt}-u_{xx}-\lambda u=h(t,x)$$

在 Q 上的周期- Dirichlet 问题对 $\forall\, h\in L^2(Q)$唯一可解的充要条件是

$$\lambda\notin\{n^2-m^2\mid m\in\mathbb{Z},n\in\mathbb{N}\}=\{\cdots<\lambda_{-1}<\lambda_0=0<\lambda_1\cdots\}. \tag{2.4.4}$$

本节的主要结果如下.

定理 2.4.1　假设不等式

$$\alpha(t,x)\leqslant\liminf_{|u|\to\infty}\frac{f(t,x,u)}{u}\leqslant\limsup_{|u|\to\infty}\frac{f(t,x,u)}{u}\leqslant\beta(t,x) \tag{2.4.5}$$

对 a.e. $(t,x)\in Q$ 成立,其中, $\alpha,\beta\in L^\infty(Q)$满足:存在整数 N, $N\neq 0$ 且 $N\neq -1$,使

$$\lambda_N\leqslant\alpha(t,x)\leqslant\beta(t,x)\leqslant\lambda_{N+1} \tag{2.4.6}$$

对 a.e. $(t,x)\in Q$ 成立,并且

$$\mathrm{meas}\{(t,x)\in Q\mid\lambda_N<\alpha(t,x)\}>0,$$
$$\mathrm{meas}\{(t,x)\in Q\mid\beta(t,x)<\lambda_{N+1}\}>0.$$

进一步,假设对 a.e. $(t,x)\in Q$, $\mathrm{sign}\lambda_N\cdot f(t,x,\cdot)$为非减函数,则 Q 上(2.4.2)的周期- Dirichlet 问题至少有一个弱解.

2.4.2 预备引理

设 $H=L^2(Q)$，H 的内积和范数分别记为$(\cdot,\cdot)$和$\|\cdot\|$.设

$$v_{mn}(t,x)=\frac{1}{\pi}\exp(imt)\sin(nx),$$

$m\in\mathrm{Z}$ 而 $n\in\mathrm{N}$，则$\forall u\in H$ 可写成 Fourier 级数

$$u=\sum_{\substack{m\in\mathrm{Z}\\ n\in\mathrm{N}}}u_{mn}v_{mn},$$

其中，$u_{mn}=(u,v_{mn})$.注意，因 u 为实值函数，故 $\bar{u}_{mn}=u_{-m,n}$.

定义带周期-Dirichlet 条件的波算子在 H 中的抽象实现 $L:D(L)\subset H\to H$，

$$Lu=\sum_{\substack{m\in\mathrm{Z}\\ n\in\mathrm{N}}}(n^2-m^2)u_{mn}v_{mn},$$

其中，

$$D(L)=\left\{u\in H\,\middle|\,\sum_{\substack{m\in\mathrm{Z}\\ n\in\mathrm{N}}}(n^2-m^2)^2|u_{mn}|^2<\infty\right\},$$

则 L 为 H 中的自伴算子，且

$$\sigma(L)=\{n^2-m^2\mid m\in\mathrm{Z},n\in\mathrm{N}\}.$$

不难看出，0 为 L 的无穷重数特征值而其余的特征值均为有限重.

现将 L 的特征值按大小次序排成

$$\cdots<\lambda_{-2}<\lambda_{-1}<\lambda_0=0<\lambda_1<\lambda_2<\cdots.$$

设 λ_N,λ_{N+1} 为 L 的一对相邻的特征值，满足 $\lambda_N\cdot\lambda_{N+1}\neq0$，即

$$0<\lambda_N<\lambda_{N+1},$$

或者

$$\lambda_N<\lambda_{N+1}<0.$$

令

$$c=\frac{1}{2}(\lambda_N+\lambda_{N+1}).$$

设 L 的谱族为$\{E_\lambda\mid\lambda\in\mathrm{R}\}$，则 $L=\int_{\mathrm{R}}\mathrm{d}E_\lambda$. 记

$$P_1=\int_{-\infty}^{c}\mathrm{d}E_\lambda,\qquad P_2=\int_{c}^{\infty}\mathrm{d}E_\lambda;$$

$$H_1=P_1(H),\qquad H_2=P_2(H),$$

则 H_1 是由 L 的满足 $i\leqslant N$ 的所有特征值 λ_i 所对应的特征函数张成的子空间，而

H_2 是由 L 的满足 $i\geqslant N+1$ 的所有特征值 λ_i 所对应的特征函数张成的子空间.

进一步,

$$P_1 u=\sum_{n^2-m^2\leqslant N} u_{mn} v_{mn}, \qquad P_2 u=\sum_{n^2-m^2\geqslant N+1} u_{mn} v_{mn}.$$

引理 2.4.1　设 $\alpha,\beta\in L^{\infty}(Q)$满足

$$\lambda_N\leqslant\alpha(t,x), \qquad \text{a.e.}(t,x)\in Q$$
$$(\beta(t,x)\leqslant\lambda_{N+1}, \quad \text{a.e.}(t,x)\in Q),$$

且

$$\operatorname{meas}\{(t,x)\in Q \mid \lambda_N<\alpha(t,x)\}>0$$
$$(\operatorname{meas}\{(t,x)\in Q \mid \beta(t,x)<\lambda_{N+1}\}>0),$$

则存在 $\delta_1>0(\delta_2>0)$,使任意满足

$$\alpha(t,x)\leqslant p(t,x)$$
$$(p(t,x)\leqslant\beta(t,x))$$

的 $p\in L^{\infty}(Q)$及 $\forall\, u_1\in D(L)\cap H_1\,(u_2\in D(L)\cap H_2)$,均有

$$(Lu_1-pu_1,u_1)\leqslant-\delta_1\|u_1\|^2 \tag{2.4.7}$$

$$((Lu_2-pu_2,u_2)\geqslant\delta_2\|u_2\|^2). \tag{2.4.8}$$

证明　(2.4.7)和(2.4.8)的证明完全类似,因此只证(2.4.7).

首先,由于 $p(t,x)\geqslant\lambda_N$ 对 a.e.$(t,x)\in Q$ 成立,故$(Lu_1-pu_1,u_1)\leqslant 0$.进一步,因 $\alpha(t,x)\leqslant p(t,x)$a.e.于 Q,故

$$(Lu_1-pu_1,u_1)\leqslant(Lu_1-\alpha u_1,u_1). \tag{2.4.9}$$

于是,如果存在 $\delta_1>0$,使对 $\forall\, u_1\in D(L)\cap H_1$,有

$$(Lu_1-\alpha u_1,u_1)\leqslant-\delta_1\|u_1\|^2, \tag{2.4.10}$$

则(2.4.7)已经成立.反设不存在这样的 $\delta_1>0$,则存在一个序列$\{u_{1k}\}\in D(L)\cap H_1$,不妨将 u_{1k}记为 $u_k(u_k\in H_1\cap D(L))$,$\|u_k\|=1$ 且

$$-\frac{1}{k}\leqslant(Lu_k-\alpha u_k,u_k), \qquad k=1,2,\cdots. \tag{2.4.11}$$

现在选取 a,b:$\lambda_{N-1}<a<\lambda_N<b<\lambda_{N+1}$,定义投影算子

$$\widetilde{P}=\int_{-\infty}^{a}\mathrm{d}E_\lambda, \qquad \overline{P}=\int_{a}^{b}\mathrm{d}E_\lambda.$$

设 $\widetilde{H}=\widetilde{P}(H)$,$\overline{H}=\overline{P}(H)$,则 $H_1=\widetilde{H}\oplus\overline{H}$.易见,$\widetilde{H}$ 是由满足 $i<N$ 的所有特征值 λ_i所对应的特征函数所张成的子空间,而 $\overline{H}$ 是 λ_N 所对应的特征子空间.将 u_k 分解成

$$u_k=\widetilde{u}_k+\overline{u}_k,$$

其中，$\tilde{u}=\tilde{P}u$，$\bar{u}=\bar{P}u$.因为 $\alpha(t,x)\geqslant\lambda_N$ 对 a.e.$(t,x)\in Q$ 成立，故由(2.4.11)可知

$$-\frac{1}{k}\leqslant(Lu_k-\lambda_N u_k,u_k).$$

由上式推知

$$-\frac{1}{k}\leqslant(L\tilde{u}_k-\lambda_N\tilde{u}_k,\tilde{u}_k)=\sum_{n^2-m^2\leqslant\lambda_{N-1}}(n^2-m^2)|u_{k_{nm}}|^2-\lambda_N\|\tilde{u}_k\|^2$$
$$\leqslant(\lambda_{N-1}-\lambda_N)\|\tilde{u}_k\|^2,$$

故当 $k\to\infty$时，$\|\tilde{u}_k\|\to0$.

现在由 $\bar{H}$ 有限维，又因 $1=\|u_k\|^2=\|\tilde{u}_k\|^2+\|\bar{u}_k\|^2$，故$\{u_k\}$中有子列，不妨仍记为$\{u_k\}$，及 $\bar{u}\in\bar{H}$，$\|\bar{u}\|=1$，使 $u_k\to\bar{u}$($\to$表示 H 中的强收敛).因 $\|\bar{u}\|=1$，$\bar{u}\in\bar{H}$，故 $\bar{u}(t,x)\neq0$ a.e.于 Q.同时，

$$\begin{aligned}-\frac{1}{k}&\leqslant(Lu_k-\alpha u_k,u_k)\\&=(L\tilde{u}_k-\alpha\tilde{u}_k,\tilde{u}_k)-2\int_Q\alpha(t,x)\tilde{u}_k\bar{u}_k\mathrm{d}t\mathrm{d}x+(L\bar{u}_k-\alpha\bar{u}_k,\bar{u}_k)\\&\leqslant-(\lambda_N-\lambda_{N-1})\|\tilde{u}_k\|^2-2\int_Q\alpha(t,x)\tilde{u}_k\bar{u}_k\mathrm{d}t\mathrm{d}x\\&\quad+\int_Q(\lambda_N-\alpha(t,x))\|\bar{u}_k\|^2\mathrm{d}t\mathrm{d}x.\end{aligned}$$

利用当 $k\to\infty$时，$\tilde{u}_k\to0$ 及 $\bar{u}_k\to\bar{u}$ 的事实可得

$$0\leqslant\int_Q(\lambda_N-\alpha(t,x))|\bar{u}(t,x)|^2\mathrm{d}t\mathrm{d}x.$$

因 $\lambda_N\leqslant\alpha(t,x)$对 a.e.$(t,x)\in Q$ 成立，故有

$$\int_Q(\lambda_N-\alpha(t,x))|\bar{u}(t,x)|^2\mathrm{d}t\mathrm{d}x=0.\qquad(2.4.12)$$

这便与 $\bar{u}(t,x)\neq0$ a.e.于 Q 及 $\lambda_N-\alpha(t,x)<0$ 在 Q 的一个正测集上成立的事实矛盾，故(2.4.10)成立，即(2.4.7)成立. ■

引理 2.4.2　设 $\alpha,\beta\in L^2(Q)$满足

$$\lambda_N\leqslant\alpha(t,x)\leqslant\beta(t,x)\leqslant\lambda_{N+1},\quad \text{a.e.}(t,x)\in Q$$

且

$$\operatorname{meas}\{(t,x)\in Q|\lambda_N<\alpha(t,x)\}>0,$$
$$\operatorname{meas}\{(t,x)\in Q|\beta(t,x)<\lambda_{N+1}\}>0,$$

则存在 $\delta>0$ 和 $\varepsilon>0$，使对任意满足

$$\alpha(t,x)-\varepsilon\leqslant p(t,x)\leqslant\beta(t,x)+\varepsilon,\qquad \text{a.e.于 } Q$$

的 $p\in L^\infty(Q)$，有

$$\| Lu - pu \| \geqslant \delta \| u \|, \quad \forall u \in D(L).$$

证明　反设结论不真,则存在一个序列$\{u_k\} \subset D(L)$,$\| u_k \| = 1$及序列$\{p_k\} \subset L^{\infty}(Q)$,使对$k=1,2,\cdots$,有

$$\alpha(t,x) - \frac{1}{k} \leqslant p_k(t,x) \leqslant \beta(t,x) + \frac{1}{k}, \quad \text{a.e.}(t,x) \in Q \tag{2.4.13}$$

及

$$\| Lu_k - p_k u_k \| \leqslant \frac{1}{k},$$

即存在$\{f_k\} \subset H$,使

$$Lu_k - p_k u_k = f_k, \tag{2.4.14}$$

其中,$\| f_k \| \leqslant \frac{1}{k}$而$\| u_k \| = 1$.

将u_k分解成$u_k = u_{1k} + u_{2k}$,其中,$u_{1k} = P_1 u_k$,$u_{2k} = P_2 u_k$,有$u_{1k} \in D(L) \cap H_1$,而$u_{2k} \in D(L) \cap H_2$,$k=1,2,\cdots$.在(2.4.14)两边取内积,可知

$$(Lu_k - p_k u_k, u_{2k} - u_{1k}) = (f_k, u_{2k} - u_{1k}).$$

由此推知

$$(Lu_{2k} - p_k u_{2k}, u_{2k}) - (Lu_{1k} - p_k u_{1k}, u_{1k}) = (f_k, u_{2k} - u_{1k}). \tag{2.4.15}$$

现在,由(2.4.13)知:对$k=1,2,\cdots$,有

$$\alpha(t,x) \leqslant p_k(t,x) + \frac{1}{k}, \qquad \text{a.e.}(t,x) \in Q,$$

$$p_k(t,x) - \frac{1}{k} \leqslant \beta(t,x), \qquad \text{a.e.}(t,x) \in Q,$$

故据引理 2.4.1 知,存在正数δ_1和δ_2,使对$k=1,2,\cdots$,有

$$\left(Lu_{1k} - \left(p_k + \frac{1}{k} \right) u_{1k}, u_{1k} \right) \leqslant -\delta_1 \| u_{1k} \|^2,$$

$$\left(Lu_{2k} - \left(p_k - \frac{1}{k} \right) u_{2k}, u_{2k} \right) \geqslant \delta_2 \| u_{2k} \|^2.$$

结合(2.4.15),并利用 Schwarz 不等式推知

$$\delta_2 \| u_{2k} \|^2 - \frac{1}{k} \| u_{2k} \|^2 + \delta_1 \| u_{1k} \|^2 - \frac{1}{k} \| u_{1k} \|^2 \leqslant \| f_k \| \cdot \| u_{2k} - u_{1k} \|.$$

由此推出

$$\delta_2 \| u_{2k} \|^2 + \delta_1 \| u_{1k} \|^2 \leqslant \frac{4}{k}.$$

上式表明$u_k = u_{1k} + u_{2k}$在H中强收敛于 0,这与$\| u_k \| = 1$的事实相矛盾.　■

2.4.3　定理 2.4.1 的证明

现在，给出定理 2.4.1 的证明．

设 $\delta>0$ 及 $\varepsilon>0$ 由引理 2.4.2 给出．由(2.4.5)可知：存在 $r>0$，使 a.e. $(t,x)\in Q$ 及 $\forall u:|u|\geqslant r$，有

$$\alpha(t,x)-\varepsilon\leqslant\frac{f(t,x,u)}{u}\leqslant\beta(t,x)+\varepsilon.$$

结合(2.4.1)可知

$$|f(t,x,u)|\leqslant(\varpi+\varepsilon)|u|+h_r(t,x)$$

对 a.e. $(t,x)\in Q$ 及 $\forall u\in\mathbf{R}$ 成立，其中，

$$\varpi=\begin{cases}\lambda_{N+1}, & \lambda_N>0,\\ |\lambda_N|, & \lambda_{N+1}<0.\end{cases}$$

从而推知，映射 $F:H\to H$，

$$(Fu)(t,x)=f(t,x,u(t,x))$$

连续且有界(这里 F 有界是指：F 将 H 的有界集映成 H 中的有界集)．进一步，(2.4.2)在 Q 上关于周期-Dirichlet 条件的弱解即为抽象方程

$$Lu-Fu=0\tag{2.4.16}$$

在 $D(L)$中的解．

不失一般性，从现在开始仅讨论 $\lambda_N>0$ 的情形．这是因为如果 $\lambda_N<0$，则 $\widetilde{N}\triangleq-N>0$．考察等价方程

$$\widetilde{L}u-\widetilde{F}u=0,$$

其中，$\widetilde{L}=-L,\widetilde{F}=-F$．记

$$0<\widetilde{\lambda}_N=-\lambda_{-N},\quad\widetilde{\alpha}=-\beta,\quad\widetilde{\beta}=-\alpha,\quad\widetilde{f}=-f.$$

不难看出，

$$\sigma(\widetilde{L})=\{\cdots<\widetilde{\lambda}_{-2}<\widetilde{\lambda}_{-1}<0<\widetilde{\lambda}_1<\widetilde{\lambda}_2<\cdots\},$$

进而(2.4.5)和(2.4.6)当用 $\widetilde{\alpha},\widetilde{\beta},\widetilde{f},\widetilde{\lambda}_N,\widetilde{\lambda}_{N+1}$ 分别替换 $\alpha,\beta,f,\lambda_N,\lambda_{N+1}$ 后仍然成立．同时，$\operatorname{sign}\widetilde{\lambda}_N\cdot\widetilde{f}(t,x,\cdot)=\widetilde{f}(t,x,\cdot)=\operatorname{sign}\lambda_{-N}\cdot f(t,x,\cdot)$仍为非减函数．于是又回到 $\lambda_N>0$ 的情形．

由对 f 的假设，F 在 H 上是单调的．显然，L 的右逆 K 是紧的，故 $K\overline{Q}F$ 是 H 上的紧映射(其中，$\overline{Q}:H\to\operatorname{Im}L$ 为直交投影)．定义线性算子 $A:H\to H$，

$$(Au)(t,x)=\alpha(t,x)u(t,x),$$

则 A 在 H 上连续且强单调．

据延拓定理 1.7.10,要证方程(2.4.16)存在解,只需证方程族

$$Lu-(1-\lambda)Au-\lambda Fu=0,\qquad \lambda\in[0,1] \tag{2.4.17}$$

的所有可能解有一个不依赖于 λ 的先验界.

令 $g: Q\times \mathrm{R}\to\mathrm{R}$,

$$g(t,x,u)=\begin{cases}\dfrac{f(t,x,u)}{u}, & |u|\geqslant r,\\[2mm] \dfrac{f(t,x,r)}{r}\cdot\dfrac{u}{r}+\left(1-\dfrac{u}{r}\right)\alpha(t,x), & 0\leqslant u<r,\\[2mm] \dfrac{f(t,x,-r)}{r}\cdot\dfrac{u}{r}+\left(1+\dfrac{u}{r}\right)\beta(t,x), & -r\leqslant u\leqslant 0\end{cases}$$

及函数 $b: Q\times\mathrm{R}\to\mathrm{R}$

$$b(t,x,u)=f(t,x,u)-g(t,x,u)u.$$

不难验证

$$\alpha(t,x)-\varepsilon\leqslant g(t,x,u)\leqslant\beta(t,x)+\varepsilon$$

对 a.e.$(t,x)\in Q$ 及 $\forall\, u\in\mathrm{R}$ 成立,且 b 满足对 $L^2(Q)$的 Carathéodory 条件.同时,

$$|b(t,x,u)|\leqslant 2h_r(t,x) \tag{2.4.18}$$

对 a.e.$(t,x)\in Q$ 及 $\forall\, u\in\mathrm{R}$ 成立.对 $\forall\, u\in H$,再定义线性映射 $G(u): H\to H$,

$$[G(u)v](t,x)=g(t,x,u(t,x))v(t,x)$$

及映射 $B: H\to H$,

$$(Bu)(t,x)=b(t,x,u(t,x)),$$

则对 $\forall\, u\in H$,有

$$Fu=G(u)u+Bu.$$

于是(2.4.17)可以等价地写成

$$Lu-[(1-\lambda)A-\lambda G(u)]u=\lambda Bu. \tag{2.4.19}$$

但由 A,G 的定义知,对 a.e.$(t,x)\in Q$ 及 $\forall\,\lambda\in[0,1]$,

$$\alpha(t,x)-\varepsilon\leqslant(1-\lambda)(Au)(t,x)+\lambda[G(u)u](t,x)\leqslant\beta(t,x)+\varepsilon.$$

因此,利用引理 2.4.2 及(2.4.18)和(2.4.19),有

$$2\|h_r\|>\|\lambda Bu\|=\|Lu-[(1-\lambda)A-\lambda G(u)]u\|\geqslant\delta\|u\|,$$

即

$$\|u\|\leqslant\frac{2}{\delta}\|h_r\|.$$

现选取 $\rho>\dfrac{2}{\delta}\|h_r\|$,则定理 1.7.10 的全部条件均满足. ■

2.4.4 存在唯一性结果

由定理 2.4.1 及引理 2.4.2 可以得到如下解的存在唯一性结果.

定理 2.4.2 设 $f: Q\times \mathrm{R}\to \mathrm{R}$ 满足对 $L^2(Q)$的 Carathéodory 条件且

$$\alpha(t,x)\leqslant \frac{f(t,x,u)-f(t,x,v)}{u-v}\leqslant \beta(t,x) \tag{2.4.20}$$

对 a.e.$(t,x)\in Q$ 及 $\forall\, u,v\in \mathrm{R}$, $u\neq v$ 成立,其中,α,β 即定理 2.4.1 中的 α 和 β,则(2.4.2)的周期-Dirichlet 问题有唯一的弱解.

证明 从(2.4.20)可以推知,定理 2.4.1 的假设(2.4.5)成立并且 sign $\lambda_N\cdot f(t,x,\cdot)$为不减函数,对 a.e.$(t,x)\in Q$ 成立.于是由定理 2.4.1,弱解是存在的.

现设 u,v 均为(2.4.2)的弱解.记 $w=u-v$,则 w 将是方程

$$w_{tt}-w_{xx}-[f(t,x,w+v)-f(t,x,v)]=0 \tag{2.4.21}$$

的周期-Dirichlet 问题的一个弱解.令

$$g(t,x,w)=\begin{cases}\dfrac{1}{w}[f(t,x,v+w)-f(t,x,v)], & w\neq 0,\\ \alpha(t,x), & w=0,\end{cases}$$

则(2.4.21)可以改写成

$$w_{tt}-w_{xx}-g(t,x,w)w=0, \tag{2.4.22}$$

其中,

$$\alpha(t,x)\leqslant g(t,x,w)\leqslant \beta(t,x)$$

对 a.e.$(t,x)\in Q$ 及 $\forall\, w\in \mathrm{R}$ 成立.根据引理 2.4.2,从(2.4.22)不难推知 $w=0$,即 $u=v$. ■

注 2.4.1 如果偏导数 $f'_u(t,x,u)$存在且

$$\alpha(t,x)\leqslant f'_u(t,x,u)\leqslant \beta(t,x)$$

对 a.e.$(t,x)\in Q$ 及 $\forall\, u\in \mathrm{R}$ 成立,则条件(2.4.20)满足.

2.5 椭圆方程·渐近非一致·鞍点约化法

2.2 节中曾利用寻找泛函鞍点的办法讨论渐近一致性条件下方程组解的存在唯一性.作为 2.2 节中方法的发展,本节将利用鞍点约化法讨论渐近非一致条件下半线性椭圆方程 Dirichlet 边值问题的可解性.本节的方法也可用于解决渐近非一致条件下其他类型的问题.

2.5.1 一对存在性结果

本小节结果选自文献[37].

设 $\Omega\subseteq R^n(n\geqslant 2)$是一个有光滑边界$\partial\Omega$的有界区域. $p:\bar{\Omega}\times R\to R$ 满足 Carathéodory 条件,即对 $\forall t\in R$, $p(\cdot,t):\bar{\Omega}\to R$ 可测;对 a.e. $x\in\bar{\Omega}$, $p(x,\cdot)$: $R\to R$ 连续.假定存在正常数 c_1, c_2,使

$$|p(x,t)|\leqslant c_1+c_2|t|,\quad \text{a.e.}\quad x\in\bar{\Omega},\quad \forall t\in R. \tag{2.5.1}$$

考察边值问题

$$\begin{cases}-\Delta u=p(x,u), & x\in\Omega,\\ u=0, & x\in\partial\Omega.\end{cases} \tag{2.5.2}$$

记特征值问题

$$\begin{cases}-\Delta u=\lambda u, & x\in\Omega,\\ u=0, & x\in\partial\Omega\end{cases} \tag{2.5.3}$$

的“相异”特征值序列为

$$0<\lambda_1<\cdots<\lambda_i<\cdots.$$

对 $i=1,2,\cdots$,记 $E(\lambda_i)$为相应于 λ_i 的特征子空间,则 $\dim E(\lambda_i)$等于 λ_i 的重数 m_i. 对于一个定义在 $\bar{\Omega}\times R$ 上的类似于 p 这样的函数,用相应的大写字母表示其原函数,即

$$P(x,t)=\int_0^t p(x,s)\mathrm{d}s.$$

将证明如下存在性结果.

定理 2.5.1　假设

(i) 存在一个满足 $k(x)\leqslant\lambda_{i+1}$,对 a.e. $x\in\Omega$,

$$\text{meas}\{x\in\Omega\,|\,k(x)<\lambda_{i+1}\}>0$$

的函数 $k(\cdot)\in L^\infty(\Omega)$,使

$$\frac{p(x,t_1)-p(x,t_2)}{t_1-t_2}\leqslant k(x) \tag{2.5.4}$$

对 a.e. $x\in\Omega$, $t_1,t_2\in R$, $t_1\neq t_2$ 成立.

(ii) 存在函数 $h_1,h_2\in L^\infty(\Omega\times R)$及一个常数 $M>0$,使

$$\frac{\lambda_i t+h_1(x,t)}{t}\leqslant\frac{p(x,t)}{t}\leqslant\frac{\lambda_{i+1}t-h_2(x,t)}{t} \tag{2.5.5}$$

对 a.e. $x\in\Omega$及 t: $|t|\geqslant M$ 成立.进一步,假设当 $\varphi\in E(\lambda_i)$且$\int_\Omega|\nabla\varphi|^2\mathrm{d}t\to\infty$时,有

$$\int_\Omega H_1(x,\varphi(x))\mathrm{d}x\to\infty; \tag{2.5.6}$$

当 $\psi\in E(\lambda_{l+1})$且$\int_\Omega |\nabla\psi|^2\mathrm{d}x\to\infty$时,有

$$\int_\Omega H_2(x,\psi(x))\mathrm{d}x\to\infty, \tag{2.5.7}$$

则问题(2.5.2)至少有一个弱解.

证明 取 $E=H_0^1(\Omega)=W_0^{1,2}(\Omega)$, E 的内积为

$$(u,v)\triangleq\int_\Omega\nabla u\nabla v\mathrm{d}x,\qquad u,v\in H_0^1(\Omega)=E, \tag{2.5.8}$$

相应的范数记为$\|\cdot\|$.记 $L^2(\Omega)$的内积和范数分别为$(\cdot,\cdot)_0$及$\|\cdot\|_0$.设

$$V=E(\lambda_1)\oplus\cdots\oplus E(\lambda_l),$$

而 W 为 V 在 E 中的直交补,则

$$W=\overline{E(\lambda_{l+1})\oplus E(\lambda_{l+2})\oplus\cdots},$$

且

$$E=V\oplus W.$$

在 E 上考察泛函

$$G(u)=\frac{1}{2}\|u\|^2-\int_\Omega P(x,u)\mathrm{d}x,\qquad u\in E.$$

众所周知,$G(\cdot)\in C^1(E,\mathbf{R})$且 G 的临界点即为(2.5.2)的弱解.

对于$\forall\, v\in V$,考察泛函 $J_v(\cdot)\in C^1(W,R)$

$$J_v(w)=G(v+w),\qquad\forall\, w\in W.$$

由(2.5.5)的后半部分和(2.5.7)不难推出,$J_v(\cdot)$是强制的,即当$\|w\|\to\infty$于 W 时,有 $J_v(w)\to\infty$.进一步,由 $G(\cdot)$在 E 上的弱下半连续性可推出 $J_v(\cdot)$在 W 上弱下半连续.故存在充分大的 $R>0$ 及 $\theta(v)\in B_R\cap W$(这里 $B_R=\{u\in E\mid\|u\|<R\}$),使

$$J_v(\theta(v))=\min_{w\in \overline{B}_R\cap W}J_v(w)=\min_{w\in W}J_v(w). \tag{2.5.9}$$

于是,$\theta(v)$是 $J_v(\cdot)$的临界点.$\theta(v)$满足:对$\forall\, w\in W$,有

$$\begin{aligned}(J'_v(\theta(v)),w)&=(G'(v+\theta(v)),w)\\&=(\theta(v),w)-\int_\Omega p(x,v+\theta(v))w\mathrm{d}x=0.\end{aligned} \tag{2.5.10}$$

下面分四步来完成证明:

第一步.证 $\theta(v)$是 $J_v(\cdot)$的唯一临界点.

反设 $J_v(\cdot)$在 W 中有两个不同的临界点 w_1 和 w_2, $w_1\neq w_2$.记 $\tilde{w}=w_1-w_2$,则 $\tilde{w}\in W$, $\tilde{w}\neq0$ 且

$$\|\widetilde{w}\|^2-\int_\Omega\{p(x,v+w_1)-p(x,v+w_2)\}(w_1-w_2)\mathrm{d}x=0.$$

由(2.5.4)推知

$$\|\widetilde{w}\|^2-\int_\Omega k(x)|\widetilde{w}|^2\mathrm{d}x\leqslant 0. \tag{2.5.11}$$

因 $\widetilde{w}\in W=\overline{E(\lambda_{l+1})\oplus E(\lambda_{l+2})\oplus\cdots}$,故

$$\|\widetilde{w}\|^2-\int_\Omega \lambda_{l+1}|\widetilde{w}|^2\mathrm{d}x\geqslant 0. \tag{2.5.12}$$

又由于 $k(x)\leqslant\lambda_{l+1}$, a.e.于 Ω,故

$$\|\widetilde{w}\|^2-\int_\Omega \lambda_{l+1}|\widetilde{w}|^2\mathrm{d}x=0. \tag{2.5.13}$$

因此,$\widetilde{w}$ 为 λ_{l+1} 的特征函数.进一步,由(2.5.11)和(2.5.12),有

$$\int_\Omega[\lambda_{l+1}-k(x)]|\widetilde{w}|^2\mathrm{d}x=0.$$

于是,$\widetilde{w}=0$ 在集合 $\{x\in\Omega\,|\,k(x)<\lambda_{l+1}\}$ 的一个正测度集上成立.由于特征值问题(2.5.3)的特征函数具有唯一延拓性质(即在一个正测度集上为零值可推出在整个 Ω 上恒为零),故 $\widetilde{w}=0$ 于 Ω,即 $w_1=w_2$.矛盾!于是定义了一个映射 $\theta(\cdot)$:$V\to W$.

第二步.证 $\theta(\cdot)$连续.

先证 $\theta(\cdot)$将有界集映成有界集.事实上,设 $\{v_n\}$是 V 中的有界序列,则存在一个常数 $c_3>0$,使 $G(v_n)<c_3$, $n=1,2,\cdots$.从(2.5.9)可知

$$G(v_n+\theta(v_n))\leqslant G(v_n)<c_3,\qquad n=1,2,\cdots. \tag{2.5.14}$$

假如$\{\theta(v_n)\}$在 W 中无界,则由(2.5.5)的第二部分及(2.5.7)推知:当 $n\to\infty$时,有

$$G(v_n+\theta(v_n))\to\infty,$$

这与(2.5.14)矛盾.

其次,设 $\{v_n\}\subset V$, $v_0\in V$, $v_n\to v_0$ 于 V.由于 $\theta(\cdot)$为有界映射,故存在$\{v_n\}$的子列,不妨仍记为 v_n,使$\{\theta(v_n)\}$在 W 中弱收敛于 $w_0\in W$.因 $H_0^1(\Omega)\hookrightarrow\hookrightarrow L^2(\Omega)$,故通过选择一个子列的办法,可以不妨假定$\{\theta(v_n)\}$收敛于 w_0 于 $L^2(\Omega)$.现在由(2.5.1)可推出

$$\lim_{n\to\infty}p(x,v_n+\theta(v_n))=p(x,v_0+w_0)\quad 于\ L^2(\Omega).$$

因此,对 $\forall\, w\in W$,有

$$\begin{aligned}0&=\lim_{n\to\infty}\{(\theta(v_n),w)-\int_\Omega p(x,v_n+\theta(v_n))w\mathrm{d}x\}\\&=(w_0,w)-\int_\Omega p(x,v_0+w_0)w\mathrm{d}x.\end{aligned}$$

可见，w_0 是 $J_v(\cdot)$的一个临界点．由第一步的结论可知 $w_0=\theta(v_0)$．在(2.5.10)中取 $w=\theta(v_n)-\theta(v_0)$，$\theta(v)$分别取 $\theta(v_n)$和 $\theta(v_0)$可推得

$$\|\theta(v_n)-\theta(v_0)\|^2-\int_\Omega\{p(x,v_n+\theta(v_n))-p(x,v_0+\theta(v_0))\}$$
$$\times\{\theta(v_n)-\theta(v_0)\}\mathrm{d}x=0.$$

由$\lim\limits_{n\to\infty}p(x,v_n+\theta(v_n))=p(x,v_0+\theta(v_0))$于 $L^2(\Omega)$及$\{\theta(v_n)\}$为有界集的事实，便可推得$\{\theta(v_n)\}$在$\|\cdot\|$下收敛于 $\theta(v_0)$．

第三步．定义泛函 $I(\cdot):V\to\mathrm{R}$

$$I(v)=G(v+\theta(v))=\min_{w\in W}G(v+w). \tag{2.5.15}$$

下证 $I(\cdot)\in C^1(V,\mathrm{R})$且

$$(I'(v),\gamma)=(G'(v+\theta(v)),\gamma),\qquad\forall\, v,\gamma\in V. \tag{2.5.16}$$

事实上，固定 $v\in V$．对 $t>0$，$\gamma\in V$，有

$$\begin{aligned}\frac{I(v+t\gamma)-I(v)}{t}&=\frac{G(v+t\gamma+\theta(v+t\gamma))-G(v+\theta(v))}{t}\\&\leqslant\frac{G(v+t\gamma+\theta(v))-G(v+\theta(v))}{t}\\&=\int_0^1(G'(v+\theta(v)+st\gamma),\gamma)\mathrm{d}s.\end{aligned}$$

同理，

$$\frac{I(v+t\gamma)-I(v)}{t}\geqslant\int_0^1(G'(v+\theta(v+t\gamma)+st\gamma),\gamma)\mathrm{d}s.$$

因 $G'(\cdot)$及 $\theta(\cdot)$连续，得

$$\lim_{t\to0^+}\frac{I(v+t\gamma)-I(v)}{t}=(G'(v+\theta(v),\gamma).$$

于是 $I(\cdot)$有一个连续的 Gâteaux 导数．从而 $I(\cdot)$Fréchet 可微[4]，且有

$$(I'(v),\gamma)=(G'(v+\theta(v)),\gamma),\qquad\forall\, v,\gamma\in V.$$

第四步．由(2.5.10)及(2.5.16)可见，$u\in H_0^1(\Omega)$为 $G(\cdot)$的临界点的充要条件为 $u=v+\theta(v)$且 v是 $I(\cdot)$在 V中的一个临界点．下证 $I(\cdot)$在 V中确有临界点．

由(2.5.15)，有

$$I(v)=\min_{w\in W}G(v+w)\leqslant G(v),\qquad\forall\, v\in V.$$

结合(2.5.5)的前半部分及(2.5.6)，推知：当$\|v\|\to\infty$于 V时，$G(v)\to-\infty$．因此当$\|v\|\to\infty$于 V时，$I(v)\to-\infty$．于是，存在充分大的 $R>0$，使

$$\sup\{I(v)\mid v\in V,\|v\|\leqslant R\}=\sup\{I(v)\mid v\in V\}.$$

因 $I(\cdot)$为定义在有限维空间 V 上的连续函数,故上式左端可达最大值.于是,存在 $v_0\in V$,使

$$I(v_0)=\sup\{I(v)\mid v\in V\},$$

该 v_0 为 $I(\cdot)$在 V 中的一个临界点. ■

定理 2.5.2(定理 2.5.1 的"共轭"定理)

假设

(i)* 存在一个满足 $k^*(x)\geqslant\lambda$,a.e. $x\in\Omega$, $\text{meas}\{x\in\Omega\mid k^*(x)>\lambda\}>0$ 的函数 $k^*(\cdot)\in L^\infty(\Omega)$使

$$\frac{p(x,t_1)-p(x,t_2)}{t_1-t_2}\geqslant k^*(x) \tag{2.5.17}$$

对 a.e. $x\in\Omega$ 及 $t_1,t_2\in\mathbf{R}$, $t_1\neq t_2$ 成立.

(ii)* 定理 2.5.1 的条件(ii)成立,

则问题(2.5.2)至少有一个弱解.

证明(梗概)　取 $E=H_0^1(\Omega)$.在 E 中,设 $W=E(\lambda_1)\oplus\cdots\oplus E(\lambda_l)$; $V=W^\perp=E(\lambda_{l+1})\oplus E(\lambda_{l+2})\oplus\cdots$.首先定义 $\theta(\cdot):V\to W$,

$$\forall v\in V,\quad G(v+\theta(v))=\sup\{G(v+w)\mid w\in W\},$$

其中,$G(\cdot)$为定理 2.5.1 证明中定义的泛函 G.按照定理 2.5.1 的证明方法,可证得泛函

$$I(v)=G(v+\theta(v)),\qquad v\in V$$

在 V 上是弱下半连续的.从(2.5.5)的后半部分及(2.5.7)可推得:当 $\|v\|\to\infty$ 于 V 时,$I(v)\to\infty$.结合 $I(\cdot)$的弱下半连续性可知:存在 $v_0\in V$,使

$$I(v_0)=\min_{v\in V}I(v),$$

从而 $v_0+\theta(v_0)$是(2.5.2)的一个弱解. ■

2.5.2　注记

注 2.5.1　在定理 2.5.1 证明的第一、二步中,曾用较大的篇幅论证 $J_v(\cdot):W\to\mathbf{R}$ 的临界点的存在唯一性及 $\theta(\cdot):V\to W$ 的连续性.换句话说,在讨论含参泛函最小点集

$$S_0=\{(v,\overline{w})\mid J_v(\overline{w})=\min_{w\in W}G(v+w)\}$$

的结构.

由此,提出如下有趣的问题.

问题　设 $I:[0,1]\times\mathbf{R}\to\mathbf{R}$ 是一个连续函数,对 $\forall\lambda\in[0,1]$, $I(\lambda,\cdot)$强制.不难举出反例说明,集合

$$\overline{S}_0=\{(\lambda,x)\in[0,1]\times\mathrm{R}\mid I(\lambda,x)=\min_{y\in\mathrm{R}}I(\lambda,y)\}$$

中未必含有一支联结$\{0\}\times\mathrm{R}$与$\{1\}\times\mathrm{R}$的连通分支.试问在什么条件下,这种连通分支是存在的?

注 2.5.2　在定理 2.5.1 的证明中,选取 $E=H_0^1(\Omega)$,而 E 的内积为

$$(u,v)=\int_\Omega\nabla u\nabla u\mathrm{d}x. \tag{2.5.18}$$

这是因为我们讨论的问题是椭圆方程 Dirichlet 边值问题.

但若用定理 2.5.1 中的方法讨论半线性 Duffing 方程周期边值问题

$$\begin{cases}\ddot{u}+g(t,u)=e(t),\\ u(0)-u(2\pi)=\dot{u}(0)-\dot{u}(2\pi)=0\end{cases} \tag{2.5.19}$$

的可解性(其中,g 满足 Carathé odory 条件,$e\in L^2[0,2\pi]$),则空间 E 应选为

$$E_1=\left\{u\in L^2[0,2\pi]\;\middle|\;\begin{array}{l}u,\dot{u}\text{ 在}[0,2\pi]\text{上绝对连续},\\ \ddot{u}\in L^2[0,2\pi],\\ u(0)=u(2\pi),\dot{u}(0)=\dot{u}(2\pi)\end{array}\right\},$$

内积为

$$(u,v)_{E_1}=\int_0^{2\pi}[\dot{u}\dot{v}+uv]\mathrm{d}x.$$

此时,

$$(u,v)=\int_0^{2\pi}\dot{u}\dot{v}\mathrm{d}x$$

不再是 E_1 的内积.这是因为$\int_0^{2\pi}\dot{u}\dot{u}\mathrm{d}x=0\not\Rightarrow u=0$　a.e.

马如云[38]在 g 满足

(H1) 存在 $k(\cdot)\in L^\infty(0,2\pi)$,$k(t)\leqslant(n+1)^2$ 且 $\mathrm{meas}\{t\in[0,2\pi]\mid k(t)<(n+1)^2\}>0$,使对于 a.e.$t\in(0,2\pi)$,$\forall x_1,x_2\in\mathrm{R}$,$x_1\neq x_2$,有

$$\frac{g(t,x_1)-g(t,x_2)}{x_1-x_2}\leqslant k(x). \tag{2.5.20}$$

(H2) 存在正常数 δ,M 及非负整数 n,使

$$(n+\delta)\leqslant\frac{2G(t,x)}{x^2}\leqslant(n+1-\delta)^2,\qquad|x|\geqslant M \tag{2.5.21}$$

(其中,$G(t,x)=\int_0^x g(t,s)\mathrm{d}s$),用鞍点约化法,建立了如下结果.

定理 2.5.3　设 $e\in L^2(0,2\pi)$,$g:[0,2\pi]\times\mathrm{R}\to\mathrm{R}$ 满足 Carathé odory 条件,且存在常数 $c_1,c_2>0$,使

$$|g(t,x)|\leqslant c_1+c_2|x|$$

对 a.e. $t\in(0,2\pi)$及 $\forall\, x\in \mathrm{R}$ 成立. 进一步,假设(H1)和(H2)成立,则周期边值问题(2.5.19)至少有一个弱解.

值得注意的是:(2.5.21)已允许扰动项跨越多个特征值.

2.6　Duffing 方程 · 渐近非一致 · 相平面分析法

本节用相平面分析法研究半线性 Duffing 方程

$$\ddot{x}+g(x)=p(t)$$

的 2π-周期解的存在唯一性,其中 p 为连续的 2π-周期函数,g 满足渐近非一致性条件

$$m^2\leqslant g'(x)\leqslant(m+1)^2$$

(m 为非负整数)及

$$g(0)=0.$$

本节内容选自文献[28,39].

2.6.1　主要存在性结果

考虑方程

$$\ddot{x}+g(x)=p(t)\tag{2.6.1}$$

的 2π-周期解的存在性,其中 p 为连续的 2π-周期函数,g 满足渐近非一致性条件

$$m^2\leqslant g'(x)\leqslant(m+1)^2,\qquad g(0)=0.\tag{2.6.2}$$

为了陈述结果的方便,先引进一些记号.

设

$$P=\{p(\cdot)\mid p(\cdot)\in C(\mathrm{R},\mathrm{R}),p(t+2\pi)=p(t),t\in\mathrm{R}\},$$

$$P_m=\left\{p(\cdot)\mid p(\cdot)\in P,\int_0^{2\pi}p(t)\begin{pmatrix}\cos kt\\ \sin kt\end{pmatrix}\mathrm{d}t=0,k=m,m+1\right\},$$

$$H_m=\{g(\cdot)\mid g(\cdot)\in C^1(\mathrm{R},\mathrm{R})\text{ 满足}(2.6.2)\}$$

($m=0,1,2,\cdots$). 显然,当 $m\geqslant1$ 时,$\forall\, g\in H_m$,满足

$$\lim_{x\to-\infty}g(x)=-\infty,\qquad \lim_{x\to+\infty}g(x)=+\infty.\tag{2.6.3}$$

假设:$\forall\, g\in H_0$,g 也满足(2.6.3).

现任给 $g\in H_m$,令

$$\chi[g]=\min\left\{\sup_{x\in\mathrm{R}}|g(x)-m^2x|,\sup_{x\in\mathrm{R}}|g(x)-(m+1)^2x|\right\}.$$

再记

$$G_m = \{g(\cdot) \mid g(\cdot) \in H_m, \chi[g] = \infty\},$$
$$K_m = \{g(\cdot) \mid g(\cdot) \in H_m, \chi[g] < \infty\}$$

($m=0,1,2,\cdots$).显然,有真包含关系

$$G_m \subset H_m, \qquad P_m \subset P \tag{2.6.4}$$

及关系式

$$H_m = G_m \cup K_m, \qquad G_m \cap K_m = \varnothing. \tag{2.6.5}$$

Cĕsari[40]用非线性分析方法获得如下结果.

定理 2.6.1　对 $\forall g(\cdot) \in K_m$ 及 $\forall p(\cdot) \in P_m$,方程(2.6.1)至少有一个 2π-周期解.

证明略.推广性的工作可参见文献[41].

丁同仁[28]在条件(2.6.2)下,完整地解决了(2.6.1)的 2π-周期解的存在性问题.主要有如下三个结果.

定理 2.6.2　对 $\forall g(\cdot) \in G_m$ 及 $\forall p(\cdot) \in P$,方程(2.6.1)至少有一个 2π-周期解.

定理 2.6.3　对 $\forall g(\cdot) \in H_m$ 及 $\forall p(\cdot) \in P_m$,方程(2.6.1)至少有一个 2π-周期解.

定理 2.6.4　存在 $g(\cdot) \in K_m$ 及 $p(\cdot) \in P$,使方程(2.6.1)没有 2π-周期解.

不难看出,定理 2.6.3 是定理 2.6.1 与定理 2.6.2 的一个直接推论.为证定理 2.6.4,仅需找到一个反例就行了(反例见 2.6.2 小节).剩下的主要问题是定理2.6.2 的证明.

2.6.2　一个重要反例

这里将提供一个非线性的反例来证明定理 2.6.4.取

$$g_1(x) = (m+1)^2 x - \arctan x; \qquad p_1(t) = 4\cos(m+1)t. \tag{2.6.6}$$

显见,$p_1(\cdot) \in P$.而且由

$$m^2 \leqslant g'_1(x) = (m+1)^2 - \frac{1}{1+x^2} < (m+1)^2$$

推出 $g_1(\cdot) \in H_m$.因为 $\chi[g_1] = \frac{\pi}{2} < \infty$,所以还有 $g_1(\cdot) \in K_m$.

考虑微分方程

$$\ddot{x} + g_1(x) = p_1(t), \tag{2.6.7}$$

其中,g_1,p_1 由(2.6.6)给出.

下证(2.6.7)没有 2π-周期解.

假设不然,令 $x=\varphi(t)$是方程(2.6.7)的一个 2π-周期解,则 $x=\varphi(t)$也是线性

非齐次方程式

$$\ddot{x}+(m+1)^2x=4\cos(m+1)t+\arctan\varphi(t)$$

的一个 2π-周期解.因此,由线性方程周期解的理论推得

$$\int_0^{2\pi}[4\cos(m+1)t+\arctan\varphi(t)]\cos(m+1)t\mathrm{d}t=0.$$

进而有

$$4\pi=\int_0^{2\pi}4\cos^2(m+1)t\mathrm{d}t=\left|-\int_0^{\pi}\arctan\varphi(t)\cos(m+1)t\mathrm{d}t\right|$$

$$\leqslant\int_0^{2\pi}\frac{\pi}{2}\mathrm{d}t=\pi^2,$$

即得 $4\leqslant\pi$.这是一个矛盾.因此方程(2.6.7)不可能有 2π-周期解.

注 2.6.1　上述反例表明:对带不跨特征值扰动的问题,由渐近非一致性假设未必能保证问题对任意自由项均可解.这种现象不仅出现在半线性 Duffing 方程周期边值问题中,而且普遍存在于其他类型的问题中.

2.6.3　预备引理

为证定理 2.6.2,先做一些预备工作.

本小节所用方法的关键是下述引理:

引理 2.6.1　设 $D(b)=\{(x,y)\in\mathrm{R}^2\mid x^2+y^2\leqslant b^2(b>0)\}$.设 $T:D(b)\to\mathrm{R}^2$, $T(x_0,y_0)=(x_1,y_1)$.若条件

$$(x_1-x_0)x_0+(y_1-y_0)y_0\neq\sqrt{(x_1-x_0)^2+(y_1-y_0)^2}\cdot\sqrt{x_0^2+y_0^2}\tag{2.6.8}$$

对 $(x_0,y_0)\in\partial D(b)$ 成立,则 T 在 $D(b)$ 内至少有一个不动点.

其次,需要一个含参定积分的渐近展开式.

引理 2.6.2　设 $a>0$ 和 $\alpha>0$ 为任意给定的常数,$\xi>0$ 为一个大参数.再设

$$J(\xi)=\int_{-\frac{\pi}{2}+\sigma}^{\frac{\pi}{2}-\sigma}\cos\theta\arctan\frac{\xi\cos\theta}{a}\mathrm{d}\theta,\tag{2.6.9}$$

其中,$\sigma=\dfrac{\pi a\alpha}{2\xi}$,则当 ξ 充分大时,渐近式

$$J(\xi)=\pi-\frac{\alpha\pi}{\xi}+o\left(\frac{1}{\xi^2}\right)$$

成立.

最后,考虑微分方程

$$\ddot{x}+g(x)=p(t),\tag{2.6.10}$$

其中，$g(\cdot)\in H_m$，而 $p(\cdot)\in P$.

微分方程(2.6.10)等价于微分系统

$$\frac{\mathrm{d}x}{\mathrm{d}t}=y,\qquad \frac{\mathrm{d}y}{\mathrm{d}t}=-g(x)+p(t). \tag{2.6.11}$$

又设初始条件

$$x(0)=x_0,\qquad y(0)=y_0. \tag{2.6.12}$$

易知微分系统(2.6.11)满足初始条件(2.6.12)的解

$$x=x(t,x_0,y_0),\qquad y=y(t,x_0,y_0) \tag{2.6.13}$$

在$(-\infty,+\infty)$上存在而且唯一.

利用极坐标变换，(2.6.12)也可表示成

$$x=r\cos\theta,\qquad y=r\sin\theta$$

$$(x_0=r_0\cos\theta_0,\qquad y_0=r_0\sin\theta_0),$$

其中，$r=r(t)=r(t,r_0,\theta_0)\geqslant 0$，$\theta=\theta(t)=\theta(t,r_0,\theta_0)$.由微分系统(2.6.11)得

$$r\frac{\mathrm{d}r}{\mathrm{d}t}=x\frac{\mathrm{d}x}{\mathrm{d}t}+y\frac{\mathrm{d}y}{\mathrm{d}t}=xy-yg(x)+yp(t)$$

或

$$\frac{\mathrm{d}r}{\mathrm{d}t}=\frac{xy-y\cdot g(x)+yp(t)}{r^2}\cdot r,\qquad r\neq 0. \tag{2.6.14}$$

当 $r\geqslant 1$ 时，推出不等式

$$\left|\frac{xy-yg(x)+yp(t)}{r^2}\right|=\left|\sin\theta\cos\theta\left(1-\frac{g(x)}{x}\right)+\sin\theta\cdot\frac{p(t)}{r}\right|$$

$$\leqslant 1+(m+1)^2+E_0\triangleq q_0,$$

其中，

$$E_0=\sup_{0\leqslant t\leqslant 2\pi}|p(t)|.$$

因此，不难由(2.6.14)推得不等式

$$r_0\mathrm{e}^{-q_0t}\leqslant r(t)\leqslant r_0\mathrm{e}^{q_0t},\qquad r(t)\geqslant 1. \tag{2.6.15}$$

设

$$\alpha_1=\mathrm{e}^{4\pi q_0}\quad 和\quad r_0\geqslant\alpha_1,$$

则不等式(2.6.15)蕴含下面的不等式：

$$\frac{r_0}{\alpha_1}\leqslant r(t)\leqslant\alpha_1 r_0,\qquad 0\leqslant t\leqslant 4\pi. \tag{2.6.16}$$

这就证明了，只要初值 $r_0\geqslant\alpha_1$，就有不等式(2.6.16)成立.以下总假定 $r_0\geqslant\alpha_1$.

另一方面，由于

$$\lim_{x\to-\infty} g(x) = -\infty, \qquad \lim_{x\to+\infty} g(x) = +\infty,$$

以及 $p(t)$的有界性,故存在常数 $A_0>0$,使得

$$xg(x)\left(1-\frac{p(x)}{g(x)}\right) \geqslant \frac{1}{2}xg(x) > 0, \qquad |x| \geqslant A_0,$$

从而利用

$$r^2\frac{d\theta}{dt} = x\frac{dy}{dt} - y\frac{dx}{dt} = -y^2 - x[g(x)-p(t)], \tag{2.6.17}$$

可得

$$r^2\frac{d\theta}{dt} < -y^2 - \frac{1}{2}xg(x) < 0, \qquad |x| \geqslant A_0,$$

而且当$|x|\leqslant A_0$ 时,$|x[g(x)-p(t)]|$是有界的.令

$$M_0 = \sup_{\substack{|x|\leqslant A_0\\ t\in[0,2\pi]}} |x[g(x)-p(t)]|.$$

另一方面,当$|x|\leqslant A_0$ 时,利用不等式(2.6.16)可以推出

$$y^2 \geqslant \left(\frac{r_0}{\alpha_1}\right)^2 - x^2 \geqslant \left(\frac{r_0}{\alpha_1}\right)^2 - A_0^2.$$

因此由(2.6.17),有

$$r^2\frac{d\theta}{dt} \leqslant -\left(\frac{r_0}{\alpha_1}\right)^2 + A_0^2 + M_0 < 0, \qquad \text{只要 } r_0 > \sqrt{\alpha_1^2(M_0+A_0^2)}.$$

总结上面的讨论,得到如下结论:只要

$$r_0 > \max\{\alpha_1, \sqrt{\alpha_1^2(M_0^2+A_0^2)}\},$$

就有不等式(2.6.16)及不等式

$$\frac{d\theta}{dt} < 0, \qquad 0\leqslant t\leqslant 4\pi. \tag{2.6.18}$$

以下设 r_0 充分大,使得(2.6.16)和(2.6.18)成立.这就是说,只要 r_0 充分大,(2.6.13)在(x,y)平面上当 $0\leqslant t\leqslant 4\pi$ 时绕原点顺时针转动.设它绕原点 k 圈所需的时间为 $\tau_k=\tau_k(r_0,\theta_0)$.本节的一个重要步骤是估计 τ_m 和 τ_{m+1}的大小.

引理 2.6.3　设 $g(\cdot)\in G_m$,则只要 r_0 充分大,就有不等式

$$\tau_m(r_0,\theta_0) < 2\pi < \tau_{m+1}(r_0,\theta_0). \tag{2.6.19}$$

证明　首先作一个坐标变换,以便计算 τ_m 和 τ_{m+1}时比较简便.将要利用坐标变换

$$u = x, \quad v = \frac{1}{k}y \qquad \left(u_0 = x_0, v_0 = \frac{1}{k}y_0\right), \tag{2.6.20}$$

$k=m(m\geqslant 1)$或 $m+1$ 及相应的极坐标

$$u=\rho\cos\varphi,\quad v=\rho\sin\varphi\qquad(u_0=\rho_0\cos\varphi_0,\ v_0=\rho_0\sin\varphi_0).$$

此时(2.6.13)在变换(2.6.20)下可以表示成

$$u=u(t,u_0,v_0),\qquad v=v(t,u_0,v_0),\tag{2.6.21}$$

或

$$\rho=\rho(t,\rho_0,\varphi_0)>0,\qquad \varphi=\varphi(t,\rho_0,\varphi_0).$$

因为 $\rho^2=r^2\left(\cos^2\theta+\frac{1}{k^2}\sin^2\theta\right)$,所以有

$$\frac{1}{k}r\leqslant\rho\leqslant r.\tag{2.6.22}$$

从而由(2.6.16)和(2.6.22)推出

$$\frac{\rho_0}{\alpha_1 k}\leqslant\frac{r_0}{\alpha_1 k}\leqslant\rho(t)\leqslant\alpha_1 r_0\leqslant\alpha_1 k\rho_0,\qquad 0\leqslant t\leqslant 4\pi.\tag{2.6.23}$$

由此可见,ρ 是充分大的当且仅当 ρ_0(或 r_0)是充分大的.

又由

$$\varphi(t)=\arctan\left(\frac{1}{k}\tan\theta(t)\right)$$

推出

$$\varphi'(t)=\frac{k}{k^2\cos^2\theta(t)+\sin^2\theta(t)}\theta'(t).$$

由此可见,φ' 与 θ' 同号.因此,根据上面的讨论可知,(2.6.21)在(u,v)平面上当 $0\leqslant t\leqslant 4\pi$ 时绕原点作顺时针的转动(只要 ρ_0 充分大).而且由

$$\theta(\tau_l)-\theta_0=-2l\pi$$

可以推出

$$\begin{aligned}\varphi(\tau_l)-\varphi_0&=\int_0^{\tau_l}\frac{k\theta'(t)}{k^2\cos^2\theta(t)+\sin^2\theta(t)}\mathrm{d}t\\&=\arctan\left(\frac{1}{k}\tan\theta(t)\right)\Bigg|_{\theta_0}^{\theta(\tau_l)}=-2l\pi.\end{aligned}$$

反之,$\varphi(\tau_l)-\varphi_0=-2l\pi$ 也蕴含 $\theta(\tau_l)-\theta_0=-2\pi l$.

这就是说,(2.6.13)在(x,y)平面上绕原点 l 圈所用的时间 $\tau_l(r_0,\theta_0)$和(2.6.21)在(u,v)平面上绕原点 l 圈所用的时间 $\tau_l(\rho_0,\varphi_0)$是相等的.

下面先估计 τ_m.

因为 $\tau_0=0$,所以 $\tau_0<2\pi$ 自然成立.下面再讨论 $m\geqslant1$ 的情形.设 $g(x)=m^2x+h(x)$,则 $g(\cdot)\in G_m$ 蕴含 $0\leqslant h'(x)\leqslant 2m+1$.因此,$h$ 是单调非减的,而且满足 $xh(x)\geqslant0$.另一方面,$g(\cdot)\in G_m$ 也蕴含

$$\lim_{x\to-\infty} h(x) = -\infty \quad 或 \quad \lim_{x\to+\infty} h(x) = \infty.$$

不妨设

$$\lim_{x\to\infty} h(x) = \infty, \qquad \lim_{x\to-\infty} h(x) \leqslant -2B, \tag{2.6.24}$$

其中，$B\geqslant 0$ 为某一常数．由 h 的单调性及(2.6.24)，不难断言：任给充分大的常数 $A>0$，存在常数 $a>0$，使得

$$xh(x) > Ax\arctan x, \qquad x\geqslant a \tag{2.6.25}$$

和

$$xh(x) \geqslant Bx\arctan x, \qquad x\leqslant -a \tag{2.6.26}$$

成立．

令

$$u = x, \quad v = \frac{1}{m}y \qquad \left(u_0 = x_0, v_0 = \frac{1}{m}y_0\right)$$

和

$$u = \rho\cos\varphi, \quad v = \rho\sin\varphi \qquad (u_0 = \rho_0\cos\varphi_0, v_0 = \rho_0\sin\varphi_0),$$

则微分系统(2.6.11)等价于

$$\frac{\mathrm{d}u}{\mathrm{d}t} = mv, \quad \frac{\mathrm{d}v}{\mathrm{d}t} = -mu - \frac{1}{m}h(u) + \frac{1}{m}p(t). \tag{2.6.27}$$

从而(2.6.13)对应于运动

$$u = u(t, u_0, v_0), \qquad v = v(t, u_0, v_0) \tag{2.6.28}$$

或

$$\rho = \rho(t, \rho_0, \varphi_0) > 0, \qquad \varphi = \varphi(t, \rho_0, \varphi_0). \tag{2.6.29}$$

以下对运动(2.6.28)(或(2.6.29))来估计 $\tau_m[\rho_0, \varphi_0]$．

根据前面的讨论，只要初值 ρ_0 充分大，就有不等式

$$\frac{\rho_0}{a} \leqslant \rho(t) \leqslant a\rho_0, \qquad 0\leqslant t\leqslant 2\pi, \tag{2.6.30}$$

其中，a 是一个常数．

由(2.6.27)可得

$$\frac{\mathrm{d}\varphi}{\mathrm{d}t} = -m\Phi, \tag{2.6.31}$$

其中，

$$\Phi = 1 + \frac{1}{m^2\rho^2}uh(u) - \frac{1}{m^2\rho^2}p(t)\cos\varphi > 0,$$

只要 $0\leqslant t\leqslant 4\pi$ 和 ρ_0 充分大．从而 $\varphi=\varphi(t)$是 t 的递减函数，它的反函数 $t=t(\varphi)$存

在且连续.这样一来,上述 Φ 可表示成 φ 的连续函数.

利用(2.6.31)可以推得

$$\tau_m[\rho_0,\varphi_0]=\int_{\varphi_0-2m\pi}^{\varphi_0}\frac{\mathrm{d}\varphi}{m\Phi}. \tag{2.6.32}$$

设 $\rho_0>0$ 充分大.令

$$\sigma=\frac{\pi\alpha a}{2\rho_0},$$

则有

$$\rho\cos\varphi\geqslant\frac{\rho_0}{\alpha}\sin\sigma\geqslant\frac{2\rho_0}{\pi\alpha}\sigma=a,\quad \varphi\in\left[-\frac{\pi}{2}+\sigma,\frac{\pi}{2}-\sigma\right] \tag{2.6.33}$$

和

$$\rho\cos\varphi\leqslant-\frac{\rho_0}{\alpha}\sin\sigma\leqslant\frac{-2\rho_0}{\pi\alpha}\sigma=-a,\quad \varphi\in\left[-\frac{3\pi}{2}+\sigma,-\frac{\pi}{2}-\sigma\right]. \tag{2.6.34}$$

暂且设 $\varphi_0\in\left[-\frac{\pi}{2}+\sigma,\frac{\pi}{2}-\sigma\right]$.对于其他情形,处理的方法是类似的.然后,把(2.6.32)改写成

$$\tau_m[\rho_0,\varphi_0]=\frac{1}{m}\sum_{j=0}^{m-1}(I_{1j}+I_{2j}+I_{3j}+I_{4j}+I_{5j}),$$

其中,

$$I_{1j}=\int_{-2j\pi-\frac{\pi}{2}+\sigma}^{-2j\pi+\varphi_0}\frac{\mathrm{d}\varphi}{\Phi},\qquad I_{2j}=\int_{-2j\pi-\frac{\pi}{2}-\sigma}^{-2j\pi-\frac{\pi}{2}+\sigma}\frac{\mathrm{d}\varphi}{\Phi},$$

$$I_{3j}=\int_{-2j\pi-\frac{3\pi}{2}+\sigma}^{-2j\pi-\frac{\pi}{2}-\sigma}\frac{\mathrm{d}\varphi}{\Phi},\qquad I_{4j}=\int_{-2j\pi-\frac{3\pi}{2}-\sigma}^{-2j\pi-\frac{3\pi}{2}+\sigma}\frac{\mathrm{d}\varphi}{\Phi},$$

$$I_{5j}=\int_{-2(j+1)\pi+\varphi_0}^{-2j\pi-\frac{3\pi}{2}-\sigma}\frac{\mathrm{d}\varphi}{\Phi},\qquad j=0,1,\cdots,m-1.$$

下面分别估计上述各个积分.

先利用(2.6.33),(2.6.25)和(2.6.30),可知

$$\begin{aligned}I_{1j}&=\int_{-2j\pi-\frac{\pi}{2}+\sigma}^{-2j\pi+\varphi_0}\frac{\mathrm{d}\varphi}{1+\frac{1}{m^2\rho^2}[uh(u)-up(t)]}\\&<\int_{-2j\pi-\frac{\pi}{2}+\sigma}^{-2j\pi+\varphi_0}\frac{\mathrm{d}\varphi}{1+\frac{A}{m^2\rho^2}u\arctan u-\frac{E_0}{m^2\rho}}\\&<\int_{-2j\pi-\frac{\pi}{2}+\sigma}^{-2j\pi+\varphi_0}\frac{\mathrm{d}\varphi}{1+\frac{A}{m^2\alpha^2\rho_0^2}\cdot\frac{\rho_0}{\alpha}\cos\varphi\arctan\frac{\rho_0\cos\varphi}{\alpha}-\frac{\alpha E_0}{m^2\rho_0}}\end{aligned}$$

$$=\int_{-\frac{\pi}{2}+\sigma}^{\varphi_0}\frac{d\varphi}{1+\frac{1}{m^2\rho_0}\left(\frac{A}{\alpha^3}\cos\varphi\arctan\frac{\rho_0\cos\varphi}{\alpha}-\alpha E_0\right)}.$$

同样可得到

$$I_{5j}<\int_{\varphi_0}^{\frac{\pi}{2}-\sigma}\frac{d\varphi}{1+\frac{1}{m^2\rho_0}\left(\frac{A}{\alpha^3}\cos\varphi\arctan\frac{\rho_0\cos\varphi}{\alpha}-\alpha E_0\right)}.$$

因此，当 ρ_0 充分大时，有

$$\begin{aligned}I_{1j}+I_{5j}&<\int_{-\frac{\pi}{2}+\sigma}^{\frac{\pi}{2}-\sigma}\frac{d\varphi}{1+\frac{1}{m^2\rho_0}\left(\frac{A}{\alpha^3}\cos\varphi\arctan\frac{\rho_0\cos\varphi}{\alpha}-\alpha E_0\right)}\\&=\int_{-\frac{\pi}{2}+\sigma}^{\frac{\pi}{2}-\sigma}\left[1-\frac{1}{m^2\rho_0}\left(\frac{A}{\alpha^3}\cos\varphi\arctan\frac{\rho_0\cos\varphi}{\alpha}-\alpha E_0\right)\right]d\varphi+O\left(\frac{1}{\rho_0^2}\right)\\&=(\pi-2\sigma)+\frac{\alpha E_0}{m^2\rho_0}(\pi-2\sigma)-\frac{AJ(\rho_0)}{m^2\alpha^2\rho_0}+O\left(\frac{1}{\rho_0^2}\right).\end{aligned}$$

再利用引理 2.6.2，得到

$$I_{1j}+I_{5j}<(\pi-2\sigma)-\left(\frac{A}{\alpha^3}-\alpha E_0\right)\frac{\pi}{m^2\rho_0}+O\left(\frac{1}{\rho_0^2}\right).\tag{2.6.35}$$

用同样的方法，并注意(2.6.34)，(2.6.26)和(2.6.30)，又可以得到

$$I_{3j}\leqslant(\pi-2\sigma)-\left(\frac{B}{\alpha^3}-\alpha E_0\right)\frac{\pi}{m^2\rho_0}+O\left(\frac{1}{\rho_0^2}\right).\tag{2.6.36}$$

另一方面，由(2.6.30)及 σ 的定义易知

$$I_{2j}=\int_{-2j\pi-\frac{\pi}{2}-\sigma}^{-2j\pi-\frac{\pi}{2}+\sigma}\frac{d\varphi}{1+O\left(\frac{1}{\rho_0}\right)}=2\sigma+O\left(\frac{1}{\rho_0^2}\right)\tag{2.6.37}$$

和

$$I_{4j}=\int_{-2j\pi-\frac{3\pi}{2}-\sigma}^{-2j\pi-\frac{3\pi}{2}+\sigma}\frac{d\varphi}{1+O\left(\frac{1}{\rho_0}\right)}=2\sigma+O\left(\frac{1}{\rho_0^2}\right).\tag{2.6.38}$$

因此，由(2.6.34)～(2.6.38)，有

$$\tau_m[\rho_0,\varphi_0]<\frac{1}{m}\sum_{j=0}^{m-1}\left[2(\pi-2\sigma)-\left(\frac{A+B}{\alpha^3}-2\alpha E_0\right)\frac{\pi}{m^2\rho_0}+4\sigma+O\left(\frac{1}{\rho_0^2}\right)\right].$$

从而

$$\tau_m[\rho_0,\varphi_0]<2\pi-\left(\frac{A+B}{\alpha^3}-2\alpha E_0\right)\frac{\pi}{m^2\rho_0}+O\left(\frac{1}{\rho_0^2}\right).$$

因为可以选取充分大的 A,使得

$$\frac{A+B}{\alpha^3}-2\alpha E_0>0.$$

从而只要 $\rho_0>0$ 充分大,就有 $\tau_m[\rho_0,\varphi_0]<2\pi$.进一步,只要 r_0 充分大,就有

$$\tau_m(r_0,\theta_0)<2\pi. \tag{2.6.39}$$

下面再估计 $\tau_{m+1}(m\geqslant 0)$.

由于对 τ_{m+1} 的估计法与上面对 τ_m 的估计法相同,因此在下面只叙述主要步骤.

令 $g(x)=(m+1)^2x+f(x)$,则由 $g(\cdot)\in G_m$ 推出

$$-2m-1\leqslant f'(x)\leqslant 0.$$

从而 f 是单调非增的,而且 $xf(x)\leqslant 0$.另外,$g(\cdot)\in G_m$ 蕴含

$$\lim_{x\to-\infty}f(x)=+\infty\quad 或\quad \lim_{x\to\infty}f(x)=-\infty.$$

不妨设

$$\lim_{x\to+\infty}f(x)=-\infty,\qquad \lim_{x\to-\infty}f(x)\geqslant 2B_1, \tag{2.6.40}$$

其中,B_1 是一个非负常数.由 f 的单调性和(2.6.40)不难断言:任给充分大的常数 $A_1>0$,存在常数 $a>0$,使得

$$xf(x)<-A_1x\arctan x,\qquad x\geqslant a \tag{2.6.41}$$

和

$$xf(x)\leqslant -B_1x\arctan x,\qquad x\leqslant -a \tag{2.6.42}$$

成立.

设

$$u=x,\qquad v=\frac{1}{m+1}y\quad\left(u_0=x_0,v_0=\frac{1}{m+1}y_0\right)$$

和

$$u=\rho\cos\varphi,\quad v=\rho\sin\varphi\quad(u_0=\rho_0\cos\varphi_0,\quad v_0=\rho_0\sin\varphi_0),$$

则微分系统(2.6.11)等价于

$$\frac{du}{dt}=(m+1)v,\quad \frac{dv}{dt}=-(m+1)u-\frac{1}{m+1}[f(u)-p(t)]. \tag{2.6.43}$$

而(2.6.13)对应于运动

$$u=u(t,u_0,v_0),\qquad v=v(t,u_0,v_0) \tag{2.6.44}$$

或

$$\rho=\rho(t,\rho_0,\varphi_0)>0,\qquad \varphi=\varphi(t,\rho_0,\varphi_0).$$

类似于(2.6.32)的推导,从(2.6.43)不难得出

$$\tau_{m+1}[\rho_0,\varphi_0]=\int_{\varphi_0-2(m+1)\pi}^{\varphi_0}\frac{\mathrm{d}\varphi}{(m+1)\Psi},\tag{2.6.45}$$

这里

$$\Psi=1+\frac{1}{(m+1)^2\rho^2}uf(u)-\frac{1}{(m+1)^2\rho}p(t)\cos\varphi>0,$$

只要 $0\leqslant t\leqslant 4\pi$ 和 ρ_0 充分大.

比较(2.6.45)与(2.6.32),以及(2.6.41),(2.6.42)和(2.6.25),(2.6.26),不难得到

$$\tau_{m+1}[\rho_0,\varphi_0]>2\pi.$$

从而

$$\tau_{m+1}[r_0,\theta_0]>2\pi,\tag{2.6.46}$$

只要 r_0 充分大.

结合(2.6.39)与(2.6.46),即得(2.6.19). ■

2.6.4　定理 2.6.2 的证明

令 $g\in G_m$ 和 $p(\cdot)\in P$.然后考虑微分系统(2.6.11)和其运动(2.6.13).

设 $\tau_m(r_0,\theta_0)<2\pi$,即(2.6.13)顺时针绕原点 m 圈所需的时间小于 2π.另一方面,当 $0\leqslant t\leqslant 4\pi$ 时,已知(2.6.13)是按顺时针绕原点转动的.因此,它用 2π 的时间绕原点转动的圈数多于 m,即

$$\theta(2\pi,r_0,\theta_0)-\theta_0<-2m\pi.$$

同样,设 $\tau_{m+1}(r_0,\theta_0)>2\pi$,则

$$\theta(2\pi,r_0,\theta_0)-\theta_0>-2(m+1)\pi.$$

这就证明了:不等式(2.6.19)蕴含

$$-2(m+1)\pi<\theta(2\pi,r_0,\theta_0)-\theta_0<-2m\pi,\tag{2.6.47}$$

只要 r_0 充分大.

现在,在(2.6.13)中令 $t=2\pi$,且设

$$\begin{gathered}x_1=x(2\pi,x_0,y_0),\qquad y_1=y(2\pi,x_0,y_0)\\(x_1=r_1\cos\theta_1,\qquad y_1=r_1\sin\theta_1).\end{gathered}\tag{2.6.48}$$

任给充分大的 $b>0$,考虑二维圆盘 $D(b)$ 和一切初值点 $(x_0,y_0)\in D(b)$,则(2.6.48)确定了一个拓扑映射(Poincaré 映射)

$$T:D(b)\rightarrow\mathbf{R}^2,\qquad(x_0,y_0)\longmapsto(x_1,y_1).$$

因为 (x_0,y_0) 的幅角是 θ_0,而 (x_1,y_1) 的幅角是 $\theta_1=\theta(2\pi,r_0,\theta_0)$,所以由(2.6.47)可见

$$-2(m+1)\pi < \theta_1 - \theta_0 < -2m\pi, \qquad (x_0, y_0) \in \partial D(b) \tag{2.6.49}$$

对充分大半径 b 成立;而且(2.6.49)蕴含

$$(x_1, y_1) \neq \lambda(x_0, y_0), \qquad (x_0, y_0) \in \partial D(b) \tag{2.6.50}$$

对 $\forall \lambda > 0$ 成立.由此容易推出

$$(x_1 - x_0)x_0 + (y_1 - y_0)y_0 \neq \sqrt{(x_1 - x_0)^2 + (y_1 - y_0)^2} \cdot \sqrt{x_0^2 + y_0^2},$$
$$(x_0, y_0) \in \partial D(b) \tag{2.6.51}$$

对充分大的 b 成立.现在,取定充分大的 $b>0$,使得(2.6.51)成立.据引理 2.6.1,T 至少有一个不动点 $(x^*, y^*) \in D(b)$.

最后,考虑微分系统(2.6.11)以 (x^*, y^*) 为初始点的解

$$x = x(t, x^*, y^*), \qquad y = y(t, x^*, y^*). \tag{2.6.52}$$

因为 $T(x^*, y^*) = (x^*, y^*)$,所以

$$x^* = x(2\pi, x^*, y^*), \qquad y^* = y(2\pi, x^*, y^*). \tag{2.6.53}$$

显见,(2.6.53)蕴含了(2.6.52)是微分系统(2.6.11)的一个 2π-周期解.从而 $x = x(t, x^*, y^*)$ 是微分方程

$$\ddot{x} + g(x) = p(t), \qquad (g(\cdot) \in G_m, p(\cdot) \in P)$$

的一个 2π-周期解. ■

注 2.6.2 在定理 2.6.2 中,条件(2.6.2)中的 $g(0)=0$ 可以去掉.这是因为方程(2.6.1)总可以等价地改写成

$$\ddot{x} + [g(x) - g(0)] = p(t) - g(0). \tag{2.6.54}$$

当 g 满足

$$m^2 \leqslant g'(x) \leqslant (m+1)^2, \tag{2.6.55}$$

$p(\cdot) \in P$ 时,易见 $[g(\cdot) - g(0)] \in H_m$,而 $[p(\cdot) - g(0)] \in P$.

2.6.5 Duffing 方程 2π-周期解的唯一性

考虑 Duffing 方程(2.6.1)的 2π-周期解的存在唯一性.假定 $p(\cdot) \in P$;$g(\cdot) \in C^1(\mathrm{R}, \mathrm{R})$ 满足:存在 $u_0 \in \mathrm{R}$,使 $g'(u_0) > 0$.

进一步,假设存在非负整数 m,使

(H1) $m^2 \leqslant g'(x) \leqslant (m+1)^2$.

(H2) $\chi[g] = \min\{\sup_{x\in\mathrm{R}} |g(x) - m^2 x|$,

$\sup_{x\in\mathrm{R}} |g(x) - (m+1)^2 x|\} = +\infty$.

(H3) $\operatorname{int} A = \varnothing$,其中,$A = \{x \in \mathrm{R} \mid g'(x) = m^2$ 或 $(m+1)^2\}$.

定理 2.6.5 方程(2.6.1)对 $\forall p(\cdot) \in P$ 均有且仅有一个 2π-周期解的充分必要条件是(H1)~(H3)同时成立.

在证明之前,先介绍两个引理.

引理 2.6.4　设 m 是一个给定的非负整数,使

$$m^2 < \frac{g(x)-g(y)}{x-y} < (m+1)^2 \tag{2.6.56}$$

对 $\forall\, x, y\in \mathrm{R}, x\neq y$ 成立,则(2.6.1)至多有一个 2π-周期解.

证明　反设 x, y 均为(2.6.1)的 2π-周期解,$x(t)\neq y(t)$ 对某 $t\in\mathrm{R}$ 成立,则

$$\ddot{x}(t)-\ddot{y}(t)+g(x(t))-g(y(t))=0. \tag{2.6.57}$$

设

$$x(t)-y(t)=r(t)\cos\theta(t),\qquad \dot{x}(t)-\dot{y}(t)=r(t)\sin\theta(t). \tag{2.6.58}$$

不难验证 r 是一个 2π-周期函数,$r\neq 0$.同时

$$\cos\theta(2\pi)=\cos\theta(0),\qquad \sin\theta(2\pi)=\sin\theta(0). \tag{2.6.59}$$

利用(2.6.57)和(2.6.58),得

$$\begin{aligned}-\frac{\mathrm{d}\theta}{\mathrm{d}t}&=\sin^2\theta(t)+\cos^2\theta(t)\,\frac{g(x(t))-g(y(t))}{r(t)}\\&=\begin{cases}\sin^2\theta(t)+\cos^2\theta(t)\,\dfrac{g(x(t))-g(y(t))}{x(t)-y(t)}, & x\neq y,\\ 1, & x=y.\end{cases}\end{aligned}$$

易见,$\frac{\mathrm{d}\theta}{\mathrm{d}t}<0$.记 T_i 为 θ 从 θ_0 降到 $\theta_0-2(m+i)\pi\,(i=0,1)$所用的时间,则有

$$\begin{aligned}T_0&=\int_0^{T_0}\mathrm{d}t=\int_{\theta_0-2m\pi}^{\theta_0}\frac{r\mathrm{d}\theta}{r\sin^2\theta+\cos\theta(g(x)-g(y))}\\&<\int_{\theta_0-2m\pi}^{\theta_0}\frac{\mathrm{d}\theta}{\sin^2\theta+m^2\cos^2\theta}=2\pi.\end{aligned}$$

同理,$T_1>2\pi$.于是可以得到

$$2m\pi<\theta(2\pi)-\theta(0)<2(m+1)\pi\ .$$

这与(2.6.59)矛盾. ■

引理 2.6.5　设 $f(\cdot)\in C(\mathrm{R},\mathrm{R})$.若存在 $x_0, x_1\in\mathrm{R}, x_0<x_1$ 使 $f(x_1)\cdot f(x_0)<0$ 且 $\mathrm{int}\{x\,|\,f(x)=0\}=\varnothing$,则存在 $y\in[x_0, x_1]$满足 $f(y)=0$,使在 y 的任何邻域内均存在 y_1, y_2,满足 $f(y_1)\cdot f(y_2)<0$.

证明略.

定理 2.6.5 的证明

(I) 充分性:由定理 2.6.2 及注 2.6.2,在条件(H1),(H2)下,(2.6.1)的 2π-周期解是存在的.不难验证,条件(H1),(H3)蕴含

$$m^2<\frac{g(x)-g(y)}{x-y}<(m+1)^2$$

对 $\forall\ x,y\in\mathrm{R},x\neq y$ 成立.利用引理 2.6.4 得到(2.6.1)2π-周期解的唯一性.

(II) 必要性:首先证 g 满足(H3).反设不然,则存在 $x_0\in\mathrm{int}\,A$,及实数 $\delta>0$,使邻域 $U(x_0,\delta)\subset A$.不妨设对 $\forall\ x\in U(x_0,\delta)$,均有 $g'(x)=m^2$.考虑方程

$$\ddot{x}+g(x)=g(x_0). \tag{2.6.60}$$

可以知道,当 $L\ll 1$ 时,$x=x_0+L\cos mt$ 均为(2.6.60)的解.这与解的唯一性矛盾.

现证 $g'(x)\geqslant 0(x\in\mathrm{R})$.反设不然,则存在 $y_0:g'(y_0)<0$.不失一般性,设 $y_0<w_0$.由于 $g'(w_0)>0$,故可以找到两点 $z_1,z_2\in[y_0,w_0]$使 $g(z_1)=g(z_2)$.考察方程

$$\ddot{x}+g(x)=g(z_1). \tag{2.6.61}$$

显然 $x=z_1$ 和 $x=z_2$ 均为(2.6.61)的 2π-周期解.这与唯一性矛盾.

下证(H1)成立.设 $I=\mathrm{Im}(g'(\cdot))$.假设 $n^2\in\mathrm{int}\,I$,n 是一个整数.从 $g'(x)\geqslant 0$ 知 $n^2\geqslant 1$.考察函数 $f(x)=g'(x)-n^2$.易见 f 满足引理 2.6.5 的全部条件.于是可以得到一点 x_0 及两个序列 $\{y_i\},\{w_i\}:y_i\to x_0,w_i\to x_0\ (i\to\infty)$,而 $f(w_i)>0$,$f(y_i)<0$,即 $g'(y_i)<n^2,g'(w_i)>n^2$.考虑方程

$$\ddot{x}+g(x)=g(x_0). \tag{2.6.62}$$

(2.6.62)有一个中心$(x_0,0)$,其所有轨线均为围绕$(x_0,0)$的闭轨.用 Γ 记这些轨线中过$(x_0+1,0)$的一条轨线,并设其周期为 $\tau(\Gamma)$.从唯一性可知 $\tau(\Gamma)\neq\dfrac{2\pi}{n}$.不妨设 $\tau(\Gamma)-\dfrac{2\pi}{n}\geqslant\delta>0$.现在考察一列方程

$$\ddot{x}+g(x)=g(w_i),\qquad i=1,2,\cdots. \tag{2.6.63$_i$}$$

记 Γ_i 为(2.6.63)$_i$ 的通过$(x_0+1,0)$点的轨线并记其周期为 $\tau(\Gamma_i)$,$i=1,2,\cdots$.由 $w_i\to x_0$ 知,$\lim\limits_{i\to+\infty}\tau(\Gamma_i)=\tau(\Gamma)$.于是当 k 充分大时,有

$$\tau(\Gamma_k)>\frac{2\pi}{n}. \tag{2.6.64}$$

另一方面,任何靠近中心$(w_k,0)$的轨线的周期均为

$$\frac{2}{[g'(w_k)]^{\frac{1}{2}}}<\frac{2\pi}{n},\qquad k\gg 1. \tag{2.6.65}$$

由(2.6.64)和(2.6.65)可知,在中心$(w_k,0)$与轨线 Γ_k 之间,存在一个闭轨 H_k,$\tau(H_k)=\dfrac{2\pi}{n}$.于是得到(2.6.63)$_k$ 的两个周期解:$x=w_k$ 和 H_k,对 $\forall\ k\gg 1$.这与唯一性矛盾.故 $n^2\ \overline{\in}\ \mathrm{int}\,I$,即(H1)成立.

最后证(H2)成立.反设不然,即 $\chi[g]=M<+\infty$.不妨设 $\chi(g)=\sup\limits_{x\in\mathrm{R}}|g(x)-m^2x|$.记 $h(x)=g(x)-m^2x$.考察方程

$$\ddot{x}+g(x)=3M\cos mt. \tag{2.6.66}$$

设 $x=\varphi(t)$是(2.6.66)的一个 2π-周期解,则 $\varphi(t)$也是方程

$$\ddot{x}+m^2x=3M\cos mt-h(\varphi(t)) \tag{2.6.67}$$

的一个 2π-周期解.由(2.6.67)可知

$$\int_0^{2\pi}\cos mt(3M\cos mt-h(\varphi(t)))\mathrm{d}t=0. \tag{2.6.68}$$

由(2.6.68)推得

$$\begin{aligned}3M\pi&=\int_0^{2\pi}3M\cos^2 mt\,\mathrm{d}t=\int_0^{2\pi}h(\varphi(t))\cos mt\,\mathrm{d}t\\&\leqslant\int_0^{2\pi}|\cos mt(h(\varphi(t)))|\,\mathrm{d}t\leqslant M\int_0^{2\pi}\mathrm{d}t=2M\pi.\end{aligned}$$

但由(H3)推知 $\chi[g]=M\neq0$.又得矛盾. ■

附　注　Ⅱ

1.半线性 Duffing 方程 2π-周期解的存在性研究起始于 Loud[42],此后各种非线性分析方法逐渐被用于该方程的研究,如拓扑度、临界点理论、时间映射估计和相平面分析法等.半线性 Duffing 方程周期边值问题成了检验各种分析工具的试金石.本章未介绍延拓定理在 Duffing 方程中的应用.感兴趣的读者可参阅文献[29,43]等.

2.虽然由原函数给出的

$$\lambda_N\leqslant\frac{2G(x,u)}{u^2}\leqslant\lambda_{N+1} \tag{★}$$

型条件允许扰动项跨越多个特征值,但由于(★)型条件下的方程与带不跨特征值扰动的方程在性质上的相近,仍将(★)型条件归入第 2 章讨论.目前,类似于(★)型条件下的工作,请参阅文献[32,41,43～48].

第 3 章　线性方程的跨特征值扰动

1970 年，Landesman 和 Lazer 首先研究带跨特征值非线性扰动的椭圆方程边值问题.此后，关于带跨特征值非线性扰动的方程

$$Lu - \lambda_N u = g(\cdot, u) + p$$

(其中，$p \in H$，H 为某 Hilbert 空间，$L: D(L) \subset H \to H$ 为一个稠定自伴且具有闭值域的线性算子，λ_N 为 L 的特征值)的讨论是极为普遍的.特别是近几十年来，这方面的结果已日臻丰满.

本章将用多种方法处理带跨特征值非线性扰动的问题.重点放在仅跨一个特征值的问题上，最后介绍跨多个特征值的个别结果.将逐步实现由有界非线性项向无界非线性项的过渡；逐步实现从渐近一致条件向渐近非一致条件，进而向跨多个特征值的过渡；也将突破 Landesman-Lazer 条件的限制，建立没有 Landesman-Lazer 条件的可解性定理.

3.1　Landesman 和 Lazer 的结果·有界非线性项·临界点理论

设 $\Omega \subset \mathbb{R}^n$ 为一个有正则边界的有界区域. $\hat{\lambda}$ 是 $-\Delta$ 在区域 Ω 上，Dirichlet 0-边值下的一个特征值.设 $g: \mathbb{R} \to \mathbb{R}$ 为一个连续函数.设 $\lim\limits_{u \to \pm\infty} g(u) = g(\pm\infty)$.此时对哪些 $h(\cdot) \in L^2(\Omega)$，问题

$$\begin{cases} -\Delta u - \hat{\lambda} u = g(u) - h, & x \in \Omega, \\ u = 0, & x \in \partial\Omega \end{cases} \tag{3.1.1}$$

有解？

3.1.1　一个抽象临界点定理

首先抽象地讨论这个问题.设 X 是一个 Hilbert 空间，Y 是一个 Banach 空间，并且 $X \to Y$ 的嵌入映射 τ 是紧的.

设 L 是 X 上的自伴算子，它的非正谱只含有有穷个特征值，每个特征值至多是有穷重的.又设 $0 \in \sigma(L)$.记

$$\ker L = \{x \in X \mid Lx = \theta\}.$$

由此

$$\dim \ker L < +\infty. \tag{3.1.2}$$

设 $g_0 \in C^1(Y, \mathrm{R})$,且存在常数 $M>0$,使

$$\| g_0'(x) \|_{Y^*} \leqslant M, \quad \forall\, x \in Y, \tag{3.1.3}$$

其中,$\| \cdot \|_{Y^*}$ 表示 Y^* 中的范数.以下用 $\langle \cdot , \cdot \rangle$表示 X^* 与 X 或 Y^* 与 Y 对偶,$(\cdot , \cdot)$表示 X 上的内积,$\| \cdot \|$ 表示 X 上的范数,则

$$\begin{array}{ccc} X & \xrightarrow{\tau} & Y \\ \Lambda \big\downarrow & & \\ X^* & \xleftarrow[\tau^*]{} & Y^* \end{array},$$

其中,$\Lambda: X \to X^*$ 表示同构

$$\langle \Lambda x, y \rangle = (x, y), \quad \forall\, x, y \in X. \tag{3.1.4}$$

考察下列泛函:

$$J(u) = \frac{1}{2}(Lu, u) - g_0(\tau u), \quad u \in X, \tag{3.1.5}$$

则

$$\begin{aligned} \langle J'(u), v \rangle &= (Lu, v) - \langle g_0'(\tau u), \tau v \rangle \\ &= \langle \Lambda L u - \tau^* \circ g_0' \circ \tau u, v \rangle, \quad \forall\, v \in X, \end{aligned} \tag{3.1.6}$$

即

$$J'(u) = \Lambda L u - \tau^* \circ g_0' \circ \tau u. \tag{3.1.7}$$

定理 3.1.1[49]　设 L 满足(3.1.2),g_0 满足(3.1.3)以及

$$g_0(\tau u) \to +\infty (\text{或} -\infty), \quad \text{当 } \|u\| \to +\infty, u \in \ker L \text{ 时}, \tag{3.1.8}$$

则 $J(u)$有临界点.

证明　仅对 $g_0(\tau u) \to +\infty$的情形证明,另一种情形的证明完全类似.

首先验证 J 满足[P.S.]条件.设

$$|J(u_n)| \leqslant c,$$
$$\| J'(u_n) \| \to 0.$$

记 $P^+ = \int_{+0}^{\infty} \mathrm{d}E_\lambda$, $P^- = \int_{-\infty}^{-0} \mathrm{d}E_\lambda$, $P = E_0 - E_{-0}$,其中,$L = \int_{-\infty}^{+\infty} \lambda \mathrm{d}E_\lambda$ 是 L 的谱分解.

按(3.1.6),当 n 充分大时,

$$\begin{aligned} &|(LP^{\pm} u_n, P^{\pm} u_n) - \langle g_0'(\tau P^{\pm} u_n), \tau P^{\pm} u_n \rangle| \\ &= |\langle J'(u_n), P^{\pm} u_n \rangle| \leqslant \| P^{\pm} u_n \|. \end{aligned} \tag{3.1.9}$$

但

$$
\begin{aligned}
&|(LP^{\pm}u_n, P^{\pm}u_n) - \langle g_0'(\tau P^{\pm}u_n), \tau P^{\pm}u_n\rangle| \\
&\geqslant \varepsilon_{\pm}\|P^{\pm}u_n\|^2 - M_1\|\tau P^{\pm}u_n\|_Y \\
&\geqslant \varepsilon_{\pm}\|P^{\pm}u_n\|^2 - M_1\|P^{\pm}u_n\|,
\end{aligned}
\tag{3.1.10}
$$

其中，$\varepsilon_{\pm}>0$ 分别是 L 的正谱及负谱到 0 的距离，$\|\cdot\|_Y$ 为 Y 的范数.联合(3.1.9)和(3.1.10)得常数 $M_2>0$,使得

$$
\|P^{\pm}u_n\| \leqslant M_2. \tag{3.1.11}
$$

再利用等式

$$
\begin{aligned}
J(u_n) = &\frac{1}{2}[(LP^{+}u_n, P^{+}u_n) + (LP^{-}u_n, P^{-}u_n)] \\
&- g_0(\tau Pu_n) - [g_0(\tau u_n) - g_0(\tau Pu_n)]
\end{aligned}
$$

以及条件

$$
\begin{aligned}
\|g_0(\tau u_n) - g_0(\tau Pu_n)\|_Y &\leqslant M\|\tau(P^{+}u_n + P^{-}u_n)\|_Y \\
&\leqslant M_3(\|P^{+}u_n\| + \|P^{-}u_n\|) \leqslant M_4,
\end{aligned}
$$

推得 $g_0(\tau Pu_n)$有界.但按条件(3.1.8),这更蕴含了

$$
\|Pu_n\| \leqslant M_5.
$$

这样就得到：$\{u_n\}$是有界的.由于 τ 是紧的，g_0' 连续.从(3.1.7)可见有子列 u_{n_i},使得 ΛLu_{n_i}在 X^* 中强收敛.然而$(P+P^{-})X$是有穷维子空间，$\{u_{n_i}\}$又有子列 u_j,使得$(P+P^{-})u_j$ 在 X 中收敛；于是 $\Lambda LP^{+}u_j$ 在 X 中收敛.现在 ΛL 在 $P^{+}X$ 上是有连续逆的，从而 $P^{+}u_{n_i}$在 X 中收敛，[P.S.]条件得以验证.

其次，用例 1.8.2 中的环绕及定理 1.8.6 来证明(3.1.5)中的泛函 J 有临界点.今取

$$
X_1 = (P^{-}+P)X, \quad X_2 = P^{+}X,
$$

则当$\|P^{+}u\|\to+\infty$时，有

$$
\begin{aligned}
J(P^{+}u) &\geqslant \frac{\varepsilon_{+}}{2}\|P^{+}u\|^2 - (g_0(\tau P^{+}u) - g_0(\theta)) - g_0(\theta) \\
&\geqslant \frac{\varepsilon_{+}}{2}\|P^{+}u\|^2 - M\|\tau P^{+}u\|_Y - g_0(\theta) \\
&\geqslant \frac{\varepsilon_{+}}{2}\|P^{+}u\|^2 - M_1\|P^{+}u\| - g_0(\theta) \to +\infty,
\end{aligned}
$$

所以必有实数 β,使得

$$
J|_{X_2} \geqslant \beta > -\infty
$$

(因为 τ 是紧的)，而

$$
J((P+P^{-})u)
$$

$$\leqslant -\frac{\varepsilon}{2}\|P^- u\|^2 - [g_0(\tau(P+P^-)u) - g_0(\tau Pu)] - g_0(\tau Pu).$$

又因为

$$|g_0(\tau(P+P^-)u) - g_0(\tau Pu)| \leqslant M\|P^- u\|,$$
$$g_0(\tau Pu) \to +\infty, \quad \text{当 } \|Pu\| \to +\infty \text{ 时},$$

所以

$$J((P+P^-)u) \to -\infty, \quad \text{当 } \|(P^-+P)u\| \to +\infty \text{ 时}.$$

取 R 足够大,使得当 $\|(P^-+P)u\| \geqslant R$ 时,

$$J((P+P^-)u) < \beta - 1.$$

于是,当令

$$S = X_2, \quad Q = B_R \cap X_1$$

时,J 满足定理 1.8.6 的一切条件,所以它有临界点. ■

3.1.2　Landesman 和 Lazer 的结果

现在回答哪些 $h \in L^2(\Omega)$ 使(3.1.1)有解.

对于 $\forall u \in L^2(\Omega)$,记 $u_+(x) = \max\{u(x), 0\}$, $u_- = (-u)_+$,从而 $u = u_+ - u_-$.

由定理 3.1.1 可推得如下结果.

定理 3.1.2　设 $\hat{\lambda}$ 是 $-\Delta$ 的一个特征值,g: R→R 是一个连续的有界函数.记

$$g(\pm\infty) = \lim_{t\to\pm\infty} g(t).$$

若

$$g(-\infty)\int_\Omega v_+ - g(+\infty)\int_\Omega v_- < \int_\Omega hv_- < g(+\infty)\int_\Omega v_+ - g(-\infty)\int_\Omega v_- \tag{3.1.12}$$

或者

$$g(+\infty)\int_\Omega v_+ - g(-\infty)\int_\Omega v_- < \int_\Omega hv < g(-\infty)\int_\Omega v_+ - g(+\infty)\int_\Omega v_-. \tag{3.1.12$'$}$$

对 $\forall v \in \ker(-\Delta - \hat{\lambda} Id)$ 成立,则方程(3.1.1)有解.

证明　取 $X = H_0^1(\Omega)$, $Y = L^2(\Omega)$, $L = Id - \hat{\lambda}K$, $K = (-\Delta)^{-1}$, $g_0(u) = \int_\Omega [G(u) - h(x)u]$ 其中,

$$G(u) = \int_0^u g(t)\mathrm{d}t.$$

这是因为

$$\langle -\Delta u, v\rangle = \int_\Omega -\Delta u \cdot v = \int \nabla u \nabla v = (u, v),$$

$\forall\, u, v \in H_0^1(\Omega)$，所以 $\Lambda = -\Delta$，

$$\Lambda L = (-\Delta - \hat{\lambda} Id).$$

而

$$\tau^* \circ g_0' \circ \tau u = g(u) - h(x),$$

所以由(3.1.7)，J 的临界点对应着(3.1.1)的解，而条件(3.1.12)或(3.1.12)′则蕴含了(3.1.8).事实上，由于

$$\frac{G(tv(x))}{t} \to \begin{cases} \pm g(\pm\infty) v_{\pm}(x), & t \to +\infty, \\ \pm g(\mp\infty) v_{\pm}(x), & t \to -\infty, \end{cases}$$

故

$$\frac{g_0(tv)}{t} \to \begin{cases} \int_\Omega g(+\infty) v_+ - \int_\Omega g(-\infty) v_- - \int_\Omega h \cdot v, & t \to +\infty, \\ \int_\Omega g(-\infty) v_+ - \int_\Omega g(+\infty) v_- - \int_\Omega h \cdot v, & t \to -\infty. \end{cases}$$

当 $v \in \ker(-\Delta - \hat{\lambda} Id)$时，令 $t \to \pm\infty$，(3.1.12)蕴含了 $g_0(tv) \to +\infty$，(3.1.12)′蕴含了 $g_0(tv) \to -\infty$. ■

注 3.1.1 定理 3.1.2 首先是由 Landesman 和 Lazer[50] 于 1970 年得到的.本节的变分证明选自文献[20].

注 3.1.2 条件(3.1.12)或(3.1.12)′只是(3.1.1)有解的充分条件，但不是必要条件.例如，取

$$g(s) = \begin{cases} 1, & s \geqslant 0, \\ e^{-s^2}, & s \leqslant 0, \end{cases}$$

$$\Omega = \{(x, y) \in \mathbf{R}^2 \mid 0 < x < \pi, 0 < y < \pi\},$$

则不难验证

$$w(x, y) = \frac{2}{\pi} \sin x \sin y$$

为

$$\begin{cases} -\Delta u - 2u = 0, & x \in \Omega, \\ u = 0, & x \in \partial\Omega \end{cases} \tag{3.1.13}$$

的解.作函数 $h(x, y) = g(w(x, y))$，则 w 亦为

$$\begin{cases} -\Delta u - 2u + g(u) = h(x, y), & (x, y) \in \Omega, \\ u = 0, & (x, y) \in \partial\Omega \end{cases} \tag{3.1.14}$$

的解.但因 $w_+=w, w_-=0$,推知 $h(x,y)\equiv 1$.

$$\int_\Omega hw=\int_\Omega w=g(+\infty)\int_\Omega w_+-g(-\infty)\int_\Omega w_-.$$

故(3.1.12)不成立.

下面给出(3.1.1)可解的一个必要条件.

定理 3.1.3　若 g 连续有界,且

$$g(-\infty)\leqslant g(s)\leqslant g(+\infty),\quad \forall s\in \mathrm{R},\tag{3.1.15}$$

则(3.1.1)有解的必要条件为:$\forall\, v\in \ker(-\Delta-\hat{\lambda}Id)$,有

$$\begin{aligned}g(-\infty)\int_\Omega v_+-g(+\infty)\int_\Omega v_-&\leqslant\int_\Omega h\cdot v\\&\leqslant g(+\infty)\int_\Omega v_+-g(-\infty)\int_\Omega v_-.\end{aligned}\tag{3.1.16}$$

证明　记 $L^2(\Omega)$的范数和内积分别为 $\|\cdot\|_0$ 和$(\cdot,\cdot)_0$.设 $u\in H_0^1(\Omega)$为(3.1.1)的某个解,则有

$$-\Delta u-\hat{\lambda}u+g(u)=h,\quad u\in H_0^1(\Omega)\tag{3.1.17}$$

对于任意 $\varphi\in\ker(-\Delta-\hat{\lambda}Id)$成立.(3.1.17)两边同乘以 φ,然后在 Ω 上分部积分得

$$\int_\Omega g(u)\varphi=\int_\Omega h\varphi.$$

利用(3.1.15)可推得

$$\begin{aligned}\int_\Omega h\varphi&=\int_\Omega g(u)\varphi_+-\int_\Omega g(u)\varphi_-\\&\leqslant\int_\Omega g(+\infty)\varphi_+-\int_\Omega g(-\infty)\varphi_-\\&=g(+\infty)\int_\Omega\varphi_+-g(-\infty)\int_\Omega\varphi_-.\end{aligned}$$

同理,

$$\int_\Omega h\varphi\geqslant g(-\infty)\int_\Omega\varphi_+-g(+\infty)\int_\Omega\varphi_-,$$

即(3.1.16)成立. ■

结合定理 3.1.2 和定理 3.1.3,有如下定理.

定理 3.1.4　设

$$g(-\infty)<g(s)<g(+\infty),\quad \forall s\in\mathrm{R}$$

(注:不需要假定 g 单调),则(3.1.1)可解的充分必要条件为:$\forall\, v\in\ker(-\Delta-\hat{\lambda}Id)$,有

$$g(-\infty)\int_\Omega v_+ - g(+\infty)\int_\Omega v_- < \int_\Omega hv < g(+\infty)\int_\Omega v_+ - g(-\infty)\int_\Omega v_-.$$

3.2　多解定理·有界非线性项·映射同胚的条件

本节将在 $f:\Omega\times\mathrm{R}\to\mathrm{R}$ 为有界函数且满足

$$\lambda_{k-1}<\gamma\leqslant f'_s(x,s)+\lambda_k\leqslant\mu<\lambda_{k+1},\quad \forall s\in\mathrm{R}$$

的条件下,研究椭圆方程 Dirichlet 边值问题

$$\begin{cases}\Delta u+\lambda_k u+f(x,u)=\hat{g}, & x\in\Omega,\\ u=0, & x\in\partial\Omega\end{cases}$$

的可解性及多解的存在性,其中,$\hat{g}\in L^2(\Omega)$,而 $\Omega\subset\mathrm{R}^n$ 为有界光滑区域.

3.2.1　记号

设 $\Omega\subset\mathrm{R}^n$ 是一个具有光滑边界的有界区域.记 $E=W_0^{1,2}(\Omega)$,E 的内积和范数分别为 $(\cdot,\cdot)_1$ 和 $\|\cdot\|$,记 $L^2(\Omega)$的内积和范数分别为$(\cdot,\cdot)$和 $\|\cdot\|_0$,记 $L^p(\Omega)$的范数为 $\|\cdot\|_{0,p}$.

对 $\forall u,v\in E$,定义

$$((u,v))=\int_\Omega\nabla u\nabla v. \tag{3.2.1}$$

再定义 $L:E\to E$

$$(Lu,v)_1=-((u,v))=-\int_\Omega\nabla u\nabla v,$$

则 L 是一个有界线性自伴算子且 L 有无穷多个特征值 $0<\lambda_1<\lambda_2\leqslant\lambda_3\leqslant\cdots$.特征值相对应的特征函数 $v_1,v_2,v_3,\cdots$构成一个完全正交基.

众所周知,λ_k 有如下变分特性:

$$\lambda_k=\min\left\{\frac{((v,v))}{\|v\|_0^2}\,\middle|\,v\in E,(v,v_i)=0,i=1,\cdots,k-1\right\}. \tag{3.2.2}$$

记 $L_k:E\to E$,

$$(L_k u,v)_1=(Lu,v)_1+\lambda_k(u,v).$$

设 $f(x,s):\Omega\times\mathrm{R}\to\mathrm{R}$ 满足条件:

(H1)　$\forall s\in\mathrm{R}$,$f(\cdot,s)$在 Ω 上可测.

$$f'_s(x,\cdot)\in C^1,\quad \text{a.e. } x\in\Omega.$$

以下为了方便,总以 $f(s)$和 $f'(s)$表示 $f(x,s)$和 $f'_s(x,s)$.

设 $\hat{g}\in L^2(\Omega)$.本节考虑 Dirichlet 边值问题

$$\begin{cases} \Delta u+\lambda_k u+f(x,u)=\hat{g}, & x\in\Omega, \\ u=0, & x\in\partial\Omega \end{cases} \tag{3.2.3}$$

的可解性与多解的存在性.本节内容选自文献[51,52].

3.2.2　Lyapunov-Schmidt 过程

除了假设(H1),还假设

(H2) f 为有界函数.

(H3) λ_k 是单重的特征值.

(H4)

$$\lambda_{k-1}<\nu\leqslant\lambda_k+f'(s)\leqslant\mu<\lambda_{k+1},\quad k>1.$$

$$\nu\leqslant\lambda_1+f'(s)\leqslant\mu<\lambda_2.$$

为了研究(3.2.3),先将(3.2.3)转化为 E 中的算子方程.事实上,(3.2.3)的弱解是指:一个函数 $u\in W_0^{1,2}(\Omega)$,u 满足

$$-\int_\Omega \nabla u\nabla v+\lambda_k\int_\Omega uv+\int_\Omega f(u)v=\int_\Omega \hat{g}v,\quad \forall v\in E.$$

故式(3.2.3)的弱解是算子方程

$$L_k u+F(u)=g,\quad u\in E \tag{3.2.4}$$

的解,其中,$F:E\to E$ 定义为

$$(Fu,v)_1=\int_\Omega f(u)v,\quad \forall v\in E.$$

而 $g\in E$ 定义为

$$(g,v)_1=\int_\Omega \hat{g}v,\quad \forall v\in E.$$

由(H2)和(H4),F 为 E 到 E 的 C^1 映射.

记 $V=\ker L_k$,$W=\operatorname{Im} L_k$.于是 $\forall u\in E$ 可唯一分解成 $u=tv_k+w$,$w\in W$.设 P 和 Q 分别为 E 到 V 和 W 上的直交投影.以 P 和 Q 分别作用(3.2.4)的两边,得

$$L_k w+QF(tv_k+w)=Qg, \tag{3.2.5}$$

$$PF(tv_k+w)=Pg. \tag{3.2.6}$$

于是,得到如下事实.

引理 3.2.1　(3.2.4)等价于系统(3.2.5),(3.2.6).

首先,研究(3.2.5).固定 $t\in\mathbb{R}$,记 $\Phi_t:W\to W$,

$$\Phi_t(w)=L_k w+QF(tv_k+w).$$

引理 3.2.2　设(H1)~(H4)成立,则 $\Phi_t:W\to W$ 是一个同胚.

证明　用定理 1.4.2.

首先证 Φ_t 在 $\forall w\in W$ 为局部同胚.考虑 Φ_t 的 Fréchet 微分

$$\Phi'_t(w): z\to L_k z+QF'(tv_k+w)z, \quad z\in W.$$

下面将证明 $\Phi'_t(w)z=0$ 仅有零解(这表明 $\Phi'_t(w)$可逆,从而 Φ_t 在 w 为局部同胚).记

$$W_1=\mathrm{span}\{v_i \mid i\geqslant k+1\}, \quad W_2=\mathrm{span}\{v_1,\cdots,v_{k-1}\},$$

则 $W=W_1\oplus W_2$, $\forall z\in W$ 可唯一地分解成 $z=z_1+z_2$, $z_1\in W_1$ 而 $z_2\in W_2$.设 π_i 为到 $W_i(i=1,2)$上的直交投影.由

$$L_k z+QF'(tv_k+w)z=0 \tag{3.2.7}$$

推知

$$L_k z_1+\pi_1 QF'(tv_k+w)z=0, \tag{3.2.8}$$

$$L_k z_2+\pi_2 QF'(tv_k+w)z=0. \tag{3.2.9}$$

从(3.2.8)和(3.2.9)不难得到

$$\begin{aligned}&((z_2,z_2))-((z_1,z_1))-\lambda_k\|z_2\|_0^2+\lambda_k\|z_1\|_0^2\\=&\int_\Omega f'(tv_k+w)z_2^2-\int_\Omega f'(tv_k+w)z_1^2.\end{aligned} \tag{3.2.10}$$

据(3.2.2)及$(z_1,v_i)=0$, $i=1,\cdots,k$ 的事实,推知$((z_2,z_2))\leqslant\lambda_{k-1}\|z_2\|_0^2$ 及 $-((z_1,z_1))\leqslant-\lambda_{k+1}\|z_1\|_0^2$.于是从(3.2.10)得到 $\varepsilon\|z\|_0\leqslant0$,即(3.2.7)只有零解.

其次证 Φ_t 为 proper 映射.因 L_k 在 W 上有一个有界逆 T.故(3.2.5)可以等价地写成

$$w=TQ[g-F(tv_k+w)].$$

如果 g 属于 E 的一个紧集,由(H2),F 有界,故 $w=TQ(g-F(tv_k+w))$属于 E 的一个紧集.此即 Φ_t 为 proper 映射. ■

固定 $g\in E$,记 $w_g(t)\equiv w_{Q_g}(t)$为方程

$$\Phi_t(w)=Qg$$

的唯一解.如下引理给出了 w_g 的一个先验界.

引理 3.2.3 设 $g\in E$ 为一固定函数,则存在常数 $C>0$,使$\|w_g(t)\|\leqslant C$, $\forall t\in\mathbb{R}$.进一步,$w_g(t)$是 t 的 C^1 映射.

证明略.

现将(3.2.5)的解 $w_g(t)$代入(3.2.6)的左端,可推得方程

$$\Gamma_g(t)=\int_\Omega \hat{g}v_k, \tag{3.2.11}$$

其中,

$$\Gamma_g(t) = \Gamma_{Qg}(t) = \int_\Omega f(tv_k + w_g(t))v_k. \tag{3.2.12}$$

3.2.3 $\Gamma_g(t)$的行为

记

$$\underline{f}(\pm\infty) = \liminf_{s\to\pm\infty} f(x,s);$$

$$\overline{f}(\pm\infty) = \limsup_{s\to\pm\infty} f(x,s);$$

$$\underline{b}^+ = \int_{\Omega^+} \underline{f}(+\infty)v_k + \int_{\Omega^-} \overline{f}(-\infty)v_k;$$

$$\underline{b}^- = \int_{\Omega^+} \underline{f}(-\infty)v_k + \int_{\Omega^-} \overline{f}(+\infty)v_k;$$

$$\overline{b}^+ = \int_{\Omega^+} \overline{f}(+\infty)v_k + \int_{\Omega^-} \underline{f}(-\infty)v_k;$$

$$\overline{b}^- = \int_{\Omega^+} \overline{f}(-\infty)v_k + \int_{\Omega^-} \underline{f}(+\infty)v_k,$$

其中，

$$\Omega^+ = \{x\in\Omega \mid v_k(x) > 0\}, \quad \Omega^- = \{x\in\Omega \mid v_k(x) < 0\}.$$

如下引理描述 Γ 的性质.

引理 3.2.4 假设(H1)~(H4)均成立,则对于固定的 $g\in E$,有

(i) $\limsup_{t\to+\infty}\Gamma_g(t)\leqslant\overline{b}^+$, $\liminf_{t\to+\infty}\Gamma_g(t)\geqslant\underline{b}^+$.

(ii) $\limsup_{t\to-\infty}\Gamma_g(t)\leqslant\overline{b}^-$, $\liminf_{t\to-\infty}\Gamma_g(t)\geqslant\underline{b}^-$.

证明 考察

$$\limsup_{t_n\to\infty}\Gamma_g(t) \leqslant \limsup_{t_n\to\infty}\left[\int_{\Omega^+} f(t_n v + w_n)v_k + \int_{\Omega^-} f(t_n v + w_n)v_k\right], \tag{3.2.13}$$

其中,$\{t_n\}$为趋于$+\infty$的任意数列,而 $w_n \triangleq w_g(t_n)$.由引理 3.2.3 知:存在一个不依赖于 n 的常数 $C>0$,使 $\|w_n\|\leqslant C$.因此$\{w_n\}$中包含一个子列,不妨仍记为$\{w_n\}$,使 $w_n\to\overline{w}$ a.e. 于 Ω.从而推出:如果 $x\in\Omega^+$,则 $t_nv_k+w_n\to+\infty$ a.e.而如果 $x\in\Omega^-$,则 $t_nv_k+w_n\to-\infty$ a.e.进一步利用(H2)及 Fatou 引理推知

$$\limsup_{t_n\to+\infty}\int_{\Omega^+} f(t_nv_k+w_n)v_k \leqslant \int_{\Omega^+}\limsup_{t_n\to+\infty} f(t_nv_k+w_n)v_k \leqslant \int_{\Omega^+}\overline{f}(+\infty)v_k \tag{3.2.14}$$

及

$$\limsup_{t_n\to+\infty}\int_{\Omega^-} f(t_nv_k+w_n)v_k \leqslant \int_{\Omega^-} \underline{f}(-\infty)v_k, \tag{3.2.15}$$

(3.2.13)、(3.2.14)及(3.2.15)蕴含$\limsup\limits_{t\to+\infty}\Gamma_g(t)\leqslant\bar{b}^+$.

同理可证得其余的不等式. ■

引理 3.2.5 设(H1)~(H4)成立.进一步假设

(H5) $\underline{f}(\pm\infty)=\bar{f}(\pm\infty)=f(\pm\infty)$,

则

(i) $\lim\limits_{t\to+\infty}\Gamma_g(t)=\underline{b}^+=\bar{b}^+=b^+$.

(ii) $\lim\limits_{t\to-\infty}\Gamma_g(t)=\underline{b}^-=\bar{b}^-=b^-$.

证明 由引理 3.2.4 立即推出. ■

3.2.4 存在性定理

定理 3.2.1 设(H1)~(H4)成立,则对$\forall\ g\in E$,$\exists\ \underline{a}_{Qg}\equiv\underline{a}_g\leqslant\bar{a}_g\equiv\bar{a}_{Qg}$满足

$$\underline{a}_g\leqslant\min\{\bar{b}^+,\bar{b}^-\},\quad \bar{a}_g\geqslant\max\{\underline{b}^+,\underline{b}^-\},$$

使得

(i) 当$\int_\Omega\hat{g}v_k\in(\underline{a}_g,\bar{a}_g)$时,(3.2.3)至少有一个解.

(ii) 当$\int_\Omega\hat{g}v_k\notin[\underline{a}_g,\bar{a}_g]$时,(3.2.3)无解.

进一步,若假设(H5)成立,则$\underline{a}_g\leqslant\min\{b^+,b^-\}$,$\bar{a}_g\geqslant\max\{b^+,b^-\}$.

证明 由引理 3.2.3,$\Gamma_g(t)$对t是连续的.取$\underline{a}_g=\inf\{\Gamma_g(t)\mid t\in\mathrm{R}\}$,$\bar{a}_g=\sup\{\Gamma_g(t)\mid t\in\mathrm{R}\}$.由此推知:当$\int_\Omega\hat{g}v_k\in(\underline{a}_g,\bar{a}_g)$时,方程$\Gamma_g(t)=\int_\Omega\hat{g}v_k$至少有一个解.故据引理 3.2.1,$u_g=t_gv_k+w_g(t_g)$为(3.2.3)的一个解.而当$\int_\Omega\hat{g}v_k\notin[\underline{a}_g,\bar{a}_g]$时,方程$\Gamma_g(t)=\int_\Omega\hat{g}v_k$无解,进而(3.2.3)无解.

当假设(H5)成立时,由引理 3.2.5,立即推得要证. ■

作为定理 3.2.1 的推论,得到如下 Landesman-Lazer 型结果.

定理 3.2.2 设(H1)~(H5)成立.进一步,设

$$f(-\infty)<f(s)<f(+\infty),\tag{3.2.16}$$

则(3.2.3)有解的充要条件是$b^-<\int_\Omega\hat{g}v_k<b^+$.

证明 由(3.2.16)推得$b^-<b^+$.进一步(3.2.16)蕴涵

$$b^-=\int_{\Omega^+}f(-\infty)v_k+\int_{\Omega^-}f(+\infty)v_k<\int_\Omega f(u)v_k$$
$$<\int_{\Omega^-}f(-\infty)v_k+\int_{\Omega^+}f(+\infty)v_k=b^+.$$

于是，$\underline{a}_g=\inf\Gamma_g(t)\geqslant b^-$，$\bar{a}_g=\sup\Gamma_g(t)\leqslant b^+$. 由定理 3.2.1 可知：$\underline{a}_g\leqslant b^-$，$\bar{a}_g\geqslant b^+$，故

$$\underline{a}_g=b^-,\quad \bar{a}_g=b^+.$$

至此，充分性由定理 3.2.1 推出. 必要性是显然的. ■

注 3.2.1　如果将条件(3.2.16)换成

$$f(+\infty)<f(s)<f(-\infty),$$

那么仍能建立类似的结果.

3.2.5　多解定理

本小节将要对 f 作更强的假设，以便建立多解的存在性结果.

先考察问题

$$\begin{cases}\Delta u+\lambda_k u+f(u)=0, & x\in\Omega,\\ u=0, & x\in\partial\Omega,\end{cases}\tag{3.2.17}$$

其中，f 不依赖于 x 并且 $f(0)=0$. 这便表明 $u=0$ 是(3.2.17)的一个解. 寻找非平凡解.

定理 3.2.3　设(H1)～(H5)成立. 进一步假定 f 不依赖于 x 且 $f(0)=0$，$f'(0)<0$，同时，

$$f(-\infty)\int_{\Omega^+}v_k+f(+\infty)\int_{\Omega^-}v_k<0<f(-\infty)\int_{\Omega^-}v_k+f(+\infty)\int_{\Omega^+}v_k,\tag{3.2.18}$$

则(3.2.17)至少有两个不同的非平凡解.

证明　利用 3.2.2 小节中的过程. 这里 $g=0$，$f(0)=0$. W 上的方程当 $t=0$ 时，

$$L_k w+QF(tv_k+w)=0\tag{3.2.19}$$

有解 $w_0(0)=0$. 进一步，有

$$\Gamma_0(0)=\int_\Omega f(w_0(0))v_k=0$$

及

$$\Gamma'_0(0)=\int_\Omega f'(0)(v_k+w'_0(0))v_k.\tag{3.2.20}$$

因 $w'_0(0)\in W$，又 $f'(0)<0$，从(3.2.20)推出 $\Gamma'_0(0)<0$. 最后，据引理 3.2.5 知 $\lim\limits_{t\to+\infty}\Gamma_0(t)=b^+$，$\lim\limits_{t\to-\infty}\Gamma_0(t)=b^-$，结合(3.2.18)得到

$$\lim_{t\to-\infty}\Gamma_0(t)<0<\lim_{t\to+\infty}\Gamma_0(t),$$

故方程 $\Gamma_0(t)=0$ 至少有两个不同的非零解 t_1 和 t_2. 于是, $u_1=t_1v_k+w_0(t_1)$, $u_2=t_2v_k+w_0(t_2)$ 即为(3.2.17)的解. ■

再回到(3.2.3),讨论 $f(-\infty)=f(+\infty)=0$ 的情形.

定理 3.2.4　设(H1)～(H5)成立.进一步假设

$$\lim_{s\to\pm\infty} sf(s)=\mu>0, \tag{3.2.21}$$

则对 $\forall\, g\in W_0^{1,2}(\Omega)$, $\exists\ \underline{a}_{Qg}\equiv\underline{a}_g<0<\overline{a}_g=\overline{a}_{Qg}$, 使

(i) (3.2.3)有解 $\Leftrightarrow\int_\Omega \hat{g}v_k\in[\underline{a}_g,\overline{a}_g]$.

(ii) 当 $\int_\Omega \hat{g}v_k\in(\underline{a}_g,0)\cup(0,\overline{a}_g)$ 时,(3.2.3)至少有两个不同的解.

证明　如果证得 $\Gamma_g(t)$ 既取正值又取负值,则该定理可由 3.2.2 小节～3.2.4 小节中的讨论得到.为此考察

$$t\Gamma_g(t)=\int_\Omega tf(tv_k+w_g(t))v_k.$$

记

$$\hat{\Omega}=\{x\in\Omega\mid v_k(x)\neq 0\},$$

则

$$\begin{aligned} t\Gamma_g(t)=&\int_{\hat{\Omega}}(tv_k+w_g(t))f(tv_k+w_g(t))\\ &-\int_{\hat{\Omega}}f(tv_k+w_g(t))w_g(t). \end{aligned} \tag{3.2.22}$$

现在,当 $x\in\Omega^+$ 时,若 $t_n\to+\infty$,则 $t_nv_k+w_g(t_n)$ 中必有子列趋于 $+\infty$;当 $x\in\Omega^-$ 时,若 $t_n\to-\infty$,则 $t_nv_k+w_g(t_n)$ 中必有子列趋于 $-\infty$.不论哪种情况,由条件(3.2.21)总可导出,

$$\int_\Omega(t_nv_k+w_g(t_n))f(t_nv_k+w_g(t_n))\to\mu\,|\,\Omega\,|.$$

又因

$$\int_{\hat{\Omega}}f(t_nv_k+w_g(t_n))w_g(t_n)$$

当 $t_n\to\infty$ 时趋于零,故由(3.2.22)得

$$t\Gamma_g(t)\to\mu\,|\,\Omega\,|>0,\quad 当\ t\to+\infty\ 时.$$

同理,得

$$t\Gamma_g(t)\to\mu\,|\,\Omega\,|>0,\quad 当\ t\to-\infty\ 时,$$

故当 $|t|$ 充分大时, $t\Gamma_g(t)$ 是正的. ■

例 3.2.1　问题

$$\begin{cases} \Delta u + \lambda_k u + \dfrac{u}{1+u^2} = \hat{g}, & x \in \Omega, \\ u = 0, & x \in \partial\Omega \end{cases} \tag{3.2.23}$$

满足定理 3.2.4 的全部条件,其中,$\hat{g} \in L^2(\Omega)$.

3.2.6 方程 $\Delta u + \lambda_1 u + f(x,u) = \hat{g}$

本小节考虑特殊问题

$$\begin{cases} \Delta u + \lambda_1 u + f(x,u) = \hat{g}, & x \in \Omega, \\ u = 0, & x \in \partial\Omega. \end{cases} \tag{3.2.24}$$

在 1.1 节中已经知道,λ_1 是单重的同时 λ_1 所对应的特征函数 v_1 在 Ω 上保号.不妨设 $v_1 > 0$ 于 Ω.由于这些优点,(3.2.24)有比(3.2.3)更好的结果.

定理 3.2.5 设(H1)～(H5)成立.若对 $\forall s \in \mathbf{R}, f'(s) \neq 0$,则(3.2.24)有解$\Leftrightarrow$ $\min\{b^-, b^+\} < \int_\Omega \hat{g} v_1 < \max\{b^-, b^+\}$.进一步,解是唯一存在的.

证明 下面将证 $\Gamma'_g(t) \neq 0, \forall t \in \mathbf{R}$.

反设不然,即 $\exists \bar{t} \in \mathbf{R}$,使得

$$\Gamma'_g(\bar{t}) = \int_\Omega f'(\bar{t}v_1 + \bar{w}) v_1 (v_1 + \bar{w}') = 0,$$

其中,$\bar{w} = w_g(\bar{t})$为

$$\Delta w + \lambda_1 w + QF(\bar{t}v_1 + w) = Qg \tag{3.2.25}$$

的唯一解.从(3.2.25)推知

$$\Delta \bar{w}' + \lambda \bar{w}' + QF'(\bar{t}v_1 + \bar{w})(v_1 + \bar{w}') = 0.$$

因此,由 $\Gamma'_g(\bar{t}) = 0$ 知

$$\Delta \bar{w}' + \lambda_1 \bar{w}' + f'(\bar{t}v_1 + \bar{w})(v_1 + \bar{w}') = 0. \tag{3.2.26}$$

记 $\bar{u} = \bar{t}v_1 + \bar{w}$,则 $\bar{u}' = v_1 + \bar{w}'$.由(3.2.26)可知

$$\Delta \bar{u}' + \lambda_1 \bar{u}' + f'(\bar{u})\bar{u}' = 0. \tag{3.2.27}$$

但从 $\lambda_1 + f'(s) < \lambda_2$(见(H4))推知:$\bar{u}' > 0$ 于 Ω.又因

$$\Gamma'_g(\bar{t}) = \int_\Omega f'(\bar{u}) v_1 \bar{u}',$$

而 $v_1 > 0$ 于 Ω, $f'(s) \neq 0$, $\forall s \in \mathbf{R}$,故 $\Gamma'_g(\bar{t}) \neq 0$,矛盾!这表明 $\Gamma'_g(t) \neq 0$.从而 $\Gamma'_g(t)$严格单调. ■

下面讨论(3.2.24)的多解.

引理 3.2.6 假设(H1)～(H5)成立.进一步设 $f(s) > f(+\infty)$, $\forall s > 0$($f(s) < f(-\infty)$, $\forall s < 0$),则 $\forall g \in L^\infty(\Omega)$, $\exists \bar{t} > 0$,使 $\Gamma_g(\bar{t}) > \int_\Omega f(+\infty) v_1$($\exists \underline{t} < 0$,使

$\Gamma_g(t)<\int_\Omega f(-\infty)v_1$.

证明　固定 $g\in L^\infty(\Omega)$.由椭圆方程正则性理论[1]不难看出,集合$\{w_g(t)\mid t\in \mathrm{R}\}$在 $C^1(\overline{\Omega})$的范数下一致有界.因此由 $v_1>0$ 于 Ω 推知:存在 $\bar{t}>0$,使

$$\bar{u}=\bar{t}v_1+w_g(\bar{t})>0.$$

利用 $f(s)>f(+\infty)$,$\forall s>0$ 的题设,得到

$$\Gamma_g(\bar{t})=\int_\Omega f(\bar{u})v_1>\int_\Omega f(+\infty)v_1.$$

另一结论同理可证.　■

定理 3.2.6　设(H1)~(H5)成立.再设 $f(-\infty)=f(+\infty)=0$ 及

$$sf(s)>0,\quad \forall s\neq 0,$$

则 $\forall g\in L^\infty(\Omega)$,$\exists\, \underline{a}_{Qg}\equiv \underline{a}_g<0<\bar{a}_g\equiv \bar{a}_{Qg}$,使

(i) (3.2.24)有解$\Leftrightarrow \underline{a}_g\leqslant\int_\Omega \hat{g}v_1\leqslant \bar{a}_g$.

(ii) 当$\int_\Omega \hat{g}v_1\in(\underline{a}_g,0)\cup(0,\bar{a}_g)$时,(3.2.24)至少有两个不同的解.

证明　引理 3.2.6 表明 $\Gamma_g(t)$既取正值又取负值.结论可仿效定理 3.2.4 的证明得到.　■

3.2.7　$\lambda_{k-1}\leqslant\lambda_k+f'(s)\leqslant\lambda_{k+1}$ 时的结果

若将条件(H4)

$$\begin{cases}\lambda_{k-1}<\nu\leqslant\lambda_k+f'(s)\leqslant\mu<\lambda_{k+1}, & k>1,\\ \nu\leqslant\lambda_1+f'(s)\leqslant\mu<\lambda_2, & k=1\end{cases}$$

减弱成条件

$$(\mathrm{H4})'\qquad \begin{cases}\lambda_{k-1}\leqslant\lambda_k+f'(s)\leqslant\lambda_{k+1}, & k>1,\\ \nu\leqslant\lambda_1+f'(s)\leqslant\lambda_2, & k=1,\end{cases}$$

而(H1)~(H3)及(H5)保持不变.此时,引理 3.2.2 不再成立,即 $\Phi_t(w)=Qg$ 不再有唯一解,从而集合$\{(t,w)\mid\Phi_t(w)=Qg\}$不再是一条"连续曲线"了!

记 $S_t=\{w\in W\mid\Phi_t(w)=Qg\}$.文献[52]首先用 0-epi 映射的解集连通理论证得:对每个固定的 $t\in\mathrm{R}$,S_t 是 W 中的一个连通集;接着用含参紧向量场的解集连通性质将 S_t 串成一条连通分支,最后以连通分支代替(H4)下产生的连续曲线,从而使(H4)下成立的一些结果得到推广.例如,文献[52]中得到如下结果.

定理 3.2.7　设(H1)~(H3)及(H4)′成立.进一步,假设

$$\lim_{s\to\pm\infty} sf(x,s)=\mu>0,$$

则对 $\forall\, g\in W_0^{1,2}(\Omega)$, $\exists\, \tau_1, \tau_2: \tau_1<0<\tau_2$,使

(i) (3.2.3)有解 $\Leftrightarrow \int_\Omega \hat{g} v_k \in[\tau_1,\tau_2]$.

(ii) 当 $\int_\Omega \hat{g} v_k\in(\tau_1,\tau_2)\setminus\{0\}$时,(3.2.3)至少有两个解.

3.3 椭圆方程·有界非线性项·集连通技巧

本节继续研究椭圆方程 Dirichlet 问题

$$\begin{cases} -\Delta u-\lambda_1 u-g(u)=h, & x\in\Omega, \\ u=0, & x\in\partial\Omega, \end{cases} \tag{3.3.1}$$

其中,$\Omega\subset \mathbf{R}^n$ 是一个有光滑边界的有界区域,$g:\mathbf{R}\to\mathbf{R}$ 为有界的连续函数,$h\in L^2(\Omega)$.

在 3.2 节中,在 $g\in C^1$ 且满足

$$\mu\leqslant\lambda_1+g'(s)\leqslant\nu<\lambda_2 \tag{3.3.2}$$

等条件下,较深入地讨论了(3.3.1)的解的存在性及多解的存在性.在那里,将(3.3.1)化为集合

$$S_h=\{(t,w_h(t))\mid t\in\mathbf{R}\} \tag{3.3.3}$$

(其中,$w_h(t)$为方程 $L_1w+QG(tv_1+w)=Q\bar{h}$的唯一解,而$(\bar{h},v)_{W_0^{1,2}}=-\int_\Omega hv$,$\forall\, v\in W_0^{1,2}(\Omega)$)上的函数方程

$$\Gamma_h(t)=\int_\Omega hv_k. \tag{3.3.4}$$

本节不再需要 $g\in C^1$,而只在 g 连续有界的前提下讨论问题(3.3.1).此时(3.3.3)中的 S_h不再是一条"连续曲线"了!将设法利用集连通理论中的"含有连通分支"来代替这种"连续曲线"的作用.也正是连续函数在连通分支上的介值性才使 3.2 节中的一些结果在条件削弱后遗传下来.

本节的论证过程与 3.2 节中的颇为相似.仍用到 Lyapunov-Schmidt 过程和含参紧向量场的解集连通理论.在本节最后一个结果(定理 3.3.3)的证明中,利用了上下解方法.

本节主要结果选自文献[53].

3.3.1 主要结果

定义 3.3.1 $L: D(L)\subset L^2(\Omega)\to L^2(\Omega)$,

$$Lu=-\Delta u-\lambda_1 u,\quad u\in D(L) \tag{3.3.5}$$

(其中,$D(L)=W^{2,2}(\Omega)\cap W_0^{1,2}(\Omega)$),则 L 为线性自伴算子.记 $H=L^2(\Omega)$,$V=$

$\ker L, V^{\perp}=\operatorname{Im} L$,则 $H=V\oplus V^{\perp}$. $\forall f\in H$ 可唯一地分解成 $f=t\varphi+h$;而 $\forall u\in D(L)$可唯一地分解成 $u=s\varphi+w$,其中,$h, w\in V^{\perp}$;$t, s\in \mathrm{R}$;φ 为 λ_1 所对应的特征函数,满足 $\varphi>0$ 于 Ω.此时,$L|_{D(L)\cap V^{\perp}}$ 有一个紧逆 $K\triangleq(L_{D(L)\cap V^{\perp}})^{-1}: V^{\perp}\to V^{\perp}$.最后,设 $g:\mathrm{R}\to\mathrm{R}$ 为有界连续函数.记 $G: H\to H$ 为 g 的 Nemytskii 映射,则 G 连续且一致有界.

这样,Dirichlet 问题(3.3.1)能够等价地写成

$$Lu-G(u)=t\varphi+h,\quad u\in D(L).\tag{3.3.6}$$

设 $P: H\to V$, $Q: H\to V^{\perp}$ 分别为直交投影.以 P 和 Q 分别作用(3.3.6)的两边,得

$$Lw-QG(s\varphi+w)=h,\tag{3.3.7}$$

$$-PG(s\varphi+w)=t\varphi\quad(s\in\mathrm{R}, w\in D(L)\cap V^{\perp}).\tag{3.3.8}$$

记

$$S=S_h=\{(s,w)\in\mathrm{R}\times V^{\perp}\mid w\in D(L), Lw-QG(s\varphi+w)=h\}.$$

记

$$T_s(w)=K[h+QG(s\varphi+w)].$$

再记

$$F_s=\{w\in V^{\perp}\mid w=T_s(w)\},$$

则 $S=\bigcup_{s\in\mathrm{R}}(\{s\}\times F_s)$.由 K 的紧性及 G 的连续且一致有界的事实知,$T_s: V^{\perp}\to V^{\perp}$ 为紧算子且 $T_s: V^{\perp}\to\overline{B}_\rho(0)$,其中,$\overline{B}_\rho(0)=\{w\in V^{\perp}\mid\|w\|\leqslant\rho\}$,而

$$\rho=\|K\|(\|h\|+\sqrt{\operatorname{meas}\Omega}\sup|g(s)|).\tag{3.3.9}$$

因此,由 Schauder 不动点定理(见定理 1.5.5)可知,$\forall s, F_s\neq\varnothing$.从而有 $\operatorname{Proj}_{\mathrm{R}} S=\mathrm{R}$,且 $S\subset\mathrm{R}\times\overline{B}_\rho(0)$.至此求解系统(3.3.7),(3.3.8)等价于在 S 上求解

$$\Phi(s,w)=t,\tag{3.3.10}$$

其中,$\Phi:\mathrm{R}\times V^{\perp}\to\mathrm{R}$,

$$\Phi(s,w)=-\int_\Omega g(s\varphi+w)\varphi\,\mathrm{d}x.\tag{3.3.11}$$

易见 Φ 连续有界.这样已经推得如下定理的前半部分.

定理 3.3.1　对 $\forall h\in V^{\perp}$,均存在有界集 $\Lambda_h\subset\mathrm{R}$,使得(3.3.1)有解的充要条件为 $t\in\Lambda_h$.进一步,如果假设 g 满足:$g\not\equiv0$ 及

$$ug(u)\geqslant0\tag{3.3.12}$$

或

$$ug(u)\leqslant0,\tag*{(3.3.12)$'$}$$

且 $h\in L^{\infty}(\Omega)$,则 Λ_h 包含 $t=0$ 并且 Λ_h 包含一个区间$[0,\delta]$或$[-\delta,0]$,$\delta>0$.

在对 g 的更强的假设下,可以建立如下多解结果.

定理 3.3.2　除定理 3.3.1 的全部假设外,还假定 $g(\pm\infty)=\lim\limits_{u\to\pm\infty}g(u)=0$,则 Λ_h 为有界闭集且存在区间 $\Lambda_h^*\subset\Lambda_h$:$\mathrm{Int}\Lambda_h^*\neq\varnothing$,使

(i) 若 $t\notin\Lambda_h$,(3.3.1)无解.

(ii) 若 $t\in\Lambda_h$,(3.3.1)至少有一个解.

(iii) 若 $t\in\Lambda_h^*$,则(3.3.1)至少有两个解.

现在自然要问:在什么条件下,Λ_h 本身即为一个区间呢?如下定理给出了 Λ_h 为区间的一个充分条件.

定理 3.3.3　除定理 3.3.2 的全部假设外,还假定 g 是一个局部μ-Hölder连续函数,则对 $\forall\, h\in C^{\mu}(\overline{\Omega})$,$\Lambda_h$ 是一个有界闭区间.

3.3.2　定理的证明

先给出几个引理.

引理 3.3.1　假设极限 $\lim\limits_{u\to\pm\infty}g(u)=g(\pm\infty)$存在,$W\subset C_0(\overline{\Omega})=\{u\in C(\overline{\Omega})\mid u=0于\partial\Omega\}$为一个有界集,则 $\lim\limits_{s\to\pm\infty}\Phi(s,w)=-g(\pm\infty)\int_{\Omega}\varphi\mathrm{d}x$ 对 $w\in W$ 一致成立.

证明　任给 $\varepsilon>0$,作$\partial\Omega$的开邻域 Ω_ε,使$\int_{\Omega_\varepsilon}\varphi\mathrm{d}x<\varepsilon$.由于 $\varphi>0$ 于 Ω,故 $\lim\limits_{s\to\pm\infty}g(s\varphi(x)+w(x))=g(\pm\infty)$对 $x\in\Omega\backslash\Omega_\varepsilon$ 及 $w\in W$ 一致成立.于是,从

$$\left|\Phi(s,w)-\left(-g(\pm\infty)\int_{\Omega}\varphi\mathrm{d}x\right)\right|$$

$$\leqslant\int_{\Omega_\varepsilon}|g(\pm\infty)-g(s\varphi+w)|\varphi\mathrm{d}x+\int_{\Omega\backslash\Omega_\varepsilon}|g(\pm\infty)-g(s\varphi+w)|\varphi\mathrm{d}x$$

$$\leqslant 2\sup|g(u)|\varepsilon+\int_{\Omega\backslash\Omega_\varepsilon}|g(\pm\infty)-g(s\varphi+w)|\varphi\mathrm{d}x$$

推知

$$\limsup_{s\to\pm\infty}|\Phi(s,w)-[-g(\pm\infty)]|\leqslant 2\sup|g(u)|\varepsilon$$

对 $w\in W$ 一致成立.由 ε 的任意性,即得要证.　■

引理 3.3.2　设 $W\subset C_0^1(\overline{\Omega})=\{u\in C^1(\overline{\Omega})\mid u=0\ 于\partial\Omega\}$为 $C_0^1(\overline{\Omega})$中的有界集,则存在 $\beta=\beta(W)>0$,使

$$s\varphi(x)+w(x)\geqslant 0\ 和\ -s\varphi(x)+w(x)\leqslant 0$$

对 $s\geqslant\beta$, $w\in W$, $x\in\overline{\Omega}$均成立.

证明　由$\dfrac{\partial\phi}{\partial n}<0$ 于$\partial\Omega$的事实立即推得.　■

引理 3.3.3　(i) 设 g 满足条件(3.3.12)且存在 $t_+>0$ 使 $g(t_+)>0$,则对 $C_0^1(\overline{\Omega})$中的任一有界集 W,存在 $\beta_+=\beta_+(W)>0$,使

$$\Phi(s,w)<0 \text{ 和 } \Phi(-s,w)\geqslant 0$$

对 $s\geqslant\beta_+$, $w\in W$ 均成立.

(ii) 设 g 满足条件(3.3.12)$'$且存在 $t_+>0$ 使 $g(t_+)<0$,则对 $C_0^1(\overline{\Omega})$中的任一有界集 W,存在 $\beta_+=\beta_+(W)>0$,使

$$\Phi(s,w)>0 \text{ 和 } \Phi(-s,w)\leqslant 0$$

对 $s\geqslant\beta_+$, $w\in W$ 均成立.

证明　(i) 设 $\beta=\beta(W)>0$ 为引理 3.3.2 中存在的 β.选取 $\beta_0>0$,使 $\beta_0\max\varphi-C>t_+$,其中,$C=\sup\limits_{w\in W}\|w\|_{C_0(\overline{\Omega})}$.令 $\beta_+=\beta+\beta_0$,有

$$s\varphi(x)+w(x)\geqslant\beta_0\varphi(x)\geqslant 0,\quad -s\varphi(x)+w(x)\leqslant-\beta_0\varphi(x)\leqslant 0$$

对 $s\geqslant\beta_+$, $w\in W$ 及 $x\in\overline{\Omega}$均成立.因此,

$$\Phi(s,w)=-\int_\Omega g(s\varphi+w)\varphi\mathrm{d}x\leqslant 0,\tag{3.3.13}$$

$$\Phi(-s,w)=-\int_\Omega g(-s\varphi+w)\varphi\mathrm{d}x\geqslant 0\tag{3.3.14}$$

对 $s\geqslant\beta_+$ 及 $w\in W$ 均成立.下证(3.3.13)中的严格不等式成立.由于对每个 $s\geqslant\beta_+$ 及每个 $w\in W$,函数 $s\max\varphi+w(x)$总在$\partial\Omega$上取零值.依 β_+ 的取法,$s\max\varphi+w(x_0)\geqslant\beta_0\max\varphi-c>t_+$,其中,$\varphi(x_0)=\max\varphi$.因此,存在 $x_+\in\Omega$,使 $s\varphi(x_+)+w(x_+)=t_+$,从而 $g(s\varphi(x_+)+w(x_+))=g(t_+)>0$.这便表明在(3.3.13)中严格小于号成立.

(ii) 同理可证.　■

现在给出 3.3.1 小节中三个定理的证明.

定理 3.3.1 的证明　在 3.3.1 小节中已经知道,(3.3.1)等价于系统(3.3.7),(3.3.8),而后者又等价于在 $S=S_h$ 上求解

$$\Phi(s,w)=t,$$

其中,$\Phi:\mathrm{R}\times V^\perp\to\mathrm{R}$,

$$\Phi(s,w)=-\int_\Omega g(s\varphi+w)\varphi\mathrm{d}x\tag{3.3.15}$$

为有界连续泛函.从而易见,定理 3.3.1 中的 $\Lambda=\Phi(S_h)$.

现在假设 $h\in V^\perp$ 是一个 L^∞ 函数,g 满足(3.3.12)且 $g\neq 0$.不妨设存在 $t_+>0$ 使 $g(t_+)>0$.记 $W=W_h$ 为 S 在 $V^\perp$ 上的投影,即

$$W=\{w\in V^\perp\mid(s,w)\in S,\text{对某 } s\in\mathrm{R}\}.$$

由椭圆方程正则性理论可知:当 $h\in L^\infty\subset L^p(\forall\, p\geqslant 1)$时,$W$ 的元素 $w\in W^{2,p}(\Omega)$

$\cap W_0^{1,2}(\Omega)$,满足先验估计

$$\| w \|_{2,p} \leqslant C_p(\| h \|_{L^p} + \| QG(s\varphi + w) \|_{L^p}), \quad p \geqslant 1$$

(参见文献[1]).因此 $\| w \|_{2,p} \leqslant C_p \cdot C, p \geqslant 1$,其中,$C$ 是一个依赖于 $\| h \|_{L^\infty}$, $\sup|g(u)|$, $\mathrm{meas}\,\Omega$及 φ 的常数.据 Sobolev 嵌入引理,知 $W^{2,p}(\Omega) \hookrightarrow C^{1+\mu}(\overline{\Omega}), p > N, \mu = 1 - \dfrac{N}{p}$.这便蕴含了 W 为 $C_0^1(\overline{\Omega})$中的一个有界集(注意:因 $W \subset W_0^{1,2}(\Omega)$,故在$\partial\Omega$上有 $w=0$).现在,由引理 3.3.2 及引理 3.3.3 知道:存在 $\beta_+ = \beta_+(w) > 0$,使

$$\Phi(s, w) < 0, \quad (s, w) \in S, \quad s \geqslant \beta_+$$

及

$$\Phi(s, w) \geqslant 0, \quad (s, w) \in S, \quad s \leqslant -\beta_+ .$$

据定理 1.6.3, $S \subset \mathrm{R} \times \overline{B}_\rho(0)$中包含一支连接$\{-\beta_+\} \times \overline{B}_\rho(0)$与$\{\beta_+\} \times \overline{B}_\rho(0)$的连通分支,这便蕴含了 Λ_h 中包含一个区间$[-\delta, 0]$($\delta > 0$ 为正常数). ■

定理 3.3.2 的证明　利用与前面相同的记号.此外,记 $C_{\alpha,\beta}$为 S 中的连接$\{\alpha\} \times \overline{B}_\rho(0)$与$\{\beta\} \times \overline{B}_\rho(0)$的连通分支.再令 $S_\gamma = S \cap (\{\gamma\} \times \overline{B}_\rho(0)), \gamma \in \mathrm{R}$.现在,取$\beta_+ = \beta_+(W) > 0$意义如前.考察 $a = \min\Phi(C_{-\beta_+,\beta_+})$和 $b = \max\Phi(C_{-\beta_+,\beta_+})$.显见 $a < 0 \leqslant b$.由于现在假定了 $g(\pm\infty) = 0$.故据引理 3.3.1, $\lim\limits_{|s| \to \infty} \Phi(s, w) = 0$ 对 $w \in W$ 一致成立.现选取 $\gamma \in \mathrm{R}, \gamma > \beta_+$,使 $a < \Phi(\gamma, w) < 0$ 对 $\forall\, w \in W$ 成立.令 $m_\gamma = \min\Phi(S_\gamma), M_\gamma = \max\Phi(S_\gamma)$,则有 $a < m_\gamma \leqslant M_\gamma < 0 \leqslant b$.进一步选取 $\delta > \gamma$,使 $M_\gamma < \Phi(\delta, w) < 0$对 $\forall\, w \in W$ 成立.因此

$$a < m_\gamma \leqslant M_\gamma < m_\delta \leqslant M_\delta < 0 \leqslant b, \tag{3.3.16}$$

其中 $m_\delta = \min\, \Phi(S_\delta), M_\delta = \max\, \Phi(S_\delta)$.最后,考察连通分支 $C_{\gamma,\delta}$(连接 S_γ 与 S_δ 的连通分支).令 $a^* = \min\, \Phi(C_{\gamma,\delta})$,而 $b^* = \max\, \Phi(C_{\gamma,\delta})$.得到

$$a < a^* \leqslant \max\, \Phi(C_{\gamma,\delta} \cap S_\gamma) \leqslant M_\gamma,$$

$$m_\delta \leqslant \min\, \Phi(C_{\gamma,\delta} \cap S_\delta) \leqslant b^* < 0 \leqslant b.$$

因此,由(3.3.16), $M_\gamma < M_\delta$,故

$$a < a^* < b^* < 0 \leqslant b.$$

记 $\Lambda_h^* = [a^*, b^*] = \Phi(C_{\gamma,\delta})$,有 $\Lambda_h^* \subset [a, b] = \Phi(C_{-\beta_+,\beta_+})$.据 $C_{\gamma,\delta}$与 $C_{-\beta_+,\beta_+}$ 的构造方法知, $C_{\gamma,\delta} \cap C_{-\beta_+,\beta_+} = \varnothing$.此即对 $\forall\, t \in \Lambda_h^*$,(3.3.1)至少有两个解(一个在 $C_{-\beta_+,\beta_+}$ 上而另一个在 $C_{\gamma,\delta}$上).

下面证 $\Lambda_h = \Phi(S_h)$是闭的.设 $t = \lim\limits_{n \to \infty} \Phi(s_n, w_n)$,其中,$(s_n, w_n) \in S_h$.由于已经知道 $0 \in \Lambda_h$,故假设 $t \neq 0$.由先验估计 $\| w \|_{2,p} \leqslant C_p \cdot C, p \geqslant 1, w \in W$(参见定理 3.3.1的证明)推知:存在$\{w_{n_j}\} \subset \{w_n\}$,使

$$w_{n_j} \to w \text{ 在 } L^2(\Omega) \text{ 上}. \tag{3.3.17}$$

且 $w_{n_j}\to w$ a.e.于 Ω.另一方面$\{s_n\}$必为有界数列(这是因为,若$\{s_n\}$无界,则由引理3.3.1不难推知 $t=0$).因此,可以假设 $s_{n_j}\to s$,并结合(3.3.17)知

$$(s_{n_j}, w_{n_j}) \to (s, w) \text{ 在 } \mathbf{R}\times V^{\perp} \text{ 上}.$$

由 S_h 的闭性及 Φ 的连续性,可得$(s, w)\in S_h$ 并且 $t=\Phi(s, w)$. ■

定理 3.3.3 的证明　从定理 3.3.2 知 Λ_h 是闭的.因此 $a_h=\inf \Phi(S_h)$和 $b_h=\sup\Phi(S_h)$均属于 Λ_h.进一步,假定 g 满足(3.3.12)及存在 $t_+>0$,使 $g(t_+)>0$ 时,有 $a_h<0\leqslant b_h$.设$(\underline{s}, \underline{w})\in S_h$,使 $\Phi(\underline{s}, \underline{w})=a_h$.对一个任意固定的 $t\in(a_h, 0)$,由定理 3.3.2 的证明过程知道:当 s 充分大时,有 $t<\Phi(s, w)<0$ 对 $\forall\ w\in W$ 成立.因此可选取充分大的 $\overline{s}$ 及点$(\overline{s}, \overline{w})\in S_h$,使

$$t<\Phi(\overline{s}, \overline{w})<0,$$

并且

$$(\overline{s}-\underline{s})\varphi+(\overline{w}-\underline{w})\geqslant 0 \tag{3.3.18}$$

(参见引理 3.3.2).于是 $\underline{u}=\underline{s}\varphi+\underline{w}$ 和 $\overline{u}=\overline{s}\varphi+\overline{w}$ 分别为方程

$$Lu-G(u)=t\varphi+h \tag{3.3.1$_t$}$$

的下解和上解.由(3.3.18)知:$\underline{u}\leqslant\overline{u}$.由对 h 和 g 的正则性假设条件知,$\underline{v}, \overline{u}\in C^{2+\mu}(\overline{\Omega})$.由著名的上、下解方法,方程(3.3.1$_t$)有解 u:$\underline{u}\leqslant u\leqslant\overline{u}$,即 $t\in\Lambda_h$.至此,已证得$[a_h, 0]\subset\Lambda_h$.

若 $b_h=0$,则定理不证自明.不然,同理可证$[0, b_h]\subset\Lambda_h$. ■

3.4　两点边值问题·渐近一致条件·延拓定理

本节利用延拓定理讨论半线性二阶常微分方程两点边值问题

$$\begin{cases} \ddot{u}+u+g(x, u)=h(x), & x\in(0, \pi), \\ u(0)=u(\pi)=0 \end{cases} \tag{3.4.1}$$

解的存在性,其中,g:$[0, \pi]\times\mathbf{R}\to\mathbf{R}$ 可以为无界函数,但满足渐近一致性增长条件

$$\lim\sup_{|u|\to\infty}\frac{g(x, u)}{u}=\beta<3 \tag{3.4.2}$$

对 a.e.$x\in[0, \pi]$一致成立.结果主要有两个方面:在 3.4.1 小节中,介绍 Landesman-Lazer 型条件下的存在性定理;在 3.4.2 小节中,介绍符号条件下的存在性定理.

3.4.1　Landesman-Lazer 条件下的结果

考虑两点边值问题

$$\begin{cases} u'' + u + g(u) = h(x), & x \in [0,\pi], \\ u(0) = u(\pi) = 0, \end{cases} \tag{3.4.3}$$

其中，$h \in L^2(0,\pi)$，$g: \mathrm{R} \to \mathrm{R}$ 连续.

定理 3.4.1[54]　假设存在实数 $\gamma: 0 < \gamma < 3$ 及实数 $r: r > 0$，使

$$\frac{g(\xi)}{\xi} \leqslant \gamma, \quad |\xi| \geqslant r. \tag{3.4.4}$$

假设 $\overline{g(+\infty)} \triangleq \varlimsup\limits_{\xi \to -\infty} g(\xi)$ 及 $\overline{g(-\infty)} \triangleq \varlimsup\limits_{\xi \to -\infty} g(\xi)$ 均为有限数. 如果 $h \in L^2(0,\pi)$ 满足

$$\overline{g(-\infty)} \int_0^\pi \sin x \mathrm{d}x < \int_0^\pi h(x) \sin x \mathrm{d}x < \underline{g(+\infty)} \int_0^\pi \sin x \mathrm{d}x, \tag{3.4.5}$$

则(3.4.3)至少有一个解.

注 3.4.1　这里(3.4.3)的解是一个 a.e.满足(3.4.3)及边值条件且其导数在 $[0,\pi]$ 上绝对连续的函数.

证明　利用 Leray-Schauder 同伦延拓方法. 对于 $s \in [0,1]$，考察边值问题

$$\begin{cases} u'' + (1+\gamma)u + s(g(u) - \gamma u) = h(x), \\ u(0) = u(\pi) = 0. \end{cases} \tag{3.4.6}$$

对 $v \in C[0,\pi]$，记 $|v|_\infty = \max\limits_{t \in [0,\pi]} |v(t)|$. 将证明：存在一个不依赖于 $s \in [0,1]$ 的常数 $R > 0$，使(3.4.6)的任一可能解 u 均满足

$$|u|_\infty \leqslant R. \tag{3.4.7}$$

为证先验界的存在性，先给出 g 的一个分解. 作光滑函数 $\psi: \mathrm{R} \to \mathrm{R}$，使当 $|\xi| \leqslant r$ 时，$\psi(\xi) = 0$；当 $r < |\xi| < 2r$ 时，$0 \leqslant \psi(\xi) \leqslant 1$；当 $|\xi| \geqslant 2r$ 时，$\psi(\xi) = 1$. 并记

$$g_1(\xi) = \psi(\xi) \cdot g(\xi), \quad g_2(\xi) = (1 - \psi(\xi)) g(\xi),$$

则 $g_2(\xi)$ 在 $(-\infty,+\infty)$ 上有界，且由条件(3.4.4)和(3.4.5)不难推知：存在实数 m，使

$$m \leqslant \frac{g_1(\xi)}{\xi} \leqslant \gamma \tag{3.4.8}$$

对 $\forall \xi \neq 0$ 成立. 现规定 $\dfrac{g_1(0)}{0} = 0$，则(3.4.8)在 $(-\infty,+\infty)$ 上成立.

反设先验界不存在，则存在 $[0,1]$ 中的点列 $\{s_n\}_{n=1}^\infty$ 及方程(3.4.6)当 $s = s_n$ 时的解 $\{u_n\}_{n=1}^\infty$，使 $|u_n|_\infty \geqslant n$，$\forall n \in \mathrm{Z}^+$. 若记 $v_n = \dfrac{u_n}{|u_n|_\infty}$，则

$$\begin{cases} v''_n + v_n + p_n(x) v_n = h_n(x), \\ v_n(0) = v_n(\pi) = 0, \end{cases} \tag{3.4.9}$$

其中，

$$p_n(x)=(1-s_n)\gamma+s_n g_1(u_n(x))/|u_n|_\infty, \tag{3.4.10}$$

$$h_n(x)=[h(x)-s_n g_2(u_n(x))]/|u_n|_\infty. \tag{3.4.11}$$

由(3.4.8)可知：存在数 m_1，使

$$m_1\leqslant p_n(x)\leqslant\gamma,\quad \forall x\in\mathbf{R}. \tag{3.4.12}$$

进一步，g_2 有界，故 $\lim\limits_{n\to\infty}h_n=0$ 于 $L^2(0,\pi)$．由 $|v_n|_\infty=1$ 可推知 $\{v''_n\}$ 的 $L^2(0,\pi)$ 范数有一个不依赖于 n 的界．据 Rolle 定理，v'_n 在 $(0,\pi)$ 中必有零点 τ_n，则因

$$|v'_n(x)|\leqslant\left|\int_{\tau_n}^x v''_n(t)\mathrm{d}t\right|\leqslant\int_0^\pi|v''_n(t)|\mathrm{d}t$$

$$\leqslant\sqrt{\pi}\left\{\int_0^\pi|v''_n(t)|^2\mathrm{d}t\right\}^{\frac{1}{2}},$$

故 $\{v'_n\}$ 在 $C[0,\pi]$ 中有一个不依赖于 n 的界．不难验证 $\{v'_n\}$ 在 $[0,\pi]$ 上是等度连续的，故由 Ascoli 引理，$\{v'_n\}$ 中有在 $C[0,\pi]$ 中收敛的子列，不妨仍记成 $\{v'_n\}$，即 $\lim\limits_{n\to\infty}v_n(x)=w(x)$（一致收敛）于 $[0,\pi]$，同时 $\lim\limits_{n\to\infty}v'_n(x)=w'(x)$（一致收敛）于 $[0,\pi]$，其中，$w\in C^1[0,\pi]$，$|w|_\infty=1$，且 $w(0)=w(\pi)=0$．由(3.4.12)知，$\{p_n\}_{n=1}^\infty$ 在 $L^2(0,\pi)$ 中有界，因此可以假设 p_n 在 $L^2(0,\pi)$ 中弱收敛于 p．显然 $m_1\leqslant p(x)\leqslant\gamma$，a.e. 于 $[0,\pi]$．从(3.4.9)可知：对 $x\in[0,\pi]$，

$$v'_n(x)=v'_n(0)-\int_0^x[1+p_n(t)]v_n(t)\mathrm{d}t-\int_0^x h_n(t)\mathrm{d}t, \tag{3.4.13}$$

令 $n\to\infty$，得

$$w'(x)=w'(0)-\int_0^x[1+p(t)]w(t)\mathrm{d}t.$$

因此，w' 是绝对连续的并且

$$\begin{cases} w''(x)+[1+p(x)]w(x)=0, & \text{a.e. } x\in(0,\pi),\\ w(0)=w(\pi)=0. \end{cases} \tag{3.4.14}$$

可以断言：对 $\forall x\in(0,\pi)$，$w(x)\neq0$．事实上，因 $w(x)\not\equiv0$，又 $1+p(x)\leqslant1+\gamma<4$ a.e. $x\in(0,\pi)$，再利用 Sturm 比较定理及 $\sin 2t$ 在 $(0,\pi)$ 内仅有一个零点的事实便可推得．由此可知，$w(x)$ 在 $(0,\pi)$ 上不变号．不妨设 $w(x)>0$ 于 $(0,\pi)$．对于 $w(x)<0$ 的情形，可类似讨论．

因 w 是(3.4.14)的一个非平凡解，故有 $w'(0)>0$ 而 $w'(\pi)<0$．因

$$v_n(x)=\frac{u_n(x)}{|u_n|_\infty}\to w(x)$$

在 $C^1[0,\pi]$ 中成立，故当 n 充分大时，$v_n(x)>0$ 于 $(0,\pi)$（事实上，反设对 $\forall n$，$\exists t_n$，使 $v_n(t_n)<0$．由聚点定理，$\{t_n\}$ 必有收敛子列，不妨仍记为 $\{t_n\}$：$t_n\to C\in[0,\pi]$．若 $C\neq0$ 或 π，则 $v_n(t_n)\to w(C)>0$，矛盾！若 $C=0$ 或 π，则存在 $\xi_n\in(0,t_n)$，使

$v'_n(\xi_n)=0$而 $\xi_n\to C=0$ 或 π.这便推出 $w'(0)=0$ 或 $w'(\pi)=0$.这又与解对初值问题的唯一性矛盾!).从而推知,对充分大的 n,有 $u_n(x)>0$ 于$(0,\pi)$.结合(3.4.5)推知,函数列

$$z_n(x)\triangleq(1-s_n)\gamma u_n(x)+s_n g(u_n(x))$$

在$[0,\pi]$上有一个不依赖于 n 的下界.由于当 $n\to\infty$时,$|u_n|_\infty\to\infty$,故 $u_n(x)\to\infty$ 在$(0,\pi)$的任一紧子区间上一致成立.从而由(3.4.5)有

$$\int_0^\pi h(x)\sin x\mathrm{d}x<\int_0^\pi(\liminf_{n\to\infty} z_n(x))\sin x\mathrm{d}x. \tag{3.4.15}$$

但另一方面,给 $u=u_n$, $s=s_n$ 的(3.4.6)的两边同乘以 $\sin x$,然后分部积分得

$$\int_0^\pi z_n(x)\sin x\mathrm{d}x=\int_0^\pi h(x)\sin x\mathrm{d}x.$$

因 $z_n(x)$在$[0,\pi]$上有一个不依赖于 n 的下界,故由 Fatou 定理,

$$\int_0^\pi(\liminf_{n\to\infty} z_n(x))\sin x\mathrm{d}x\leqslant\lim_{n\to\infty}\int_0^\pi z_n(x)\sin x\mathrm{d}x=\int_0^\pi h(x)\sin x\mathrm{d}x,$$

这便与(3.4.15)矛盾!故(3.4.7)成立.

至此,后边的证明是标准的.因问题

$$Lu=0,\quad u(0)=u(\pi)=0$$

(其中,$Lu\triangleq u''+u+ru$)仅有零解,故对 $\forall f\in C[0,\pi]$,问题 $Lu=f$, $u(0)=u(\pi)=0$

有唯一解 $L^{-1}f$.不难看出 $L^{-1}: C[0,\pi]\to C[0,\pi]$为紧映射.设 $G: C[0,\pi]\to C[0,\pi]$为 g 的 Nemytskii 映射.记 w_0 为满足

$$Lw_0=h,\quad w_0(0)=w_0(\pi)=0$$

的唯一解.定义映射 $N: C[0,\pi]\times[0,1]\to C[0,\pi]$,

$$N(u,s)=w_0+L^{-1}[s(\gamma u-G(u))].$$

则 N 是一个紧同伦.若对某 $s\in[0,1]$, $u=N(u,s)$,则 u 是(3.4.6)的一个解.现记 $D=\{u\in C[0,\pi]\,|\,|u|_\infty<R\}$.因 $u-N(u,s)\neq0$ 对 $\forall(u,s)\in\partial D\times[0,1]$成立,故对 $\forall s\in[0,1]$, $\deg(Id-N(\cdot,s),D,0)$是一个常数.因 $N(u,0)=w_0$,由(3.4.6), $|w_0|_\infty<R$.故有

$$1=\deg(Id-N(\cdot,0),D,0)=\deg(Id-N(\cdot,1),D,0),$$

从而 $u=N(u,1)$有解,即(3.4.3)至少有一个解. ■

3.4.2 符号条件下的结果

设 $g:[0,\pi]\times\mathrm{R}\to\mathrm{R}$ 满足 Carathé odory 条件及符号条件

$$ug(x,u)\leqslant0,\quad\forall u\in\mathrm{R}, \tag{3.4.16}$$

或

$$ug(x,u)\geqslant 0,\quad \forall u\in \mathbf{R} \tag{3.4.17}$$

(注意:满足上述符号条件的 g,可能不满足 Landesman-Lazer 型条件(3.4.5)).再设 $h\in L^1(0,\pi)$:$\int_0^\pi h(x)\sin x\mathrm{d}x=0$.继续考察两点边值问题

$$\begin{cases} u''+u+g(x,u)=h, \\ u(0)=u(\pi)=0 \end{cases} \tag{3.4.18}$$

的可解性.

现记 $X=C_0[0,\pi]=\{u\in C[0,\pi]\mid u(0)=u(\pi)=0\}$,$Y=L^1[0,\pi]$,并赋以它们通常的范数.记 $H=L^2(0,\pi)$.设

$$Y_2=\{u\in Y\mid u(x)=\alpha\sin x,\text{a.e.}\,x\in[0,\pi],\alpha\in\mathbf{R}\}, \tag{3.4.19}$$

Y_1 为 Y_2 的直交补,使 $Y=Y_1\oplus Y_2$.于是,$\forall u\in Y$ 可分解为

$$u(x)=u(x)-\left(\frac{2}{\pi}\int_0^\pi u(t)\sin t\mathrm{d}t\right)\sin x + \left(\frac{2}{\pi}\int_0^\pi u(t)\sin t\mathrm{d}t\right)\sin x,\quad x\in[0,\pi]. \tag{3.4.20}$$

定义 $P:Y\to Y_1$,$Q:Y\to Y_2$ 分别为到 Y_1 和 Y_2 上的直交投影,则 $\forall u\in Y$,

$$Pu=u(x)-\left(\frac{2}{\pi}\int_0^\pi u(t)\sin t\mathrm{d}t\right)\sin x,$$

$$Qu=\left(\frac{2}{\pi}\int_0^\pi u(t)\sin t\mathrm{d}t\right)\sin x. \tag{3.4.21}$$

易见 $Q=Id-P$,且 P 和 Q 均连续.令 $X_2=X\cap Y_2$,则 X_2 为 X 的闭子集.记 X_1 为 X 中与 X_2 直交的闭子空间,则 $P(X)\subset X_1$,$Q(X)\subset X_2$ 且投影 $P|X:X\to X_1$,$Q|X:X\to X_2$ 均连续.同理,得到 $H=H_1\oplus H_2$ 且投影 $P|_H:H\to H_1$,$Q|_H:H\to H_2$ 均连续.在本节后面的讨论中,在不致混淆的情况下,常将 $P|_X$,$P|_H$ 和 $P|_Y$ 简写成 P;将 $Q|_X$,$Q|_H$ 和 $Q|_Y$ 简写成 Q.其含义应按出现处的具体内容定.

对于 $u\in X$,$v\in Y$.记$(u,v)=\int_0^\pi uv\mathrm{d}x$,即$(\cdot,\cdot)$为 X 与 Y 间的偶对,则

$$(u,v)=(Pu,Pv)+(Qu,Qv). \tag{3.4.22}$$

定义线性算子 $L:D(L)\subset X\to Y$

$$Lu=u''+u, \tag{3.4.23}$$

其中,

$$D(L)=\{u\in X\mid u'\in AC[0,\pi],u(0)=u(\pi)=0\}. \tag{3.4.24}$$

现在对任意满足$\int_0^\pi h(x)\sin x\mathrm{d}x=0$ 的 $h\in L^1(0,\pi)$,问题

$$u''+u=h,\quad u(0)=u(\pi)=0$$

在 X_1 中有唯一解,记为 Kh.于是得映射 $K:Y_1\to X_1$,K 线性有界且满足

$$KP(u)\in D(L),\quad \forall u\in Y, \tag{3.4.25}$$

$$LKP(u)=P(u), \tag{3.4.26}$$

且对 $\forall u\in H_1$,有

$$(Ku,u)\geqslant -\frac{1}{3}\|u\|_H^2. \tag{3.4.27}$$

再定义非线性映射 $N:X\to Y$,

$$(Nu)(x)=g(x,u(x)),\quad x\in[0,\pi]. \tag{3.4.28}$$

于是,(3.4.18)可改写成算子方程

$$Lu+Nu=h,\quad u\in D(L)\cap X. \tag{3.4.29}$$

为了给出本节后面的定理,先给出 $g:[0,\pi]\times \mathrm{R}\to \mathrm{R}$ 满足对 L^p 的 Carathéodory 条件的定义.

定义 3.4.1　设函数 $g:[0,\pi]\times\mathrm{R}\to\mathrm{R}$ 满足

(i) 对 a.e. $x\in[0,\pi]$,$g(x,\cdot)$在R 上连续.

(ii) 对 $\forall u\in\mathrm{R}$,$g(\cdot,u)$在$[0,\pi]$上可测.

(iii) $\forall r\in\mathrm{R}^+$,$\exists \alpha_r\in L^p(0,\pi)$($p\geqslant1$ 为常数),使当$|u|\leqslant r$时,有

$$|g(x,u)|\leqslant \alpha_r(x),$$

则称 g 满足对 L^p 的 Carathéodory 条件.

定理 3.4.2[55]　设 $g:[0,\pi]\times\mathrm{R}\to\mathrm{R}$ 满足对 L^2 的 Carathéodory 条件,且

(i) $ug(x,u)\geqslant0$,$\forall u\in\mathrm{R}$,a.e. $x\in[0,\pi]$.

(ii) 存在常数 $\beta\geqslant0$,使

$$\limsup_{|u|\to\infty}\frac{g(x,u)}{u}=\beta<3,\quad 对\ x\in[0,\pi]一致成立,$$

则对任意 $h\in Y_1=\{w\in L^1(0,\pi)\mid \int_0^\pi w(t)\sin t\mathrm{d}t=0\}$,边值问题

$$\begin{cases} u''+u+g(x,u)=h, & x\in(0,\pi),\\ u(0)=u(\pi)=0 \end{cases} \tag{3.4.30}$$

至少有一个解 $u\in X=C[0,\pi]$.

证明　如前所述,问题(3.4.30)可以改写成 X 中的算子方程

$$Lu+Nu=h. \tag{3.4.31}$$

求解(3.4.31),仅需求解方程组

$$\begin{cases} Pu+KPNu=h_1,\\ QNu=0 \end{cases} \tag{3.4.32}$$

就够了,其中,$h_1 = Kh$.显然(3.4.32)又等价于单个方程

$$Pu + QNu + KPNu = h_1. \tag{3.4.33}$$

由 Leray-Schauder 延拓定理,要证(3.4.33)有解,只要证得方程组:

$$Pu + (1-\lambda)Qu + \lambda QNu + \lambda KPNu = \lambda h_1, \quad \lambda \in (0,1) \tag{3.4.34}$$

的所有可能解有一个不依赖于 λ 的先验界.不难看出,(3.4.34)又可改写成方程组

$$\begin{cases} Pu + \lambda KPNu = \lambda h_1, \\ (1-\lambda)Qu + \lambda QNu = 0. \end{cases} \tag{3.4.35}$$

如果 $u_\lambda \in X$ 是(3.4.35)对某 $\lambda \in (0,1)$ 的一个解,则 $u_\lambda \in D(L)$ 且有

$$(Pu_\lambda, PNu_\lambda) + \lambda(KPNu_\lambda, PNu_\lambda) = \lambda(h_1, PNu_\lambda),$$

$$(1-\lambda)(Qu_\lambda, QNu_\lambda) + \lambda(QNu_\lambda, QNu_\lambda) = 0.$$

利用(3.4.27),推得

$$(Pu_\lambda, PNu_\lambda) - \frac{1}{3}\| PNu_\lambda \|_H^2 \leqslant \lambda(h_1, PNu_\lambda), \tag{3.4.36}$$

$$(Qu_\lambda, QNu_\lambda) \leqslant 0. \tag{3.4.37}$$

由于 $\limsup\limits_{|u|\to\infty} \dfrac{g(x,u)}{u} = \beta < 3$ 对 $x \in [0,\pi]$ 一致成立,因此可选到定数 $\varepsilon(0<\beta+\varepsilon<3)$ 及常数 $C(\varepsilon)>0$,使对 $\forall\, u \in H$,有

$$(Nu, u) \geqslant \frac{1}{\beta+\varepsilon}\| Nu \|_H^2 - C(\varepsilon). \tag{3.4.38}$$

再从(3.4.36)~(3.4.38)知

$$\begin{aligned} &\frac{1}{\beta+\varepsilon}\| Nu_\lambda \|_H^2 - C(\varepsilon) \\ &\leqslant (Nu_\lambda, u_\lambda) \leqslant \frac{1}{3}\| PNu_\lambda \|_H^2 + \| h_1 \|_X \cdot \| PNu_\lambda \|_Y \\ &\leqslant \frac{1}{3}\| Nu_\lambda \|_H^2 + C_0 \| h_1 \|_X \cdot \| Nu_\lambda \|_Y \\ &\quad (C_0 = \| P \|_{Y\to Y}). \end{aligned}$$

从而推得

$$\left(\frac{1}{\beta+\varepsilon} - \frac{1}{3}\right)\| Nu_\lambda \|_H^2 \leqslant \sqrt{\pi}\, C_0 \| h_1 \|_X \| Nu_\lambda \|_H + C(\varepsilon).$$

上式表明,存在一个不依赖于 $\lambda \in (0,1)$ 的常数 $C>0$,使

$$\| Nu_\lambda \|_H \leqslant C. \tag{3.4.39}$$

由(3.4.35)的第一个方程,推得

$$\| Pu_\lambda \|_X \leqslant \| KPNu_\lambda \|_X + \| h_1 \|_X$$

$$
\begin{aligned}
&\leqslant \|K\| \cdot \|PNu_\lambda\|_Y + \|h_1\|_X \\
&\leqslant \sqrt{\pi} C_0 \|K\| \cdot \|Nu_\lambda\|_H + \|h_1\|_X \\
&\leqslant \sqrt{\pi} C_0 \|K\| \cdot C + \|h_1\|_X \triangleq C_1.
\end{aligned}
$$

下面只需证明:存在一个不依赖于 $\lambda \in (0,1)$的常数 $C_2>0$,使 $\|Qu_\lambda\|_X \leqslant C_2$.

反设不然,则集合

$$
\{\|Qu_\lambda\|_X \mid \lambda \in (0,1)\} \quad 无界. \tag{3.4.40}
$$

现在由(3.4.35)的第一个方程,可知

$$
LPu_\lambda + \lambda LKPNu_\lambda = \lambda Lh_1,
$$

即

$$
LPu_\lambda + \lambda PNu_\lambda = \lambda h.
$$

从而

$$
\begin{aligned}
\|LPu_\lambda\|_Y &\leqslant \lambda \|PNu_\lambda\|_Y + \lambda \|h\|_Y \\
&\leqslant \|PNu_\lambda\|_Y + \|h\|_Y \\
&\leqslant C_0 \|Nu_\lambda\|_Y + \|h\|_Y \leqslant C_3
\end{aligned}
$$

对 $\lambda \in (0,1)$一致成立,其中,$C_3 \triangleq C_0 C + \|h\|_Y$.

现在因为

$$
LPu_\lambda = (Pu_\lambda)'' + Pu_\lambda,
$$

$\|Pu_\lambda\|_X \leqslant C_1$,又 $u_\lambda(0)=u_\lambda(\pi)=0$,由 Rolle 定理不难推出,$\|(Pu_\lambda)''\|_Y$ 有一个不依赖于$\lambda \in (0,1)$的界,进而存在常数 $C_4>0$(C_4 不依赖于 λ),使

$$
\|(Pu_\lambda)'\|_X \leqslant C_4.
$$

利用著名的不等式:对 $\forall\, v \in \{w \in C^1[0,\pi] \mid w(0)=w(\pi)=0\}$,有

$$
\left|\frac{v(x)}{\sin x}\right| \leqslant \frac{\pi}{2} \max_{s \in [0,\pi]} |v'(s)|,
$$

得到

$$
|Pu_\lambda(x)| \leqslant \frac{\pi}{2} C_4 \sin x, \quad \forall\, x \in [0,\pi], \lambda \in (0,1). \tag{3.4.41}
$$

现在由(3.4.40)可知:存在序列$\{\lambda_n\} \subset (0,1)$,使当 $n \to \infty$时,

$$
\|Qu_{\lambda_n}\|_X = \left|\frac{2}{\pi}\int_0^\pi u_{\lambda_n}(t) \sin t \mathrm{d}t\right| \to \infty.
$$

不妨假定,当 $n \to \infty$时,

$$
\int_0^\pi u_{\lambda_n}(t) \sin t \mathrm{d}t \to \infty. \tag{3.4.42}
$$

故存在 n_0,使当 $n>n_0$ 时,有

$$\int_0^{\pi} u_{\lambda_n}(t)\sin t\mathrm{d}t \geqslant \frac{\pi^2}{4}C_4. \tag{3.4.43}$$

于是，当 $n\geqslant n_0$ 时，利用(3.4.41)和(3.4.43)知

$$\begin{aligned} u_{\lambda_n}(x) &= Qu_{\lambda_n}(x) + Pu_{\lambda_n}(x) \\ &= \frac{2}{\pi}\left[\int_0^{\pi} u_{\lambda_n}(t)\sin t\mathrm{d}t\right]\sin x + Pu_{\lambda_n}(x) \\ &\geqslant \frac{2}{\pi}\cdot\frac{\pi^2}{4}C_4\sin x - \frac{\pi}{2}C_4\sin x \geqslant 0. \end{aligned}$$

由于 $vg(x,v)\geqslant 0$ 对 $x\in[0,\pi]$，$v\in\mathbf{R}$ 成立，故 $g(x,u_{\lambda_n}(x))\geqslant 0$ 对 $n\geqslant n_0$，$x\in[0,\pi]$成立，并且

$$(QNu_{\lambda_n}, Qu_{\lambda_n}) \geqslant 0, \quad n\geqslant n_0.$$

从(3.4.35)的第二式推知，当 $n\geqslant n_0$ 时，有

$$(1-\lambda_n)(Qu_{\lambda_n}, Qu_{\lambda_n}) = (1-\lambda_n)\frac{2}{\pi}\left[\int_0^{\pi} u_{\lambda_n}(t)\sin t\mathrm{d}t\right]^2 \leqslant 0,$$

导出矛盾．同理，当$\int_0^{\pi} u_{\lambda_n}(t)\sin t\mathrm{d}t\to-\infty$时也可推出矛盾．

于是，$\{\|Qu_\lambda\|_X \mid \lambda\in(0,1)\}$是有界集． ■

注 3.4.2 在 3.3 节中，由于假定非线性项 g 一致有界，故对符号条件 $ug(u)\leqslant 0$，$\forall u\in\mathbf{R}$成立的命题，对符号条件 $ug(u)\geqslant 0$，$\forall u\in\mathbf{R}$，亦然成立．但当非线性项 g 无界时，符号条件 $ug(x,u)\leqslant 0$，$\forall u\in\mathbf{R}$，与符号条件 $ug(x,u)\geqslant 0$，$\forall u\in\mathbf{R}$，有着本质上的区别．事实上，定理 3.4.2 是在 $ug(x,u)\geqslant 0$，$\forall u\in\mathbf{R}$ 及增长性条件：

$$\limsup_{|u|\to\infty}\frac{g(x,u)}{u} = \beta < 3 \tag{3.4.44}$$

下建立的．若(3.4.44)被去掉，则问题(3.4.30)可能无解．例如，取 $g(x,u)=3u$，$h=\sin 2x$，则

$$\begin{cases} u'' + u + 3u = \sin 2x, \\ u(0) = u(\pi) = 0 \end{cases} \tag{3.4.45}$$

无解．((3.4.45)两边同乘 $\sin 2x$ 后分部积分便出现矛盾！)但是，从下面的定理(定理 3.4.3)可以看出：当在符号条件 $ug(x,u)\leqslant 0$，$\forall u\in\mathbf{R}$ 下讨论时，不需要增长性条件(3.4.44)，而问题(3.4.30)总是有解的．

由于在符号条件 $ug(x,u)\leqslant 0$ 下讨论问题(3.4.30)相当于在符号条件 $ug(x,u)\geqslant 0$，$\forall u\in\mathbf{R}$下讨论问题

$$\begin{cases} -u'' - u + g(x,u) = h(x), \\ u(0) = u(\pi) = 0, \end{cases} \tag{3.4.46}$$

故在 $ug(x,u)\geqslant 0,\forall u\in\mathbf{R}$ 下对(3.4.46)建立存在性定理.

定理 3.4.3[55]　设 $g:[0,\pi]\times\mathbf{R}\to\mathbf{R}$ 满足对 $L^1(0,\pi)$ 的 Carathéodory 条件及

$$ug(x,u)\geqslant 0,\ \forall x\in[0,\pi],\quad \forall u\in\mathbf{R},$$

则对任意 $h\in Y_1=\{w\in L^1(0,\pi)\mid\int_0^\pi w(x)\sin x\mathrm{d}x=0\}$,两点边值问题(3.4.46)至少有一个解 $u\in X=C[0,\pi]$.

证明　取 X,Y,X_1,X_2,Y_1,Y_2 同前.设 $L=-L,K=-K$,其中,$L:D(L)\subset X\to Y$由(3.4.23)～(3.4.24)给出,而 K 满足(3.4.25),(3.4.26),则对 $\forall u\in Y$,有

$$KP(u)\in D(L),\tag{3.4.47}$$

$$LKP(u)=P(u)\text{ 及}(KPu,Pu)\geqslant 0.\tag{3.4.48}$$

进一步,利用 Fourier 级数及 Parseval 不等式可推出:对 $\forall u\in H_1=\{w\in L^2(0,\pi)\mid\int_0^\pi w(x)\sin x\mathrm{d}x=0\}$,有

$$(Ku,u)\leqslant\frac{1}{3}\|u\|_H^2,\tag{3.4.49}$$

且等号成立当且仅当 $u=\alpha\sin 2x,\alpha\in\mathbf{R}$.

如同本小节开始的讨论,问题(3.4.46)可以改写成

$$Lu+Nu=h.\tag{3.4.50}$$

现在求解(3.4.50)又等价于求解系统

$$Pu+KPNu=h_1,\tag{3.4.51}$$

$$QNu=0,\tag{3.4.52}$$

其中,$u\in D(L)\cap X$,而 $h_1=Kh$.由于 $h\in Y_1$,故 $Ph=h,Qh=0$.不难看出,(3.4.51),(3.4.52)又等价于单个方程

$$Pu+QNu+KPNu=h_1,\tag{3.4.53}$$

它具有 0-指标的 Fredholm 算子紧扰动的形式.由 Leray-Schauder 延拓定理的一个经稍微变形的结果,证(3.4.53)存在解,只要证得同伦族方程

$$Pu+(1-\lambda)Qu+\lambda QNu+\lambda KPNu=\lambda h_1\tag{3.4.54}$$

$\lambda\in(0,1)$的所有可能解有一个不依赖于 $\lambda\in(0,1)$的先验界.

由于(3.4.54)等价于系统

$$Pu+\lambda KPNu=\lambda h_1,\tag{3.4.55}$$

$$(1-\lambda)Qu+\lambda QNu=0.\tag{3.4.56}$$

如果 u_λ 是(3.4.55),(3.4.56)对 $\lambda\in(0,1)$的解,则 $u_\lambda\in D(L)$且

$$(Pu_\lambda,PNu_\lambda)+\lambda(KPNu_\lambda,PNu_\lambda)=\lambda(h_1,PNu_\lambda),$$

$$(1-\lambda)(Qu_\lambda, QNu_\lambda)+\lambda(QNu_\lambda, QNu_\lambda)=0.$$

利用(3.4.48)推知

$$(Pu_\lambda, PNu_\lambda)\leqslant\lambda(h_1, PNu_\lambda), \tag{3.4.57}$$

$$(Qu_\lambda, QNu_\lambda)\leqslant 0. \tag{3.4.58}$$

其次,由对 g 的假设可知:$\forall\, k\in\mathrm{R}, k\geqslant 0$ 均存在常数 $C(k)\geqslant 0$,使

$$(Nu,u)\geqslant k\| Nu\|_Y - C(k),\quad u\in Y. \tag{3.4.59}$$

利用(3.4.57),(3.4.58)及(3.4.59)可知,对 $\forall\, k\in\mathrm{R}, k\geqslant 0$, $\exists\, C(k)\geqslant 0$,使

$$\begin{aligned}k\| Nu_\lambda\|_Y - C(k)&\leqslant(Nu_\lambda, u_\lambda)\leqslant\lambda(h_1, PNu_\lambda)\\&\leqslant\| h_1\|_X\| PNu_\lambda\|_Y\leqslant C_6\| h_1\|_X\| Nu_\lambda\|_Y,\end{aligned}$$

其中,$C_6\geqslant 0$,使 $\| Pu\|_Y\leqslant C_6\| u\|_Y$.于是,

$$(k-C_6\| h_1\|_X)\| Nu_\lambda\|_Y\leqslant C(k). \tag{3.4.60}$$

由(3.4.55)可知

$$\begin{aligned}\| Pu_\lambda\|_X&\leqslant\| KPNu_\lambda\|_X+\| h_1\|_X\\&\leqslant\| K\|\,\| PNu_\lambda\|_Y+\| h_1\|_X\\&\leqslant C_0\| K\|\cdot\| Nu_\lambda\|_Y+\| h_1\|_X.\end{aligned} \tag{3.4.61}$$

现取 $k>C_0\| h_1\|_X$.由(3.4.60)及(3.4.61)知:存在常数 $C_7>0$, C_7 不依赖于 $\lambda\in(0,1)$,使

$$\| Nu_\lambda\|_Y\leqslant C_7,\quad\| Pu_\lambda\|_X\leqslant C_7,\quad\lambda\in(0,1). \tag{3.4.62}$$

最后,集合$\{\| Qu_\lambda\|_X\mid\lambda\in(0,1)\}$的有界性可仿定理 3.4.2 的证明给出. ■

注 3.4.3　Gupta[56]考察弹性梁方程

$$\begin{cases}\dfrac{\mathrm{d}^4u}{\mathrm{d}x^4}-\pi^4u+g(x,u)=e(x),\\ u(0)=u(1)=u''(0)=u''(1)=0\end{cases}$$

的可解性及解的存在唯一性.由于 π^4 是线性特征值问题

$$\begin{cases}\dfrac{\mathrm{d}^4u}{\mathrm{d}x^4}-\lambda u=0,\\ u(0)=u(1)=u''(0)=u''(1)=0\end{cases}$$

的第一个特征值,而 $\lambda_1=\pi^4$ 所对应的特征函数为 $\sin\pi x, x\in[0,1]$,故存在性结果与本节结果平行,证法类似.

注 3.4.4　文献[56]中除存在性结果外,还包括当 g 对 u 单调时可解的充要

条件及若干唯一性结果.这里将它们搬到二阶常微分方程两点边值问题中来.

定理 3.4.4 设 $g:[0,\pi]\times\mathrm{R}\to\mathrm{R}$ 满足对 $L^1(0,\pi)$的 Carathé odory 条件,且对 $\forall\ x\in(0,\pi)$, $g(x,\cdot)$为不减函数,则对 $\forall\ h\in Y_1$,两点边值问题(3.4.46)有解的充要条件为存在 $\alpha\in\mathrm{R}$,使

$$\int_0^{\pi} g(x,\alpha\sin x)\sin x\mathrm{d}x=0. \tag{3.4.63}$$

定理 3.4.5 设 $g:[0,\pi]\times\mathrm{R}\to\mathrm{R}$ 满足对 $L^2(0,\pi)$的 Carathé odory 条件,对 $\forall\ x\in(0,\pi)$, $g(x,\cdot)$为不减函数及

(i) $g(x,u)u\geqslant 0$, $\forall\ x\in[0,\pi]$及 $u\in\mathrm{R}$.

(ii) 存在 $\beta\geqslant 0$,使

$$\limsup_{|u|\to\infty}\frac{g(x,u)}{u}=\beta<3,\quad 对\ x\in[0,\pi]一致成立,$$

则对 $\forall\ h\in Y_1$,(3.4.30)有解的充要条件为存在 $\alpha\in\mathrm{R}$,使

$$\int_0^{\pi} g(x,\alpha\sin x)\sin x\mathrm{d}x=0. \tag{3.4.64}$$

定理 3.4.6 设 $g:[0,\pi]\times\mathrm{R}\to\mathrm{R}$ 满足对 $L^1(0,\pi)$的 Carathé odory 条件及

(i) 对 a.e. $x\in(0,\pi)$, $g(x,\cdot)$严格增.

(ii) $g(x,0)\equiv 0$, a.e. $x\in[0,\pi]$,

则对 $\forall\ h\in Y_1$,(3.4.46)有唯一解.

定理 3.4.7 设 $g:[0,\pi]\times\mathrm{R}\to\mathrm{R}$ 满足对 $L^2(0,\pi)$的 Carathé odory 条件及存在 $\beta:0\leqslant\beta<3$,使$(u_1-u_2)(g(x,u_1)-g(x,u_2))\geqslant\frac{1}{\beta}(g(x,u_1)-g(x,u_2))^2$ 对a.e. $x\in[0,\pi]$及 $\forall\ u_1,u_2\in\mathrm{R}$ 成立.进一步,假设 $g(x,0)=0$, $\forall\ x\in[0,\pi]$,则对 $\forall\ h\in Y_1$,(3.4.30)有唯一解.

3.5 抽象方程·渐近非一致·延拓定理

设 $\Omega\subset\mathrm{R}^n$ 是一个有界区域.记 $H=L^2(\Omega)$.本节首先讨论抽象算子方程

$$Lu=\lambda_N u+g(\cdot,u)-h$$

的可解性,其中,$h\in H$, $L:D(L)\subset H\to H$ 是一个有闭值域的稠定自伴线性算子, $\lambda_N\in\sigma(L)$, $g:\Omega\times\mathrm{R}\to\mathrm{R}$ 是一个至多线性增长且满足 Carathé odory 条件的非线性函数.在本节,非线性函数 g 可以是无界的,并且允许在一个正测度集上接触 $\lambda_{N+1}-\lambda_N$(或 $\lambda_N-\lambda_{N-1}$).接着,将抽象结果用于讨论 Duffing 方程周期边值问题、椭圆方程边值问题的可解性,以及波方程、梁方程的时间周期解的存在性.

3.5.1 记号和引理

设 Ω 是一个有界区域，$H=L^2(\Omega)$. H 的内积和范数分别记为$(\cdot,\cdot)$和$\|\cdot\|$.设

$$L: D(L)\subset H\to H$$

是一个具有闭值域 $R(L)$的稠定自伴线性算子,则

$$(\ker L)^{\perp}=R(L).$$

上式表明 L 有右逆(right inverse)

$$K\triangleq(L|_{D(L)\cap R(L)})^{-1}: R(L)\to R(L),$$

且 K 是连续的线性算子.本节将假定 K 为紧算子.由该假设可以推出 L 的谱为纯点谱,记为 $\sigma(L)$.进一步,设每一个 $\lambda\in\sigma(L)\setminus\{0\}$为有限重的特征值;$\sigma(L)$至多含有可数个点,将其排成一列

$$\cdots<\lambda_{-2}<\lambda_{-1}<\lambda_0=0<\lambda_1<\lambda_2<\cdots.$$

显然,$\lambda_0\in\sigma(L)$的充要条件为 L 不可逆.对 $\lambda_0\in\sigma(L)$的情形,λ_0 的重数可以是有限,也可以是无穷.正特征值和负特征值的个数可以是无穷、有限或零.最后,记 P_j 为 H 到 $\ker(L-\lambda_j Id)$上的直交投影,则 L 可以谱分解为

$$L=\sum_j\lambda_j P_j.$$

设 $N\in Z$(整数集). $\forall u\in H$,可分解为

$$u(x)=\bar u(x)+u^0(x)+u(x),$$

其中,

$$\bar u=\sum_{j<N}P_j u,\quad u^0=P_N u,\quad u=\sum_{j>N}P_j u.$$

再记 $u^{\perp}=u-u^0$,易见 $u^0\in\ker(L-\lambda_N Id)$.

设 $H=\{u\in H\mid u=\sum\limits_{j>N}P_j u\}$,则$u\in H$.

定义 3.5.1 若 $g:\Omega\times R\to R$ 满足:存在数 $d\geqslant 0$ 及 $e\in H$,使

$$|g(x,u)|\leqslant d|u|+e(x)\tag{3.5.1}$$

对 a.e. $x\in\Omega$ 及 $\forall u\in R$ 成立,则称 g 至多线性增长.

在本节中,如果 $\ker L$ 是无穷维的,则假定 $0<\lambda_N<\lambda_{N+1}$ 或 $\lambda_N<\lambda_{N+1}<0$,并且对 a.e. $x\in\Omega$,$(\mathrm{sign}\lambda_N)g(x,\cdot)$是不减的.

引理 3.5.1 设 $p\in L^{\infty}(\Omega)$并且满足:对 a.e. $x\in\Omega$,有

$$0\leqslant p(x)\leqslant\lambda_{N+1}-\lambda_N\triangleq r$$

及对 $\forall w\in\ker(L-\lambda_{N+1}Id)\setminus\{0\}$,有

$$\int_{\Omega}[r-p(x)]w^2(x)\mathrm{d}x>0,\tag{3.5.2}$$

则存在 $\delta=\delta(p)>0$，使对 $\forall\ u\in D(L)$，均有

$$D_p(u)\triangleq(Lu-(\lambda_N+p)u,u-(\bar{u}+u^0))\geqslant\delta\|u^{\perp}\|^2.$$

证明　利用$(\bar{u}+u^0)$与u的直交性及 $u^0\in\ker(L-\lambda_N Id)$的事实，可知

$$D_p(u)=(Lu-(\lambda_N+p)u,u)-(L\bar{u},\bar{u})-(Lu^0,u^0)$$
$$+\lambda_N(\bar{u}+u^0,\bar{u}+u^0)+(p(\bar{u}+u^0),\bar{u}+u^0).$$

由于 $p(x)\geqslant 0$ a.e.于 Ω，因此上式的最后一项非负，从而

$$D_p(u)\geqslant(Lu-(\lambda_N+p)u,u)+\lambda_N(\bar{u},\bar{u})-(L\bar{u},\bar{u}).\tag{3.5.3}$$

由 Parseval 恒等式，有

$$\begin{aligned}\lambda_N(\bar{u},\bar{u})-(L\bar{u},\bar{u})&=\lambda_N\sum_{j\leqslant N-1}|P_ju|^2-\sum_{j\leqslant N-1}\lambda_j|P_ju|^2\\&=\sum_{j\leqslant N-1}(\lambda_N-\lambda_j)|P_ju|^2\\&\geqslant\sum_{j\leqslant N-1}[\min_j(\lambda_N-\lambda_j)]|P_ju|^2.\end{aligned}$$

因此，

$$\lambda_N(\bar{u},\bar{u})-(L\bar{u},\bar{u})\geqslant\delta_1\|\bar{u}\|^2,\tag{3.5.4}$$

其中，$\delta_1=\lambda_N-\lambda_{N-1}>0$.

现在将证明：存在 $\delta_2=\delta_2(p)>0$，使

$$(Lu-(\lambda_N+p)u,u)\geqslant\delta_2\|u\|^2.\tag{3.5.5}$$

由于 $p(x)\leqslant r=\lambda_{N+1}-\lambda_N$，a.e. $x\in\Omega$，有

$$\begin{aligned}(Lu,u)-((\lambda_N+p)u,u)&\geqslant(Lu,u)-\lambda_{N+1}(u,u)\\&=\sum_{j\geqslant N+1}(\lambda_j-\lambda_{N+1})|P_ju|^2,\end{aligned}$$

即

$$(Lu(\lambda_N+p)u,u)\geqslant\sum_{j>N+1}(\lambda_j-\lambda_{N+1})|P_ju|^2.\tag{3.5.6}$$

因此，$(Lu-(\lambda_N+p)u,u)\geqslant 0$ 且等号成立的充要条件为 $u=w$ 而 $w\in\ker(L-\lambda_{N+1}Id)$.从而依假定(3.5.2)可推知$(Lu-(\lambda_N+p)u,u)=0$ 当且仅当 $u=0$.现在反设(3.5.5)不真，即存在一个序列$\{u_k\}\subset H\cap D(L)$，$\|u_k\|=1$，使对 $\forall\ k\in N$，有

$$(Lu_k-(\lambda_N+p)u_k,u_k)\leqslant\frac{1}{k}.\tag{3.5.7}$$

将 H分解为

$$H=\ker(L-\lambda_{N+1}Id)\oplus H_1,$$

其中,$\ker(L-\lambda_{N+1}Id)$是有限维特征子空间,而H_1为$\ker(L-\lambda_{N+1}Id)$在H中的直交补.于是$u_k\in\{u_k\}$可唯一地分解成$u_k=w_k+v_k$,这里$w_k\in\ker(L-\lambda_{N+1}Id)$而$v_k\in H_1$.利用不等式(3.5.6)和(3.5.7)可推知:$v_k\to 0$(当$k\to\infty$).因$1=\|u_k\|^2=\|w_k\|^2+\|v_k\|^2$及$\dim\ker(L-\lambda_{N+1}Id)<+\infty$,故$\{w_k\}$中有子列,不妨仍记为$\{w_k\}$,使$w_k\xrightarrow{L^2}w$, $w\in\ker(L-\lambda_{N+1}Id)$且$\|w\|=1$.从而推知

$$
\begin{aligned}
\frac{1}{k}&\geqslant(Lu_k-(\lambda_N+p)u_k,u_k)\\
&=(Lw_k-(\lambda_N+p)w_k,w_k)-2((\lambda_N+p)w_k,v_k)\\
&\quad+(Lv_k-(\lambda_N+p)v_k,v_k)\\
&\geqslant((\lambda_{N+1}-(\lambda_N+p))w_k,w_k)-2((\lambda_N+p)w_k,v_k)\\
&\quad+(\lambda_{N+2}-\lambda_{N+1})\|v_k\|^2.
\end{aligned}
$$

令$k\to\infty$,得

$$0\geqslant\int_\Omega(\lambda_{N+1}-(\lambda_N+p))w^2(x)\mathrm{d}x.$$

由于$p(x)\leqslant\lambda_{N+1}-\lambda_N=r$对 a.e. $x\in\Omega$成立,有当$w\in\ker(L-\lambda_{N+1}Id)$时,

$$0=\int_\Omega(r-p(x))w^2(x)\mathrm{d}x.$$

由此及假设(3.5.2),可知$w=0$.这与$\|w\|=1$矛盾!因此(3.5.5)成立. ■

引理 3.5.2　设$p\in L^\infty(\Omega)$满足引理 3.5.1 中的条件,δ为相应于p通过引理 3.5.1 而存在的常数.设$\varepsilon>0$,则对于任何满足

$$0\leqslant q(x)\leqslant p(x)+\varepsilon,\quad \text{a.e.}\quad x\in\Omega$$

的$q\in L^\infty(\Omega)$及$\forall u\in D(L)$,有

$$D_q(u)\triangleq(Lu-(\lambda_N+q)u,u-(\bar{u}+u^0))\geqslant(\delta-\varepsilon)\|u^\perp\|^2.$$

证明　$\forall u\in D(L)$,有

$$
\begin{aligned}
D_q(u)&=(Lu-(\lambda_N+q)u,u)+\lambda_N(\bar{u},\bar{u})-(L\bar{u},\bar{u})\\
&\quad+(q(\bar{u}+u^0),\bar{u}+u^0)\\
&\geqslant(Lu-(\lambda_N+p)u,u)+\lambda_N(\bar{u},\bar{u})-(L\bar{u},\bar{u})-\varepsilon\|u\|^2,
\end{aligned}
$$

再利用引理 3.5.1,便可推得. ■

引理 3.5.3　设$g:\Omega\times\mathbb{R}\to\mathbb{R}$满足 Carathéodory 条件且满足:

(i) 存在函数$a,A\in H$及常数$R_1,R_2:R_1<0<R_2$,使

$$g(x,u)\geqslant A(x)\ \text{a.e.}\ x\in\Omega\text{及}\ \forall u\in\mathbb{R}:u\geqslant R_2,$$

$$g(x,u)\leqslant a(x)\ \text{a.e.}\ x\in\Omega\text{及}\ \forall u\in\mathbb{R}:u\leqslant R_1;$$

(ii) 存在函数$b,c\in H$及常数$B\geqslant0$,使

$$|g(x,u)| \leqslant c(x)|u| + b(x),\ \text{a.e. } x \in \Omega \text{及 } \forall u: |u| \geqslant B,$$

则对每个实数 $k>0$, g 可分解为

$$g(x,u) = q_k(x,u) + g_k(x,u), \tag{3.5.8}$$

其中, q_k, g_k 均满足 Carathéodory 条件,且满足

(i) $0 \leqslant uq_k(x,u)$ a.e. $x \in \Omega$, $\forall u \in \mathbb{R}$.　　(3.5.9)

(ii) $|q_k(x,u)| \leqslant c(x)|u| + b(x) + k$ 对 a.e. $x \in \Omega$, $\forall u(|u| \geqslant \max\{1, B\})$ 成立.

(iii) 存在 $\sigma_k \in H$(σ_k 依赖于 g, a, A)使得

$$|g_k(x,u)| \leqslant \sigma_k(x) \tag{3.5.10}$$

对 a.e. $x \in \Omega$ 及 $u \in \mathbb{R}$ 成立.

证明从略.

3.5.2 抽象存在性结果

设 $g: \Omega \times \mathbb{R} \to \mathbb{R}$ 满足 Carathéodory 条件; g 至多线性增长,即存在实数 $d \geqslant 0$ 及 $e \in H$,使

$$|g(x,u)| \leqslant d|u| + e(x). \tag{3.5.11}$$

当(3.5.11)成立时, g 的 Nemytskii 映射 $G: H \to H$,

$$Gu = g(x, u(x))$$

连续且将有界集映成有界集,这里设 $h \in H$.

设 $\lambda_N \in \sigma(L)$,考察方程

$$Lu = \lambda_N u + Gu - h \tag{3.5.12}$$

的可解性.

在给出主要结果之前,再回忆一下 3.5.1 小节中的如下规定:当 $\dim \ker L = \infty$ 时,总假设 $0 < \lambda_N < \lambda_{N+1}$ 或 $\lambda_N < \lambda_{N+1} < 0$,同时 $(\text{sign}\lambda_N) g(x, \cdot)$ 不减对 a.e. $x \in \Omega$ 成立.

定理 3.5.1[57]　假设对 $\forall \varepsilon > 0$, $\exists$ 常数 $B = B(\varepsilon) > 0$ 及函数 $b \in L^\infty(\Omega)$,使

$$|g(x,u)| \leqslant [p(x) + \varepsilon]|u| + b(x) \tag{3.5.13}$$

对 a.e. $x \in \Omega$ 及 $\forall u: |u| \geqslant B$ 成立,其中, $p \in L^\infty(\Omega)$ 且满足对 a.e. $x \in \Omega$,有

$$p(x) \leqslant \lambda_{N+1} - \lambda_N = r \text{ 及} \int_\Omega [r - p(x)] w^2(x) \mathrm{d}x > 0 \tag{3.5.14}$$

对 $\forall w \in \ker(L - \lambda_{N+1} Id) \backslash \{0\}$ 成立.

进一步,设存在函数 $a, A \in H$ 及常数 $R_1, R_2: R_1 < 0 < R_2$,使

$$g(x,u) \geqslant A(x) \text{ a.e. } x \in \Omega \text{ 及 } u \geqslant R_2, \tag{3.5.15}$$

$$g(x,u) \leqslant a(x) \text{ a.e. } x \in \Omega \text{ 及 } u \leqslant R_1, \tag{3.5.16}$$

则对满足条件：$\forall\, v \in \ker(L-\lambda_N Id)\setminus\{0\}$,

$$\int_\Omega h(x)v(x)\mathrm{d}x < \int_{v>0} g_+(x)v(x)\mathrm{d}x + \int_{v<0} g_-(x)v(x)\mathrm{d}x \tag{3.5.17}$$

的 $h\in H$,方程(3.5.12)至少有一个解,其中,

$$g_+(x) = \liminf_{u\to+\infty} g(x,u), \quad g_-(x) = \limsup_{u\to-\infty} g(x,u).$$

证明　第一步.取 δ 为相应于 p 通过引理 3.5.1 而存在的 $\delta(p)>0$,则由假设(3.5.13),存在一个常数 $B=B(\delta)>0$ 及一个函数 $b\in L^\infty(\Omega)$,使对 a.e. $x\in\Omega$ 及 $\forall\, u\in\mathbf{R}$: $|u|\geqslant B$ 有

$$|g(x,u)| \leqslant \left(p(x)+\frac{\delta}{4}\right)|u| + b(x). \tag{3.5.18}$$

利用 $k=1$ 时的引理 3.5.3,方程(3.5.12)可改写成

$$Lu - \lambda_N u - q_1(\cdot,u(\cdot)) - g_1(\cdot,u(\cdot)) = -h(\cdot), \tag{3.5.19}$$

其中,q_1 和 g_1 满足 Carathéodory 条件及条件(3.5.10)和(3.5.9),并且

$$|q_1(x,u)| \leqslant \left(p(x)+\frac{\delta}{4}\right)|u| + b(x) + 1 \tag{3.5.20}$$

对 a.e. $x\in\Omega$ 及 $\forall\, u$: $|u|\geqslant\max\{1,B\}$成立.

选取 $\overline{B}>\max\{1,B\}$,使

$$\frac{b(x)+1}{|u|} < \frac{\delta}{4} \tag{3.5.21}$$

对 a.e. $x\in\Omega$ 及 $|u|\geqslant\overline{B}$ 成立.由(3.5.20)和(3.5.21)推知

$$0 \leqslant \frac{q_1(x,u)}{u} \leqslant p(x) + \frac{\delta}{2} \tag{3.5.22}$$

对 a.e. $x\in\Omega$ 及 $|u|\geqslant\overline{B}$ 成立.

第二步.定义 ν: $\Omega\times\mathbf{R}\to\mathbf{R}$

$$\nu(x,u) = \begin{cases} \dfrac{q_1(x,u)}{u}, & |u|\geqslant\overline{B}, \\[2mm] \dfrac{q_1(x,\overline{B})}{\overline{B}}\cdot\dfrac{u}{\overline{B}} + \left(1-\dfrac{u}{\overline{B}}\right)p(x), & 0\leqslant u<\overline{B}, \\[2mm] \dfrac{q_1(x,-\overline{B})}{\overline{B}}\cdot\dfrac{u}{\overline{B}} + \left(1+\dfrac{u}{\overline{B}}\right)p(x), & -\overline{B}<u\leqslant 0. \end{cases}$$

不难看出,ν 满足 Carathéodory 条件.进而由(3.5.22)可知

$$0 \leqslant \nu(x,u) \leqslant p(x) + \frac{\delta}{2} \tag{3.5.23}$$

对 a.e. $x\in\Omega$ 及 $\forall u\in\mathbf{R}$ 成立.

定义 $f:\Omega\times\mathbf{R}\to\mathbf{R}$

$$f(x,u)=g_1(x,u)+q_1(x,u)-\nu(x,u)u,$$

则由(3.5.11)可知:存在 $\sigma\in H$,使对 a.e. $x\in\Omega$, $\forall u\in\mathbf{R}$,有

$$|f(x,u)|\leqslant\sigma(x).\tag{3.5.24}$$

现在方程(3.5.12)可以等价地写成

$$Lu-\lambda_N u-\nu(\cdot,u)u-f(\cdot,u)=-h.\tag{3.5.25}$$

下面对(3.5.25)运用 Mawhin 延拓定理.

记

$$N:H\to H,\quad u\to\nu(\cdot,u(\cdot))u(\cdot)+f(\cdot,u(\cdot))-h(\cdot),$$

$$A:H\to H,\quad u\to\frac{\delta}{2}u(\cdot),$$

则(3.5.25)等价于

$$Lu-\lambda_N u-Nu=0\tag{3.5.26}$$

在 $D(L)$中成立.

如果 $\ker L$ 是有限维的,按照常规可以验证 L 为线性 0-指标 Fredholm 算子,N 和 A 均在 H 的有界子集上 L-紧.由延拓定理(定理 1.7.7)可知:证方程(3.5.26)至少有一个解,只要证得同伦族方程

$$Lu-\lambda_N u-(1-\chi)Au-\chi Nu=0,\quad \chi\in[0,1)\tag{3.5.27}$$

的所有可能解有不依赖于 χ 的先验界,即存在不依赖于 χ(和解 u)的正常数 k_0,使

$$\|u\|\leqslant k_0.$$

如果 $\ker L$ 是无限维的,由对 g 所作的规定,不难推出,N 在 H 上是单调的.因 L 的右逆 K 是紧的,故 KQN 在 H 的有界集上紧(注:Q: $H\to\mathrm{Range}L$ 为直交投影).另一方面,由 A 的定义,A 在 H 上强单调.据延拓定理(定理 1.7.10),欲证(3.5.26)有解,只要证得(3.5.27)的所有可能解有一个不依赖于 $\chi\in[0,1)$ 的先验界.

如果 $u\in D(L)$为某个 $\chi\in[0,1)$时的(3.5.27)的解,则有

$$Lu-\lambda_N u-\left[(1-\chi)\frac{\delta}{2}+\chi\nu(x,u(x))\right]u(x)-\chi f(x,u(x))+\chi h(x)=0.\tag{3.5.28}$$

由(3.5.23),得

$$0\leqslant(1-\chi)\frac{\delta}{2}+\chi\nu(x,u(x))\leqslant p(x)+\frac{\delta}{2}$$

对 a.e. $x\in\Omega$ 成立.

当 $\chi=0$ 时,显然方程(3.5.28)仅有平凡解.现在,如果 $u\in D(L)$ 为某个 $\chi\in(0,1)$ 时的(3.5.28)的解,利用引理 3.5.2 及 Cauchy-Schwarz 不等式,可得

$$
\begin{aligned}
0 &= \left(u-(\bar{u}+\overset{0}{u}), Lu-\left[\lambda_N+(1-\chi)\frac{\delta}{2}+\chi\nu(\cdot,u(\cdot))\right]u\right) \\
&\quad +\chi(u-(\bar{u}+\overset{0}{u})\cdot h-f(\cdot,u(\cdot))) \\
&\geqslant \frac{\delta}{2}\|u^{\perp}\|^2-(\|u\|+\|\bar{u}\|+\|\overset{0}{u}\|)(\|h\|+\|f(\cdot,u(\cdot))\|).
\end{aligned}
$$

由不等式(3.5.24),有

$$
0\geqslant\frac{\delta}{2}\|u^{\perp}\|^2-\beta(\|u^{\perp}\|+\|\overset{0}{u}\|), \tag{3.5.29}
$$

其中,β 为仅依赖于 σ 和 h(不依赖于 u 和 χ)的常数.令 $\alpha=\frac{\beta}{\delta}$,则有

$$
\|u^{\perp}\|\leqslant\alpha+(\alpha^2+2\alpha\|\overset{0}{u}\|)^{\frac{1}{2}}. \tag{3.5.30}
$$

第三步.下证存在一个不依赖于 $\chi\in(0,1)$ 的常数 $k_0>0$,使(3.5.28)的所有可能解 $u\in D(L)$ 均满足

$$
\|u\|\leqslant k_0.
$$

反设不然,则存在 $\{\chi_n\}\subset(0,1)$ 及序列 $\{u_n\}\subset D(L)$, $\|u_n\|\to\infty$,使

$$
-Lu_n+\lambda_N u_n+(1-\chi_n)\frac{\delta}{2}u_n+\chi_n g(\cdot,u_n)=\chi_n h. \tag{3.5.31}
$$

由(3.5.30)可推知

$$
\|\overset{0}{u}_n\|\to\infty,\quad \frac{\|u_n^{\perp}\|}{\|\overset{0}{u}_n\|}\to 0. \tag{3.5.32}
$$

令

$$
v_n=\frac{\overset{0}{u}_n}{\|\overset{0}{u}_n\|},\text{则 }\|v_n\|=1.
$$

利用 $\dim\ker(L-\lambda_N Id)<+\infty$ 及(3.5.32)的第二个关系式,推知:存在 $v\in\ker(L-\lambda_N Id)$, $v\neq 0$ 及 $\left\{\frac{u_n}{\|\overset{0}{u}_n\|}\right\}$ 的一个子列,不妨仍记为 $\left\{\frac{u_n}{\|\overset{0}{u}_n\|}\right\}$,使

$$
\begin{cases}
\dfrac{u_n}{\|\overset{0}{u}_n\|}\to v & \text{于 } H, \\
\dfrac{u_n(x)}{\|\overset{0}{u}_n\|}\to v(x), & \text{a.e. } x\in\Omega, \\
v_n(x)\to v(x), & \text{a.e. } x\in\Omega.
\end{cases} \tag{3.5.33}
$$

(3.5.31)两边都与 v_n 作内积,然后再利用 $\overset{0}{u}_n$ 与 $u_n^{\perp}$ 的直交性,可推得

$$\chi_n(h-g(\cdot,u_n),v_n)=(1-\chi_n)\frac{\delta}{2}\|\overset{0}{u}_n\|.$$

由于 $0<\chi_n<1$,以 χ_n 除上式两边,推得

$$0\leqslant\int_{\Omega}[h(x)-g(x,u_n(x))]v_n(x)\mathrm{d}x.$$

于是,

$$\begin{aligned}
0&\leqslant\liminf_{n\to\infty}\int_{\Omega}[h(x)-g(x,u_n(x))]v_n(x)\mathrm{d}x\\
&\leqslant\liminf_{n\to\infty}\int_{\Omega}h(x)v_n(x)\mathrm{d}x+\limsup_{n\to+\infty}\left[-\int_{\Omega}g(x,u_n(x))v_n(x)\mathrm{d}x\right]\\
&=\int_{\Omega}h(x)v(x)\mathrm{d}x-\liminf_{n\to+\infty}\int_{\Omega}g(x,u_n(x))v_n(x)\mathrm{d}x.
\end{aligned}$$

故

$$\int_{\Omega}h(x)v(x)\mathrm{d}x\geqslant\liminf_{n\to+\infty}\int_{\Omega}g(x,u_n(x))v_n(x)\mathrm{d}x. \tag{3.5.34}$$

记

$$I^+=\{x\in\Omega\mid v(x)>0\},\quad I^-=\{x\in\Omega\mid v(x)<0\}.$$

注意:因 $v\neq0$,故 I^+ 和 I^- 不可能同时为空集.以下假定 I^+ 和 I^- 均不空,剩余的情形同理可证.由于 $\dfrac{u_n^{\perp}(x)}{\|\overset{0}{u}_n\|}\to0$ a.e.于 Ω(参见(3.5.32)的第二式),故对a.e. $x\in I^+$,存在一个非负整数 $M(x)$,使对 $\forall\ n\geqslant M(x)$,有

$$\frac{|u^{\perp}(x)|}{\|\overset{0}{u}_n\|}<\frac{1}{4}v(x)\ \text{及}\ |v_n(x)-v(x)|<\frac{1}{4}v(x).$$

因此,当 $n\geqslant M(x)$时,有

$$\begin{aligned}
\frac{u_n(x)}{\|\overset{0}{u}_n\|}&=\frac{1}{\|\overset{0}{u}_n\|}(\overset{0}{u}_n(x)+u_n^{\perp}(x))\\
&\geqslant v_n(x)-\frac{\|u_n^{\perp}\|}{\|\overset{0}{u}_n\|}\geqslant[v_n(x)-v(x)]+\left[v(x)-\frac{1}{4}v(x)\right]\\
&\geqslant-\frac{1}{4}v(x)+\frac{3}{4}v(x)=\frac{1}{2}v(x).
\end{aligned}$$

从而,对 a.e. $x\in I^+$, $u_n(x)\geqslant\dfrac{1}{2}v(x)$, $\|\overset{0}{u}_n\|\to+\infty$.也不难得到 I^- 上的类似关系式.于是,有

$$\begin{cases}u_n(x)\to+\infty & \text{a.e.于 } I^+,\\ u_n(x)\to-\infty & \text{a.e.于 } I^-.\end{cases} \tag{3.5.35}$$

现在,为了对(3.5.34)运用 Fatou 引理,需要找到一个非负整数 n_0,使当$n\geqslant n_0$时,

$$g(x,u_n(x))v_n(x)\geqslant k(x)$$

对某函数 $k\in L^1(\Omega)$成立.事实上,由(3.5.29)可知

$$\frac{\|u_n^{\perp}\|^2}{\|\overset{0}{u_n}\|}\leqslant\frac{2\alpha\|u_n^{\perp}\|}{\|\overset{0}{u_n}\|}+2\alpha.$$

另一方面,由(3.5.33)知:存在非负整数 n_0,当 $n\geqslant n_0$ 时,$\frac{\|u_n^{\perp}\|}{\|\overset{0}{u_n}\|}<1$.故当 $n\geqslant n_0$ 时,$\frac{\|u_n^{\perp}\|^2}{\|\overset{0}{u_n}\|}\leqslant 4\alpha$,即序列$\left\{\frac{u_n^{\perp}}{\sqrt{\|\overset{0}{u_n}\|}}\right\}$在 H 中有界;亦即存在 $k_1\in H$,使

$$\frac{|u_n^{\perp}|}{\sqrt{\|\overset{0}{u_n}\|}}\leqslant k_1(x)$$

对 a.e. $x\in\Omega$及$\forall\, n\geqslant n_0$ 成立.由 $\nu(x,u_n(x))\geqslant 0$ a.e. $x\in\Omega$,可知:当 $n\geqslant n_0$ 时,

$$\begin{aligned}
\nu(x,u_n(x))u_n(x)v_n(x)&=\nu(x,u_n(x))u_n(x)\frac{\overset{0}{u_n}(x)}{\|\overset{0}{u_n}\|}\\
&=\frac{1}{2}\nu(x,u_n(x))\frac{1}{\|\overset{0}{u_n}\|}\left[(u_n(x))^2+(\overset{0}{u_n}(x))^2-(u_n(x)-\overset{0}{u_n}(x))^2\right]\\
&\geqslant-\frac{1}{2}\nu(x,u_n(x))(u_n^{\perp}(x))^2\frac{1}{\|\overset{0}{u_n}\|}\\
&\geqslant-\frac{1}{2}\nu(x,u_n(x))(k_1(x))^2.
\end{aligned}$$

故对$\forall\, n\geqslant n_0$,有

$$\nu(x,u_n(x))u_n(x)v_n(x)\geqslant-\frac{1}{2}\left(p(x)+\frac{\delta}{2}\right)k_1^2(x),\quad \text{a.e. } x\in\Omega.$$

于是,利用 g 的分解式(3.5.25)可知:当 $n\geqslant n_0$ 时,

$$\begin{aligned}
g(x,u_n(x))v_n(x)&=\nu(x,u_n(x))u_n(x)v_n(x)+f(x,u_n(x))v_n(x)\\
&\geqslant\frac{1}{2}\left(p(x)+\frac{\delta}{2}\right)k_1^2(x)-\sigma(x)K_1(x)\triangleq k(x),
\end{aligned}$$

其中,$K_1\in H$ 满足$|v_n(x)|\leqslant K_1(x)$a.e. $x\in\Omega$.

至此,由(3.5.34)和(3.5.35),再利用 Fatou 引理,推得

$$\begin{aligned}
\int_{\Omega}h(x)v(x)\mathrm{d}x&\geqslant\liminf_{n\to\infty}\int_{v>0}g(x,u_n(x))v_n(x)\mathrm{d}x\\
&\quad+\liminf_{n\to\infty}\int_{v<0}g(x,u_n(x))v_n(x)\mathrm{d}x\\
&\geqslant\int_{v>0}\liminf_{n\to\infty}g(x,u_n(x))\cdot\lim_{n\to\infty}v_n(x)\mathrm{d}x
\end{aligned}$$

$$+\int_{v<0}\liminf_{n\to\infty}(-g(x,u_n(x)))\lim_{n\to\infty}(-v_n(x))\mathrm{d}x$$

$$\geqslant\int_{v>0}g_+(x)v(x)\mathrm{d}x+\int_{v<0}g_-(x)v(x)\mathrm{d}x,$$

这与(3.5.17)矛盾！表明(3.5.28)的所有可能解确有不依赖于 $\chi\in[0,1)$的先验界. ■

注 3.5.1 用与定理 3.5.1 的证明完全类似的证法,可以建立定理 3.5.1 的"共轭"定理,即先改变(3.5.15),(3.5.16)和(3.5.17)中的不等号的方向;进一步设 $g_+(x)=\limsup_{u\to+\infty}g(x,u)$和 $g_-(x)=\liminf_{u\to-\infty}g(x,u)$,并规定 $0<\lambda_{N-1}<\lambda_N$,或 $\lambda_{N-1}<\lambda_N<0$同时$(\mathrm{sign}\lambda_N)g(x,\cdot)$不增.最后在 $0\leqslant p(x)\leqslant\lambda_N-\lambda_{N-1}=r$ 及$\int_\Omega[r-p(x)]w^2(x)\mathrm{d}x>0$下进行讨论.

3.5.3 应用

(I) 二阶常微分方程的周期解.

考虑

$$\begin{cases}-u''(x)-N^2u(x)=g(x,u(x))-h(x),\\ u(0)-u(2\pi)=u'(0)-u'(2\pi)=0,\end{cases}\tag{3.5.36}$$

其中,N 是一个非负整数,$h\in H=L^2(0,2\pi)$.

定义 3.5.2 $L:D(L)\subset H\to H$,

$$Lu=-u'',$$

其中,

$$D(L)=\left\{u:[0,2\pi]\to\mathbf{R}\;\middle|\;\begin{array}{l}u,u'\text{ 绝对连续于}[0,2\pi],u''\in H,\\ u(0)-u(2\pi)=u'(0)-u'(2\pi)=0\end{array}\right\}.$$

在 1.1 节中已经知道:$\lambda_N=N^2$, $N=0,1,2,\cdots$. λ_N 所对应的特征子空间为 $\mathrm{span}\{\sin Nx,\cos Nx\}$.

显见,定理 3.5.1 可运用于(3.5.36),而定理 3.5.1 的条件(3.5.14)可变为:$p(x)\leqslant 2N+1$且严格不等式在 $\Omega=[0,2\pi]$的一个正测度集上成立.

(II) 椭圆方程边值问题.

设 $\Omega\subset\mathbf{R}^n(n\geqslant1)$为有界开集.设

$$L=\sum_{|i|,|j|\leqslant m}(-1)^{|i|}D^i(a_{ij}(x)D^j)$$

是一个强椭圆算子.假定 $a_{ij}\in L^\infty(\Omega)$, $a_{ij}=a_{ji}$, $|i|,|j|\leqslant m$;而 a_{ij} 在 Ω 上一致连续,对$|i|=|j|=m$.

设 $B[\cdot,\cdot]$为 L 的 Dirichlet 双线性型

$$B[\varphi,\psi]=\int_\Omega\sum_{|i|,|j|\leqslant m}a_{ij}(x)D^i\varphi(x)D^j\psi(x)\mathrm{d}x,$$

$\forall\varphi,\psi\in C_0^\infty$.因 $a_{ij}=a_{ji}$,故 B 是对称的.记 $H_0^m=W_0^{m,2}(\Omega)$.

如果存在一个实数 r 及一个函数 $u\in H_0^m$, $u\neq0$,使对 $\forall\varphi\in H_0^m$,有

$$B[u,\varphi]=r(u,\varphi)_0\triangleq r\int_\Omega u\varphi\mathrm{d}x,$$

则称 r 为广义 Dirichlet 问题的特征值,称 u 为相应于 r 的特征函数.

这些特征值构成一个增序列 $r_1,r_2,\cdots$,且当 $N\to\infty$ 时,$r_N\to\infty$.相应于每个特征值的特征子空间的维数均有限.

现设 $g:\Omega\times\mathbf{R}\to\mathbf{R}$ 满足 Carathéodory 条件且至多线性增长.考虑 Dirichlet 问题

$$\begin{cases}Lu=r_Nu+g(\cdot,u)-h(\cdot), & x\in\Omega,\\ \dfrac{\partial^iu}{\partial\eta^i}=0,\quad i=0,1,\cdots,m-1, & x\in\partial\Omega\end{cases}\tag{3.5.37}$$

的可解性,其中,$\dfrac{\partial}{\partial\eta}$为$\partial\Omega$上的外法向导数.

如果函数 $u\in H_0^m$ 满足:对 $\forall\varphi\in H_0^m$,

$$B[u,\varphi]=r_N(u,\varphi)_0+(g(\cdot,u),\varphi)_0-(h,\varphi)_0,\tag{3.5.38}$$

则称 u 为(3.5.37)的一个弱解.

记 $L:D(L)\subset H\to H$,

$$(Lu,v)_0=B[u,v],\quad\forall u\in D(L),v\in H_0^m,$$

其中,$D(L)=\{u\in H_0^m\mid v\to B[u,v]$在 H-范数下连续$\}$,则 L 是一个具有紧预解式的 0-指标线性 Fredholm 算子.由此,定理 3.5.1 可运用于(3.5.37)弱解的存在性研究.

(III) 非线性波方程边值问题的时间周期解.

取 $\Omega=(0,2\pi)\times(0,\pi)\subset\mathbf{R}^2$,$g:\Omega\times\mathbf{R}\to\mathbf{R}$ 满足 Carathéodory 条件且至多线性增长.考虑问题

$$\begin{cases}u_{tt}-u_{xx}=\lambda_Nu+g(t,x,u)-h(t,x), & (t,x)\in\Omega,\\ u(t,0)=u(t,\pi)=0, & t\in(0,2\pi),\\ u(0,x)=u(2\pi,x)=0, & x\in(0,\pi),\end{cases}\tag{3.5.39}$$

其中,$h\in H$ 而 $\lambda_N=n^2-m^2$,$m\in\mathbf{Z}$,$n\in\mathbf{Z}^+$,$\lambda_N\neq0$.

定义 3.5.3 $L:D(L)\subset H\to H$,

$$Lu=\sum_{m\in\mathbf{Z},n\in\mathbf{Z}^+}(n^2-m^2)u_{mn}v_{mn},$$

其中，$v_{mn}=\pi^{-1}e^{imt}\sin nx$，$u_{mn}=(u,v_{mn})$。由1.1节或2.2节知，$\sigma(L)=\{n^2-m^2\mid m\in Z,n\in Z^+\}$且在假定$0<\lambda_N<\lambda_{n+1}$或$\lambda_N<\lambda_{N+1}<0$，并且$\operatorname{sign}\lambda_N g(t,x,\cdot)$不减时，定理3.5.1可用于讨论(3.5.39)的弱解的存在性(注：弱解定义参见2.2节)。这时，定理3.5.1的条件(3.5.14)等价于$p(t,x)\leqslant\lambda_{N+1}-\lambda_N=r$ a.e.且严格不等号在Ω的一个正测度集上成立。

(IV) 非线性梁方程边值问题的时间周期解。

设Ω和g同(III)中的Ω和g。考虑

$$\begin{cases}u_{tt}+u_{xxxx}=\lambda_N u+g(t,x,u)-h(t,x),\\ u(t,0)=u(t,\pi)=u_{xx}(t,0)=u_{xx}(t,\pi)=0,\quad t\in[0,2\pi],\\ u(0,x)=u(2\pi,x),\quad x\in(0,\pi),\end{cases}\tag{3.5.40}$$

其中，$h\in H$，$\lambda_N=n^4-m^2$，$m\in Z$，$n\in Z^+$，$\lambda_N\neq0$且$(\operatorname{sign}\lambda_N)g(t,x,\cdot)$对a.e.$(t,x)\in\Omega$单调增加，则定理3.5.1的结果可仿(III)的操作过程用于对(3.5.40)的研究。

3.6　两点边值问题·渐近非一致·延拓定理

在3.3节和3.4节中，假设非线性项g满足符号条件

$$ug(x,u)\geqslant0,\quad\forall u\in R,\tag{3.6.1}$$

并分别讨论了椭圆方程Dirichlet问题和二阶常微分方程两点边值问题的可解性。但讨论的前提是g渐近一致增长。

本节的目的是在g渐近非一致增长的前提下，研究符号条件(3.6.1)及其推广形式

$$ug(x,u)\geqslant0,\quad\forall u:|u|\geqslant r_0>0\tag{3.6.2}$$

成立时，Dirichlet边值问题

$$\begin{cases}u''(x)+u(x)+g(x,u(x))=h(x),\\ u(0)=u(\pi)=0\end{cases}\tag{3.6.3}$$

及Neumann边值问题

$$\begin{cases}u''(x)+u(x)+g(x,u(x))=h(x),\\ u'(0)=u'(\pi)=0\end{cases}\tag{3.6.4}$$

的可解性。

3.6.1　符号条件下的Dirichlet边值问题

先介绍一些记号。除了Banach空间$L^p(0,\pi)$及$C^k[0,\pi]$外，本节还需要Sobolev 空间 $W_0^{1,2}(0,\pi)\triangleq H_0^1(0,\pi)$及 $W^{2,2}(0,\pi)\triangleq H^2(0,\pi)$.取 $L^2(0,\pi)$的内积为

$$(u,v)=\frac{2}{\pi}\int_0^\pi u(x)v(x)\mathrm{d}x,$$

且 $H_0^1(0,\pi)$及 $H^2(0,\pi)$中的内积跟着作相应的变化.

设 $h\in L^2(0,\pi)$, $g:[0,\pi]\times\mathrm{R}\to\mathrm{R}$ 满足对 $L^2(0,\pi)$的 Carathé odory 条件,即 g 满足 Carathé odory 条件且对 $\forall\, r>0$, $\exists\, \nu_r\in L^2(0,\pi)$,使

$$|g(x,u)|\leqslant \nu_r(x) \tag{3.6.5}$$

对 a.e. $x\in(0,\pi)$, $\forall\, u\in\mathrm{R}$, $|u|<r$ 成立.

定理 3.6.1[58]　假设

$$g(x,u)u\geqslant 0 \tag{3.6.6}$$

对 a.e. $x\in(0,\pi)$及 $\forall\, u\in\mathrm{R}$ 成立.进一步,假设对 $\forall\,\sigma>0$,存在数 $R=R(\sigma)>0$ 及 $b=b_\sigma\in L^\infty(0,\pi)$,使

$$|g(x,u)|\leqslant[\Gamma(x)+\sigma]|u|+b(x) \tag{3.6.7}$$

对 a.e. $x\in(0,\pi)$及 $\forall\, u\in\mathrm{R}$, $|u|\geqslant R$ 成立,其中,$\Gamma\in L^\infty(0,\pi)$满足:

$$0\leqslant\Gamma(x)\leqslant 3\ \text{a.e.于}(0,\pi) \tag{3.6.8}$$

及

$$\mathrm{meas}\{x\in(0,\pi)\mid\Gamma(x)<3\}>0,$$

则对

$$\forall\, h\in\left\{w:[0,\pi]\to\mathrm{R}\mid w\in L^2(0,\pi)\ \text{且}\int_0^\pi w(x)\sin x\mathrm{d}x=0\right\},$$

Dirichlet 边值问题(3.6.3)至少有一个解.

注 3.6.1　这里(3.6.3)的一个解是指一个使方程(3.6.3)a.e.成立的函数 $u\in H_0^1(0,\pi)\cap H^2(0,\pi)$.

为了给出证明,需要以下记号和引理.

对 $\forall\, u\in H_0^1(0,\pi)$,将 u 分解成

$$u(x)=\bar{u}(x)+\tilde{u}(x), \tag{3.6.9}$$

其中,

$$\bar{u}(x)=\frac{2}{\pi}\left[\int_0^\pi u(s)\sin s\mathrm{d}s\right]\sin x.$$

而

$$\int_0^\pi \tilde{u}(x)\sin x\mathrm{d}x=0.$$

记

$$H_0^1(0,\pi)=\left\{u\in H_0^1(0,\pi)\mid\int_0^\pi u(s)\sin s\mathrm{d}s=0\right\},$$

$$\overline{H}_0^1(0,\pi)=\{u\in H_0^1(0,\pi)\mid\exists\,\alpha\in\mathbf{R},\text{使 }u=\alpha\sin x\text{ a.e.于}(0,\pi)\},$$

则

$$H_0^1(0,\pi)=\overline{H}_0^1(0,\pi)\oplus H_0^1(0,\pi).$$

引理 3.6.1　设 $\Gamma\in L^\infty(0,\pi)$满足

$$0\leqslant\Gamma(x)\leqslant 3\quad\text{a.e.于}(0,\pi)$$

及

$$\operatorname{meas}\{x\in(0,\pi)\mid\Gamma(x)<3\}>0,$$

则存在 $\delta=\delta(\Gamma)>0$,使对 $\forall\,u\in H_0^1(0,\pi)\cap H^2(0,\pi)$,有

$$\frac{2}{\pi}\int_0^\pi[u''(x)+u(x)+\Gamma(x)u(x)][\overline{u}(x)-u(x)]\mathrm{d}x\geqslant\delta\|u\|_{H^1}^2.$$

证明　利用 $\overline{u}$ 与u在 $L^2(0,\pi)$中的直交性,有

$$\begin{aligned}&\frac{2}{\pi}\int_0^\pi[u''(x)+u(x)+\Gamma(x)u(x)][\overline{u}(x)-u(x)]\mathrm{d}x\\&=\frac{2}{\pi}\int_0^\pi\{[u'(x)]^2-[1+\Gamma(x)][u(x)]^2\}\mathrm{d}x+\frac{2}{\pi}\int_0^\pi\Gamma(x)[\overline{u}(x)]^2\mathrm{d}x\\&\geqslant\frac{2}{\pi}\int_0^\pi\{[u'(x)]^2-[1+\Gamma(x)][u(x)]^2\}\mathrm{d}x\triangleq D_\Gamma(u).\end{aligned}$$

再由 Fourier 级数及 Parseval 恒等式,可知:$D_\Gamma(u)\geqslant 0$ 且等号成立的充要条件为 $u(x)=A\sin 2x$ a.e.对某 $A\in\mathbf{R}$.但由于等号成立时有

$$0=D_\Gamma(u)=A^2\frac{2}{\pi}\int_0^\pi[3-\Gamma(x)]\sin^2 2x\mathrm{d}x,$$

故据题设推得 $A=0$,进而$u=0$.

下证存在一个常数 $\delta=\delta(\Gamma)>0$,使

$$D_\Gamma(u)\geqslant\delta\|u\|_{H^1}^2.$$

反设不然,则存在序列$\{u_n\}\subset H_0^1(0,\pi)$及函数$u\in H_0^1(0,\pi)$,使得$\{u_n\}$中有子列,不妨仍记为$\{u_n\}$满足

$$\|u_n\|_{H^1}=1,u_n\to u\text{ 于 }C[0,\pi],\quad u_n\rightharpoonup u\text{ 于 }H_0^1(0,\pi),\tag{3.6.10}$$

并且

$$0\leqslant D_\Gamma(u_n)\leqslant\frac{1}{n},\quad n\in\mathbf{N}^*\tag{3.6.11}$$

(注意:这里用到 $H_0^1(0,\pi)\hookrightarrow\hookrightarrow C[0,\pi]$).由于 $H_0^1(0,\pi)$是一个 Hilbert 空间,u_n 在 $H_0^1(0,\pi)$中弱收敛于u,故有

$$|u|_{H^1}^2 \leqslant \liminf_{n\to\infty} |u|_{H^1}^2 .$$

由(3.6.10)和(3.6.11),得当 $n\to\infty$时,

$$|u_n|_{H^1}^2 \to \frac{2}{\pi}\int_0^\pi [1+\Gamma(x)][u(x)]^2 \mathrm{d}x. \tag{3.6.12}$$

从而

$$|u|_{H^1}^2 \leqslant \frac{2}{\pi}\int_0^\pi [1+\Gamma(x)][u(x)]^2 \mathrm{d}x,$$

即

$$D_\Gamma(u) \leqslant 0.$$

由证明的前半部分可知:$u=0$.因此(3.6.12):$|u_n|_{H^1}\to 0$.这与(3.6.10)的第一个等式$|u_n|_{H^1}=1$矛盾! ■

引理3.6.2 设Γ满足引理3.6.1的条件而$\delta>0$为相应于Γ通过引理3.6.1而确定的常数,设$\sigma>0$为常数,则对于任意满足条件

$$0 \leqslant p(x) \leqslant \Gamma(x)+\sigma \quad \text{a.e.于}[0,\pi] \tag{3.6.13}$$

的 $p\in L^\infty(0,\pi)$及$\forall u\in H_0^1(0,\pi)\cap H^2(0,\pi)$,有

$$\frac{2}{\pi}\int_0^\pi [u''(x)+u(x)+p(x)u(x)][\bar{u}(x)-u(x)]\mathrm{d}x \geqslant (\delta-\sigma)|u|_{H^1}^2 .$$

证明 由引理3.6.1证明的计算过程,可得

$$\begin{aligned}&\frac{2}{\pi}\int_0^\pi [u''(x)+u(x)+p(x)u(x)][\bar{u}(x)-u(x)]\mathrm{d}x\\ \geqslant& \frac{2}{\pi}\int_0^\pi \{[u'(x)]^2-[1+p(x)][u(x)]^2\}\mathrm{d}x \triangleq D_p(u).\end{aligned}$$

利用(3.6.13)的第二个不等式,有

$$D_p(u) \geqslant D_\Gamma(u)-\sigma\frac{2}{\pi}\int_0^\pi [u(x)]^2\mathrm{d}x.$$

由 Parseval 恒等式及引理3.6.1,立即推知

$$D_p(u) \geqslant (\delta-\sigma)|u|_{H^1}^2 .$$ ■

记

$$\begin{aligned}H_\pi^2(0,\pi) &= H_0^1(0,\pi)\cap H^2(0,\pi)\\ &= \{u\in H^2(0,\pi)\mid u(0)=u(\pi)=0\},\end{aligned} \tag{3.6.14}$$

利用 $H^2(0,\pi)\hookrightarrow C[0,\pi]$的事实推知:$H_\pi^2(0,\pi)$为 Hilbert 空间 $H^2(0,\pi)$的闭子空间,故 $H_\pi^2(0,\pi)$为 $H^2(0,\pi)$的内积下的 Hilbert 空间.

引理3.6.3 设 $q\in(0,3)$为固定常数,则存在一个常数 $\eta>0$,使对 $\forall u\in H_\pi^2(0,\pi)$,有

$$|u''+u+qu|_{L^2}\geqslant \eta|u|_{H^2}.$$

证明　定义线性算子 E: $H_\pi^2(0,\pi)\to L^2(0,\pi)$,

$$Eu=u''+u+qu,$$

则 E 是 1-1 对应且连续.从而 E^{-1}: $L^2(0,\pi)\to H_\pi^2(0,\pi)$也是连续的线性算子.选取 $\eta<\dfrac{1}{\|E^{-1}\|}$,则$|Eu|_{L^2}\geqslant\eta|u|_{H^2}$.　■

定理 3.6.1 的证明　设 $\delta>0$ 为相应于 Γ 通过引理 3.6.1 所确定的 δ,则由题设(3.6.7)知:存在实数 $R(\delta)>0$ 及函数 $b=b_\delta\in L^\infty(0,\pi)$,使

$$|g(x,u)|\leqslant\left(\Gamma(x)+\frac{\delta}{4}\right)|u|+b(x)\tag{3.6.15}$$

对 a.e. $x\in(0,\pi)$及 $\forall\, u\in \mathrm{R}$: $|u|\geqslant R$ 成立.不失一般性,选取 R 充分大,使对 a.e. $x\in(0,\pi)$及 $\forall\, u$: $|u|\geqslant R$,有

$$\frac{b(x)}{|u|}<\frac{\delta}{4}.$$

定义函数 ν: $(0,\pi)\times\mathrm{R}\to\mathrm{R}$,

$$\nu(x,u)=\begin{cases}\dfrac{g(x,u)}{u}, & |u|\geqslant R,\\[2mm] \dfrac{g(x,R)}{R}\cdot\dfrac{u}{R}+\left(1-\dfrac{u}{R}\right)\Gamma(x), & 0\leqslant u\leqslant R,\\[2mm] \dfrac{g(x,-R)}{R}\cdot\dfrac{u}{R}+\left(1+\dfrac{u}{R}\right)\Gamma(x), & -R\leqslant u\leqslant 0,\end{cases}$$

则由(3.6.6)及(3.6.15),有

$$0\leqslant\nu(x,u)\leqslant\Gamma(x)+\frac{\delta}{2}\tag{3.6.16}$$

对 a.e. $x\in(0,\pi)$及 $\forall\, u\in\mathrm{R}$ 成立.进一步,函数 $\nu(x,u)u$ 满足 Carathé odory 条件,且函数 f: $(0,\pi)\times\mathrm{R}\to\mathrm{R}$,

$$f(x,u)=g(x,u)-\nu(x,u)u\tag{3.6.17}$$

满足:对 a.e. $x\in(0,\pi)$及 $\forall\, u\in\mathrm{R}$,有

$$|f(x,u)|\leqslant v(x),\tag{3.6.18}$$

其中,$v\in L^2(0,\pi)$是一个仅依赖于 Γ 和 ν_r 的函数(参见(3.6.5)).

因此,问题(3.6.3)可以等价地写成

$$\begin{cases}u''(x)+u(x)+\nu(x,u(x))u(x)+f(x,u(x))=h(x),\\ u(0)=u(\pi)=0.\end{cases}\tag{3.6.19}$$

为证明(3.6.19)至少有一个解,据 Leray-Schauder 延拓方法,只要证得同伦族

问题

$$\begin{cases} u''+u+(1-\lambda)qu+\lambda\nu(x,u)u+\lambda f(x,u)=\lambda h, \\ u(0)=u(\pi)=0 \end{cases} \tag{3.6.20}$$

(其中,$q\in(0,3)$且$q<\dfrac{\delta}{2}$,q为常数)的所有可能解在$C^1[0,\pi]$中有一个不依赖于$\lambda\in[0,1)$的先验界.注意,由不等式(3.6.16)可知

$$0\leqslant(1-\lambda)q+\lambda\nu(x,u)\leqslant\Gamma(x)+\frac{\delta}{2} \tag{3.6.21}$$

对 a.e. $x\in(0,\pi)$及$\forall\, u\in\mathbf{R}$成立.

显然对$\lambda=0$,问题(3.6.20)有唯一解.现设$u\in H_\pi^2(0,\pi)$为(3.6.20)对某$\lambda\in(0,1)$的解,则由引理 3.6.2 及 Cauchy-Schwarz 不等式可得

$$\begin{aligned} 0=&\frac{2}{\pi}\int_0^\pi[\bar{u}(x)-u(x)]\{u''(x)+u(x)+[(1-\lambda)q+\lambda\nu(x,u(x))]u(x)\}\mathrm{d}x \\ &+\frac{2}{\pi}\int_0^\pi[\bar{u}(x)-u(x)][\lambda f(x,u(x))-\lambda h(x)]\mathrm{d}x \\ \geqslant&\frac{\delta}{2}\,|u|_{H^1}^2-(|\bar{u}|_{L^2}+|u|_{L^2})(|f|_{L^2}+|h|_{L^2}). \end{aligned}$$

故据$H^1(0,\pi)\hookrightarrow L^2(0,\pi)$的事实及(3.6.18)推知

$$0\geqslant\frac{\delta}{2}\,|u|_{H^1}^2-\beta(|u|_{H^1}+|\bar{u}|_{H^1}), \tag{3.6.22}$$

其中,β是一个仅依赖于v和h的常数.令$\alpha=\dfrac{\beta}{\delta}$,得

$$|u|_{H^1}\leqslant\alpha+(\alpha^2+2\alpha|\bar{u}|_{H^1})^{1/2}. \tag{3.6.23}$$

下面将证明:存在常数$\rho>0$,使(3.6.20)的所有可能解$u\in H_\pi^2(0,\pi)$均满足

$$|u|_{C^1}<\rho. \tag{3.6.24}$$

反设不然,则存在$\{\lambda_n\}\subset(0,1)$,$\{u_n\}\subset H_\pi^2(0,\pi)$:$|u_n|_{C^1}\geqslant n$,$\forall\, n$,并且使

$$\begin{cases} u''_n+u_n+(1-\lambda_n)qu_n+\lambda g(x,u_n)=\lambda_n h, \\ u_n(0)=u_n(\pi)=0 \end{cases} \tag{3.6.25}$$

对任意自然数n成立.记$v_n=\dfrac{u_n}{|u_n|_{C^1}}$,则有

$$v''_n+v_n+qv_n=\lambda_n\frac{h}{|u_n|_{C^1}}+\lambda_n qv_n-\lambda_n\frac{g(x,u_n(x))}{|u_n|_{C^1}}, \tag{3.6.26}$$

或等价地,写成

$$Ev_n=\lambda_n\frac{h}{|u_n|_{C^1}}+\lambda_n qv_n-\lambda_n\frac{g(x,u_n(x))}{|u_n|_{C^1}}, \tag{3.6.27}$$

其中，$E: H_{\pi}^2(0,\pi)\subset C^1[0,\pi]\to L^2(0,\pi)$定义为

$$Ev = v'' + v + qv.$$

据引理 3.6.3 及 $H^2(0,\pi)\hookrightarrow C^1[0,\pi]$的事实，$E$ 可逆并且 $E^{-1}: L^2(0,\pi)\to C^1[0,\pi]$是紧算子. 另一方面，由(3.6.5)及增长性条件(3.6.7)推得：存在一个仅依赖于 $R=R(\delta)>0$ 的函数 $c\in L^2(0,\pi)$，使

$$|g(x,u)|\leqslant\left[\Gamma(x)+\frac{\delta}{2}\right]|u|+b(x)+c(x)$$

对 a.e. $x\in(0,\pi)$及 $\forall u\in\mathbf{R}$ 成立. 因此序列$\left\{\frac{g(x,u_n)}{|u_n|_{C^1}}\right\}$在 $L^2(0,\pi)$有界. 故(3.6.27)的右端在 $L^2(0,\pi)$中有一个不依赖于 n 的界. 现将(3.6.27)改写成等价形式

$$v_n = E^{-1}\left[\lambda_n\frac{h}{|u_n|_{C^1}}+\lambda_n q v_n-\lambda_n\frac{g(x,u_n)}{|u_n|_{C^1}}\right]. \tag{3.6.28}$$

再利用 $E^{-1}: L^2(0,\pi)\to C^1[0,\pi]$的紧性，不妨假设$\{v_n\}$在 $C^1[0,\pi]$中收敛于 $v\in C^1[0,\pi]$. v 满足$|v|_{C^1}=1$及 $v(0)=v(\pi)=0$.

现在，利用(3.6.22)或(3.6.23)，可推知 $\tilde{v}_n\to 0$ 于 $H^1(0,\pi)(n\to\infty)$. 由此可知：$v\in\overline{H}_0^1(0,\pi)$，即存在 $A\in\mathbf{R}$，使 $v(x)=A\sin x$. 因$|v|_{C^1}=1$，故 $v(x)=\pm\frac{1}{2}\sin x$. 在后面的讨论中，总假定 $v(x)=\frac{1}{2}\sin x$($v(x)=-\frac{1}{2}\sin x$ 的情形同理可证).

现在利用 $v_n(0)=v_n(\pi)=0$，$v_n\to v$ 于 $C^1[0,\pi]$，$v(x)=\frac{1}{2}\sin x$，$v'_n(0)\to\frac{1}{2}$及 $v'_n(\pi)\to-\frac{1}{2}(n\to\infty)$的事实，可推知：存在 $n_0\in\mathbf{N}$ 使$\forall n\geqslant n_0$，$v_n(x)>0$ 于$(0,\pi)$. 由此，当 $n\geqslant n_0$ 时，

$$u_n(x)>0\ \text{于}(0,\pi),\quad u_n(0)=u_n(\pi)=0. \tag{3.6.29}$$

将 v_n 分解成 $v_n=\overline{v}_n+\tilde{v}_n$，则 $\overline{v}_n=k_n\sin x$，$k_n\to\frac{1}{2}(n\to\infty)$. 给(3.6.26)两边同乘以 $\overline{v}_n$，然后从 0 到 π 积分，并注意到 $\lambda_n\in(0,1)$及题设$\int_0^\pi h(x)\sin x\mathrm{d}x=0$，可知

$$\frac{\lambda_n}{|u_n|_{C^1}}\int_0^\pi g(x,u_n(x))\overline{v}_n(x)\mathrm{d}x<0 \tag{3.6.30}$$

对充分大的 n 均成立. 故$\int_0^\pi g(x,u_n(x))\sin x\mathrm{d}x<0$. 这与(3.6.29)及符号条件(3.6.6)矛盾！ ■

下面举例说明定理 3.6.1 的确可解决一些非线性项渐近非一致增长，且不满

足 Landesman-Lazer 条件方程的可解性问题.

例 3.6.1　设 $g_0:[0,\pi]\times R\to R$

$$g_0(x,u)=\Gamma(x)u\sin^2 u,$$

其中,

$$\Gamma(x)=\begin{cases}0, & x\in\left[0,\dfrac{\pi}{2}\right],\\ 3, & x\in\left[\dfrac{\pi}{2},\pi\right],\end{cases}\tag{3.6.31}$$

则显然 Dirichlet 问题

$$\begin{cases}u''+u+g_0(x,u)=\cos x,\\ u(0)=u(\pi)=0\end{cases}$$

满足定理 3.6.1 的全部条件.

但 g_0 无界且渐近非一致增长,且由于 $0=\liminf\limits_{u\to+\infty}g_0(x,u)$,故 Landesman-Lazer 条件不满足.

3.6.2　广义符号条件下的 Neumann 问题

运用与 3.6.1 小节中的论证过程完全类似的讨论,可以建立如下结果.

定理 3.6.2　设 g 满足对 $L^2(0,\pi)$的 Carathéodory 条件及广义符号条件

$$g(x,u)u\geqslant 0,\ \text{a.e.}\ x\in(0,\pi)\ 及\ |u|\geqslant r_0>0.\tag{3.6.32}$$

进一步,假设 $\Gamma\in L^\infty(0,\pi)$满足(3.6.7)并且

$$0\leqslant\Gamma(x)\leqslant 1,\quad \text{a.e.}\ x\in(0,\pi)$$

及

$$\text{meas}\{x\in(0,\pi)\mid\Gamma(x)<1\}>0,$$

则对任意 $h\in\left\{w\in L^2(0,\pi)\,\middle|\,\int_0^\pi w(x)\mathrm{d}x=0\right\}$,Neumann 边值问题(3.6.4)至少有一个解.

3.6.3　广义符号条件下的 Dirichlet 问题

能否将定理 3.6.1 中的符号条件

$$ug(x,u)\geqslant 0,\quad \text{a.e.}\ x\in(0,\pi)\ 及\ \forall\, u\in R$$

减弱为广义符号条件

$$ug(x,u)\geqslant 0,\quad \text{a.e.}\quad x\in(0,\pi)\ 及\ |u|\geqslant r_0>0,$$

答案是否定的.下面给出一个反例.

例 3.6.2　取 $h=\cos x$,

$$g(x,u)=g_1(u)=\begin{cases}1, & x\in[-1,+\infty),\\ x+2, & x\in(-2,-1),\\ 0, & x\in(-\infty,-2].\end{cases}$$

虽然 $ug_1(u)\geqslant 0$ 对 $\forall\, u:|u|\geqslant 1$ 成立,又 $\int_0^\pi \cos x\sin x\mathrm{d}x=0$,但 Dirichlet 问题

$$\begin{cases}u''+u+g_1(u)=h,\\ u(0)=u(\pi)=0\end{cases}\tag{3.6.33}$$

无解.事实上,$\forall\,\alpha\in\mathrm{R}$,都有 $\int_0^\pi g_1(\alpha\sin x)\sin x\mathrm{d}x>0$.据定理 3.4.5,(3.6.33)无解. ■

马如云[59]在广义符号条件成立的前提下,通过对 g 附加条件,研究 Dirichlet 问题(3.6.3)的可解性,得到如下结果.

定理 3.6.3[59]　设 $g:[0,\pi]\times\mathrm{R}\to\mathrm{R}$ 满足对 $L^2(0,\pi)$的 Carathéodory 条件.进一步,假设

(i)
$$ug(x,u)\geqslant 0,\ |u|\geqslant r_0\quad \text{a.e. } x\in(0,\pi),\tag{3.6.34}$$
其中,$r_0>0$ 为常数.

(ii) 任意 $\sigma>0$,存在 $R=R(\sigma)>0$ 及函数 $b=b_\sigma\in L^\infty(0,\pi)$,使

$$|g(x,u)|\leqslant(\Gamma(x)+\sigma)|u|+b(x)$$

对 $|u|\geqslant R$ 及 a.e. $x\in(0,\pi)$成立,其中,$\Gamma\in L^\infty(0,\pi)$满足 $0\leqslant\Gamma(x)\leqslant 3$ 且

$$\mathrm{meas}\{x\in(0,\pi)\mid\Gamma(x)<3\}>0.\tag{3.6.35}$$

(iii) 存在常数 $\rho>0$,使

$$\int_0^\pi g(x,u_-)\sin x\mathrm{d}x\leqslant\int_0^\pi h(x)\sin x\mathrm{d}x\leqslant\int_0^\pi g(x,u_+)\sin x\mathrm{d}x,\tag{3.6.36}$$

其中,$h\in L^\infty(0,\pi)$

$$u_+\in\{u\in C^1[0,\pi]\mid u(0)=u(\pi)=0,u\geqslant\rho\sin x\},$$
$$u_-\in\{u\in C^1[0,\pi]\mid u(0)=u(\pi)=0,u\leqslant-\rho\sin x\},$$

则 Dirichlet 问题(3.6.3)至少有一个解.

证明　沿用定理 3.6.1 的方法和记号.在广义符号条件(3.6.34)成立的条件下,只需对定理 3.6.1 证明稍加改动,就能得到原式(3.6.23),即

$$|u|_{H^1}\leqslant\alpha+(\alpha^2+2\alpha|\bar{u}|_{H^1})^{\frac{1}{2}}.\tag{3.6.37}$$

下证存在一个常数 $M>0$(M 不依赖于 λ 或 u),使问题

$$\begin{aligned}&u''+u+(1-\lambda)qu+\lambda\nu(x,u)u+\lambda g(x,u)=\lambda h,\\ &u(0)=u(\pi)=0\end{aligned}\tag{3.6.38}$$

当 $\lambda\in(0,1)$时的所有可能解 u 满足

$$|u|_{C^1}\leqslant M. \tag{3.6.39}$$

反设不然,则存在$\{\lambda_n\}\subset(0,1)$,$\{u_n\}\subset H_\pi^2(0,\pi)$,$|u_n|_{C^1}\geqslant n$,使

$$\begin{cases} u''_n+u_n+(1-\lambda_n)qu_n+\lambda_n g(x,u_n)=\lambda_n h, \\ u_n(0)=u_n(\pi)=0. \end{cases} \tag{3.6.40}$$

令 $v_n=\dfrac{u_n}{|u_n|_{C^1}}$.与定理 3.6.1 的证法完全类似,有 v_n 在 $C^1[0,\pi]$范数下收敛于 $\pm\dfrac{1}{2}\sin x$.

不妨设 $v_n\xrightarrow{|\cdot|_{C^1}}\dfrac{1}{2}\sin x$,($v_n\xrightarrow{|\cdot|_{C^1}}-\dfrac{1}{2}\sin x$ 的情形同理可证).利用 $v_n(0)=v_n(\pi)=0$ 及 $v_n\xrightarrow{|\cdot|_{C^1}}\dfrac{1}{2}\sin x$ 可推知:存在自然数 N,使当 $n>N$ 时,有

$$v_n\geqslant\frac{1}{6}\sin x,\quad x\in(0,\pi). \tag{3.6.41}$$

事实上,当 $x\in\left[\dfrac{\pi}{3},\dfrac{2\pi}{3}\right]$时,因 $v_n\xrightarrow{|\cdot|_{C^1}}\dfrac{1}{2}\sin x$,故存在不依赖于 x 的 $N_1>0$,使 $\forall\, n>N_1$,有

$$v_n\geqslant\frac{1}{6}\sin x$$

对 $x\in\left[\dfrac{\pi}{3},\dfrac{2\pi}{3}\right]$一致成立.当 $x\in\left[0,\dfrac{\pi}{3}\right]$时因 $v'_n\xrightarrow{|\cdot|_C}\dfrac{1}{2}\cos x$,故存在不依赖于 x 的 $N_2>0$,使当 $n>N_2$ 时,

$$\left(v_n-\frac{1}{6}\sin x\right)'=v'_n-\frac{1}{6}\cos x\geqslant 0,\quad \forall\, x\in\left[0,\frac{\pi}{3}\right].$$

从而,$v_n(x)-\dfrac{1}{6}\sin x\geqslant v_n(0)-\dfrac{1}{6}\sin 0=0$,即

$$v_n(x)\geqslant\frac{1}{6}\sin x$$

对 $x\in\left[0,\dfrac{\pi}{3}\right]$一致成立.当 $x\in\left[\dfrac{2\pi}{3},\pi\right]$时,亦因 $v'_n\xrightarrow{|\cdot|_C}\dfrac{1}{2}\cos x$,故存在不依赖于 x 的 $N_3>0$,使当 $n>N_3$ 时,有

$$\left(v_n-\frac{1}{6}\sin x\right)'=v'_n(x)-\frac{1}{6}\cos x\leqslant 0.$$

从而 $v_n(x)-\dfrac{1}{6}\sin x\geqslant v_n(\pi)-\dfrac{1}{6}\sin\pi=0$,即

$$v_n(x) \geqslant \frac{1}{6}\sin x$$

对 $x \in \left[\frac{2\pi}{3}, \pi\right]$ 一致成立. 现取 $N = \max\{N_1, N_2, N_3\}$,综合上述,当 $n > N$ 时,(3.6.41)成立.

现在选取 $\bar{n} = \max\{[6\rho]+6, N+1\}$,其中,$[6\rho]$表示 6ρ的整数部分,则

$$u_{\bar{n}} \geqslant \frac{1}{6}|u_{\bar{n}}|_{C^1}\sin x.$$

因$|u_{\bar{n}}|_{C^1} \geqslant \bar{n}$,故 $u_{\bar{n}} \geqslant \rho\sin x$.利用(3.6.36)的后半不等式,可知

$$\int_0^\pi h(x)\sin x\mathrm{d}x \leqslant \int_0^\pi g(x, u_{\bar{n}})\sin x\mathrm{d}x. \tag{3.6.42}$$

另一方面,给 $n = \bar{n}$ 的(3.6.40)两边同乘以 $\sin x$,然后从 0 到 π 积分,得

$$(1-\lambda_{\bar{n}})q\int_0^\pi u_{\bar{n}}\sin x\mathrm{d}x + \lambda_{\bar{n}}\int_0^\pi g(x, u_{\bar{n}})\sin x\mathrm{d}x = \lambda_{\bar{n}}\int_0^\pi h(x)\sin x\mathrm{d}x.$$

因 $u_{\bar{n}} \geqslant \rho\sin x > 0$ 于$(0,\pi)$. 又 $\lambda_{\bar{n}} \in (0,1)$,故

$$\int_0^\pi g(x, u_{\bar{n}})\sin x\mathrm{d}x < \int_0^\pi h(x)\sin x\mathrm{d}x, \tag{3.6.43}$$

这便与(3.6.42)矛盾! ■

定理 3.6.3 的确可解决一些不满足 Landesman-Lazer 条件,不满足符号条件的问题的可解性.如下例.

例 3.6.3　取

$$g_2(u) = \begin{cases} 3u-4, & u > 1, \\ -u, & 0 \leqslant u \leqslant 1, \\ 0, & u < 0, \end{cases}$$

$h = \cos x$.不难验证定理 3.6.3 的全部条件均满足(ρ取为 10).故 Dirichlet 问题

$$\begin{cases} u'' + u + g_2(u) = \cos x, \\ u(0) = u(\pi) = 0 \end{cases}$$

至少有一个解.

3.7　Duffing 方程 · 跨有限个特征值 · Poincaré-Birkhoff 定理

近十年来,对跨多个特征值扰动问题可解性及多解的存在性的问题已作了相当多的研究,有关材料请参见 Lazer 和 Mckenna 的评述性文章[60].本节将证明关于 Duffing 方程周期边值问题存在多解的某些结果.所使用的方法是 Poincaré-

Birkhoff环域定理.

本节结果选自文献[9,61].

3.7.1 结论

先考虑常微分方程

$$u'' + g(u) = s(1 + h(t)), \tag{3.7.1}$$

其中,$g:\mathbf{R}\to\mathbf{R}$ 是一个 C^1 函数,$h:\mathbf{R}\to\mathbf{R}$ 是以 2π 为周期的连续函数,而 s 是一个参数.

在陈述关于问题(3.7.1)的 2π-周期解的个数下界的结果之前,先介绍一些记号.

设 $C(2\pi)=\{r:\mathbf{R}\to\mathbf{R}\mid r$ 连续且以 2π 为周期$\}$,$C(2\pi)$的范数 $\|r\|_c=\sup\limits_{t\in[0,2\pi]}|r(t)|$.设 $C^1[0,2\pi]=\{v:[0,2\pi]\to\mathbf{R}\mid v\in C^1\}$,而 $C^1[0,2\pi]$的范数

$$\|v\|_{C^1}=\sup_{t\in[0,2\pi]}|v(t)|+\sup_{t\in[0,2\pi]}|v'(t)|.$$

定理 3.7.1[61]　假设存在非负整数 n,使

$$\lim_{t\to-\infty}g(t)=+\infty \text{ 而 } 0\leqslant n^2<\lim_{t\to-\infty}g'(t)<(n+1)^2, \tag{3.7.2}$$

则存在实数 h_0:$0<h_0<1$ 及实数 $s_0=s_0(h_0)$:$s_0>0$ 使对所有 $s\geqslant s_0$ 及任意满足 $\|h\|_c\leqslant h_0<1$ 的 $h\in C(2\pi)$,问题(3.7.1)至少有 $2n+2$ 个 2π-周期解.

定理 3.7.2　假设存在正整数 k 和 n,使

$$(k-1)^2<\alpha\triangleq\lim_{t\to-\infty}g'(t)<k^2\leqslant n^2<\beta\triangleq\lim_{t\to+\infty}g'(t)<(n+1)^2, \tag{3.7.3}$$

其中,α和β满足$\dfrac{2\sqrt{\alpha\beta}}{\sqrt{\alpha}+\sqrt{\beta}}$不是整数.设 $l=\left[\dfrac{2\sqrt{\alpha\beta}}{\sqrt{\alpha}+\sqrt{\beta}}\right]$,即 l 为$\dfrac{2\sqrt{\alpha\beta}}{\sqrt{\alpha}+\sqrt{\beta}}$的整数部分,则存在实数 h_0:$0<h_0<1$ 及实数 $s_0=s_0(h_0)$:$s_0>0$,使对任何满足 $\|h\|_c<h_0<1$ 的 $h\in C(2\pi)$有

(i) 当 $s\geqslant s_0$ 时,(3.7.1)至少有 $2(n-l)+1$ 个 2π-周期解;

(ii) 当 $s\leqslant -s_0$ 时,(3.7.1)至少有 $2(l-k+1)+1$ 个 2π-周期解.

下面再介绍丁伟岳[9]建立的关于方程

$$u'' + g(u) = p(t) \tag{3.7.4}$$

有无穷多个 w-周期解的结果,其中,$g:\mathbf{R}\to\mathbf{R}$ 连续,而 $p(t+w)=p(t)$.

定理 3.7.3　如果方程(3.7.4)对于初值问题解是唯一的,并且

$$\lim_{|u|\to\infty}\frac{g(u)}{u}=+\infty, \tag{3.7.5}$$

那么(3.7.4)具有无穷多个 w-周期解.

注 3.7.1　(3.7.5)表明，定理 3.7.3 中的 g 超线性增长．此时，g 已跨越了无穷多个特征值．

限于篇幅，下面只给出定理 3.7.1 的证明．其余两个定理的证明，就 Poincaré-Birkhoff 环域定理的运用过程而言，与定理 3.7.1 的颇为相似，因此将它们略去．

3.7.2　预备引理

为了给出定理 3.7.1 的证明，先给出几个引理．

首先证明对充分大的正的 s 及任何满足条件 $\|h\|_c \leqslant h_0 < 1$（$h_0$ 的定义见后边）的 $h \in C(2\pi)$，在假设(3.7.2)下，问题(3.7.1)有两个周期解，其中一个严格正而另一个严格负．

引理 3.7.1　假设(3.7.2)成立，且(3.7.1)中的 h 满足 $\|h\|_c < 1$，则存在一个 $s_1 > 0$，使对 $\forall s > s_1$，(3.7.1)有一个严格负的 2π-周期解．

证明　将(3.7.1)改写成

$$u'' + g(u) - s(1 + h(t)) = 0. \tag{3.7.6}$$

因当 $|u| \to \infty$ 时，$g(u) \to +\infty$，故存在 $s_1 \in \mathbf{R}$，$s_1 > 0$ 及常数 $\underline{u}_s < \overline{u}_s < 0$，使

$$g(\overline{u}_s) - s(1 + h(t)) < 0 < g(\underline{u}_s) - s(1 + h(t)) \tag{3.7.7}$$

对 $\forall s \geqslant s_1$ 及 $\forall t \in \mathbf{R}$ 成立．由此，$\overline{u}_s$ 和 $\underline{u}_s$ 分别为(3.7.1)的上下解．众所周知，存在(3.7.1)的 2π-周期解 $u_s(t)$，使

$$\underline{u}_s \leqslant u_s(t) \leqslant \overline{u}_s < 0 \tag{3.7.8}$$

对 $\forall t \in \mathbf{R}$ 成立．■

记 $\beta = \lim\limits_{t \to \infty} g'(t)$．$\forall w \in C(2\pi)$，记 $R(w)$ 为

$$u'' + \beta u = -w \tag{3.7.9}$$

唯一的 2π-周期解，则 $R: C(2\pi) \to C(2\pi)$ 是一个有界线性算子．由于 $R(-1) = \dfrac{1}{\beta}$，故 $\beta \|R\| \geqslant 1$．

设 z 为方程

$$u'' + \beta u = 1 + h(t) \tag{3.7.10}$$

的唯一解，即 $z = R(-(1 + h))$．再设 h_0 是一个满足 $0 < h_0 < \dfrac{1}{\beta \|R\|}$ 的实数．由(3.7.10)立即得到如下结果．

命题 3.7.1　如果(3.7.10)中的 h 满足 $\|h\|_c \leqslant h_0$，则

$$z(t) \geqslant \frac{1}{\beta} - \|R\| \cdot \|h\|_c \geqslant \frac{1}{\beta} - \|R\| \cdot h_0 > 0. \tag{3.7.11}$$

引理 3.7.2 假设(3.7.1)中的 h 满足 $\|h\|_c \leqslant h_0$. 再设 $\delta_0 = \frac{1}{\beta} - h_0\|R\|$, 则对 $\forall\ \delta: 0<\delta<\delta_0$, 存在一个数 $s_0 = s_0(h_0)$, 当 $\forall\ s \geqslant s_0$, (3.7.1)有一个严格正的 2π-周期解 $u_s(t)$, 使得

$$\|u_s - sz\|_c \leqslant s\delta. \tag{3.7.12}$$

证明 显然寻找(3.7.1)的 2π-周期解等价于寻找

$$u = R(f(u) - s(1+h)) \tag{3.7.13}$$

的不动点, 其中, $f(u)=g(u)-\beta u$. 令 $v=\frac{u}{s}$, 并利用 R 的线性性及 $R(-(1+h))=z$ 的事实可推知: 求 $u=R(f(u)-s(1+h))$ 的不动点等价于求解

$$v = \Psi_s(v), \tag{3.7.14}$$

其中,

$$\Psi_s(v) \triangleq R\left(\frac{f(sv)}{s}\right) + z. \tag{3.7.15}$$

其次, 设 δ 为满足 $0<\delta<\delta_0$ 的固定实数. 于是, $\forall\ v \in \overline{B(z,\delta)}$, 均有 $v(t)>0$, $\forall\ t \in \mathbf{R}$. 取 $z_0 \in \mathbf{R}^+$, 使对 $\forall\ t \geqslant z_0$, 有

$$|f'(t)| \leqslant \frac{1}{3\|R\|}. \tag{3.7.16}$$

定义 $s_2 > s_1$: $s_2 = \frac{z_0}{\delta_0 - \delta}$, 则由(3.7.15)和(3.7.16)不难看出: $\forall\ s \geqslant s_2$ 及 $\forall\ v, w \in \overline{B(z,\delta)}$, 有

$$\|\Psi_s(v) - \Psi_s(w)\|_c \leqslant \frac{1}{3}\|v-w\|_c. \tag{3.7.17}$$

由此, Ψ_s 是压缩映射. 下证对充分大的 s, Ψ_s 将 $\overline{B(z,\delta)}$ 映入 $\overline{B(z,\delta)}$. 事实上, 只要取 $s_0 \geqslant s_2$ 使 $\left|\frac{f(s(z(t)))}{s}\right| \leqslant \frac{2\delta}{3}\|R\|$ 对 $\forall\ s \geqslant s_0$ 及 $\forall\ t \in \mathbf{R}$ 成立; 又由(3.7.15)推知

$$\|\Psi_s(v) - z\|_c \leqslant \|R\| \cdot \left\|\frac{f(sv)}{s}\right\|_c. \tag{3.7.18}$$

结合

$$f(sv(t)) = f(sz(t)) + \int_0^1 f'(s(\tau v(t)) + (1-\tau)z(t))s(v(t)-z(t))\mathrm{d}\tau, \tag{3.7.19}$$

得到

$$\left\|\frac{f(sv)}{s}\right\|_c \leqslant \frac{2\delta}{3\|R\|} + \frac{\|v-z\|_c}{3\|R\|} \leqslant \frac{\delta}{\|R\|}. \tag{3.7.20}$$

从(3.7.18)和(3.7.20)推知

$$\| \Psi_s(v) - z \|_c \leqslant \delta. \tag{3.7.21}$$

由压缩映射原理及(3.7.17)和(3.7.21)表明:存在唯一的 $v_s \in \overline{B(z,\delta)}$, $s \geqslant s_0$,使

$$v_s = \Psi_s(v_s). \tag{3.7.22}$$

最后,令

$$u_s = s v_s, \tag{3.7.23}$$

则 u_s 便为(3.7.1)的正 2π-周期解.

下证(3.7.12)成立.事实上,只需给(3.7.21)两边同乘以 s,再利用(3.7.22)和(3.7.23)便可推得. ■

借助于引理 3.7.2 中存在的 u_s,可将(3.7.1)转化为另一个等价方程.取 $\varepsilon^* > 0$,使

$$n^2 < \beta - \varepsilon^* < (n+1)^2. \tag{3.7.24}$$

如果必要,增大 s_0,使当 $s \geqslant s_0$ 时,

$$\| g'(u_s) - \beta \|_c = \| f'(u_s) \|_c \leqslant \varepsilon^*. \tag{3.7.25}$$

设 u 为(3.7.1)的任一 2π-周期解,

$$v(t) = u(t) - u_s(t), \quad \forall\, t \in \mathbf{R}, \tag{3.7.26}$$

则 v 是

$$x'' + F(t, x) = 0 \tag{3.7.27}$$

的一个 2π-周期解,其中,

$$F(t, x) = g(u_s(t) + x) - g(u_s(t)). \tag{3.7.28}$$

易见 $F: \mathbf{R} \times \mathbf{R} \to \mathbf{R}$ 是 C^1 函数并且对 t 是以 2π 为周期的.进一步,F 满足

$$\lim_{x \to 0} \frac{F(t, x)}{x} = g'(u_s(t)) \geqslant \beta - \varepsilon^* > n^2, \tag{3.7.29}$$

$$\lim_{x \to +\infty} \frac{F(t, x)}{x} = \beta, \tag{3.7.30}$$

$$\lim_{x \to -\infty} F(t, x) = +\infty \tag{3.7.31}$$

对 $t \in \mathbf{R}$ 一致成立.显然 $x = 0$ 是(3.7.27)的平凡 2π-周期解.此外(3.2.30)和(3.2.31)蕴含了如下事实:存在 $x_0 > 0$ 及 $M > 0$,使

$$F(t, x) > 0 \tag{3.7.32}$$

对 $\forall\, t \in \mathbf{R}$ 及 $x \in (-\infty, -x_0) \cup (x_0, +\infty)$ 成立,且

$$F(t, x) > -M \tag{3.7.33}$$

对 $\forall\, (t, x) \in \mathbf{R}^2$ 成立.

为了将(3.7.27)进一步转化为可以运用 Poincaré-Birkhoff 定理的形式.需要如下引理.

引理 3.7.3　(3.7.27)的所有 2π-周期解有一个先验界.

证明　设 v 是(3.7.27)的一个 2π-周期解,并设 v 在 $t=t_m$ 处达到最小值,则由(3.7.27)推知

$$F(t_m, v(t_m)) \leqslant 0. \tag{3.7.34}$$

从(3.7.32)知,$v(t_m)\in[-x_0, x_0]$.在(3.7.27)中以 v 替换 x,再从 t_m 积分到 $t\in[t_m, t_m+2\pi]$并利用(3.7.33),可得

$$v'(t) = -\int_{t_m}^{t} F(r, v(r))\mathrm{d}r \leqslant M(t-t_m). \tag{3.7.35}$$

再将(3.7.35)两端从 t_m 到 $t\in[t_m, t_m+2\pi]$积分得

$$v(t) \leqslant v(t_m) + \frac{M}{2}(t-t_m)^2 \leqslant x_0 + 2\pi^2 M. \tag{3.7.36}$$

由此可知

$$-x_0 \leqslant v(t) \leqslant x_0 + 2\pi^2 M, \tag{3.7.37}$$

由 v 的任意性,引理得证. ■

现设 $x_1\in\mathbf{R}$: $x_1\geqslant x_0+2\pi^2 M$.定义 G: $\mathbf{R}\times\mathbf{R}\to\mathbf{R}$,

$$G(t,x) = \begin{cases} F(t,x), & (t,x)\in\mathbf{R}\times(-x_1, x_1), \\ F(t,-x_1), & (t,x)\in\mathbf{R}\times(-\infty,-x_1], \\ F(t,x_1), & (t,x)\in\mathbf{R}\times[x_1,+\infty), \end{cases} \tag{3.7.38}$$

则 G 是连续函数,并且 G 对 t 以 2π 为周期,关于 x 局部 Lipschitz 连续.易见,方程

$$v'' + G(t,v) = 0 \tag{3.7.39}$$

与(3.7.27)有相同的 2π-周期解.

命题 3.7.2　设 G 由(3.7.38)给出,则(3.7.39)对初值问题的每个解均在整个 t 轴上有定义;进一步,如果 v 是(3.7.39)的非平凡解,则 $v^2(t)+v'^2(t)\neq 0$, $\forall\, t\in\mathbf{R}$.

3.7.3　定理 3.7.1 的证明

由 3.7.2 小节的讨论知道:寻找(3.7.1)的不同于 u_s 与 u_s 的 2π-周期解等价于寻找(3.7.39)的不同于 u_s-u_s 的非平凡解(注意,$u_s-u_s<0$, $\forall\, t\in\mathbf{R}$).为了得到这些非平凡解,将利用丁伟岳推广的 Poincaré-Birkhoff 定理.

现在将(3.7.39)改写成

$$v' = z, \tag{3.7.40}$$

$$z' = -G(t,v). \tag{3.7.41}$$

对任意$(a, b)\in \mathrm{R}^2$，以$(v(t, a, b), z(t, a, b))$表示(3.7.40)，(3.7.41)以$(v(0, a, b), z(0, a, b))=(a, b)$为初值的解．定义(3.7.40)，(3.7.41)的 Poincaré 映射 $P: \mathrm{R}^2\to \mathrm{R}^2$ 为

$$P(a, b) = (v(2\pi, a, b), z(2\pi, a, b)), \tag{3.7.42}$$

则 P 是一个保面积同胚，且在此情形下，有 $P(0,0)=(0,0)$．作变换

$$v(t) = R(t)\cos\varphi(t), \quad z(t) = R(t)\sin\varphi(t),$$

得到等价的极坐标系统

$$R' = -G(t, R\cos\varphi)\sin\varphi + R\sin\varphi\cos\varphi, \tag{3.7.43}$$

$$\varphi' = -\frac{G(t, R\cos\varphi)}{R}\cos\varphi - \sin^2\varphi. \tag{3.7.44}$$

设 $H=\{(r,\theta)\mid r>0, \theta\in \mathrm{R}\}$．设 $T: H\to H$

$$T(r,\theta) = \{R(2\pi, r, \theta), \varphi(2\pi, r, \theta)\}, \tag{3.7.45}$$

其中，$(R(t, r, \theta,)\varphi(t, r, \theta))$表示(3.7.43)，(3.7.44)的满足

$$(R(0, r, \theta), \varphi(0, r, \theta)) = (r, \theta)$$

的解．已经知道，$T: H\to H$ 是保面积同胚且

$$T(r, \theta+2\pi) = T(r,\theta) + (0, 2\pi). \tag{3.7.46}$$

其次，设 j 是任意整数，定义 $T_j: H\to H$，

$$T_j(r,\theta) = T(r,\theta) + (0, 2\pi j). \tag{3.7.47}$$

显然，对任意 $j\in \mathrm{Z}$，T_j 均为保面积同胚并且

$$T_j(r, \theta+2\pi) = T_j(r,\theta) + (0, 2\pi). \tag{3.7.48}$$

现在，可以证明如下两个命题．

命题 3.7.3　存在 $\mu_0>0$，使对 $\forall\mu: 0<\mu\leqslant\mu_0$，(3.7.43)，(3.7.44)的解$(R(t,\mu,\theta), \varphi(t,\mu,\theta))$在 $t=2\pi$ 满足

$$\theta - \varphi(2\pi, \mu, \theta) > 2\pi n, \quad \forall\theta\in \mathrm{R}. \tag{3.7.49}$$

证明　设$(\mu,\theta)\in H$．记$(v(t, a, b), z(t, a, b))$为(3.7.40)，(3.7.41)满足 $a=\mu\cos\theta, b=\mu\sin\theta$的解．注意$(v(t,0,0), z(t,0,0))=(0,0)$，$\forall t\in \mathrm{R}$．据解对初值的连续依赖性可知，对给定的 $\varepsilon>0$，存在 $\mu_0>0$，当 $\mu: 0<\mu\leqslant\mu_0$ 时，便有 $\max\limits_{t\in[0,2\pi]}|v(t, a, b)|<\varepsilon$．定义 $\alpha: \mathrm{R}\to \mathrm{R}$，

$$\alpha(t) = \begin{cases} \dfrac{-G(t, v(t, a, b))}{v(t, a, b)}, & v(t, a, b)\neq 0, \\ g'(u_s(t)), & v(t, a, b) = 0, \end{cases}$$

则由(3.7.29)知，α连续．显见，$v(t, a, b)$是线性方程

$$v'' + \alpha(t) v = 0, \quad \forall t\in[0, 2\pi]. \tag{3.7.50}$$

的一个解.取 ε_1 充分小,由(3.7.29)便可推知

$$\alpha(t) > n^2, \quad \forall t \in [0,2\pi]. \tag{3.7.51}$$

据 Sturm 第一比较定理,(3.7.49)成立. ■

命题 3.7.4 存在一个数 $\Delta_0 > \mu_0$,使对任意 $\Delta \geqslant \Delta_0$,(3.7.43),(3.7.44)的解 $(R(t,\Delta,\theta),\varphi(t,\Delta,\theta))$在 $t=2\pi$ 满足

$$\theta - \varphi(2\pi,\Delta,\theta) < 2\pi, \quad \forall \theta \in \mathrm{R}. \tag{3.7.52}$$

证明 反设这样的 Δ_0 不存在.则存在序列$(\Delta_k,\psi_k)_{k=1}^{\infty}$:$\Delta_k \to \infty(k\to\infty)$,使得 $v_k \triangleq v(t,a_k,b_k)$在$[0,2\pi]$中至少有两个零点.这里 $a_k=\Delta_k\cos\psi_k$,$b_k=\Delta_k\sin\psi_k$,$k\in \mathrm{N}^*$.令 $\hat{v}_k(t)=\dfrac{v_k(t)}{\|v_k\|_{C^1}}$,$t\in[0,2\pi]$.则 $\|\hat{v}_k\|_{C^1}=1$,$\forall k\in\mathrm{N}^*$.由于 $v_k(t)$满足(3.7.39)(对 $\forall k\in\mathrm{N}^*$,$t\in[0,2\pi]$),故有

$$\hat{v}_k(t) = \hat{v}_k(0) + \hat{v}'_k(0)t - \int_0^t\int_0^\tau \frac{G(\tau,v_k(\tau))}{\|v_k\|_{C^1}}\mathrm{d}\tau\mathrm{d}t. \tag{3.7.53}$$

上式结合 G 的有界性,再利用 Arzela-Ascoli 定理可知:$\{\hat{v}_k\}$中有一个在 $C^1[0,2\pi]$中收敛的子列,不妨仍记为$\{\hat{v}_k\}$,则 $\hat{v}_k \xrightarrow{C^1} \hat{v}$,$\|\hat{v}\|_{C^1}=1$.在(3.7.53)两边令 $k\to\infty$,推得

$$\hat{v}(t) = \hat{v}(0) + \hat{v}'(0)t. \tag{3.7.54}$$

但上式表明,当 k 充分大时,$v_k(t)$在$[0,2\pi]$内至多有一个零点.矛盾! ■

现在能够证明定理 3.7.1.

定理 3.7.1 的证明 只需证明(3.7.39)具有 $2n$ 个不同于u_s-u_s 的非平凡解.为此考察保面积同胚 T_j,$j\in\mathrm{Z}$(参见(3.7.47)).设

$$T_j(r,\theta) = (R_j(r,\theta),\varphi_j(r,\theta)), \quad j\in\mathrm{Z}, \tag{3.7.55}$$

由(3.7.45)和(3.7.47)推知 $R_j(r,\theta)=R(r,\theta)$,

$$\varphi_j(r,\theta) = \varphi(2\pi,r,\theta)+2\pi j, \quad j\in\mathrm{Z}, \tag{3.7.56}$$

据命题 3.7.3 和命题 3.7.4,有

$$\varphi_j(\mu,\theta) - \theta < 2\pi(j-n) \tag{3.7.57}$$

及

$$\varphi_j(\Delta,\theta) - \theta > 2\pi(j-1), \tag{3.7.58}$$

$\forall j\in\mathrm{Z}$,$\forall \mu\in(0,\mu_0]$,$\forall \Delta\in[\Delta_0,+\infty)$成立.

选取一个 $\mu\in(0,\mu_0]$和一个 $\Delta\in[\Delta_0,+\infty)$,则对 $j=1,2,\cdots,n$,有

$$\varphi_j(\mu,\theta)-\theta<0, \quad \varphi_j(\Delta,\theta)-\theta>0. \tag{3.7.59}$$

定义

$$H_{\Delta\mu} = \{(r,\theta) \mid \mu\leqslant r\leqslant\Delta, \theta\in\mathrm{R}\},$$

则据丁伟岳推广的 Poincaré-Birkhoff 定理，$T_j: H_{\Delta\mu} \to H_{\Delta\mu}$ 有两个不同的不动点. 记这两个不动点为(r_{ij}, θ_{ij})，$i=1,2$. 进一步，设 $a_{ij}=r_{ij}\cos\theta_{ij}$，$b_{ij}=r_{ij}\sin\theta_{ij}$ $i=1,2$，则对每一个 $j=1,\cdots,n$，点(a_{ij}, b_{ij})，$i=1,2$ 为 Poincaré 映射 P 的不动点. 于是，$v(t,a_{ij},b_{ij})$便为(3.7.39)的 2π-周期解，并且 $v(t,a_{ij},b_{ij})$在$[0,2\pi)$中有且仅有 $2j$ 个零点. 故(3.7.39)至少有 $2n$ 个不同于u_s-u_s 的非平凡 2π-周期解.

附　注　Ⅲ

1. Ahmad[62]，Arias[63]讨论非自伴边值共振问题的解的存在性. 该问题中的线性微分算子不再是自伴算子. 文献[62]和文献[63]中的结果分别与文献[54]和文献[57]中的结果有些相似. 目前，对非自伴边值问题的研究工作还很少见.

2. Mawhin 等[64]利用共轭变分法在渐近非一致条件下，获得一类两点边值问题存在解的充要条件.

第 4 章　强共振和带周期非线性项的共振

本章主要讨论椭圆方程边值问题(包括常微分方程两点边值问题)在非线性项满足强共振条件或为周期函数时的可解性和非平凡解的存在性,也顺便讨论波方程周期 Dirichlet 问题在强共振条件下的可解性. 所凭借的主要方法是变分方法和解集连通技巧. 由于本章方程所对应的泛函一般不满足[P.S.]条件,这给问题的讨论带来了一定的困难.

本章仅介绍该方向的几个重要结果和研究的基本方法. 想进一步学习的读者,请参阅相关参考文献.

4.1　共振问题的分类

设 $\Omega\subset R^n$是一个有正则边界$\partial\Omega$的有界开区域. 记 $\lambda_1<\lambda_2<\cdots<\lambda_n<\cdots$为线性特征值问题

$$\begin{cases}-\Delta u-\lambda u=0, & x\in\Omega,\\ u=0, & x\in\partial\Omega\end{cases}\tag{4.1.1}$$

相互区别的特征值. 设 $p:\Omega\times R\to R$ 满足 Carathéodory 条件. 对于 Dirichlet 问题

$$\begin{cases}-\Delta u=p(x,u), & x\in\Omega,\\ u=0, & x\in\partial\Omega,\end{cases}\tag{4.1.2}$$

考察如下两个问题.

问题 4.1.1　(4.1.2)有没有解?

问题 4.1.2　如果 $p(x,0)=0$,则(4.1.2)是否有非平凡解?

在第 2 章和第 3 章中,曾部分地讨论过上述问题,并且已经知道,为了回答问题 4.1.1 和问题 4.1.2,需要更多的关于 p 的信息;换句话说,(4.1.2)解的性质主要依赖于当$|t|\to\infty$时 $p(x,t)$的渐近行为.

本节引进在无穷共振及非线性项渐近线性等概念,然后对共振问题给予分类.

定义 4.1.1[65]　如果存在(4.1.1)的某特征值 λ_l,使

$$\liminf_{|t|\to\infty}\frac{p(x,t)-\lambda_l t}{t}\leqslant 0\leqslant\limsup_{|t|\to\infty}\frac{p(x,t)-\lambda_l t}{t},\tag{4.1.3}$$

则称(4.1.2)在无穷共振,并且称 λ_l 为(4.1.2)的共振点.

此时,若记 $\hat{g}(x,t)=p(x,t)-\lambda_l t$,则(4.1.2)可等价地写成

$$\begin{cases} -\Delta u-\lambda u=\hat{g}(x,u), & x\in\Omega, \\ u=0, & x\in\partial\Omega. \end{cases} \tag{4.1.4}$$

例 4.1.1　若在(4.1.4)中，$\hat{g}(x,u)$为连续的有界函数，则(4.1.4)在无穷共振.

例 4.1.2　设 $h\in L^2(\Omega)$，$g_0(u)=u$. 考察二阶常微分方程

$$\begin{cases} -u''-u-g_0(u)=h(x), \\ u(0)=u(\pi)=0. \end{cases} \tag{4.1.5}$$

由于 $\hat{g}(x,u)=g_0(u)+h(x)$，而

$$\limsup_{|u|\to\infty}\frac{g_0(u)+h}{u}=\liminf_{|u|\to\infty}\frac{g_0(u)+h}{u}=1$$

不满足(4.1.3)，故(4.1.5)不在无穷共振.

定义 4.1.2　如果存在 $\alpha(x)\in L^\infty(\Omega)$，使

$$\lim_{|t|\to\infty}\frac{p(x,t)}{t}=\alpha(x)\text{ 对 }x\in\Omega\text{ 一致成立}, \tag{4.1.6}$$

则称问题(4.1.2)的非线性项 p 渐近线性.

如果 p 渐近线性. 记

$$g(x,t)=p(x,t)-\alpha(x)t, \tag{4.1.7}$$

则 $\lim\limits_{|t|\to\infty}\dfrac{g(x,t)}{t}=0$ 对 $x\in\Omega$ 一致成立.

命题 4.1.1　若 $p:\Omega\times\mathrm{R}\to\mathrm{R}$ 渐近线性且

$$\lim_{|t|\to\infty}\frac{p(x,t)}{t}=\lambda_l\qquad\text{a.e. 于}\quad\Omega\text{ 中}, \tag{4.1.8}$$

其中，λ_l 为(4.1.1)的某特征值，则问题(4.1.2)在无穷共振.

现在回到问题(4.1.4). 根据 $\hat{g}$ 在∞增长程度的不同，可以将共振问题分成如下 6 类(参见文献[65])：

(i) $\limsup\limits_{|t|\to\infty}\left|\dfrac{\hat{g}(x,t)}{t}\right|$ 无界.

(ii) $\limsup\limits_{|t|\to\infty}\left|\dfrac{\hat{g}(x,t)}{t}\right|$ a.e.有界.

(iii) $\lim\limits_{|t|\to\infty}\dfrac{\hat{g}(x,t)}{t}=0$ 但 $\limsup\limits_{|t|\to\infty}|\hat{g}(x,t)|$ 无界.

(iv) $\lim\limits_{|t|\to\infty}\dfrac{\hat{g}(x,t)}{t}=0$ 但 $\limsup\limits_{|t|\to\infty}|\hat{g}(x,t)|$ a.e.有界.

(v) $\lim\limits_{|t|\to\infty}\hat{g}(x,t)=0$ 但 $\limsup\limits_{|t|\to\infty}|G(x,t)|$ 无界.

(vi) $\lim\limits_{|t|\to\infty}\hat{g}(x,t)=0$ 但 $\limsup\limits_{|t|\to\infty}|G(x,t)|$ a.e.有界，

其中，$G(x,t)=\int_0^t \hat{g}(x,s)\mathrm{d}s$.

定义 4.1.3 若问题(4.1.4)中的 $\hat{g}$ 属于(vi)类，则称(4.1.4)强共振(strong resonance).

例 4.1.3 问题

$$\begin{cases}-\Delta u-\lambda u=0, & x\in\Omega,\\ u=0, & x\in\partial\Omega\end{cases} \tag{4.1.9}$$

为强共振.

在本节的最后指出:强共振问题所对应的泛函一般不满足[P. S.]条件.

例 4.1.4 在例 4.1.3 中线性问题(4.1.9)所对应的泛函为 $I: H_0^1(\Omega)\to\mathrm{R}$,

$$I(u)=\frac{1}{2}\int_\Omega(|\nabla u|^2-\lambda_l\,|u|^2). \tag{4.1.10}$$

设 φ 为 λ_l 所对应的某个非零特征函数. 考察序列 $\{k\varphi\}_{k=1}^\infty\subset H_0^1(\Omega)$. 虽然 $\{k\varphi\}_{k=1}^\infty$ 满足

$$\begin{cases}I'(k\varphi)=0,\\ I(k\varphi)=0,\end{cases}$$

但 $\{k\varphi\}_{k=1}^\infty$ 中显然没有收敛子列.

4.2 椭圆方程 Dirichlet 问题 · 强共振 · C 条件及环绕理论

本节讨论半线性椭圆方程 Dirichlet-0 边值强共振问题

$$-\Delta u-\lambda_k u+g(u)=0,\quad u\in H_0^1(\Omega) \tag{4.2.1}$$

的可解性和非平凡解的存在性,其中,$g:\mathrm{R}\to\mathrm{R}$ 是 C^1 函数,且满足条件:

(g_1) 当 $|t|\to+\infty$, $tg(t)\to 0$.

(g_2) 当 $t\to+\infty$, $G(t)\to 0$,其中 $G(t)=\int_{-\infty}^t g(s)\mathrm{d}s$.

(g_3) $G(t)\geqslant 0$, $\forall\, t\in\mathrm{R}$;

Ω 是一个有光滑边界的有界开区域.

主要结果有如下两个(选自文献[22]).

定理 4.2.1 设(g_1),(g_2),(g_3)成立,则(4.2.1)至少有一个解.

定理 4.2.2 设 g 满足(g_1),(g_2),(g_3)并且 $g(0)=0$. 进一步,设

$$g'(0)=\sup\{g'(t)\mid t\in\mathrm{R}\},$$

则(4.2.1)至少有一个非平凡解.

4.2.1　C条件及临界点定理

通过 4.1 节已经知道，在强共振情形下，通常的[P. S.]条件一般不满足. 为了克服泛函"紧性的缺失"，一般要采用比[P. S.]条件更弱的紧性条件. 这对用变分方法研究强共振问题是基本的.

Bartolo 等[22]提出一个比[P. S.]条件弱的紧性条件——C 条件，并在 C 条件下得到形变定理，进而建立了 C 条件下的临界点定理. 下面对此作一介绍.

设 X 是一个实 Banach 空间，X'为其共轭，$\langle \cdot , \cdot \rangle$为 X 与 X'间的共轭对. 从现在起，为了方便，用 $\| \cdot \|$ 来记 X 和 X'中的范数，其含义将依出现场合而定.

定义 4.2.1　泛函 $f\in C^1(X,\mathrm{R})$在$(c_1, c_2)(-\infty\leqslant c_1\leqslant c_2\leqslant+\infty)$上满足 C 条件是指下列两条件同时成立：

(i) 若$\{u_n\}\subset f^{-1}((c_1, c_2))$及$\{f(u_n)\}$均有界且 $f'(u_n)\to 0$，则$\{u_n\}$中含有收敛子列；

(ii) $\forall c\in(c_1, c_2)$，$\exists \sigma, R, \alpha>0$，使$[c-\sigma, c+\sigma]\subset(c_1, c_2)$并且对 $\forall u\in f^{-1}([c-\sigma, c+\sigma])$，$\|u\|\geqslant R$，有 $\|f'(u)\|\cdot\|u\|\geqslant\alpha$.

定理 4.2.3　设 H 是一个 Hilbert 空间，$f\in C^1(H,R)$满足下列条件：

(f_1) f 在$(0,+\infty)$上满足 C 条件.

(f_2) 存在 H 的闭子集 $S\subset H$ 及一个 Hilbert 带边流形 $Q\subset H$(Q 的边界记为 ∂Q)，使得如下三个条件同时成立：

(i) 存在常数 α,β：$\beta>\alpha\geqslant 0$，使 $f(u)\leqslant\alpha$, $\forall u\in\partial Q$；$f(u)\geqslant\beta$, $\forall u\in S$.

(ii) S 与∂Q 环绕(参见第 1 章).

(iii) $\sup\limits_{u\in Q} f(u)<+\infty$，

则 f 有一个临界值 $c\geqslant\beta$.

注 4.2.1　定理 4.2.3 及其他类型的临界点定理参见文献[22].

4.2.2　C条件的验证

取 $H=H_0^1(\Omega)=W_0^{1,2}(\Omega)$，$H$ 的范数为 $\|u\|=\left(\int_\Omega|\nabla u|^2\mathrm{d}x\right)^{\frac{1}{2}}$.

显然，(4.2.1)的解是泛函

$$f(u)=\frac{1}{2}(\|u\|^2-\lambda_k|u|^2)+\int_\Omega G(u)\mathrm{d}x \tag{4.2.2}$$

的临界点，其中，$|\cdot|$表示 $L^2(\Omega)$的范数. 在 $g\in C^1$ 同时满足(g_1)，(g_2)时，不难推得 $f\in C^1(H_0^1(\Omega),\mathrm{R})$.

为了运用定理 4.2.3 去讨论问题(4.2.1)，本小节首先验证 f 在$(0,\infty)$上满足 C 条件.

先介绍一些记号和一个引理.

设 $\lambda_0<\lambda_1<\lambda_2<\cdots<\lambda_k<\cdots$为线性特征值问题

$$\begin{cases} -\Delta u-\lambda u=0, & x\in\Omega, \\ u=0, & x\in\partial\Omega \end{cases} \tag{4.2.3}$$

相互不同的特征值. $M_j(j=0,1,2,\cdots)$为 $\lambda_j(j=0,\cdots,k,\cdots)$对应的特征子空间.

设 m 是一个整数. 记

$$H^-(m)=\begin{cases} \bigoplus_{j\leqslant m} M_j, & m\geqslant 0, \\ \{0\}, & m<0, \end{cases} \tag{4.2.4}$$

$$H^+(m)=\overline{M_m\oplus M_{m+1}\oplus\cdots}. \tag{4.2.5}$$

易见, $H^+(m)\cap H^-(m)=M_m$.

设 $\rho>0$. 记

$$B_\rho=\{u\in H_0^1(\Omega)\mid \|u\|\leqslant\rho\}. \tag{4.2.6}$$

引理 4.2.1 设 V_k 是 $C(\overline{\Omega})$的一个有限维子空间, V_k 满足

$$\forall v\in V_k\backslash\{0\}\Rightarrow v\neq 0 \quad \text{a.e.于 }\Omega. \tag{4.2.7}$$

设 $h\in L^\infty(\mathrm{R})$满足

$$h(t)\to 0, \quad \text{当 } |t|\to\infty \text{ 时}. \tag{4.2.8}$$

进一步,设 K 是 $L^p(\Omega)(p\geqslant 1)$的一个紧子集,则

$$\lim_{|t|\to\infty}\int_\Omega |h(tu(x)+v(x))|\,\mathrm{d}x=0 \tag{4.2.9}$$

对 $v\in K$ 和 $u\in S$ 一致成立,其中,

$$S=\{u\in V_k\mid \||u|\|=1\}, \text{而 } \||u|\|\triangleq\sup_{x\in\Omega}|u(x)|.$$

证明 设 $\varepsilon>0$. 首先证明存在两个正常数 $\delta(\varepsilon)$, $M(\varepsilon)$,使得

$$\forall u\in S, \quad \text{meas}\{x\in\Omega\mid |u(x)|<\delta(\varepsilon)\}<\varepsilon, \tag{4.2.10}$$

$$\forall v\in K, \quad \text{meas}\{x\in\Omega\mid |v(x)|>M(\varepsilon)\}<\varepsilon. \tag{4.2.11}$$

先证(4.2.10). 为此证 $\forall u\in S$, $\exists\,\delta(u,\varepsilon)>0$,使

$$\begin{aligned} &(w\in V_k, \||w-u|\|<\delta(u,\varepsilon)) \\ &\Rightarrow(\text{meas}\{x\in\Omega\mid |w(x)|<\delta(u,\varepsilon)\}<\varepsilon). \end{aligned} \tag{4.2.12}$$

反设不然,即存在 $u_0\in S$,使 $\forall n\in\mathrm{N}$, $\exists\, w_n\in V_k$,使 $\||w_n-u_0|\|<\dfrac{1}{2n}$,且

$$\text{meas}\left\{x\in\Omega\mid |w_n(x)|<\frac{1}{2n}\right\}\geqslant\varepsilon.$$

现记

$$\Omega_n = \left\{ x \in \Omega \mid | w_n(x) | < \frac{1}{2n} \right\}.$$

显然，有

$$\forall n \in \mathrm{N}, \quad \Omega_n \subset \left\{ x \in \Omega \mid | w_0(x) | < \frac{1}{n} \right\}.$$

由此推知

$$\forall n \in \mathrm{N}, \qquad \mathrm{meas}\left\{ x \in \Omega \mid | w_0(x) | < \frac{1}{n} \right\} \geqslant \varepsilon.$$

这与 $w_0 \in S \subset V_k$ 而 V_k 满足(4.2.7)矛盾！故(4.2.12)成立．现在考察 S 的覆盖

$$\{ B_{\delta(u,\varepsilon)} \}_{u \in S},$$

其中，

$$B_{\delta(u,\varepsilon)} = \{ \tilde{u} \in V_k \mid \||\tilde{u} - u|\| < \delta(u,\varepsilon) \}.$$

据 S 的紧性，$\{ B_{\delta(u,\varepsilon)} \}_{u \in S}$ 中有有限子覆盖

$$\{ B_{\delta(u_k,\varepsilon)} \}_{k=1,\cdots,m},$$

于是(4.2.10)对 $\delta(\varepsilon) = \min\{ \delta(u_1,\varepsilon), \cdots, \delta(u_m,\varepsilon) \}$ 成立．

再证(4.2.11)．为此，证 $\forall v \in K$，$\exists \eta(\varepsilon, v) > 0$ 及 $M(\varepsilon, v) > 0$，使

$$\begin{aligned} &(w \in L^p(\Omega), \| w - v \|_{L^p(\Omega)} < \eta(\varepsilon, v)) \\ &\Rightarrow (\mathrm{meas}\{ x \in \Omega \mid | w(x) | > M(\varepsilon, v) \} < \varepsilon). \end{aligned} \tag{4.2.13}$$

反设不然，即存在 $\hat{v}_0 \in L^p(\Omega)$，使 $\forall n \in \mathrm{N}$，$\exists v_n \in L^p(\Omega)$，使 $\| v_n - \hat{v}_0 \|_{L^p(\Omega)} < \dfrac{1}{n}$，同时 $\mathrm{meas}\{ x \in \Omega \mid | v_n(x) | > n \} > \varepsilon$．于是有

$$v_n \to \hat{v}_0 \quad 于\ L^p(\Omega) \tag{4.2.14}$$

及

$$\int_\Omega | v_n(x) |^p \mathrm{d}x \geqslant \int_{\{ x \in \Omega \mid | v_n(x) | > n \}} | v_n(x) |^p \mathrm{d}x > \varepsilon n^p. \tag{4.2.15}$$

由于(4.2.14)与(4.2.15)相矛盾．故(4.2.13)成立．

现在考察 K 的覆盖

$$\{ B_{\eta(v,\varepsilon)} \}_{v \in K},$$

其中，

$$B_{\eta(v,\varepsilon)} = \{ \tilde{v} \in L^p(\Omega) \mid \| \tilde{v} - v \|_{L^p(\Omega)} < \eta(v,\varepsilon) \}.$$

由 K 的紧性，$\{ B_{\eta(v,\varepsilon)} \}_{v \in K}$ 中有有限子覆盖

$$\{ B_{\eta(v_i,\varepsilon)} \}_{i=1,\cdots,r}.$$

于是(4.2.11)对 $M(\varepsilon) = \max\{ M(v_1,\varepsilon), \cdots, M(u_r,\varepsilon) \}$ 成立．

最后证明(4.2.9).

设 $\varepsilon>0$. 记 $\varepsilon_1=\dfrac{\varepsilon}{3\mathrm{ess\ sup}|h|}$. 考察由(4.2.10)和(4.2.11)所定义的 $\delta(\varepsilon_1)$ 和 $M(\varepsilon_1)$. 对 $\forall u\in S$, $\forall v\in K$, 记 $\Omega_u=\{x\in\Omega \mid |u(x)|<\delta(\varepsilon_1)\}$, $\Omega_v=\{x\in\Omega \mid |v(x)|>M(\varepsilon_1)\}$. 利用(4.2.10)和(4.2.11)不难推得:对 $\forall u\in S, v\in K$,有

$$
\begin{aligned}
&\int_\Omega |h(tu(x)+v(x))|\,\mathrm{d}x\\
\leqslant&\int_{\Omega_u}|h(tu(x)+v(x))|\,\mathrm{d}x+\int_{\Omega_v}|h(tu(x)+v(x))|\,\mathrm{d}x\\
&+\int_{\Omega\setminus(\Omega_u\cup\Omega_v)}|h(tu(x)+v(x))|\,\mathrm{d}x\\
<&\frac{\varepsilon}{3}+\frac{\varepsilon}{3}+\int_{\Omega\setminus(\Omega_u\cup\Omega_v)}|h(tu(x)+v(x))|\,\mathrm{d}x. \qquad (4.2.16)
\end{aligned}
$$

显然,对 $\forall u\in S$, $\forall v\in K$,对 a.e. $x\in\Omega\setminus(\Omega_u\cup\Omega_v)$时,有 $|u(x)|\geqslant\delta(\varepsilon_1)$, $|v(x)|\leqslant M(\varepsilon_1)$. 因此,由(4.2.8),存在 $L>0$(L 不依赖于 $u\in S, v\in K$ 及 $x\in\Omega\setminus(\Omega_u\cup\Omega_v)$),使得当 $|t|\geqslant L$ 时,有

$$
|h(tu(x)+v(x))|<\frac{\varepsilon}{3\mathrm{meas}\Omega} \qquad (4.2.17)
$$

对 $\forall u\in S$, $\forall v\in K$ 及 a.e. $x\in\Omega\setminus(\Omega_u\cup\Omega_v)$成立. 故当 $|t|\geqslant L$ 时,从(4.2.16)和(4.2.17)推知: $\forall u\in S$, $\forall v\in K$, $\int_\Omega|h(tu(x)+v(x))|\,\mathrm{d}x<\varepsilon$. ■

利用引理 4.2.1,可以证明如下结果.

定理 4.2.4 设(g_1)和(g_2)成立,则由(4.2.2)定义的泛函 f 在$(0,+\infty)$上满足 C 条件.

证明 首先证明在 $H_0^1(\Omega)$的任何有界子集上[P.S.]条件(即定义 4.2.1 的(i))成立.

设$\{u_n\}\subset H_0^1(\Omega)$, $\{u_n\}$有界且 $f'(u_n)\to 0$ 于$(H_0^1(\Omega))'$,则

$$
-\Delta u_n-\lambda_k u_n+g(u_n)\to 0 \qquad 于\ H^{-1}(\Omega). \qquad (4.2.18)
$$

因$\{u_n\}$有界,故存在$\{u'_n\}\subset\{u_n\}$, $\{u'_n\}$弱收敛于 $u_0\in H_0^1(\Omega)$. 由(4.2.18),有

$$
u'_n-\lambda_k(-\Delta)^{-1}u'_n+(-\Delta)^{-1}[g(u'_n)]\to 0 \qquad 于\ H_0^1(\Omega). \qquad (4.2.19)
$$

由于 $u\mapsto g(u)$是 $H_0^1(\Omega)\to H^{-1}(\Omega)$的全连续映射,因此,

$$
(-\Delta)^{-1}[g(u'_n)]\to(-\Delta)^{-1}[g(u_0)] \qquad 于\ H_0^1(\Omega). \qquad (4.2.20)
$$

进一步,由标准的论证过程不难推得

$$
(-\Delta)^{-1}u'_n\to(-\Delta)^{-1}u_0 \qquad 于\ H_0^1(\Omega). \qquad (4.2.21)
$$

结合(4.2.19),(4.2.20)及(4.2.21)知: $\{u'_n\}$在 $H_0^1(\Omega)$中收敛.

下证满足定义 4.2.1 的(ii). $\forall u\in H_0^1(\Omega)$可唯一地分解成

$$u=u^{+}+u^{-}+u_0,$$

其中,

$$u^{+}\in H^{+}(k+1),\quad u^{-}\in H^{-}(k-1),\quad u_0\in M_k.$$

显然,

$$\|u^{+}\|^2=\sum_{j=k+1}^{\infty}|u_j|^2\lambda_j,\qquad u_j\in M_j,j\geqslant k+1,$$

则

$$\|u^{+}\|^2-\lambda_k|u^{+}|^2=\sum_{j=k+1}^{\infty}|u_j|^2(\lambda_j-\lambda_k)\geqslant\eta\|u^{+}\|^2,\tag{4.2.22}$$

其中,$\eta>0$ 不依赖于 $u\in H_0^1(\Omega)$.

进一步,不难看出,存在不依赖于 $u\in H_0^1(\Omega)$的 $\mu,\tau>0$,使

$$\begin{cases}\lambda_k|u^{-}|^2-\|u^{-}\|^2\geqslant\mu\|u^{-}\|^2, & \text{(a)}\\ \|u^{-}\|^2-\lambda_k|u^{-}|^2\geqslant-\tau\|u^{-}\|^2. & \text{(b)}\end{cases}\tag{4.2.23}$$

设 $c\in(0,+\infty)$,选取 $\sigma=\frac{c}{2}$,并令

$$\alpha=\min\left\{\frac{3}{4}(c-\sigma),\mu\right\}.\tag{4.2.24}$$

取 $\delta>0$,使

$$\left|\int_\Omega g(u)v\mathrm{d}x\right|\leqslant\delta\|v\|,\quad\forall u,v\in H_0^1(\Omega),\tag{4.2.25}$$

再选取 $\rho>0$,使

$$\frac{\eta\rho^2-2(c+\sigma+q)}{\eta+\tau}\geqslant\left(\frac{\delta}{\mu}+1\right)^2,\tag{4.2.26}$$

其中,$q=\text{meas}\Omega\cdot\sup|G(t)|$.

由于 $H_0^1(\Omega)$中的球 B_ρ 是 $L^2(\Omega)$中的紧集,又当$|t|\to\infty$时,$G(t)$和 $g(t)t$ 均趋于 0,因此据引理 4.2.1 可知:存在 $\gamma>0$,使

$$(u\in H_0^1(\Omega),\|u\|>\gamma,u^{+}+u^{-}\in B_\rho)$$
$$\Rightarrow\left\{\int_\Omega|G(u)|\mathrm{d}x\leqslant\frac{c-\sigma}{2}\text{及}\int_\Omega|g(u)u|\mathrm{d}x\leqslant\frac{c-\sigma}{4}\right\}.\tag{4.2.27}$$

现在选择

$$R>\max\{1,\gamma\}.$$

下面将证明

$$\forall u\in f^{-1}([c-\sigma,c+\sigma]),\|u\|\geqslant R\Rightarrow\|f'(u)\|\cdot\|u\|\geqslant\alpha.\tag{4.2.28}$$

对于 $\forall u\in f^{-1}([c-\sigma,c+\sigma])$，$\|u\|\geqslant R$，显然有

$$c-\sigma\leqslant\frac{1}{2}(\|u^+\|^2+\|u^-\|^2-\lambda_k(|u^+|^2+|u^-|^2))$$
$$+\int_\Omega G(u)\mathrm{d}x\leqslant c+\sigma. \tag{4.2.29}$$

先考察 $u^++u^-\in B_\rho$ 的情形．此时，由(4.2.29)和(4.2.27)可知

$$\|u^+\|^2+\|u^-\|^2-\lambda_k(|u^+|^2+|u^-|^2)\geqslant c-\sigma.$$

再由(4.2.27)和(4.2.24)，得

$$\begin{aligned}\|f'(u)\|\cdot\|u\|&\geqslant\langle f'(u),u\rangle\\&=\|u^+\|^2+\|u^-\|^2-\lambda_k(|u^+|^2+|u^-|^2)+\int_\Omega g(u)u\mathrm{d}x\\&\geqslant c-\sigma-\frac{c-\sigma}{4}\geqslant\alpha.\end{aligned}$$

再考察 $u^++u^-\notin B_\rho$ 的情形．

由(4.2.29)，有

$$\|u^+\|^2+\|u^-\|^2-\lambda_k(|u^+|^2+|u^-|^2)\leqslant 2(c+\sigma+q),$$

故由(4.2.22)和(4.2.23)(b)，推知

$$\eta\|u^+\|^2-\tau\|u^-\|^2\leqslant 2(c+\sigma+q). \tag{4.2.30}$$

据(4.2.30)，(4.2.26)及 $u^++u^-\notin B_\rho$ 的事实推知

$$\|u^-\|^2\geqslant\frac{\rho^2\eta-2(c+\sigma+q)}{\eta+\tau}\geqslant\left(\frac{\delta}{\mu}+1\right). \tag{4.2.31}$$

现在显然有

$$\begin{aligned}\|f'(u)\|\cdot\|u\|&\geqslant-\langle f'(u),u^-\rangle\frac{\|u\|}{\|u^-\|}\\&=\left(-\|u^-\|^2+\lambda_k|u^-|^2-\int_\Omega g(u)u^-\mathrm{d}x\right)\frac{\|u\|}{\|u^-\|}.\end{aligned}$$

至此，利用(4.2.23)(a)，(4.2.25)，(4.2.31)及(4.2.24)，便可推得

$$\begin{aligned}\|f'(u)\|\cdot\|u\|&\geqslant(\mu\|u^-\|-\delta)\|u\|\\&\geqslant\mu\|u\|\geqslant\alpha\|u\|\\&\geqslant\alpha R\geqslant\alpha.\end{aligned}$$

■

4.2.3 解的存在性

本节证明定理 4.2.1．首先证明如下引理．

引理 4.2.2 设(g_1)和(g_2)成立，则对 $\forall\delta>0$，$\exists R>0$，使

$$f(u)\leqslant\delta,\qquad \forall u\in H^-(k):|u|\geqslant R.$$

证明　设 $u\in H^-(k)$，则 u 可唯一地分解成 $u=u^-+u_0$，$u^-\in H^-(k-1)$，$u_0\in M_k$，从而

$$\begin{aligned}f(u)&=\frac{1}{2}[\|u^-\|^2+\|u_0\|^2-\lambda_k(|u^-|^2+|u_0|^2)]+\int_\Omega G(u)\mathrm{d}x\\&=\frac{1}{2}(\|u^-\|^2-\lambda_k|u^-|^2)+\int_\Omega G(u)\mathrm{d}x\\&\leqslant\frac{1}{2}(\lambda_{k-1}-\lambda_k)|u^-|^2+\int_\Omega|G(u)|\mathrm{d}x,\end{aligned}\tag{4.2.32}$$

其中，当 $k=0$ 时，$\lambda_{k-1}=0$．令

$$m=\sup|G(t)|\cdot\mathrm{meas}\Omega.$$

考察 $\rho>0$ 且满足

$$\rho^2>\frac{2m}{|\lambda_{k-1}-\lambda_k|}.\tag{4.2.33}$$

$\forall\delta>0$，由引理 4.2.1，存在 $R>0$，使

$$(|u^-|<\rho,|u|>R)\Rightarrow\left[\int_\Omega|G(u)|\mathrm{d}x\leqslant\delta\right].\tag{4.2.34}$$

至此不难验证

$$f(u)\leqslant\delta,\quad\text{当 }|u|>R\text{ 时}.\tag{4.2.35}$$

事实上，对于 $u\in H^-(k)$，$|u|>R$，分以下两种情形讨论：

(1) 当 $|u^-|<\rho$ 时，由(4.2.32)和(4.2.34)便可推出(4.2.35)．

(2) 当 $|u^-|\geqslant\rho$ 时，由(4.2.32)和(4.2.33)推出 $f(u)\leqslant0$．■

定理 4.2.1 的证明　分两种情形讨论．

(1) $G(0)=0$．据条件(g_3)，G 在 0 达最小值，故 $g(0)=0$，从而(4.2.1)有平凡解 $u\equiv0$．

(2) $G(0)>0$，则

$$\forall u\in H^+(k+1),\qquad f(u)>0.$$

令

$$\gamma=\inf\{f(u)\mid u\in H^+(k+1)\}.$$

下证 $\gamma>0$．为此，只需证

$$\exists u_0\in H^+(k+1),\quad\text{使 } f(u_0)=\gamma.\tag{4.2.36}$$

显然，

$$\forall u\in H^+(k+1)\qquad\text{有 }\|u\|^2\geqslant\lambda_{k+1}|u|^2.$$

故 $\forall u\in H^+(k+1)$，有

$$f(u) \geqslant \frac{1}{2}\left(1-\frac{\lambda_k}{\lambda_{k+1}}\right)\|u\|^2+\int_\Omega G(u)\mathrm{d}x \geqslant \mathrm{const}\cdot\|u\|^2.$$

又不难验证 $f: H_0^1(\Omega)\to \mathbf{R}$ 弱下半连续. 故 f 在 $H^+(k+1)$ 上达到最小值(自然该最小值严格大于 0). 此即(4.2.36)成立.

由引理 4.2.2,存在 $R>0$,使

$$f(u)\leqslant \frac{\gamma}{2}, \qquad \forall u\in H^-(k)\cap S_R,$$

其中,$S_R=\{u\in H_0^1(\Omega)\mid \|u\|=R\}$. 现在,取

$$\partial Q = S_R\cap H^-(k), \qquad S = H^+(k+1),$$

则∂Q与 S 环绕(见 1.8 节)且 f 在 $Q=B_R\cap H^-(k)$上有界. 又据定理 4.2.4,f 在$(0,+\infty)$上满足 C 条件. 由定理 4.2.3 便可推出要证. ■

4.2.4 非平凡解的存在性

本小节始终假定 $g(0)=0$. 这便保证了 $u\equiv 0$ 始终为(4.2.1)的解. 目的是寻找(4.2.1)的非平凡解. 先给出一个较为一般的非平凡解的存在性定理,而将定理 4.2.2 作为该定理的推论.

定理 4.2.5 设 $g(0)=0$, $G(0)\geqslant 0$. 假设(g_1),(g_2)成立. 如果下列条件(i)和(ii)中有一个成立,则(4.2.1)至少有一个非平凡解.

(i)
$$\lambda_0-\lambda_k+g'(0)>0. \tag{4.2.37}$$

(ii) $\lambda_k\neq\lambda_0$ 且存在 $\lambda_h\in\sigma(-\Delta)$: $\lambda_1\leqslant\lambda_h\leqslant\lambda_k$,使

$$\begin{cases}\lambda_h-\lambda_k+g'(0)>0, & \text{(a)}\\ \dfrac{1}{2}(\lambda_{h-1}-\lambda_k)t^2+G(t)\leqslant G(0),\ \forall t\in\mathbf{R}. & \text{(b)}\end{cases} \tag{4.2.38}$$

推论 4.2.1(定理 4.2.2) 设 $g(0)=0$. 假设(g_1),(g_2)和(g_3)成立. 进一步,设

$$g'(0)=\sup\{g'(t), t\in\mathbf{R}\}, \tag{4.2.39}$$

则(4.2.1)至少有一个非平凡解.

证明 若 $g(t)\equiv 0$,则结论显然成立.

现设对某个 $t\in\mathbf{R}$, $g(t)\neq 0$,则由(g_2),(g_3)及(4.2.39)知 $g'(0)>0$. 令

$$\bar{h}=\min\{h\in\mathbf{N}\mid \lambda_h-\lambda_k+g'(0)>0\}.$$

如果 $\bar{h}=0$,则结论由定理 4.2.5 立即推得. 如果 $\bar{h}\geqslant 1$,令

$$G_{\bar{h}}(t)=\frac{1}{2}(\lambda_{\bar{h}-1}-\lambda_k)t^2+G(t),$$

则

$$G_{\bar{h}}'(0)=0. \tag{4.2.40}$$

进一步,由(4.2.39)及 $\bar{h}$ 的定义,有

$$G_{\bar{h}}''(0)\leqslant 0,\qquad \forall\, t\in \mathrm{R}. \tag{4.2.41}$$

于是,由(4.2.40)和(4.2.41)知,$h=\bar{h}$ 时的(4.2.38)被满足. 再由定理 4.2.5 便可推出要证. ■

在给出定理 4.2.5 的证明之前,必须先搞清 f 在原点和在无穷的行为. 为此先证明两个引理.

引理 4.2.3　设 $g(0)=0$. 假设(g_1),(g_2)成立并且

$$\lambda_h-\lambda_k+g'(0)>0\qquad 对某\ h\in \mathrm{N}, \tag{4.2.42}$$

则存在 $\gamma,\rho>0$,使

$$(u\in H^+(h),\|u\|=\rho)\Rightarrow(f(u)\geqslant f(0)+\gamma).$$

证明　设 $u\in H^+(h)$,$u=\sum\limits_{j=h}^{\infty}u_j$,$u_j\in M_j$,则

$$\begin{aligned}f(u)&=f(0)+f'(0)[u]+\frac{1}{2}f''(0)[u,u]+o(\|u\|^2)\\&=f(0)+\frac{1}{2}\sum_{j=h}^{\infty}(\lambda_j+g'(0)-\lambda_k)|u_j|^2+o(\|u\|^2).\end{aligned} \tag{4.2.43}$$

由(4.2.42),可知

$$\frac{1}{2}\sum_{j=h}^{\infty}(\lambda_j+g'(0)-\lambda_k)|u_j|^2\geqslant c\sum_{j=h}^{\infty}\lambda_j|u_j|^2=c\|u\|^2, \tag{4.2.44}$$

其中,$c>0$ 为不依赖于 u 的常数.

由(4.2.43)和(4.2.44),便推得

$$f(u)\geqslant f(0)+c\|u\|^2+o(\|u\|^2),\qquad \forall\, u\in H^+(h),$$

由此立即推得要证. ■

在给出一个描述 f 在无穷的行为的引理之前,先介绍一些记号. 设 $R>0$,$e\in M_h$ 满足 $\|e\|=1$. 记

$$T(h,R)=\{te\mid 0\leqslant t\leqslant R\},$$

而

$$Q(h,R)=\{u+v\mid u\in H^-(h-1),\|u\|\leqslant R\ 而\ v\in T(h,R)\}, \tag{4.2.45}$$

则 $Q(h,R)$是一个有界的具边界$\partial Q(h,R)$的 Hilbert 流形.

注 4.2.2　$\partial Q(h,R)$为 $Q(h,R)$在$(\mathrm{span}\{e\})\oplus H^-(h-1)$中的边界.

显然,

$$Q(0,R)=T(0,R)\text{ 而 }\partial Q(0,R)=\{0,Re\}.$$

引理 4.2.4　假设(g_1),(g_2)成立．$B_\rho\triangleq\{u\in H_0^1(\Omega)\,|\,\|u\|\leqslant\rho\}$．假设$G(0)\geqslant 0$．设 $h\in\mathbf{N}$，考察 $Q(h,R)$．进一步,假设下列条件(i),(ii)有一个成立．

(i) $h=0$.

(ii) $\lambda_k\neq\lambda_0$ 且存在 $\lambda_h\in\sigma(-\Delta)$:$\lambda_1\leqslant\lambda_h\leqslant\lambda_k$,使

$$\frac{1}{2}(\lambda_{h-1}-\lambda_k)t^2+G(t)\leqslant G(0),\qquad\forall t\in\mathbf{R},\tag{4.2.46}$$

则对$\forall\,\delta>0$,$\exists\,R>0$,使

$$f(u)\leqslant f(0)+\delta,\qquad\forall u\in\partial Q(h,R).\tag{4.2.47}$$

证明　如果 $h=0$,则

$$\partial Q(0,R)=\{0,Re\},\qquad e\in M_0,\quad\|e\|=1.$$

由引理 4.2.1 及 $G(0)\geqslant 0$ 的事实推知结论成立．

现在设条件(4.2.46)成立．对任意 $\delta>0$,欲证(4.2.47),只要证得

$$f(u)\leqslant f(0),\qquad\forall u\in H^-(h-1)\tag{4.2.48}$$

及存在 $R>0$ 充分大,使

$$f(u)\leqslant\delta,\qquad\forall u\in H^-(h):\|u\|\geqslant R\tag{4.2.49}$$

就够了．

(4.2.48)可由(4.2.46)直接推得．事实上,$\forall\,u\in H^-(h-1)$,

$$\begin{aligned}f(u)&\leqslant\frac{1}{2}(\lambda_{h-1}-\lambda_k)|u|^2+\int_\Omega G(u)\mathrm{d}x\\&=\int_\Omega\left[\frac{1}{2}(\lambda_{h-1}-\lambda_k)u^2+G(u)\right]\mathrm{d}x\\&\leqslant\int_\Omega G(0)\mathrm{d}x=f(0).\end{aligned}$$

下证(4.2.49)．设 $u\in H^-(h)$,$u=\sum_{i=1}^{h}u_i$,$u_i\in M_i$,则

$$f(u)=\frac{1}{2}\sum_{i=0}^{h}(\lambda_i-\lambda_k)|u_i|^2+\int_\Omega G(x)\mathrm{d}x.\tag{4.2.50}$$

下分两种情形:

(i) 当 $h<k$ 时,由(4.2.50)有

$$f(u)\to-\infty,\quad\|u\|\to\infty,$$

故(4.2.49)成立．

(ii)当 $h=k$ 时,由引理 4.2.2 立即推得结论．■

定理 4.2.5 的证明　首先假设(4.2.37)成立,则由引理 4.2.3 和引理 4.2.4

(利用 $h=0$ 时情形)推知:存在三个正数 $\rho, R, \gamma: R>\rho$,使得下列关系式成立:

$$f(u)\geqslant f(0)+\gamma, \quad \forall u\in S_\rho=\{u\in H_0^1(\Omega)\mid \|u\|=\rho\},$$

$$f(e)\leqslant f(0)+\frac{\gamma}{2}, \quad \forall e\in M_0\cap S_R.$$

显然,$f(0)=G(0)\geqslant 0$. 于是,有

$$0<f(0)+\frac{\gamma}{2}<f(0)+\gamma.$$

现在固定 $e\in M_0\cap S_R$. 取

$$Q=\{te\mid t\in[0,R]\}, \quad S=S_\rho,$$

则 ∂Q 与 S 环绕. 又由定理 4.2.4,f 在 $(0,+\infty)$ 上满足 C 条件,故由定理 4.2.3,f 具有一个临界值 $f(u_0)\geqslant f(0)+\gamma$. 于是 u_0 是(4.2.1)的一个非平凡解.

其次,假设(4.2.38)成立,则由引理 4.2.3 和引理 4.2.4 推知:存在 $\rho, R, \gamma>0, R>\rho$,使

$$\forall u\in H^+(h): \|u\|\geqslant\rho, \quad 有\ f(u)\geqslant f(0)+\gamma,$$

$$\forall u\in\partial Q(h,R), \quad 有\ f(u)\leqslant f(0)+\frac{\gamma}{2}.$$

取

$$S=\{u\in H^+(h)\mid \|u\|=\rho\}, \qquad Q=Q(h,R),$$

则 S 与 ∂Q 环绕. 容易验证 f 在 Q 上有界. 再利用定理 4.2.3,推知 f 具有一个临界点 u_0,使 $f(u_0)\geqslant f(0)+\gamma$,即 u_0 为(4.2.1)的一个非平凡解. ■

4.3　波方程 · 强共振 · Link 理论

本节讨论波方程自由振动问题

$$\begin{cases} u_{tt}-u_{xx}+\lambda u+g(u)=0, & x\in(0,\pi), t\in\mathbb{R}, \\ u(x,t)=0, & x\in[0,\pi], t\in\mathbb{R}, \\ u(x,t+2\pi)=u(x,t), & x\in[0,\pi], t\in\mathbb{R} \end{cases} \tag{4.3.1}$$

的可解性及当 $g(0)=0$ 时非平凡解的存在性,其中,$\lambda\in\sigma(-\Box)$,$\sigma(-\Box)$是波算子

$$-\Box=\frac{\partial^2}{\partial x^2}-\frac{\partial^2}{\partial t^2}$$

的谱,$g\in C^\infty$ 满足:

(g_1) $g(t)t\to 0, |t|\to\infty$.

(g_2) $G(t)=\int_{-\infty}^t g(s)\mathrm{d}s\to 0, t\to\infty$.

在 4.2 节中，已经遇到过条件(g_1)和(g_2)．条件(g_1)和(g_2)属于强共振条件．

本节内容选自文献[66]．所用方法是 Coron[67] 挖去零空间的方法及临界点理论．主要结果有如下两个：设 $\lambda=\lambda_m\in\{k^2-j^2\mid j>0, j$ 为奇数，k 为偶数$\}$．

定理 4.3.1 如果 $G(t)\leqslant 0(t\in\mathbb{R})$ 或者 $G(t)\geqslant 0(t\in\mathbb{R})$，则问题$(4.3.1)_{\lambda=\lambda_m}$ 至少有一个解．

定理 4.3.2 设 $g(0)=0$ 且下列条件之一成立：

(i) $G(0)\leqslant 0$ 且存在整数 $h\leqslant m$，使得

$$\lambda_h-\lambda_m-g'(0)>0 \text{ 且 } \frac{1}{2}(\lambda_m-\lambda_{h-1})^2t^2+G(t)\geqslant G(0), t\in\mathbb{R}. \tag{4.3.2}$$

(ii) $G(0)\geqslant 0$ 且存在整数 $h\geqslant m$ 使得

$$\frac{1}{2}(\lambda_m-\lambda_{h+1})t^2+G(t)\leqslant G(0),\qquad t\in\mathbb{R}, \tag{4.3.3}$$

$$\lambda_h-\lambda_m-g'(0)<0, \tag{4.3.4}$$

则问题$(4.3.1)_{\lambda=\lambda_m}$至少有一非平凡解．

4.3.1 预备知识

不难看出，问题(4.3.1)之解对应于泛函

$$I_0(u)=\int_Q\left[\frac{1}{2}(u_t^2-u_x^2-\lambda u^2-G(u)\right]\mathrm{d}x\mathrm{d}t \tag{4.3.5}$$

的临界点，其中，$Q=(0,\pi)\times(0,2\pi)$．为方便，记 $|Q|=\operatorname{meas}Q=2\pi^2$，而 $\ker\Box$ 为 $\Box$ 在 $L^2(Q)$ 中的零空间．

由于 $\ker\Box$ 是无穷维的，因而利用临界点理论求 $I(u)$ 的临界点时，$I(u)$ 在 $\ker\Box$ 中失去紧性．为了克服这个困难，Coron[67] 采用了挖去零空间的办法．

粗略地说，Coron 的方法是求(4.3.1)在满足下列条件的 $L^2(Q)$ 的限制空间 H 中的解：

(i) $H\cap\ker(\Box)=\{0\}$．

(ii) $\Box(H)\subset H$，$(\lambda+g)(H)\subset H$．

具体到(4.3.1)，令

$$E=\left\{u=\sum_{\substack{j>0\\ j\text{奇}, k\text{偶}}}a_{jk}\sin jx\mathrm{e}^{ikt}\;\middle|\;\|u\|^2\triangleq\frac{1}{2}|Q|\sum_{\substack{j>0\\ j\text{奇}, k\text{偶}}}|j^2-k^2||a_{jk}|^2<\infty\right\}.$$

不难验证，E 是以 $\|\cdot\|$（见 E 的定义）为范数的满足上述条件(i)，(ii)的 Hilbert 空间，并且 E 满足：

$$E\hookrightarrow\hookrightarrow L^2(Q), E\hookrightarrow L^r(Q),\quad 2\leqslant r<\infty;$$

$$u(x,t+\pi)=u(x,t)=u(\pi-x,t),\qquad \forall u\in E.$$

现在,令

$$\Lambda=\{k^2-j^2 \mid j>0, j\text{为奇数}, k\text{为偶数}\}$$
$$=\{\lambda_n \mid n\in \mathrm{Z}\setminus\{0\}, \cdots<\lambda_{-n}<\cdots<\lambda_{-1}$$
$$<0<\lambda_1<\cdots<\lambda_n<\cdots\}.$$

又令 M_n 为算子 $-\Box$ 在 E 中对应于 $\lambda_n(n\neq 0)$ 的特征向量空间. 记 $\lambda_0=0, M_0=\{0\}$,则 $E=\overline{\bigoplus_{n\in \mathrm{Z}} M_n}$. 再令 $E^+(m)=\overline{\bigoplus_{n\geqslant m} M_n}, E^-(m)=\overline{\bigoplus_{n\leqslant m} M_n}, E^{\pm}=E^{\pm}(0)$,则 $\forall u\in E$,有分解

$$u=\sum_{j=-\infty}^{\infty} u_j=w^++w^-,$$

其中,$u_j\in M_j, w^{\pm}\in E^{\pm}$.

此外,对于定理 4.3.1 和定理 4.3.2,应该注意以下两点.

注 4.3.1　并没有对每一个 $\lambda\in\sigma(-\Box)$讨论强共振问题(4.3.1).定理 4.3.1 和定理 4.3.2 仅论及在 $\lambda=\lambda_m\in\Lambda(\subset\sigma(-\Box))$强共振的情形.

注 4.3.2　$(4.3.1)_{\lambda=\lambda_m}$所对应的泛函 $I: E\to \mathrm{R}$,

$$I=\int_\Omega\left[\frac{1}{2}(u_t^2-u_x^2-\lambda_m u^2)-G(u)\right]\mathrm{d}x\mathrm{d}t \tag{4.3.6}$$

的临界点即为问题$(4.3.1)_{\lambda=\lambda_m}$的弱解.

下面给出一个抽象的临界点定理.

引理 4.3.1　设 F 是一个具内积$(\cdot,\cdot)$的实 Hilbert 空间. 设 $\alpha,\beta\in \mathrm{R}:\alpha<\beta$ 及 $\varphi\in C^1(F,\mathrm{R})$满足:

(φ_1) $\varphi(u)=\dfrac{1}{2}(Lu,u)-\psi(u)$,其中,$L$ 是 E 上有界自伴线性算子,使得 $F=\overline{\bigoplus_{j\in \mathrm{Z}} F_j}$且 F_j 是 F 的有限维 L-不变子空间,而 $\psi\in C^1(F,\mathrm{R})$使 ψ'是紧算子.

(φ_2) 0 不属于 L 的本质谱.

(φ_3) $\forall c\in(\alpha,\beta)$以及 F 中的序列$\{u_n\}$:$\varphi(u_n)\to c$ 及 $\|\varphi'(u_n)\|\cdot\|u_n\|\to 0$,则$\{u_n\}$有有界子列.

(φ_4) $\varphi(u)\geqslant\beta, \forall u\in S$;及 $\varphi(u)\leqslant\alpha, \forall u\in\partial Q$;且

$$\sup_{u\in Q}\varphi(u)=c_\infty<\infty,$$

则 φ 至少有一个临界值 $c\in[\beta,c_\infty]$,其中,Q 和 S 为下列三种情况之一:

(i) $Q=B_R\cap F^1, S=F^2$. 这里 $F=F^1\oplus F^2$,且 F^1,F^2 都是 L 的不变子空间,$B_R=\{u\in F \mid \|u\|_F\leqslant R\}$.

(ii) $Q=B_R\cap F^1, S=q+F^2$,其中 $q\in Q$; $\|q\|_F<R$.

(iii) $\exists R_1, R_2, \rho>0, R_1>\rho$,使 $S=S_\rho\cap F^2$,

$$Q=\{x+y \mid x\in F^1\cap B_{R_2}, y\in T\},$$

其中，

$$S_\rho = \partial B_\rho, \quad T = \{te \mid 0 \leqslant t \leqslant R_1\}, \qquad e \in F^2 : \| e \| = 1. \qquad \blacksquare$$

现在考虑泛函 I(见(4.3.6)).令

$$\Psi(x) = \frac{1}{2}\lambda_m \| u \|_{L^2}^2 + \int_Q G(u)\mathrm{d}x\mathrm{d}t, \tag{4.3.7}$$

$$(Lu, v) = \int_Q (u_t v_t - u_x v_x)\mathrm{d}x\mathrm{d}t, \quad \forall\, u, v \in E, \tag{4.3.8}$$

其中,$(\cdot, \cdot)$为 E 中内积.不难验证,I 满足(φ_1),(φ_2).另外,有如下引理.

引理 4.3.2 I 和 $-I$ 都满足 $\alpha=0$ 时的(φ_3).

为给出引理 4.3.2 的证明,需要如下引理.

引理 4.3.3 设 V 是 $C(\overline{Q})$的一个有限维子空间,使得对 $\forall\, x \in V\backslash\{0\}$有 $u \neq 0$ a.e.于 Q.又令 K 是 $L^p(Q)(p \geqslant 1)$中的一个紧子集.设 $h \in L^\infty(\mathrm{R})$使 $h(t) \to 0$ $(|t| \to \infty)$,则

$$\int_Q |h(su(x,t) + v(x,t))| \mathrm{d}x\mathrm{d}t \to 0, \ |s| \to \infty$$

对 $v \in K, u \in S$ 一致地成立,其中,

$$S = \{u \in V \mid 1 = \| |u| \| \triangleq \sup_Q |u(x,t)|\}.$$

注 4.3.3 引理 4.3.3 是引理 4.2.1 在本节情况下的重写.

引理 4.3.2 的证明 令$\{u^n\}$是 E 中满足

$$\| I'(u^n) \| \cdot \| u^n \| \to 0, \quad I(u^n) \to c > 0, \qquad n \to \infty \tag{4.3.9}$$

的序列.为了方便起见,略去 u^n 的上标 n,并且记 $u^n = u = \sum_{j=-\infty}^{\infty} u_j$.因为

$$\begin{aligned}\left| I'(u)\left[\sum_{j=m+1}^{\infty} u_j\right] \right| &\leqslant \| I'(u) \| \cdot \left\| \sum_{j=m+1}^{\infty} u_j \right\| \\ &\leqslant \| I'(u) \| \cdot \| u \| \leqslant K,\end{aligned}$$

其中,$K>0$ 是不依赖于 n 的常数.于是,

$$\begin{aligned}\sum_{j=m+1}^{\infty} (\lambda_j - \lambda_m) \| u_j \|_{L^2}^2 &\leqslant K + \left| \int_Q g(u)\left[\sum_{j=m+1}^{\infty} u_j\right] \right| \\ &\leqslant K + C_1 \left\| \sum_{j=m+1}^{\infty} u_j \right\|,\end{aligned}$$

其中,C_1 是不依赖于 n 的常数.

另一方面,

$$\sum_{j=m+1}^{\infty} (\lambda_j - \lambda_m) \| u_j \|_{L^2}^2 = \sum_{\substack{j=m+1 \\ j \neq 0}}^{\infty} \frac{\lambda_j - \lambda_m}{|\lambda_j|} \| u_j \|^2 \geqslant c_2 \left\| \sum_{j=m+1}^{\infty} u_j \right\|^2,$$

其中，$c_2>0$ 为不依赖于 n 的常数．于是结合上两式可得 $\left\|\sum_{j=m+1}^{\infty}u_j\right\|$ 是有界的，即有不依赖于 n 的界．同理，可得 $\left\|\sum_{j=-\infty}^{m-1}u_j\right\|$ 是有界序列（注意，这里略去了上标 n）．这样就证明了 $\{u^n-u^n_m\}$ 是有界列，其中 u^n_m 是 u^n 在 M_m 中的分量．从而如果 $\{u^n\}$ 是无界列，则可设 $\|u^n_m\|\to\infty(n\to\infty)$，故可得 $|\|u^n_m\||\to\infty(n\to\infty)$．

因为 $\{u^n-u^n_m\}$ 是 E 中有界列，故它在 $L^2(Q)$ 中列紧．于是利用引理 4.3.3 及条件 (g_1) 和 (g_2)，有

$$\int_Q|2G(u^n)-g(u^n)u^n|\mathrm{d}x\mathrm{d}t\leqslant c-\delta \tag{4.3.10}$$

对充分大的 n 成立，其中，$\delta>0$ 使 $c-\delta>0$．由于 $I(u^n)\to c$，不妨令 $I(u^n)>c-\delta$．于是，

$$\begin{aligned}\|I'(u)\|\cdot\|u\|\geqslant(I'(u),u)&=\int_Q(u_t^2-u_x^2-\lambda_m u^2-g(u)u)\mathrm{d}x\mathrm{d}t\\&\geqslant 2(c-\delta)+\int_Q(2G(u)-g(u)u)\mathrm{d}x\mathrm{d}t.\end{aligned} \tag{4.3.11}$$

(4.3.10)，(4.3.11) 意味着对充分大的 n 都有

$$\|I'(u^n)\|\cdot\|u^n\|\geqslant c-\delta>0,$$

矛盾．这样就证明了 $\{u^n\}$ 是有界列，即 I 满足 $\alpha=0$ 时的 (φ_3)．

同理，可证 $-I$ 也满足 $\alpha=0$ 时的 (φ_3)．■

4.3.2　定理 4.3.1 的证明

为了给出定理 4.3.1 的证明需要如下引理．

引理 4.3.4　$\forall\,\delta>0$，则存在 $R>0$，使

(i) $I(u)\leqslant\delta,\ \forall\, u\in E^-(m)$：$\|u\|\geqslant R$.

(ii) $I(u)\geqslant-\delta,\ \forall\, u\in E^+(m)$：$\|u\|\geqslant R$.

证明　只证(1)．(2)同理可证．设 $u\in E^-(m)$，

$$\begin{aligned}I(u)&=\frac{1}{2}\sum_{j=-\infty}^{m}(\lambda_j-\lambda_m)\|u_j\|_{L^2}^2-\int_Q G(u)\mathrm{d}x\mathrm{d}t\\&=-\frac{1}{2}\sum_{j=-\infty}^{m-1}\left|\frac{\lambda_m}{\lambda_j}-1\right|\cdot\|u_j\|^2-\int_Q G(u)\mathrm{d}x\mathrm{d}t\\&\leqslant-\frac{1}{2}C\|u-u_m\|^2-\int_Q G(u)\mathrm{d}x\mathrm{d}t,\end{aligned} \tag{4.3.12}$$

其中，$C>0$ 为不依赖于 u 的常数．令

$$B=2\pi^2\sup_{t\in\mathbb{R}}|G(t)|$$

以及 $\rho>0$ 使

$$\rho^2>\frac{2B}{c},$$

则由引理 4.3.3 知:对 $\forall\,\delta>0$, $\exists\,R>0$,使

$$\int_Q|G(u)|\mathrm{d}x\mathrm{d}t<\delta,\qquad \forall\,u\in E^-(m):\|u-u_m\|\leqslant\rho,\ \|u\|\geqslant R.$$

因此,$\forall\,u\in E^-(m)$, $\|u\|\geqslant R$,有

(i) 如 $\|u-u_m\|\leqslant\rho$,则

$$I(u)\leqslant-\frac{C}{2}\|u-u_m\|^2+\delta\leqslant\delta.$$

(ii) 如 $\|u-u_m\|>\rho$,则

$$I(u)\leqslant-\frac{C}{2}\cdot\frac{2B}{C}+B=0.$$

■

定理 4.3.1 的证明 只证 $G(t)\leqslant0(t\in\mathbb{R})$的情形,而另一情形类似可证.不妨设 $G(0)<0$.否则,若 $G(0)=0$,从而 $g(0)=0$,于是 0 是问题(4.3.1)的解,问题得证.由于 $\forall\,u\in E^+(m+1)$,

$$I(u)\geqslant\frac{1}{2}(\lambda_{m+1}-\lambda_m)\|u\|_{L^2}^2-\int_Q G(u)\mathrm{d}x\mathrm{d}t>0$$

以及 I 在 $E^+(m+1)$上是下半弱连续的(这是由于

$$I(u)=\frac{1}{2}(\|w^+\|^2-\|w^-\|^2-\lambda_m\|u\|_{L^2}^2)-\int_Q G(u)\mathrm{d}x\mathrm{d}t$$

及这个等式中第一项为下半弱连续,第二项由于 w^- 在 $E^-\cap E^+(m+1)$有限维空间上取值因而是弱连续的,第三项、第四项的弱连续性由 $E\hookrightarrow\hookrightarrow L^2(\bar{Q})$保证).所以存在 $u_0\in E^+(m+1)$,使

$$\gamma\triangleq\inf_{u\in E^+(m+1)}I(u)=I(u_0)>0.$$

据引理 4.3.4,存在 $R>0$,使

$$I(u)\leqslant\frac{\gamma}{2}$$

对 $\forall\,u\in E^-(m)\cap\partial B_R$ 成立.于是取 $Q=E^-(m)\cap B_R$, $S=E^+(m+1)$,则由引理 4.3.1,I 至少有一个临界值属于$[\gamma,\infty)$. ■

4.3.3 非平凡解的存在性

在给出定理 4.3.2 的证明之前,需要下面的两个引理.

引理 4.3.5 设 $g(0)=0$,则

(i) 如果存在 h 使 $\lambda_h-\lambda_m-g'(0)>0$，则 $\exists\,\gamma,\rho>0$ 使 $I(u)\geqslant I(0)+\gamma$，$\forall\, u\in E^+(h)$，$\|u\|=\rho$.

(ii) 如果存在 h 使 $\lambda_h-\lambda_m-g'(0)<0$，则 $\exists\,\gamma,\rho>0$ 使 $I(u)\leqslant I(0)-\gamma$，$\forall\, u\in E^-(h)$，$\|u\|=\rho$.

证明　结论(i)从下面的不等式可得．(ii)类似可证．

$$\begin{aligned}I(u)&=I(0)+I'(0)u+\frac{1}{2}I''(0)u^2+o(\|u\|^2)\\&=I(0)+\frac{1}{2}\sum_{\substack{j=h\\ j\neq 0}}^{\infty}\frac{\lambda_j-\lambda_m-g'(0)}{|\lambda_j|}\|u_j\|^2+o(\|u\|^2)\\&\geqslant I(0)+\frac{C}{2}\|u\|^2+o(\|u\|^2),\quad \forall\, u\in E^+(h),\end{aligned}$$

其中，

$$C=\inf_{\substack{j\geqslant h\\ j\neq 0}}\frac{\lambda_j-\lambda_m-g'(0)}{|\lambda_j|}>0.$$ ■

设 $e\in M_h$：$\|e\|=1$，其中，$h\neq 0$．于是对 $R>0$，令

$$P(h,R)=\{u+v\mid u\in E^+(h+1),\|u\|\leqslant R,v\in T(h,R)\},\tag{4.3.13}$$

$$Q(h,R)=\{u+v\mid u\in E^-(h-1),\|u\|\leqslant R,v\in T(h,R)\},\tag{4.3.14}$$

其中，$T(h,R)=\{te|0\leqslant t\leqslant R\}$.

引理 4.3.6　(i) 如 $G(0)\leqslant 0$ 且存在 $h\neq 0,h\leqslant m$ 满足

$$\frac{1}{2}(\lambda_m-\lambda_{h-1})t^2+G(t)\geqslant G(0),\qquad t\in\mathbb{R},\tag{4.3.15}$$

则 $\forall\,\delta>0$，$\exists\, R>0$ 使 $I(u)\leqslant I(0)+\delta$，$\forall\, u\in\partial Q(h,R)$.

(ii) 如 $G(0)\geqslant 0$ 且存在 $h\neq 0,h\geqslant m$ 满足

$$\frac{1}{2}(\lambda_m-\lambda_{h+1})^2t^2+G(t)\leqslant G(0),\qquad t\in\mathbb{R},\tag{4.3.16}$$

则 $\forall\,\delta>0$，$\exists\, R>0$ 使 $I(u)\geqslant I(0)-\delta$，$\forall\, u\in\partial P(h,R)$.

证明　只证(i)．(ii)类似可证．

首先类似于引理 4.3.4 可得：$\forall\,\delta>0$，$\exists\, R>0$ 使 $I(u)\leqslant\delta$ 对 $\forall\, u\in E^-(h)$：$\|u\|\geqslant R$ 成立．

其次，对 $u\in E^-(h-1)$，有

$$\begin{aligned}I(u)&=\frac{1}{2}\sum_{j=-\infty}^{h-1}(\lambda_j-\lambda_m)\|u_j\|_{L^2}^2-\int_Q G(u)\mathrm{d}x\mathrm{d}t\\&\leqslant\frac{1}{2}(\lambda_{h-1}-\lambda_m)\|u\|_{L^2}^2-\int_Q G(u)\mathrm{d}x\mathrm{d}t\end{aligned}$$

$$\leqslant \int_Q [-G(0)]\mathrm{d}x\mathrm{d}t \qquad (条件(4.3.15))$$

$$= I(0).$$

由于 $I(0)\geqslant 0$,故上两点便可推知

$$I(u) \leqslant I(0)+\delta, \qquad \forall\, u \in \partial Q(h,R).$$ ■

定理 4.3.2 的证明　只证(i)中 $h\neq 0$ 的情形,其他情形类似可证. 由引理 4.3.5,存在 $\gamma,\rho>0$ 使 $I(u)\geqslant I(0)+\gamma$, $\forall\, u\in E^+(h)$: $\|h\|=\rho$.

而由引理 4.3.6 知:存在 $R>\rho$,使

$$I(u) \leqslant I(0)+\frac{1}{2}\gamma, \qquad \forall\, u \in \partial Q(h,R).$$

于是由于 $\sup\limits_{u\in Q(h,R)} I(u)<\infty$,从引理 4.3.1 立得 $I(u)$有临界值 $c\in[I(0)+\gamma,\infty)$. ■

4.4　两点边值问题 · 周期非线性项 · 临界点理论

设 $g:\mathrm{R}\to\mathrm{R}$ 是一个连续的以 T 为周期的函数,$h\in L^1(0,\pi)$. 本节讨论半线性二阶常微分方程两点边值共振问题

$$\begin{cases} -u''-u+g(u)=h, \\ u(0)=u(\pi)=0 \end{cases} \tag{4.4.1}$$

的可解性. 不难看出,这里的 g 和 h 一般不满足 Landesman-Lazer 条件.

在运用临界点理论研究问题(4.4.1)的过程中,Ward[68] 使用了一种非常有趣的变分技巧,来补救(4.4.1)所对应的泛函的"紧性缺失". 该技巧在 4.5 节中将被发展,并用于半线性椭圆方程边值共振问题的研究.

4.4.1　预备知识

在一般的数学分析教程中,都有称为黎曼引理的如下结果.

引理 4.4.1　设函数 $\psi(u)$在$[a,b]$上可积和绝对可积,则

$$\lim_{p\to+\infty}\int_a^b \psi(u)\sin pu\,\mathrm{d}u = 0,$$

$$\lim_{p\to+\infty}\int_a^b \psi(u)\cos pu\,\mathrm{d}u = 0.$$

作为上述黎曼引理的推广,有如下引理.

引理 4.4.2　设 $g:\mathrm{R}\to\mathrm{R}$ 是一个连续的 T 周期函数,并且

$$\frac{1}{T}\int_0^T g(s)\mathrm{d}s = 0.$$

设 $a<b$ 为定数,$h\in L^1(a,b)$,则

$$\lim_{|\alpha|\to\infty}\int_a^b h(t)g(\alpha t)\mathrm{d}t = 0.$$

证明 记 $G(t)=\int_0^t g(s)\,\mathrm{d}s$. 由于$\int_0^T g(s)\mathrm{d}s=0$,故 G 亦为 T 周期函数. 从而 G 在 R 上有界. 设$|G(t)|\leqslant C,\forall t\in\mathbf{R}$.

首先假设 $h(t)\equiv k$,有

$$\left|\int_a^b kg(\alpha t)\mathrm{d}t\right| = \left|\frac{k}{\alpha}(G(\alpha b)-G(\alpha a)\right|\leqslant 2|k|\cdot C\cdot|\alpha|^{-1},$$

于是当 $h(t)\equiv k$ 时引理成立. 现在不难证明引理 4.4.2 对阶梯函数成立. 于是运用标准的逼近方法可推知,对 $\forall h\in L^1(a,b)$,引理 4.4.2 成立. ■

注 4.4.1 设$\{\alpha_n\}\subset\mathbf{R}$ 是一个序列. $\{h_n\}\subset L^1(a,b)$是一列函数. $\{\alpha_n\},\{h_n\}$满足:当 $n\to\infty$时,

$$|\alpha_n|\to\infty \qquad \text{且 } h_n\to h \text{ 于 } L^1(a,b),$$

则不难证明

$$\lim_{n\to\infty}\int_a^b h_n(t)g(\alpha_n t)\mathrm{d}t = 0.$$

引理 4.4.3 设 g 和 h 满足引理 4.4.2 的全部条件. 设 $v\in C^1[a,b]$且 $v'(t)\geqslant\delta>0$ 于$[a,b]$,则

$$\lim_{|\alpha|\to\infty}\int_a^b h(t)g(\alpha v(t))\mathrm{d}t = 0.$$

证明 在引理 4.4.1 中作变换 $s=v(t)$. ■

引理 4.4.4 设 g,h,v 均与引理 4.4.3 中的含义相同. 再设$\{v_n\}\subseteq C^1[a,b]$: $v_n\to v$ 于 $C^1[a,b]$;

$$\{\alpha_n\}\subseteq\mathbf{R},\quad \alpha_n\to\infty, n\to\infty,$$

则

$$\lim_{n\to\infty}\int_a^b h(t)g(\alpha_n v_n(t))\mathrm{d}t = 0.$$

证明 固定充分大的 n,使 $v'_n\geqslant\dfrac{\delta}{2}$. 如同引理 4.4.3 的证明一样作变换. 然后利用与引理 4.4.2 的证明类似的论证,可推知积分变得任意小. ■

引理 4.4.5 设 g 与引理 4.4.2 中的含义相同. $\{\alpha_n\}\subseteq\mathbf{R}$, $|\alpha_n|\to\infty(n\to\infty)$. 再设 $u\in C^1[0,\pi]$,则

$$\lim_{n\to\infty}\int_0^\pi g(u(t)+\alpha_n\sin t)\mathrm{d}t = 0.$$

证明 不妨假设,对 $\forall n\in\mathbf{N}$, $\alpha_n>0$. 设 ε: $0<\varepsilon<\dfrac{\pi}{2}$. 记 $v_n\triangleq\dfrac{u(t)}{\alpha_n}+\sin t$,则

$v_n \to \sin t$ 于 $C^1[0,\pi]$. 据引理 4.4.4,有

$$\lim_{n\to\infty}\int_0^{\frac{\pi}{2}-\varepsilon} g(\alpha_n v_n(t))\mathrm{d}t = 0$$

及

$$\lim_{n\to\infty}\int_{\frac{\pi}{2}+\varepsilon}^{\pi} g(\alpha_n v_n(t))\mathrm{d}t = 0.$$

由于

$$\left|\int_{\frac{\pi}{2}-\varepsilon}^{\frac{\pi}{2}+\varepsilon} g(\alpha_n v_n(t))\mathrm{d}t\right| \leqslant 2C\varepsilon,$$

其中,$C=\sup\limits_{t\in\mathbf{R}}|g(t)|$. 从而引理 4.4.5 成立. ■

引理 4.4.6 设 $u\in C[0,\pi]$,g 与引理 4.4.2 中的含义相同. $\{\alpha_n\}\subset\mathbf{R}$,$|\alpha_n|\to\infty(n\to\infty)$,则

$$\lim_{n\to\infty}\int_0^{\pi} g(u(t)+\alpha_n\sin t)\mathrm{d}t = 0.$$

证明 由于 g 是R 上的连续周期函数,故 g 在R 上一致连续. 利用$[0,\pi]$上的 C^1 函数 $\tilde{u}$ 在 sup 范数下逼近 u. 因 g 在R 上一致连续,故当$|u-\tilde{u}|_{C[0,\pi]}$充分小时,

$$\left|\int_0^{\pi}[g(u(t)+\alpha_n\sin t)-g(\tilde{u}(t)+\alpha_n\sin t)]\mathrm{d}t\right|$$

可以任意小. 再利用引理 4.4.5 便得结论. ■

注 4.4.2 如果 $u_n\to u$ 于 $C[0,\pi]$,$\alpha_n\to\infty(n\to\infty)$,则对 $\forall\, h\in L^1(0,\pi)$,有

$$\lim_{n\to\infty}\int_a^b g(u_n(t)+\alpha_n\sin t)h(t)\mathrm{d}t = 0.$$

最后指出,引理 4.4.6 在讨论带周期非线性项问题的过程中正起着引理 4.3.3 及引理 4.2.1 的作用. 由于当 g 为具有周期原函数的连续周期函数时,有

$$\lim_{n\to\infty}\int_0^{\pi} g(u(t)+\alpha_n\sin t)\mathrm{d}t = 0$$

及

$$|G(u)| = \left|\int_0^u g(s)\mathrm{d}s\right| \leqslant CT, \qquad \forall\, u\in\mathbf{R}.$$

故带周期非线性项的问题与强共振问题,在方法上有一定的相似之处.

4.4.2 主要结果

定理 4.4.1 设 $g:\mathbf{R}\to\mathbf{R}$ 为连续的 T 周期函数且$\int_0^T g(s)\mathrm{d}s=0$. 设 $h\in L^1(0,\pi)$ 满足

$$\int_0^\pi h(t)\sin t\mathrm{d}t = 0, \tag{4.4.2}$$

则(4.4.1)至少有一个解.

将利用变分方法研究(4.4.1). 设

$$H = W_0^{1,2}(0,\pi) = \left\{ u \in L^2(0,\pi) \,\middle|\, \begin{array}{c} u \in AC[0,\pi], u' \in L^2(0,\pi), \\ u(0) = u(\pi) = 0 \end{array} \right\},$$

则 H 在内积

$$(u,v)_1 = \int_0^\pi u'(t)v'(t)\mathrm{d}t$$

下为 Hilbert 空间,记 $\|u\|_1^2 = (u,u)_1$. 早已知道, $H \hookrightarrow\hookrightarrow C[0,\pi]$.

设 $G(t)$满足: $G'(t) = g(t)$及$\int_0^T G(t)\mathrm{d}t = 0$. 定义 $F: H \to \mathrm{R}$,

$$F(u) = \int_0^\pi \left[\frac{1}{2}\dot{u}^2 - \frac{1}{2}u^2 + G(u) - hu \right] \mathrm{d}t.$$

可以证明: $F \in C^1(H,\mathrm{R})$且它的 Fréchet 导数∇F为

$$\nabla F(u)v = \int_0^\pi [\dot{u}\dot{v} - uv + g(u)v - hv]\mathrm{d}t, \qquad \forall u,v \in H.$$

众所周知: $\nabla F(u) = 0$ 当且仅当 u 为(4.4.1)的一个弱解,从而 u 也是(4.4.1)在 $u \in C^1[0,\pi]$及 $u' \in AC[0,\pi]$意义下的古典解. 下面寻找 F 的临界点.

将 H 分解成 $H_0 \oplus H_1$,其中, $H_0 = \mathrm{span}\{\sin t\}$而 $H_1 = H_0^\perp$. 这样$\forall u \in H$可唯一地分解成 $u = \alpha\sin t + u_1$,其中, $\alpha \in \mathrm{R}$, $u_1 \in H_1$. 记

$$J(u) \triangleq \int_0^\pi \left[\frac{1}{2}\dot{u}^2 - \frac{1}{2}u^2 - hu \right] \mathrm{d}t, \qquad \forall u \in H,$$

$$N(u) \triangleq \int_0^\pi G(u)\mathrm{d}t, \qquad \forall u \in H,$$

则 $F = J + N$.

注意,因 h 满足(4.4.2),故对$\forall u = u_1 + \alpha\sin t$有 $J(u) = J(u_1)$,并且$\nabla J(u) = 0$ 当且仅当 u 满足

$$\begin{cases} -u'' - u = h, & t \in (0,\pi), \\ u(0) = u(\pi) = 0. \end{cases} \tag{4.4.3}$$

由 J 的定义,不难看出:存在 $\beta, \gamma > 0$,使

$$J(u_1) \geqslant \beta\|u_1\|_1^2 - \gamma\|u_1\|_1, \qquad \forall u_1 \in H_1.$$

定理 4.4.1 的证明　第一步. 证 F 有下界.

$$\forall u \in H, u = u_1 + \alpha\sin t, u_1 \in H_1,$$

$$F(u)=J(u)+N(u)=J_1(u)+N(u)$$
$$\geqslant \beta\| u_1 \|_1^2-\gamma\| u_1 \|_1-\pi C_1,$$

其中，

$$C_1=\max_{t\in[0,\pi]}|G(t)|.$$

第二步．证 F 有一个临界点．设 $m^*=\inf\limits_{u\in H}F(u)$．如果存在 $\tilde{u}\in H$ 使 $F(\tilde{u})=m^*$，则 $\nabla F(\tilde{u})=0$．此即 F 有一个临界点 $\tilde{u}$．并不知道 F 能否达到其下确界．但是将要证明：如果 F 达不到其下确界，则 F 必有一个临界值大于 m^*．

于是，假设

$$F(u)>m^*,\qquad \forall u\in H. \tag{4.4.4}$$

设 $\{u_n\}\subseteq H$ 为 F 的一个极小化序列，即

$$F(u_n)\to m^*,\quad n\to\infty.$$

由此推知：存在常数 $C>0$，使

$$|J(u_n)|\leqslant C.$$

进而序列 $\{u_{1n}\}$ 在 H 中有界(这里 $u_n=u_{1n}+\alpha_n\sin t$)．于是不妨设 $u_{1n}\rightharpoonup\tilde{u}_1$ 于 H($\rightharpoonup$ 表示弱收敛)，故 $u_{1n}\to\tilde{u}_1$ 于 $C[0,\pi]$．因 $u_{1n}\rightharpoonup\tilde{u}_1$ 于 H，故

$$\|\tilde{u}_1\|_1^2\leqslant\lim_{n\to\infty}\|u_{1n}\|_1^2.$$

因此 $\lim\limits_{n\to\infty}\inf J(u_{1n})\geqslant J(\tilde{u}_1)$．如果 $\{\alpha_n\}$ 有界，则可以假设 $\alpha_n\to\tilde{\alpha}\in\mathbf{R}$．故有

$$m^*=\lim_{n\to\infty}F(u_n)\geqslant J(\tilde{u}_1)+N(\tilde{u}_1+\tilde{\alpha}\sin t)$$
$$=F(\tilde{u}_1+\tilde{\alpha}\sin t)>m^*,$$

矛盾．由此知：$\{\alpha_n\}$ 必无界．据引理 4.4.6 和注 4.4.2，有

$$\lim_{n\to\infty}N(u_n)=\lim_{n\to\infty}\int_0^\pi G(u_{1n}+\alpha_n\sin t)\mathrm{d}t=0.$$

于是，有

$$m^*=\lim_{n\to\infty}(J(u_{1n})+N(u_n))=\lim_{n\to\infty}J(u_{1n})\geqslant J(\tilde{u}_1).$$

由此，$\forall u\in H$，$J(\tilde{u}_1)<F(u)$．于是，

$$J(\tilde{u}_1)<J(u_1)+N(u_1+\alpha\sin t)$$

对 $\forall u_1\in H_1$ 及 $\forall\alpha\in\mathbf{R}$ 成立．让 $\alpha\to\infty$ 并利用引理 4.4.6 及海涅定理可得

$$J(\tilde{u}_1)\leqslant J(u_1),\qquad \forall u_1\in H_1.$$

于是得到

$$\nabla J(\tilde{u}_1)=0,\qquad J(\tilde{u}_1)\leqslant m^*. \tag{4.4.5}$$

定义 $\widetilde{F}:H\to\mathbf{R}$，

$$\widetilde{F}(u) \triangleq F(\widetilde{u}_1 + u).$$

设 $\Omega_R=\{u_0\in H_0\mid \|u_0\|_1\leqslant R\}$，则 $u_0\in\partial\Omega_R$ 当且仅当 $u_0=\pm R\sqrt{\frac{2}{\pi}}\sin t$. 设 $\varepsilon>0$ 为任意常数，则存在充分大的 R，使 $\forall\, u\in\partial\Omega_R$，有

$$\begin{aligned}\widetilde{F}(u)=\widetilde{F}\left(\pm R\sqrt{\frac{2}{\pi}}\sin t\right)&=F\left(\widetilde{u}_1\pm R\sqrt{\frac{2}{\pi}}\sin t\right)\\ &\leqslant m^*+\varepsilon.\end{aligned}\tag{4.4.6}$$

但是，在 H_1 上 $\widetilde{F}$ 一致地大于 m^*. 事实上，由第一步可知：$\widetilde{F}$ 在 H_1 上弱下半连续且强制，故 $\widetilde{F}$ 在 H_1 上达到其最小值 $\widetilde{F}(\hat{u})$. 而 $\widetilde{F}(\hat{u})=F(\widetilde{u}_1+\hat{u})>m^*$，即

$$\widetilde{F}\mid_{H_1}\geqslant\inf_{u_1\in H_1}\widetilde{F}(u_1)=b>m^*.\tag{4.4.7}$$

现取 $\varepsilon=\frac{1}{2}(b-m^*)$，由(4.4.6)知

$$\widetilde{F}\mid_{\partial\Omega_R}\leqslant m^*+\varepsilon<b.\tag{4.4.8}$$

(4.4.7)和(4.4.8)表明，$\widetilde{F}$ 满足文献[69]中的一个鞍点定理的两个条件. 设

$$\varphi=\{\chi\in C(\overline{\Omega}_R,H)\mid \chi(u)=u,u\in\partial\Omega_R\}.$$

令

$$\widetilde{c}=\inf_{\chi\in\varphi}\max_{u\in\Omega_R}\widetilde{F}(\chi(u)),\tag{4.4.9}$$

则 $m^*<b\leqslant\widetilde{c}<\infty$. 若能证明 $\widetilde{F}$ 满足在 $\widetilde{c}$ 的[P. S.]条件(即 $\forall\,\{u_n\}\subseteq H$ 满足 $\widetilde{F}(u_n)\to\widetilde{c}$ 及 $\nabla\widetilde{F}(u_n)\to 0$，$\{u_n\}$中均有收敛子列)，则(4.4.9)中定义的 $\widetilde{c}$ 即为 $\widetilde{F}$ 的一个临界值.

下面证 $\widetilde{F}$ 满足在 $\widetilde{c}$ 的[P. S.]条件. 假设$\{u_n\}\subseteq H$ 满足

$$\widetilde{F}(u_n)\to\widetilde{c}\quad 及\quad \nabla\widetilde{F}(u_n)\to 0,\tag{4.4.10}$$

则$\{|J(\widetilde{c}_1+u_{1n})|\}$有界. 由此推知$\{\|u_{1n}\|_1\}$也有界. 不妨假设 $u_{1n}\rightharpoonup\widetilde{v}_1$ 于 H，其中 $\widetilde{v}_1\in H_1$. 利用 $H_1\hookrightarrow\hookrightarrow C[0,\pi]$的事实可知：$u_{1n}\to\widetilde{v}_1$ 于 $C[0,\pi]$.

现在反设$|\alpha_n|\to\infty(n\to\infty)$，则

$$\begin{aligned}\widetilde{c}&=\lim_{n\to\infty}\widetilde{F}(u_n)=\lim_{n\to\infty}[J(\widetilde{u}_1+u_{1n})+N(\widetilde{u}_1+u_{1n}+\alpha_n\sin t)]\\ &=\lim_{n\to\infty}J(\widetilde{u}_1+u_{1n})\geqslant J(\widetilde{u}_1+\widetilde{v}_1),\end{aligned}\tag{4.4.11}$$

由于对 $\forall\, v\in H$，

$$\nabla N(\widetilde{u}_1+u_{1n}+\alpha_n\sin t)v=\int_0^\pi g(\widetilde{u}_1+u_{1n}+\alpha_n\sin t)v\mathrm{d}t.\tag{4.4.12}$$

据注 4.4.2，当 $n\to\infty$时，$\int_0^\pi g(\widetilde{u}_1+u_{1n}+\alpha_n\sin t)v\mathrm{d}t\to 0$. 结合(4.4.10)的第二式推

知：当 $n\to\infty$ 时，$\nabla J(\tilde{u}_1+u_{1n})\to 0$，进而

$$\nabla J(\tilde{u}_1+\tilde{v}_1)=0.$$

但因 J 在 H_1 中仅有一个临界点 $\tilde{u}_1$，故 $\tilde{v}_1\equiv 0$. 据 J 的凸性有

$$J(\tilde{u}_1)\geqslant J(\tilde{u}_1+u_{1n})-(\nabla J(\tilde{u}_1+u_{1n}),u_{1n}).$$

由此推知

$$J(\tilde{u}_1)\geqslant \lim_{n\to\infty} J(\tilde{u}_1+u_{1n}).$$

结合(4.4.11)，(4.4.9)和(4.4.5)，得

$$\tilde{c}=\lim_{n\to\infty} J(\tilde{u}_1+u_{1n})\leqslant J(\tilde{u}_1)\leqslant m^*<\tilde{c}.$$

矛盾！这表明$\{\alpha_n\}$必有界，从而$\{u_n\}=\{u_{1n}+\alpha_n\sin t\}$在 H 中有界. 至此，可用普通的方法推出$\{u_n\}$中有收敛子列. ■

4.5　椭圆方程·周期非线性项·没有[P. S.]的环绕理论

设 $\Omega\subset\mathbb{R}^n$是一个有界正则区域，$\{\lambda_k\}_{k=1}^{\infty}$为$-\Delta$ 在 $H_0^1(\Omega)$上的特征值列，M_k 为 λ_k 所对应的特征子空间. 设 $\hat{h}\in L^2(\Omega)$，$g:\mathbb{R}\to\mathbb{R}$ 是一个具有周期原函数的连续周期函数. 本节讨论问题

$$\begin{cases}-\Delta u-\lambda_k u=g(u)+\hat{h}, & x\in\Omega,\\ u=0, & x\in\partial\Omega\end{cases}\tag{4.5.1}$$

的可解性.

在 4.4 节中，曾在 $n=k=1$ 时，讨论过问题(4.5.1)的可解性. 本节的目的是将 4.4 节中的变分技巧发展到高维及高特征值的情形. 由于(4.5.1)所对应的泛函不满足[P. S.]条件，将利用近似鞍点定理及引进[P. S.]′条件来建立存在性结果. 在论证过程中，是利用含参紧向量场的解集连通理论来建立不同维 link 产生的不同类集族之间的普遍联系的.

下面的定理 4.5.1 是由 Solimin 在文献[23]中首先得到的.

定理 4.5.1　设 g 满足条件：

(g^*) g 是具有周期原函数的连续周期函数.

设 λ_k 是单重的，λ_k 所对应的特征函数为 φ；再设 $\hat{h}\in L^2(\Omega)$满足$\int_\Omega \hat{h}\varphi\mathrm{d}x=0$，则(4.5.1)至少有一个解.

文献[70]推广了定理 4.5.1，去掉了 λ_k 单重的假设. 得到如下结果.

定理 4.5.2　设 g 满足(g^*)；$\hat{h}\in L^2(\Omega)$满足$\int_\Omega \hat{h}\psi\mathrm{d}x=0$，$\forall\,\psi\in M_k$，则(4.5.1)至少有一个解.

本节后面的部分，4.5.1 小节和 4.5.2 小节介绍预备结果；4.5.3 小节致力于定理 4.5.1 的证明；在 4.5.4 小节中将给出定理 4.5.2 的证明梗概.

4.5.1　预备引理

引理 4.5.1　设 g 满足 (g^*)，U 是一个由定义在 Ω 上的可测函数构成的在测度收敛意义下准紧的集合. $\psi\in C^1(\Omega)$，$\nabla\psi\neq 0$ a.e. 于 Ω，则

$$\lim_{|\alpha|\to\infty} g(u+\alpha\psi) \overset{w}{=} 0 \tag{4.5.2}$$

于 $L^p(\Omega)(\forall\, p\in[1,\infty))$ 对 $u\in U$ 一致成立.

进而，有

(i) $\lim\limits_{|\alpha|\to\infty}\int_\Omega G(u+\alpha\psi)=0$ 对 $u\in U$ 一致.　(4.5.3)

(ii) $\lim\limits_{|\alpha|\to\infty} g(u+\alpha\psi)=0$ 于 $H^{-1}(\Omega)$ 对 $u\in U$ 一致.　(4.5.4)

在给出引理 4.5.1 的证明之前，先陈述三个基础结果.

引理 4.5.2　设 g 满足 (g^*)；$a,b\in\mathbb{R}$：$a<b$，则当 $|\alpha|\to\infty$ 时，$g(\alpha\cdot)$ 在 $L^\infty(a,b)$ 中弱* 收敛于零.

证明　可从引理 4.4.2 的证明给出. ■

从引理 4.5.2 有如下引理.

引理 4.5.3　设 $\Omega\subseteq\mathbb{R}^n$ 为有界开集，$x=(x_1,x_2,\cdots,x_n)\in\mathbb{R}^n$，再设 $v\in C^0(\bar\Omega)$，则

$$\lim_{|\alpha|\to\infty}\int_\Omega v(x)g(\alpha x_1)\mathrm{d}x=0. \tag{4.5.5}$$

证明　自然只要证明 Ω 为由 $[a,b]$ 的笛卡儿积构成的 n 维方体的特殊情形就够了！这时，据引理 4.5.2 可知，对于固定的 $(x_2,x_3,\cdots,x_n)$，有

$$\lim_{|\alpha|\to\infty}\int_a^b v(x_1,x_2,\cdots,x_n)f(\alpha x_1)\mathrm{d}x_1=0. \tag{4.5.6}$$

又由 $v(\cdot,x_2,\cdots,x_n)$ 在 $C^0(\bar\Omega)$ 中的强紧性，可知(4.5.6)对 $(\cdot,x_2,\cdots,x_n)\in\Omega$ 一致成立. 分别对变量 $x_2,\cdots,x_n$ 积分(4.5.6)两边，即得(4.5.5). ■

引理 4.5.4　设 $v\in C^0(\bar\Omega)$，$u\in C^1(\bar\Omega)$，$\psi\in C^1(\bar\Omega)$，$\dfrac{\partial\psi}{\partial x_1}>\delta>0$ 于 Ω，则

$$\lim_{|\alpha|\to\infty}\int_\Omega v(x)g(u+\alpha\psi)\mathrm{d}x=0. \tag{4.5.7}$$

证明　对充分大的 α，有

$$\frac{\partial(\alpha^{-1}u+\psi)}{\partial x_1}>\frac{\delta}{2},$$

作变换 $y_1=(\alpha^{-1}u+\psi)(x)$

$$y_k = x_k, \qquad k = 2,3,\cdots,n.$$

然后利用引理 4.5.3 便可推得. ■

引理 4.5.1 的证明　固定 $\psi \in C^1(\Omega)$使$\nabla\psi \neq 0$ a.e.于 Ω. 任意给定 $\varepsilon > 0$,则存在正数 $\delta > 0$,使$|\nabla\psi| > 2\delta$对 $\forall\, x \in \Omega\setminus\Omega_\varepsilon$ 成立,其中 Ω_ε 是 Ω 的一个测度小于 ε 的闭子集. 可以把 $\Omega\setminus\Omega_\varepsilon$ 分解成有限个子区域的并集,使得$\nabla\psi$在每个子区域上的振幅小于 δ. 再在每个子区域上运用引理 4.5.4. 综合上述,对固定的 $v \in C^0(\bar{\Omega})$, $u \in C^1(\bar{\Omega})$,有

$$\left|\lim_{|\alpha|\to+\infty}\int_\Omega v(x)g(u+\alpha\psi)\mathrm{d}x\right| \leqslant \varepsilon \sup_{\mathbf{R}} |g| \cdot \sup |v|, \tag{4.5.8}$$

由 ε 的任意性,(4.5.8)左端等于 0.

为了完成引理 4.5.1 的证明,必须进一步推得:当 $v \in L^{p'}(\Omega)$, $p' = \dfrac{p}{p-1}$,而 u 在一个由定义在 Ω 上的可测函数构成的准紧集 U 上变动时,

$$\lim_{\alpha\to+\infty}\int_\Omega v(x)g(u+\alpha\psi)\mathrm{d}x = 0 \quad \text{对 } u \in U \text{ 一致}. \tag{4.5.9}$$

利用 $C^0(\bar{\Omega})$在 $L^{p'}(\Omega)$中稠的事实及 g 的一致连续性,可以推得(4.5.9). ■

引理 4.5.5　设 g 满足(g_0), U_0 是一个由 Ω 上的可测函数组成的集合, U_0 在测度收敛意义下准紧; $V \subset C^1(\bar{\Omega})$是一个 k 维子空间, $\forall\, \psi \in V\setminus\{0\}$, $\nabla\psi \neq 0$a.e.于 Ω. 记

$$S = \{u \in V \mid \||u|\| = 1\}, \qquad \text{而 } \||u|\| = \sup_{x\in\bar{\Omega}} |u(x)|,$$

则 $\lim\limits_{|\alpha|\to\infty}\int_\Omega G(u+\alpha\psi)\mathrm{d}x = 0$ 对 $u \in U_0$ 及 $\psi \in S$ 一致成立,其中, $G(t) = \int_0^t g(s)\mathrm{d}s$.

证明　利用引理 4.5.1 及有限覆盖定理. ■

4.5.2　不同类集族间的联系

设 E 是一个 Hilbert 空间,它的范数和内积分别记成 $\|\cdot\|$ 和$(\cdot,\cdot)$. 设 $\{e_n\}_1^\infty$ 为 E 的一个标准正交基. 记 $E_n = \mathrm{span}\{e_1,\cdots,e_n\}$. 设 $P_n: E \to E_n$ 为直交投影,而 $Q = Id - P_n$. 以 B_n 表示 E_n 中中心在原点半径为 r 的球.

设 $H_n = \{\eta: E \to E \mid \eta \text{连续且 } \eta(u) = u, \forall\, u \in \partial B_n\}$.

$\mathscr{A}_n^1 = \{A \subset E \mid \exists\, \eta \in H_n, \text{使 } A = \eta(\bar{B}_n)\}$,

$\mathscr{A}_n^2 = \{A \subset E \mid A \text{ 是紧集}, \forall\, \eta \in H_n, \text{都有 } \eta(A) \cap E_n^\perp \neq \varnothing\}$.

显然, $\mathscr{A}_n^1 \subset \mathscr{A}_n^2$. 令 $c_n^i = \inf\limits_{A\in\mathscr{A}_n^i}\sup\limits_A I\,(I \in C^1(E,\mathbf{R}))$,则 $c_n^2 \leqslant c_n^1$.

本小节的主要目的是证明$\mathscr{A}_n^2$的如下的性质.

定理 4.5.3　设 $l < n$, $A \in \mathscr{A}_n^2$,则

$$A \cap \{e_{n-l+1}, \cdots, e_n\}^{\perp} \in \mathscr{A}^2_{n-l}.$$

证明　只对 $l=2$ 的情形给出证明．$l>2$ 的情形同理可证．$l=1$ 的情形参见文献[23]．

设 $\bar{\eta} \in H_n$，使 $\bar{\eta}(\bar{B}_n)=A$．设 $f=\bar{\eta}|_{\bar{B}_n}$．再设

$$U_1=\{u \in E \mid (u, e_n)>0\},$$

$$U_2=\{u \in E \mid (u, e_n)<0\},$$

$$U_3=\{u \in E \mid (u, e_{n-1})>0\},$$

$$U_4=\{u \in E \mid (u, e_{n-1})<0\}.$$

有

$$A \cap \{e_n, e_{n-1}\}^{\perp}=f(\bar{B}_n \backslash f^{-1}(U_1 \cup U_2 \cup U_3 \cup U_4)),$$

记

$$\partial_1 B_n=\{u \in \partial B_n \mid (u, e_n)>0\},$$

$$\partial_2 B_n=\{u \in \partial B_n \mid (u, e_n)<0\},$$

$$\partial_3 B_n=\{u \in \partial B_n \mid (u, e_{n-1})>0\},$$

$$\partial_4 B_n=\{u \in \partial B_n \mid (u, e_{n-1})<0\}.$$

因为 $f=Id$ 于 ∂B_n，故

$$\partial_i B_n=\partial B_n \cap f^{-1}(U_i), \qquad i=1,2,3,4.$$

为了证明 $A \cap \{e_n, e_{n-1}\}^{\perp} \in \mathscr{A}^2_{n-2}$，对 $\forall\, \eta \in H_{n-2}$，只需得到

$$\eta(f(\bar{B}_n \backslash f^{-1}(U_1 \cup U_2 \cup U_3 \cup U_4))) \cap E^{\perp}_{n-2} \neq \varnothing$$

就行了．

考虑集合

$$D \triangleq B_{n-2} \dotplus \{\alpha_{n-1} e_{n-1}+\alpha_n e_n \in E \mid \|\alpha_{n-1} e_{n-1}+\alpha_n e_n\|<r\},$$

作变换 $v=P_{n-2} u$，$w=u-v$，则 $u \in D$ 是指 $\|v\|<r$ 且 $\|w\|<r$；而 $u \in B_n$ 是指 $\|v\|^2+\|w\|^2<r^2$．定义映射 $\xi: D \rightarrow B_n$，$\xi: v+w \rightarrow v+\left(\dfrac{\sqrt{r^2-\|v\|^2}}{r}\right) w$．易证 $\xi: D \rightarrow B_n$ 是一个同胚，这就使得能给 $\bar{D}$ 上赋以 $\bar{B}_n$ 上的相应值．记

$$D_1=\{u \in \bar{D} \mid (u, e_n)>0,\ \|v\|<r,\ \|w\|=r\},$$

$$D_2=\{u \in \bar{D} \mid (u, e_n)<0,\ \|v\|<r,\ \|w\|=r\},$$

$$D_3=\{u \in \bar{D} \mid (u, e_{n-1})>0,\ \|v\|<r,\ \|w\|=r\},$$

$$D_4=\{u \in \bar{D} \mid (u, e_{n-1})<0,\ \|v\|<r,\ \|w\|=r\},$$

$$D_5=\{u=v+w \in \bar{D} \mid \|v\|=r\},$$

则 $\xi: D_i \rightarrow \partial_i B_n$，$i=1,2,3,4$；$\xi: D_5 \rightarrow \partial B_{n-2}$．

事实上，当 $u=v+\alpha_{n-1}e_{n-1}+\alpha_n e_n\in D_1$ 时，有 $(u,e_n)>0$. 因 $\xi(u)=v+\frac{\sqrt{r^2-\|v\|^2}}{r}(\alpha_{n-1}e_{n-1}+\alpha_n e_n)$，$(\xi(u),e_n)=\frac{\sqrt{r^2-\|v\|^2}}{r}\alpha_n>0$. 故 $\xi(u)\in U_1$. 再因 $\|\xi(u)\|=\sqrt{\|v\|^2+\frac{r^2-\|v\|^2}{r^2}\|w\|^2}=r$，故 $\xi(u)\in\partial B_n$. 从而 $\xi: D_1\to\partial_1 B_n$. 同理，$\xi: D_i\to\partial_i B_n$，$i=2,3,4$.

当 $u=v+w\in D_5$ 时，$\xi(u)=v+\frac{\sqrt{r^2-\|v\|^2}}{r}w=v$，又由 D_5 的定义知，$\|v\|=r$. 由此，$\xi(u)\in\partial B_{n-2}$.

因为 $\eta\in H_{n-2}$，$f=Id$ 于 $\partial B_{n-2}\subset\partial B_n$，故当 $u=v+w\in D_5$ 时，就有

$$\eta(f(\xi(u)))=v.$$

由此，对于任意 $w\in\{\alpha_{n-1}e_{n-1}+\alpha_n e_n\in E_n\,|\,\|\alpha_{n-1}e_{n-1}+\alpha_n e_n\|<r\}$，

$$\deg(P_{n-2}\circ\eta\circ f\circ\xi(\cdot+w),B_{n-2},0)=1.$$

记 φ 为满足 $P_{n-2}\circ\eta\circ f\circ\xi(v+\alpha_n e_n+e_{n-1}\alpha_{n-1})=0$ 的 $((\alpha_n,\alpha_{n-1}),v)$ 的全体，

$$\varphi_n^+=\{((\alpha_n,\alpha_{n-1}),v)\in\varphi\mid\alpha_n>0,\alpha_n^2+\alpha_{n-1}^2=r^2\},$$

$$\varphi_n^-=\{((\alpha_n,\alpha_{n-1}),v)\in\varphi\mid\alpha_n<0,\alpha_n^2+\alpha_{n-1}^2=r^2\},$$

$$\varphi_{n-1}^+=\{((\alpha_n,\alpha_{n-1}),v)\in\varphi\mid\alpha_{n-1}>0,\alpha_n^2+\alpha_{n-1}^2=r^2\},$$

$$\varphi_{n-1}^-=\{((\alpha_n,\alpha_{n-1}),v)\in\varphi\mid\alpha_{n-1}<0,\alpha_n^2+\alpha_{n-1}^2=r^2\},$$

令

$$C_n=\{((\alpha_n,\alpha_{n-1}),v)\in\varphi\mid v+\alpha_{n-1}e_{n-1}+\alpha_n e_n\in\xi^{-1}(\bar{B}_n\backslash f^{-1}(U_1\cup U_2))\},$$

$$C_{n-1}=\{((\alpha_n,\alpha_{n-1}),v)\in\varphi\mid v+\alpha_{n-1}e_{n-1}+\alpha_n e_n\in\xi^{-1}(\bar{B}_n\backslash f^{-1}(U_3\cup U_4))\},$$

则 C_n 在 φ 中分离 φ_n^+ 与 φ_n^-，C_{n-1} 在 φ 中分离 φ_{n-1}^+ 和 φ_{n-1}^-. 从而满足定理 1.6.6 的全部条件，故 $C_n\cap C_{n-1}\neq\varnothing$，即存在 $((\bar{\alpha}_n,\bar{\alpha}_{n-1}),\bar{v})\in C_n\cap C_{n-1}$，使 $P_{n-2}\circ\eta\circ f\circ\xi(\bar{v}+\bar{\alpha}_{n-1}e_{n-1}+\bar{\alpha}_n e_n)=0$. 记 $\bar{u}=\bar{v}+\bar{\alpha}_{n-1}e_{n-1}+\bar{\alpha}_n e_n$，则

$$\bar{u}\in\xi^{-1}(\bar{B}_n\backslash f^{-1}(U_1\cup U_2\cup U_3\cup U_4)).$$

令 $u=\eta(f(\xi(\bar{u})))$，则 $u\in\eta(A\cap\{e_n,e_{n-1}\}^\perp)\cap E_{n-2}^\perp$. ■

4.5.3 定理 4.5.1 的证明

取 $E=H_0^1(\Omega)$. 定义泛函 $J,I\in C^1(E,\mathrm{R})$，

$$J(u)=\frac{1}{2}\int_\Omega(|\nabla u|^2-\lambda_k|u|^2)\mathrm{d}x-\int_\Omega\hat{h}u\mathrm{d}x, \tag{4.5.10}$$

$$I(u)=J(u)+\int_\Omega G(u)\mathrm{d}x. \tag{4.5.11}$$

设$\{e_n^\infty\}$是$-\Delta$在$H_0^1(\Omega)$上的特征函数构成的完全正交基，且$\{e_n\}_1^\infty$的下标满足：$\exists\, h\in \mathbf{N}^*$，使$\lambda_k$所对应的特征函数$\varphi\in \mathbf{R}\cdot e_h$，同时，$e_n$所对应的特征值小于$\lambda_k$当且仅当$n<h$.

因$\int_\Omega \hat{h}\varphi \mathrm{d}x=0$，故方程

$$-\Delta u-\lambda_k u=\hat{h} \tag{4.5.12}$$

在E中有解. 设$\bar{u}$为(4.5.12)的一个解，则由于J在$\bar{u}+E_{h-1}$上凹且$\nabla J(\bar{u})=0$，故

$$J(\bar{u})=\max_{\bar{u}+E_{h-1}} J(u). \tag{4.5.13}$$

泛函I在$\bar{u}+E_{h-1}^\perp$上有下界m，而在E_{h-1}上以平方速度趋于$-\infty$. 因此，能取到$\bar{r}>0$，使

$$\sup_{\partial B_{h-1}(\bar{u},\bar{r})} I<\inf_{\bar{u}+E_{h-1}^\perp} I. \tag{4.5.14}$$

又因u在e_h上的分量的变化，仅引起I的有界的变化，故由(4.5.14)直接推知

$$\sup_{\partial B_{h-1}(\bar{u},\bar{r})+\mathbf{R}\cdot e_h} I<\inf_{\bar{u}+E_{h-1}^\perp} I. \tag{4.5.15}$$

不难看出，I和J均不满足[P. S.]条件. 将要证明，I和J实际上满足如下[P. S.]$'$条件.

定义 4.5.1 设$\hat{I}\in C^1(E,\mathbf{R})$，称$\hat{I}$满足[P. S.]$'$条件是指：$\forall\{u_n\}\subseteq E$满足

(i) $\{u_n,e_h\}$有界.

(ii) $\nabla\hat{I}(u_n)\to 0$于E', (4.5.16)

$\{u_n\}$便有收敛子列.

引理 4.5.6 I和J在$(-\infty,+\infty)\backslash\{J\bar{u}\}$上满足[P. S.]$_c$条件(即对$\forall c\in(-\infty,+\infty)\backslash\{J\bar{u}\}$及$\forall\{u_n\}\subset E$：$\hat{I}(u_n)\to c$且$\nabla\hat{I}(u_n)\to 0$于$E'$，$\{u_n\}$有收敛子列).

进一步，I和J满足[P. S.]$'$条件.

证明 显然，只需对I证明结论成立就够了. 因此，假设$\nabla I(u_n)\to 0$同时将u_n分解成$u_n=v_n+w_n$，这里$v_n=(u_n,e_h)e_h$. 记P为E到$\{e_h\}^\perp$上的直交投影，则$\exists\,\varepsilon_n:\varepsilon_n\perp e_h$，使

$$-\Delta w_n-\lambda_k w_n=Pg(u_n)+\hat{h}+\varepsilon_n, \tag{4.5.17}$$

而$\varepsilon_n\to 0$于H^{-1}. 因$\varepsilon_n\perp e_h$，故方程

$$-\Delta z_n-\lambda_k z_n=\varepsilon_n,\qquad z_n\perp e_h \tag{4.5.18}$$

可解. 记其解为z_n.

由于λ_k不是$-\Delta$在$\{e_h\}^\perp$上的特征值，又$\{w_n\}\subseteq\{e_h\}^\perp$，故$\{w_n\}$在$E$中有界. 从(4.5.17)和(4.5.18)不难看出，$\{w_n-z_n-p\bar{u}\}$实际上在$W^{2,p}(\Omega)(\forall p)$中有界，

进而可以假设它在 E 中收敛. 因 $z_n\to 0$,故 w_n 收敛于某个 $w\in E$.

由此可知:如果$\{v_n\}$有界,则$[\mathrm{P.S.}]_c$ 条件成立. 特别地,$[\mathrm{P.S.}]'$条件也成立. 下面仅需证明:如果$\{v_n\}$无界,则 $J(u_n)\to J(\bar{u})$. 为此设$|\alpha_n|=|(u_n,e_h)|\to\infty$. 利用引理 4.5.1 的(4.5.4)推得:$g(u_n)=g(w_n+\alpha_n e_h)\to 0$ 于 $H^{-1}(\Omega)$.

因此,在(4.5.17)两边取极限,得

$$-\Delta w-\lambda_k w=\hat{h}, \tag{4.5.19}$$

即 $w=P\bar{u}$. 最后,通过在(4.5.10)中取极限,得到

$$I(u_n)=J(w_n)+\int_\Omega G(w_n+\alpha_n e_n)\mathrm{d}x\to J(w)=J(\bar{u}). \tag{4.5.20}$$

现在固定 $\bar{r}$,使(4.5.14)成立. 以 B_{h-1} 简记 $B_{h-1}(\bar{u},\bar{r})$. 沿用 A_{h-1}^i 表示由 $B_{h-1}(\bar{u},\bar{r})$产生的集族,而 $c_{h-1}^i=\inf\limits_{A\in\mathscr{A}_{h-1}^i}\sup\limits_A I$.

利用定理 1.8.8 可以直接推出如下命题.

命题 4.5.1 如果 $c_{h-1}^i\neq J(\bar{u})$,则 c_{h-1}^i是 I 的临界值,$i=1,2$.

因此,为了证明 I 有临界值,可以假设 $c_{h-1}^2=J(\bar{u})$. 现固定 $\bar{\alpha}\in\mathbf{R}^+$,考察

$$c(\bar{\alpha})=\sup_{u\in B_{h-1}(\bar{u},\bar{r})}I(u+\bar{\alpha}e_h), \tag{4.5.21}$$

有

命题 4.5.2

$$\lim_{\alpha\to\infty}c(\alpha)=J(\bar{u}). \tag{4.5.22}$$

证明 由引理 4.5.1(i),易见 $I(u+\alpha e_h)\to J(u)$对 u 一致成立. 再利用(4.5.13)便可推出要证结论. ■

给定 $\alpha\in\mathbf{R}^+$. 令 $C(\alpha)=B_{h-1}(\bar{u},\bar{r})\dot{+}(-\alpha,\alpha)e_h$. 设

$$s(\alpha)=\sup_{\partial C(\alpha)}I. \tag{4.5.23}$$

命题 4.5.3 如果 $c_{h-1}^2\leqslant J(\bar{u})$,则当 α 充分大时,有

$$s(\alpha)=c(\alpha). \tag{4.5.24}$$

证明 由 c_{h-1}^2 的定义,有 $\inf\limits_{\bar{u}+E_{h-1}^\perp}I\leqslant c_{h-1}^2$. 再从(4.5.15)和命题 4.5.2 推知(4.5.24)成立. ■

现在可以给出定理 4.5.1 的证明.

定理 4.5.1 的证明 只需证明 I 有临界点. 如果 $c_{h-1}^2\neq J(\bar{u})$,则由命题 4.5.1,I 有临界值.

如果 $c_{h-1}^2=J(\bar{u})$,则命题 4.5.3 的条件被满足. 取定 α,并记 $c_h^1(\alpha)$为以 $C(\alpha)$代替 B_h 后作出的可能临界值 c_h^1. 如果存在 α,使 $c_h^1(\alpha)>s(\alpha)$,则因

$$J(\bar{u}) = c_{h-1}^2 = \inf_{A \in \mathscr{A}_{h-1}^2} \sup_A I \leqslant \sup_{\partial C(\alpha)} I = s(\alpha) < c_h^1(\alpha),$$

故 I 在 $c_h^1(\alpha)$ 满足 $[\mathrm{P.S.}]_c$ 条件. 据命题 4.5.1, $c_n^1(\alpha)$ 即为 I 的一个临界值. 由此可以假设 $c_h^1(\alpha) \leqslant s(\alpha)$, $\forall\, \alpha$, 则存在 $A_n \in \mathscr{A}_h^1(C(n))$, 使

$$\sup_{A_n} I < s(n) + \frac{1}{n}, \qquad \forall\, n \in \mathrm{N}\,. \tag{4.5.25}$$

据定理 4.5.3 和(4.5.25), 可知: $A_n \cap e_n^\perp \in \mathscr{A}_{h-1}^2$ 及

$$\lim_n \sup_{A_n \cap e_h^\perp} I \leqslant \lim_n s(n) = \lim_n c(n) = c_{h-1}^2\,. \tag{4.5.26}$$

另一方面, 据 C_{h-1}^2 的定义

$$\sup_{A_n \cap e_h^\perp} I \geqslant c_{h-1}^2, \tag{4.5.27}$$

故若记 $B_n = A_n \cap e_h^\perp$, 则有

$$\lim_n \sup_{B_n} I = C_{h-1}^2\,.$$

由定理 1.8.8, 可得到一个满足 $[\mathrm{P.S.}]'$ 条件的序列. 这个序列的收敛子列的极限点即为 I 的一个临界点. ■

4.5.4　定理 4.5.2 的证明

仍记 $E = H_0^1(\Omega)$. $I, J \in C^1(E)$ 定义成

$$J(u) = \frac{1}{2}\int_\Omega (|\nabla u|^2 - \lambda_k |u|^2)\mathrm{d}x - \int_\Omega \hat{h} u \mathrm{d}x, \tag{4.5.28}$$

$$I(u) = J(u) + \int_\Omega G(u)\mathrm{d}x, \tag{4.5.29}$$

由于 $\hat{h} \perp M_k$, 因此方程

$$-\Delta u - \lambda_k u = \hat{h} \tag{4.5.30}$$

在 E 中有解 $\bar{u}$.

记 $h = \sum_{i=1}^{k-1} \dim M_i$, $l = \dim M_k$, $E_h = M_1 \oplus \cdots \oplus M_{k-1}$. 由于 J 在 $\bar{u} + E_h$ 上凹且 $\nabla J(\bar{u}) = 0$, 故

$$J(\bar{u}) = \max_{\bar{u} + E_h} J(u). \tag{4.5.31}$$

由于 I 在 $\bar{u} + E_h^\perp$ 上有下界 m 并且在 $\bar{u} + E_h$ 上以平方速度趋于 $-\infty$, 因此, 能找到 $\bar{\gamma} > 0$, 使

$$\sup_{\partial B_h(\bar{u}, \bar{\gamma})} I < \inf_{\bar{u} + E_h^\perp} I. \tag{4.5.32}$$

因 u 在 M_k 上的分量在决定 I 的值时仅引起一个有界变化, 故从(4.5.32), 得

$$\sup_{\partial B_h(\bar{u},\bar{\gamma})\dot{+}M_k} I < \inf_{\bar{u}+E_h^{\perp}} I. \tag{4.5.33}$$

将定义 4.5.1 中的[P. S.]′推广为如下定义.

定义 4.5.2　设 $\hat{I}\in C^1(E,\mathbb{R})$，称 I'满足[P. S.]^l 条件是指 $\forall\{u_n\}\subseteq E$ 满足

(i) $(u_n,\varphi_k^{(j)})$有界，其中 $\varphi_k^{(j)}\in M_k(j=1,\cdots,l)$为 M_k 的基底.

(ii) $\nabla\tilde{I}(u_n)\to 0$ 于 E'，

$\{u_n\}$中便有收敛子列.

类似于引理 4.5.6 并利用引理 4.5.5，可得如下引理.

引理 4.5.7　I 和 J 在$(-\infty,+\infty)\backslash\{J(\bar{u})\}$上满足[P. S.]$_c$ 条件.

进一步，I 和 J 满足[P. S.]^l 条件. 取定 $\bar{\gamma}$ 使得(4.5.32)成立. 以 B_h 简记 $B_h(\bar{u},\bar{r})$. 考察与 $B_h(\bar{u},\bar{r})$相对应的$\mathscr{A}_h^i$和 c_h^i.

由引理 4.5.7 和定理 1.8.8，立即推得

命题 4.5.1′　如果 $c_h^i\neq J(\bar{u})$，则 c_h^i 是 I 的临界值，$i=1,2$.

为了证明 I 有临界点. 不妨假设 $c_h^2=J(\bar{u})$. 对于 $\bar{\alpha}\in\mathbb{R}^+$. 令

$$c(\bar{\alpha}) = \sup_{\substack{\psi\in S\\ u\in B_h(\bar{u},\bar{r})}} I(u+\bar{\alpha}\psi), \tag{4.5.34}$$

其中，$S=\{u\in M_k \mid \||u|\|=1\}$. 有如下命题.

命题 4.5.2′　$$\lim_{\alpha\to+\infty} c(\alpha)=J(\bar{u}). \tag{4.5.35}$$

再作集合 $C(\alpha)=B_h(\bar{u},\bar{r})\dot{+}[0,\alpha]S$. 以 $C(\alpha)$充当 B_{h+l}. 设

$$s(\alpha) = \sup_{\Delta} I,$$

其中，

$$\Delta = (\partial B_h(\bar{u},\bar{r})\dot{+}[0,\alpha)\cdot S)\cup(B_h(\bar{u},\bar{r})\dot{+}\{\alpha\}\cdot S).$$

命题 4.5.3′　如果 $c_h^2\leqslant J(\bar{u})$，则对充分大的 α，有

$$s(\alpha)\leqslant c(\alpha).$$

定理 4.5.2 的证明　只需证 I 有临界点.

如果 $c_h^2\neq J(\bar{u})$，则命题 4.5.1′表明 I 有一个临界值 c_h^2.

如果 $c_h^2=J(\bar{u})$，则命题 4.5.3′的条件被满足. 记 $c_{h+l}^1(\alpha)$为用 $C(\alpha)$充当 B_{h+l}时相应的 c_{h+l}^1. 如果存在 α，使 $c_{h+l}^1>s(\alpha)$，则仿定理 4.5.1 的证明可推得，c_{h+l}^1即为 I 的一个临界值. 如果 $c_{h+l}^1\leqslant s(\alpha)$对 $\forall\alpha\in\mathbb{R}^+$成立，则由 c_{h+l}^1的定义，存在 $A_n\in\mathscr{A}_{l+h}^1(C(n))$，使

$$\sup_{A_n} I < s(n)+\frac{1}{n}. \tag{4.5.36}$$

用与定理 4.5.1 的证明完全类似的办法，可推得：存在$\{u_n\}\subset E$，使

(i) $\lim_n d(u_n, A_n \cap M_k^{\perp}) = 0$($d$ 表示距离).

(ii) $\lim_n \nabla I(u_n) = 0$.

(iii) $\lim_n I(u_n) = c_h^2$.

由(i)知,$(u_n, \varphi_k^{(j)})$ 有界($\forall \varphi_k^{(j)} \in M_k, j = 1, \cdots, l$). 根据引理 4.5.7, I 满足 $[\mathrm{P.S.}]^l$ 条件,故$\{u_n\}$中有子列,该子列的极限点便是 I 的一个临界点. ■

注 4.5.1　不难看出,定理 4.5.1 和定理 4.5.2 中的条件(g^*):g 为具有周期原函数的连续周期函数可以换成条件

(SR) g 连续且

$$\lim_{s \to \pm\infty} g(s) = \lim_{s \to \pm\infty} G(s) = 0. \tag{4.5.37}$$

这样便得到关于强共振问题的如下结果.

定理 4.5.4　设 g 满足条件(4.5.37),又 $\hat{h} \in L^2(\Omega)$满足 $\hat{h} \perp M_k$,则问题

$$\begin{cases} -\Delta u - \lambda_k u + g(u) = \hat{h}, & x \in \Omega, \\ u = 0, & x \in \partial\Omega \end{cases}$$

至少有一个解. ■

附　注　Ⅳ

1. Chang 和 Liu[71]利用上积长(cuplength)来估计强共振问题所对应泛函的临界点的个数的下界.

2. Copozzi 等[72]利用 Morse 理论及临界值的 minimax 特征,讨论一类强共振问题非平凡解的存在性.

第 5 章 特征线问题及其扰动

本章介绍广义特征值问题

$$\begin{cases} -u''-\mu u^{+}+\nu u^{-}=0, \\ u(0)=u(\pi)=0 \end{cases} \tag{5.0.1}$$

(其中，$u^{+}=\dfrac{|u|+u}{2}$，$u^{-}=\dfrac{|u|-u}{2}$)的 Fǔcik 谱理论及两参数特征值问题

$$\begin{cases} \dfrac{d^4 y}{dx^4}=\mu y-\nu\dfrac{d^2 y}{dx^2}, \\ y(0)=y(1)=y''(0)=y''(1)=0 \end{cases} \tag{5.0.2}$$

的广义谱理论．由于问题(5.0.1)或(5.0.2)中均有两个参数，因而使(5.0.1)或(5.0.2)有非平凡解的数对(μ,ν)的全体一般构成平面$\mathbb{R}^2$上的曲线(族)．这样的曲线称为特征线，进而将(5.0.1)或(5.0.2)也称为特征线问题．

与此同时，也讨论不跨特征线扰动问题和带跨特征线扰动问题的可解性．这里的不少结果是第 2 章和第 3 章中一些结果的推广．

5.1 Fǔcik 谱的定义

稍抽象地引入 Fǔcik 广义谱．

5.1.1 假设和记号

设 X,Y,Z 为 Banach 空间．

(i) 假设 C 为 Y 中的一个固定锥并且满足

(Y1) C 中有半序 $x\leqslant y$，使对 $\forall\, y\in Y$，有

$$y^{+}=\max\{y,0\}\in C,\qquad y^{-}=\max\{-y,0\}\in C,$$

(Y2) 映射 $y\longmapsto y^{+}$ 是连续的，

(Y3) $X\hookrightarrow Y$.

(ii) 设 $a>0$ 为一个定数．

(iii) 假设 $J:X\to Z$ 是一个具有下列性质的映射：

(J1) J 是正 a 齐的，即

$$u\in X,t>0\Rightarrow J(tu)\geqslant t^{a}Ju,$$

(J2) J 是 X 到 Z 上的同胚.

(J3) J 是奇的,即 $J(-u)=-J(u)$, $\forall\, u\in X$.

(iv) 假设 $S:Y\to Z$ 是一个具有下列性质的映射:

(S1) S 是正 a 齐的奇映射.

(S2) S 连续.

(S3) 映射 $u\longmapsto Su^+$, $u\longmapsto Su^-$ 均为从 X 到 Z 的全连续映射.

(v) 设 $G: X\to Z$ 是一个全连续映射.

(vi) μ 和 ν 均为实参数.

现在,设 $T_{(\mu,\nu)}: X\to Z$ 定义为

$$T_{(\mu,\nu)}: u\longmapsto \mu Su^+-\nu Su^-, \qquad u\in X.$$

对于映射 $T_{(\mu,\nu)}$,引进下列集合:

$A_{-1}=\{(\mu,\nu)\in \mathrm{R}^2 \mid \exists\, u_0\neq\theta_X$,使 $Ju_0-T_{(\mu,\nu)}u_0=\theta_Z\}$,

$A_0=\mathrm{R}^2\setminus A_{-1}$,

$A_1=\{(\mu,\nu)\in A_0 \mid \deg[z-T_{(\mu,\nu)}(J^{-1}z), B_z(1), \theta_z]\neq 0\}$,

其中,

$$B_z(r)=\{z\in Z \mid \|z\|_Z<r\}, \qquad r>0,$$
$$A_2=\{(\mu,\nu)\in A_0 \mid \mathrm{Im}[J-T_{(\mu,\nu)}]\neq Z\},$$
$$A_3=\{(\mu,\nu)\in \mathrm{R}^2 \mid \mathrm{Im}[J-T_{(\mu,\nu)}]=Z\}.$$

5.1.2 集合 A_i($i=-1,0,1,2,3$)的性质

引理 5.1.1 对 $i=-1,0,1,2,3$,

$$(\mu,\nu)\in A_i \Leftrightarrow (\nu,\mu)\in A_i. \tag{5.1.1}$$

证明 $i=-1,0,2,3$ 时显然真. $i=1$ 时的证明参见文献[73]中的引理 40.3. ■

引理 5.1.2 设$(\alpha,\beta)\in\mathrm{R}^2$,

$$C_1(\alpha,\beta)=\sup_{\|u\|_X=1}\|T_{(\alpha,\beta)}u\|_Z,$$
$$s=\max\left\{\sup_{\|u\|_X=1}\|Su^+\|_Z, \sup_{\|u\|_X=1}\|Su^-\|_Z\right\},$$

则

$$C_1(\alpha,\beta)\leqslant(|\alpha|+|\beta|)s. \tag{5.1.2}$$

特别地,有

(i) $C_1(\alpha,\beta)<\infty$.

(ii) $\lim\limits_{(\alpha,\beta)\to(0,0)} C_1(\alpha,\beta)=0$.

(iii) $u\in X \Rightarrow \|T_{(\alpha,\beta)}u\|_Z\leqslant C_1(\alpha,\beta)\|u\|_X^a$.

证明 $C_1(\alpha,\beta)=\sup_{\|u\|_X=1}\|T_{(\alpha,\beta)}u\|_Z$

$$\leqslant|\alpha|\sup_{\|u\|_X=1}\|Su^+\|_Z+|\beta|\sup_{\|u\|_X=1}\|Su^-\|_Z$$

$$\leqslant(|\alpha|+|\beta|)s.$$

据假设(S3)可知，$s\in\mathbf{R}$ 为有限数，故(i)，(ii)成立．

现设 $u\in X,u\neq\theta_X$. 于是(S1)蕴含

$$\|T_{(\alpha,\beta)}u\|_Z=\left\|\alpha S\left(\|u\|_X\frac{u}{\|u\|_X}\right)^+-\beta S\left(\|u\|_X\frac{u}{\|u\|_X}\right)^-\right\|$$

$$=\|u\|_X^a\left\|T_{(\alpha,\beta)}\left(\frac{u}{\|u\|_X}\right)\right\|_Z\leqslant C_1(\alpha,\beta)\|u\|_X^a,$$

即(iii)成立． ■

引理 5.1.3（A_0 的性质）

(i) $(\mu,\nu)\in A_0\Rightarrow C_2(\mu,\nu)=\inf_{\|u\|_X=1}\|Ju-T_{(\mu,\nu)}u\|_Z>0$.

(ii) $(\mu,\nu)\in A_0, u\in X\Rightarrow\|Ju-T_{(\mu,\nu)}u\|_Z\geqslant C_2(\mu,\nu)\|u\|_X^a$.

(iii) 对$(\mu,\nu)\in A_0$，集合 $\mathrm{Im}[J-T_{(\mu,\nu)}]$是 Z 中的闭集．

(iv) 若$(\mu,\nu)\in A_0$，$(\alpha,\beta)\in\mathbf{R}^2$满足

$$|\alpha|+|\beta|\leqslant\frac{1}{s}C_2(\mu,\nu),\tag{5.1.3}$$

则$(\mu+\alpha,\nu+\beta)\in A_0$.

(v) A_0 是$\mathbf{R}^2$中的一个开子集．

证明 (i)反设 $C_2(\mu,\nu)=0$，则存在一个序列$\{u_n\}_{n=1}^\infty$，$\|u_n\|_X=1$，使

$$\lim_{n\to\infty}\|Ju_n-T_{(\mu,\nu)}u_n\|_Z=0.$$

因算子 S 满足(S3)又 J 是一个同胚(参见(J2))，故存在$\{u_n\}$的子列$\{u_{n_k}\}_{k=1}^\infty$及 $u_0\in X$，使当 $k\to\infty$，有

$$T_{(\mu,\nu)}u_{n_k}\to Ju_0\quad 于\ Z.$$

于是

$$Ju_{n_k}\to Ju_0\quad 于\ Z,\qquad 而\ u_{n_k}\to u_0\quad 于\ X.$$

因此，有

$$\|u_0\|_X=1,\qquad Ju_0-T_{(\mu,\nu)}u_0=\theta_Z,$$

这与$(\mu,\nu)\in A_0$ 的事实相矛盾！

(ii) 类似于引理 5.1.2(iii)的证明．

(iii) 假设

$$Ju_n-T_{(\mu,\nu)}u_n=z_n,$$

并且

$$z_n \to z_0 \quad 于\ Z.$$

下证 $z_0 \in \mathrm{Im}[J - T_{(\mu,\nu)}]$. 由 $C_2(\mu,\nu)\|u_n\|_X^a \leqslant \|z_n\|_Z$ 推知，$\{u_n\}_{n=1}^{\infty}$ 在 X 中有界．于是，存在 $\{u_n\}$ 的子列 $\{u_{n_k}\}$ 及 $u_0 \in X$，使

$$T_{(\mu,\nu)} u_{n_k} \to Ju_0 - z_0 \qquad 于\ Z.$$

由此推知

$$Ju_{n_k} \to Ju_0 \qquad 于\ Z,$$

并且

$$u_{n_k} \to u_0 \quad 于\ X, \qquad Ju_0 - T_{(\mu,\nu)} u_0 = z_0.$$

(iv) 从假设(5.1.3)，有

$$C_1(\alpha,\beta) < C_2(\mu,\nu),$$

于是

$$\begin{aligned}\|Ju - T_{(\mu+\alpha,\nu+\beta)} u\|_Z &\geqslant \|Ju - T_{(\mu,\nu)} u\|_Z - \|T_{(\alpha,\beta)} u\|_Z \\ &\geqslant (C_2(\mu,\nu) - C_1(\mu,\nu))\|u\|_X^a,\end{aligned}$$

进而 $(\mu+\alpha,\nu+\beta) \in A_0$.

(v) 由(iv)立即推得．■

引理 5.1.4(A_1 的性质)

(i) $A_1 \subseteq A_3$.

(ii) A_1 是 $\mathbb{R}^2$ 中的开子集．

(iii) A_1 是 A_0 的一定的连通分支的并集．

(iv) 如果 T 是 A_0 的一个包含点 $(\lambda,\lambda)\in\mathbb{R}^2$ 的连通分支，则 $T\subseteq A_1$.

(v) 若 $(\lambda,\lambda)\in A_0$，$(\alpha,\beta)\in\mathbb{R}^2$ 满足

$$|\alpha| + |\beta| < \frac{1}{s} C_2(\lambda,\lambda),$$

则 $(\lambda+\alpha,\lambda+\beta)\in A_1$.

(vi) 设 $(\mu,\nu)\in A_1$，假设

$$\lim_{\|u\|_X\to\infty} \sup \frac{\|Gu\|_Z}{\|u\|_X^a} < C_2(\mu,\nu).$$

则

$$\mathrm{Im}[J - T_{(\mu,\nu)} + G] = Z.$$

证明　(i) 取 $(\mu,\nu)\in A_1$. 设 $\zeta\in Z$ 是一个任意固定的元素．只要证得

$$z - T_{(\mu,\nu)}(J^{-1} z) = \zeta \tag{5.1.4}$$

在 Z 中可解就行了．

据引理 5.1.3 的结论(ii)，存在 $\rho>0$，使

$$\| z - T_{(\mu,\nu)}(J^{-1}z)\|_Z > \|\zeta\|_Z$$

对 $\forall z\in Z$: $\|z\|_Z=\rho$ 成立．由此可知，

$$\begin{aligned}&\deg(z - T_{(\mu,\nu)}(J^{-1}z) - \zeta; K_Z(\rho), \theta_Z)\\ =\ &\deg(z - T_{(\mu,\nu)}(J^{-1}z); K_Z(\rho), \theta_Z)\\ =\ &\deg(z - T_{(\mu,\nu)}(J^{-1}z); K_Z(1), \theta_Z) \neq 0,\end{aligned}$$

从而可知(5.1.4)可解．

(ii) 由 Leray-Schauder 度的同伦不变性立即推得．

(iii) 显然成立．

(iv) 对 $(\lambda,\lambda)\in A_0$，映射

$$z \longmapsto T_{(\lambda,\lambda)}(J^{-1}z), \qquad z\in Z$$

是奇的，故由 Borsuk 定理，

$$\deg(z - T_{(\lambda,\lambda)}(J^{-1}z); B_Z(1), \theta_Z)$$

是奇数(不为 0)．于是 $(\lambda,\lambda)\in A_1$．据(iii)，$T\subseteq A_1$．

(v) 由(iv)的结论及引理 5.1.3 的结论(iv)立即推得．

(vi) 设 $\zeta\in Z$. 欲证

$$Ju - T_{(\mu,\nu)}u + G(u) = \zeta$$

可解．为此，只需证得存在 $\rho>0$，使对 $\forall z\in Z$: $\|z\|_Z=\rho$，有

$$\| z - T_{(\mu,\nu)}(J^{-1}z) + G(J^{-1}z)\|_Z > \|\zeta\|_Z \tag{5.1.5}$$

就够了(剩下的借助 Leray-Schauder 度的同伦不变性便可推出)．利用题设，不难找到正数 $\varepsilon>0$ 及 $\rho>0$，使

$$\| z - T_{(\mu,\nu)}(J^{-1}z)\|_Z - C_2(\mu,\nu)\|J^{-1}z\|_X^a + \varepsilon\|J^{-1}z\|_X^a > \|\zeta\|_Z$$

对 $\forall z\in Z$: $\|z\|_Z=\rho$ 成立．这便推得(5.1.5)． ■

引理 5.1.5(A_2 的性质)

(i) 若对 $(\mu,\nu)\in A_2$，存在 $C_3(\mu,\nu)>0$ 满足

$$\lim_{\|u\|_X\to\infty}\sup \frac{\|Gu\|_Z}{\|u\|_X^a} < C_3(\mu,\nu),$$

则

$$\mathrm{Im}[J - T_{(\mu,\nu)} + G] \neq Z.$$

(ii) 若 $(\mu,\nu)\in A_2$，$(\alpha,\beta)\in \mathbb{R}^2$ 满足

$$|\alpha| + |\beta| < \frac{1}{s}C_3(\mu,\nu),$$

则

$$(\mu+\alpha, \nu+\beta) \in A_2.$$

(iii) A_2 是 $\mathbf{R}^2$ 中的开子集．

证明　(i) 存在 $\zeta\in Z$：$\|\zeta\|_Z=1$ 使

$$Ju-T_{(\mu,\nu)}u\neq\zeta$$

对 $\forall u\in X$ 成立．据引理 5.1.3 的结论(iii)，$\mathrm{Im}[J-T_{(\mu,\nu)}]$ 是 Z 中的一个闭集，从而有

$$\inf_{u\in X}\|Ju-T_{(\mu,\nu)}u-\zeta\|_Z=2\varepsilon>0.$$

记

$$C_3(\mu,\nu)=\frac{\varepsilon}{\varepsilon+1}C_2(\mu,\nu).$$

选取 $r>0$ 充分大，使

$$\|Gu\|_Z<C_3(\mu,\nu)\|u\|_X^\alpha$$

对 $\forall u\in X$：$\|u\|\geqslant r$ 成立．

由于映射 $J-T_{(\mu,\nu)}+G$ 将 X 中的有界集映成 Z 中的有界集，故存在 $b>0$ 满足：若对 $\eta\in Z$：$\|\eta\|_Z=1$ 及 $t>b$，有

$$Ju-T_{(\mu,\nu)}u+Gu=t\eta,$$

则

$$\|u\|_Z\geqslant r.$$

下面证明：若

$$\eta\in Z:\|\eta\|_Z=1,\ \|\eta-\zeta\|_Z\leqslant\varepsilon,\qquad t>b,$$

则

$$t\eta\notin\mathrm{Im}[J-T_{(\mu,\nu)}+G].$$

反设存在 $u\in X$，使

$$Ju-T_{(\mu,\nu)}u+Gu=t\eta.$$

于是，由引理 5.1.3 的结论(ii)

$$\begin{aligned}t&=\|Ju-T_{(\mu,\nu)}u+Gu\|\geqslant\|Ju-T_{(\mu,\nu)}u\|_Z-\|Gu\|_Z\\&\geqslant C_2(\mu,\nu)\|u\|_X^\alpha-\frac{\varepsilon}{\varepsilon+1}C_2(\mu,\nu)\|u\|_X^\alpha\\&=\frac{C_2(\mu,\nu)}{\varepsilon+1}\|u\|_X^\alpha.\end{aligned}\tag{5.1.6}$$

进一步，

$$\begin{aligned}t\varepsilon&=2t\varepsilon-t\varepsilon\\&\leqslant t\left\|\zeta-J\left(\frac{u}{t^{\frac{1}{\alpha}}}\right)+T_{(\mu,\nu)}\left(\frac{u}{t^{\frac{1}{\alpha}}}\right)\right\|_Z-t\|\zeta-\eta\|_Z\\&=\|t\zeta-Ju+T_{(\mu,\nu)}u\|_Z-t\|\zeta-\eta\|_Z\end{aligned}$$

$$\leqslant \| t\eta - Ju + T_{(\mu,\nu)} u \|_Z = \| Gu \|_Z$$
$$< \frac{\varepsilon}{\varepsilon+1} C_2(\mu,\nu) \| u \|_X^{\alpha}. \tag{5.1.7}$$

从(5.1.6)和(5.1.7)可以推出

$$t\varepsilon < \frac{\varepsilon}{\varepsilon+1} C_2(\mu,\nu) \| u \|_X^{\alpha} \leqslant t\varepsilon,$$

矛盾！

(ii) 只需在(i)中取 $Gu = T_{(\alpha,\beta)} u$.

(iii) 由(ii)立即推得. ■

5.1.3 Fǔcik 广义谱

为了讨论非线性边值问题

$$\begin{cases} -u''(x) - \mu u^+(x) + \nu u^-(x) - g(u(x)) = f(x), & x \in (0,\pi), \\ u(0) = u(\pi) = 0 \end{cases} \tag{5.1.8}$$

(其中 $\mu,\nu \in \mathrm{R}$，$g: \mathrm{R} \to \mathrm{R}$ 是一个有界连续函数，$f \in L^1(0,\pi)$)的可解性，从 5.1.1 小节和 5.1.2 小节已经看到研究广义特征值问题

$$\begin{cases} -u''(x) - \mu u^+(x) + \nu u^-(x) = 0, & x \in (0,\pi), \\ u(0) = u(\pi) = 0 \end{cases} \tag{5.1.9}$$

的非平凡解的存在性是非常重要的. 若取

$$X = Y = Z = W_0^{1,2}(0,\pi),$$
$$G = \{u \in X \mid u(x) \geqslant 0 \text{ 于} [0,\pi]\},$$

而算子 J, S, G 分别定义为

$$\langle Ju, v \rangle_{W_0^{1,2}(0,\pi)} = \int_0^\pi u'(x) v'(x) \mathrm{d}x,$$
$$\langle Su, v \rangle_{W_0^{1,2}(0,\pi)} = \int_0^\pi u(x) v(x) \mathrm{d}x,$$
$$\langle Gu, v \rangle_{W_0^{1,2}(0,\pi)} = -\int_0^\pi g(u(x)) v(x) \mathrm{d}x,$$

$\forall u, v \in W_0^{1,2}(0,\pi)$，则不难看出，5.1.1 小节中的全部假设均被满足.

下面主要刻画 A_{-1}. A_{-1} 为使得(5.1.9)有非平凡解的参数对 (μ,ν) 的全体构成的集合.

定理 5.1.1 边值问题(5.1.9)有非平凡解的充要条件是下列条件之一成立：

(i) $\nu = 1$，μ 是任意的.

(ii) ν 是任意的，$\mu = 1$.

(iii) $\mu>1,\nu>1,\dfrac{\nu^{\frac{1}{2}}\mu^{\frac{1}{2}}}{\mu^{\frac{1}{2}}+\nu^{\frac{1}{2}}}\in\mathrm{N}$.

(iv) $\mu>1,\nu>1,\dfrac{\nu^{\frac{1}{2}}(\mu^{\frac{1}{2}}-1)}{\mu^{\frac{1}{2}}+\nu^{\frac{1}{2}}}\in\mathrm{N}$.

(v) $\mu>1,\nu>1,\dfrac{\mu^{\frac{1}{2}}(\nu^{\frac{1}{2}}-1)}{\mu^{\frac{1}{2}}+\nu^{\frac{1}{2}}}\in\mathrm{N}$.

证明　设 $u_0\in W_0^{1,2}(0,\pi)$为(5.1.9)的一个非平凡弱解．由正则性理论，可以假定 $u_0\in C^2([0,\pi])$并且 u_0 是(5.1.9)的一个非平凡古典解．据常微分方程解对初始值的唯一性定理，u_0 在区间$(0,\pi)$内仅有有限个零点．若 u_0 在$(0,\pi)$内没有零点，则得到(i)和(ii)．若 u_0 在$(0,\pi)$内仅有一个零点，则在 u_0 取正值的那个子区间上：$\exists A>0,a\in\mathrm{R}$，使 $u_0(x)$与 $A\sin\mu^{\frac{1}{2}}(x-a)$重合；而在 u_0 取负值的另一个子区间上：$\exists B<0,b\in\mathrm{R}$，使 $u_0(x)$与 $B\sin\nu^{\frac{1}{2}}(x-b)$重合．故有

$$\frac{\pi}{\mu^{\frac{1}{2}}}+\frac{\pi}{\nu^{\frac{1}{2}}}=\pi,$$

即$\dfrac{\mu^{\frac{1}{2}}+\nu^{\frac{1}{2}}}{\mu^{\frac{1}{2}}\nu^{\frac{1}{2}}}=1$．完全类似，设 u_0 在$(0,\pi)$内有 m 个零点．当 $m=2k-1$ 时，这 $2k-1$ 个零点将$(0,\pi)$分成 $2k$ 个子区间，故有 $k(\nu^{-\frac{1}{2}}+\mu^{-\frac{1}{2}})=1$，此即(iii)．当 $m=2k$ 时，这 $2k$ 个零点将$(0,\pi)$分成 $2k+1$ 个子区间．如果 u_0 在 $k+1$ 个子区间上取正值而在其余 k 个子区间上取负值，则 $k(\nu^{-\frac{1}{2}}+\mu^{-\frac{1}{2}})+\mu^{-\frac{1}{2}}=1$，此即(iv)．如果 u_0 在 k 个子区间上取正值而在其余 $k+1$ 个子区间上取负值，则 $k(\nu^{-\frac{1}{2}}+\mu^{-\frac{1}{2}})+\nu^{-\frac{1}{2}}=1$，此即(v)．

反过来，如果(i)～(v)中的任何一条被满足，则不难用上述思想构造出(5.1.9)的非平凡解 u_0 来，即(5.1.9)确有非平凡解．■

现在设 $T>0,\alpha\triangleq\dfrac{\pi}{T}$．用定理 5.1.1 的证明思想，不难建立如下结果．

定理 5.1.2　设$(\mu,\nu)\in\mathrm{R}^2$．则非线性边值问题

$$\begin{cases}-u''-\lambda_+u^++\lambda_-u^-=0, & x\in(0,T),\\ u(0)=u(T)=0\end{cases}\tag{5.1.10}$$

有非平凡解的充要条件为

$$(\lambda_+,\lambda_-)\in C_0^*\cup\left[\bigcup_{k=1}^{\infty}(C_k\cup C_k^*)\right],$$

其中，

$$C_0^*=\{(\mu,\nu)\in\mathrm{R}^2\mid(\mu-\alpha^2)(\nu-\alpha^2)=0\},$$

$$C_k=\left\{(\mu,\nu)\in\mathbf{R}^2\mid \mu>k^2\alpha^2,\nu>0,\nu^{\frac{1}{2}}=\frac{k\alpha\mu^{\frac{1}{2}}}{\mu^{\frac{1}{2}}-k\alpha}\right\},$$

$$C_k^*=\left\{(\mu,\nu)\in\mathbf{R}^2\mid \mu>k^2\alpha^2,\nu>0,\nu^{\frac{1}{2}}=\frac{(k+1)\alpha\mu^{\frac{1}{2}}}{\mu^{\frac{1}{2}}-k\alpha}\right\}$$
$$\cup\left\{(\mu,\nu)\in\mathbf{R}^2\mid \mu>(k+1)^2\alpha^2,\nu>0,\nu^{\frac{1}{2}}=\frac{k\alpha\mu^{\frac{1}{2}}}{\mu^{\frac{1}{2}}-(k+1)\alpha}\right\}.$$

证明(梗概) 设 $u_0\neq 0$ 为(5.1.10)的非平凡解,则 u_0 在$[0,T]$内仅有有限个零点:$0=t_0<t_1<\cdots<t_n=T$. 若 $u_0|_{[t_j,t_{j+1}]}>0$,则 $u_0|_{[t_j,t_{j+1}]}=A_j\sin\lambda_+^{\frac{1}{2}}(t-t_j)$且 $t_{j+1}-t_j=\frac{\pi}{\lambda_+^{\frac{1}{2}}}$;若 $u_0|_{[t_j,t_{j+1}]}<0$,则 $u_0|_{[t_j,t_{j+1}]}=-\overline{A}_j\sin\lambda_-^{\frac{1}{2}}(t-t_j)$,并且 $t_{j+1}-t_j=\frac{\pi}{\lambda_-^{\frac{1}{2}}}(A_j,\overline{A}_j>0)$. 由此可知,存在非负整数 n_+,n_-,使

$$T=n_+\pi\lambda_+^{-\frac{1}{2}}+n_-\pi\lambda_-^{-\frac{1}{2}},\tag{5.1.11}$$

且$|n_+-n_-|=0$或1. 当 $n_+=n_-=k\geqslant 1$ 时,$(\lambda_+,\lambda_-)\in C_k$;在"$n_+=1$ 且 $n_-=0$"及"$n_+=0$ 且 $n_-=1$"的情形下$(\lambda_+,\lambda_-)\in C_0^*$;在"$n_+=k$ 而 $n_-=k+1$"及"$n_+=k+1$而 $n_-=k$"的情形下$(\lambda_+,\lambda_-)\in C_k^*$ $(k\geqslant 1)$. 于是证得必要性.

若$(\lambda_+,\lambda_-)\in C_0^*\cup\left[\bigcup_{k=1}^{\infty}(C_k\cup C_k^*)\right]$,则不难利用上述思想构造出(5.1.10)的一个非平凡解来. ■

注 5.1.1 记$C_0\triangleq\{(\mu,\nu)\in\mathbf{R}^2\mid\mu\nu=0\}$. 取 $\alpha=\frac{1}{2}$,并将$(\mu^{\frac{1}{2}},\nu^{\frac{1}{2}})$看作$(\mu,\nu)$. 便可描绘出图 5.1.1(其中,$C_k$ 为实线,C_k^* 为虚线,$k\geqslant 0,\mu\geqslant 0,\nu\geqslant 0$).

现在给出 Fŭcik 谱的定义.

定义 5.1.1 称 $C_0^*\cup\left[\bigcup_{k=1}^{\infty}(C_k\cup C_k^*)\right]$为广义特征值问题(5.1.10)的 Fŭcik 谱.

下面给出广义特征值问题在有界扰动下的一个存在性结果.

定理 5.1.3 设

$$\pi=\{(\mu,\nu)\in\mathbf{R}^2\mid\mu<1,\nu<1\}$$
$$\cup\bigcup_{k=0}^{\infty}\left\{(\mu,\nu)\in\mathbf{R}^2\mid\mu^{\frac{1}{2}}>k+1,w_k(\mu^{\frac{1}{2}})<\nu^{\frac{1}{2}}<\eta_{k+1}(\mu^{\frac{1}{2}})\right\}$$
$$\cup\bigcup_{k=1}^{\infty}\left\{(\mu,\nu)\in\mathbf{R}^2\mid\mu^{\frac{1}{2}}>k,\eta_k(\mu^{\frac{1}{2}})<\nu^{\frac{1}{2}}<\tilde{\theta}_k(\mu^{\frac{1}{2}})\right\},$$

其中,

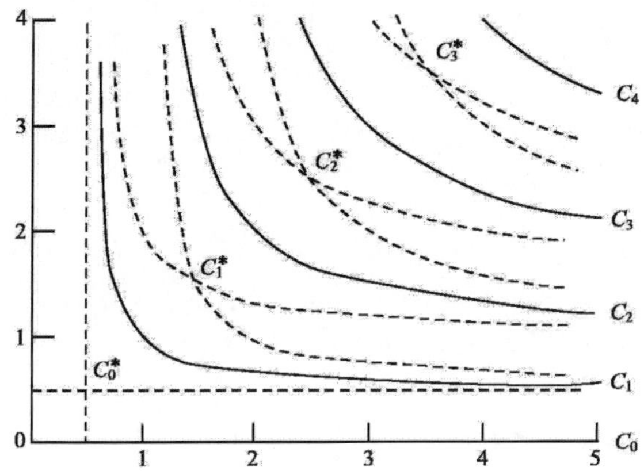

图 5.1.1

$$\tilde{\theta}_k(\tau)=\begin{cases}\dfrac{(k+1)\tau}{\tau-k}, & \tau\in(k,2k+1],\\[2mm] \dfrac{k\tau}{\tau-(k+1)}, & \tau\in(2k+1,\infty),\end{cases}$$

$$w_k(\tau)=\begin{cases}\dfrac{k\tau}{\tau-(k+1)}, & \tau\in(k+1,2k+1],\\[2mm] \dfrac{(k+1)\tau}{\tau-k}, & \tau\in(2k+1,\infty),\end{cases}$$

$$\eta_k(\tau)=\frac{k\tau}{\tau-k},\quad \tau\in(k,\infty).$$

如果$(\mu,\nu)\in\pi$, $f\in L^1(0,\pi)$, g: R →R 连续有界,则(5.1.8)至少有一个弱解 $u\in W_0^{1,2}(0,\pi)$.

证明　据引理 5.1.4 的结论(iv),$\pi\subseteq A_1$. 于是结论由引理 5.1.4 的结论(vi)立即推得. ■

考虑周期边值问题

$$\begin{cases}-u''-\mu u^++\nu u^--g(u)=f, & x\in(0,2\pi),\\ u(0)=u(2\pi), \quad u'(0)=u'(2\pi)\end{cases}\tag{5.1.12}$$

的可解性,其中,$f\in C[0,2\pi]$, g: R →R 为连续有界函数. 利用 5.1.2 小节的理论,不难得到如下结果.

定理 5.1.4　记

$$\Gamma=\{(\mu,\nu)\in \mathbf{R}^2\mid \mu<0,\nu<0\}$$
$$\cup\bigcup_{k=0}^{\infty}\left\{(\mu,\nu)\in \mathbf{R}^2\mid \mu^{\frac12}>\frac{k}{2},\phi_k(\mu^{\frac12})<\nu^{\frac12}<\phi_{k+1}(\mu^{\frac12})\right\},$$

其中，

$$\phi_k(\tau)=\frac{k\tau}{2\tau-k},\qquad \tau\in\left[\frac{k}{2},\infty\right).$$

设$(\mu,\varphi)\in\Gamma$, $f\in C[0,2\pi]$, g 为连续有界函数，则(5.1.12)至少有一个解．

证明　在 5.1.2 小节中，取

$$X=\{u\in C^2[0,2\pi]\mid u(0)=u(2\pi),u'(0)=u'(2\pi)\},$$
$$Y=Z=C[0,2\pi],$$
$$C=\{u\in Z\mid u(x)\geqslant 0,x\in[0,2\pi]\},$$
$$J:u\longmapsto -u'',$$
$$S:u\longmapsto u,$$
$$G:u\longmapsto g(u(x)).$$
■

5.1.4　几点补充

(1) 考虑四阶常微分方程两点边值问题

$$\begin{cases}\dfrac{\mathrm{d}^4u}{\mathrm{d}x^4}-\mu u^+(x)+\nu u^-(x)=0, & x\in(0,\pi),\\ u(0)=u(\pi)=u''(0)=u''(\pi)=0.\end{cases}\tag{5.1.13}$$

若取

$$X=\{u\in C^4[0,\pi]\mid u(0)=u(\pi)=u''(0)=u''(\pi)=0\},$$
$$\|u\|_X=\|u\|_{C^4[0,\pi]},$$
$$Z=Y=C[0,\pi],$$
$$C=\{y\in C[0,\pi]\mid y(x)\geqslant 0,x\in[0,\pi]\},$$
$$J:u\longmapsto\frac{\mathrm{d}^4u}{\mathrm{d}x^4},$$
$$S:u\longmapsto u.$$

显然，5.1.1 小节和 5.1.2 小节的所有假设均满足．但不幸的是，人们还未能像 5.1.3 小节中那样给出 A_{-1} 的精确刻画．

(2) 寻找所有$(\mu,\nu)\in\mathbb{R}^2$，使椭圆边值

$$\begin{cases}-\Delta u-\mu u^++\nu u^-=0 & 于\ \Omega,\\ u=0 & 于\ \partial\Omega\end{cases}\tag{5.1.14}$$

有非平凡解的问题也是一个十分有趣而艰难的问题，即便 Ω 是非常特殊的区域，如 n 维方体或球体等．

5.2　Liénard 方程 PBVP · 不跨特征线扰动 · Leray-Schauder 度理论

设 $e\in L^1(0,T)$，$c\in\mathbb{R}$，$f:[0,T]\times\mathbb{R}\to\mathbb{R}$ 满足 Carathéodory 条件．本节的主要目的是讨论 Liénard 型常微分方程边值问题

$$\begin{cases} u''+cu'+f(t,u)=e(t), & \text{a. e. 于}[0,T], \quad (5.2.1)\\ u(T)-u(0)=0, \quad u'(T)-u'(0)=0 & (5.2.2)\end{cases}$$

的可解性．定理的主要条件是借助 Fučik 广义谱给出的．扰动项不跨越(5.1.10)的特征线．

5.2.1　一个重要引理

由定理 5.1.2 知，非线性两点边值问题

$$\begin{cases} -u''-\lambda_+ u^+ +\lambda_- u^- =0, & x\in(0,T), \quad (5.2.3)\\ u(0)=u(T)=0 & (5.2.4)\end{cases}$$

没有非平凡解的充要条件是

$$(\lambda_+,\lambda_-)\notin C_0^*\cup\left[\bigcup_{k=1}^{\infty}(C_k\cup C_k^*)\right]$$

(C_i^*，C_j 的定义参见定理 5.1.2)．现在考虑与(5.2.3)，(5.2.4)相对应的变系数问题

$$\begin{cases} -u''-g_+(t)u^+ +g_-(t)u^- =0, & t\in(0,T), \quad (5.2.5)\\ u(0)=u(T)=0 & (5.2.6)\end{cases}$$

"特殊"非平凡解的不存在性．建立如下重要引理．它是联系 Dirichlet 两点边值问题与周期边值问题的桥梁．

引理 5.2.1　设 $g_\pm\in L^\infty(0,T)$．假设下列条件之一成立：

(H1) 存在整数 $i\geqslant 0$ 及两点 $(\lambda_{+,i},\lambda_{-,i})\in C_i$，$(\lambda_{+,i+1},\lambda_{-,i+1})\in C_{i+1}$ $(\lambda_{\pm,0}>0)$ 及实数 $\varepsilon>0$，使

$$\lambda_{\pm,i}+\varepsilon\leqslant g_\pm(t)\leqslant\lambda_{\pm,i+1}-\varepsilon, \quad \text{a. e.} \quad t\in[0,T]. \tag{5.2.7}$$

(H2) 存在实数 $\varepsilon>0$，使

$$g_\pm(t)\leqslant-\varepsilon, \tag{5.2.8}$$

则非线性 Dirichlet 问题(5.2.5)，(5.2.6)不存在满足条件

$$\operatorname{sign}u'(0)=\operatorname{sign}u'(T) \tag{5.2.9}$$

的非平凡解．

证明(沿用定理 5.1.2 的记号)　在假设(H2)下结论显然真.

现设(H1)成立.当 $i\geqslant 1$ 时,设 u 为(5.2.5),(5.2.6)的一个非平凡解,则由(5.2.5)在$[0,T]$上对初值问题解的唯一性可知,u 在$[0,T]$上仅有有限个零点.设 $I_+(I_-)$是 u 的任意两个相邻零点间的开子区间,$u|_{I_+}>0$,($u|_{I_-}<0$).记 $a_\pm=\pi\lambda_{\pm,i+1}^{-\frac{1}{2}}$,$b_\pm=\pi\lambda_{\pm,i}^{-\frac{1}{2}}$.先证明

$$a_\pm<\operatorname{meas}(I_\pm)<b_\pm\,. \tag{5.2.10}$$

反设不然,比如说对某 I_+ 有:$\operatorname{meas}I_+\geqslant b_+$(其余三种情况可类似地处理).记 $I_+=(\alpha,\beta)$.由于 u 是如下 Sturm-Liouville 问题:

$$\begin{cases}-u''-g_+(u)=0, & t\in(\alpha,\beta),\\ u(\alpha)=u(\beta)=0\end{cases}$$

对应于第一个特征值 1 的非负解.另一方面,1 又是

$$\begin{cases}-u''-\left(\dfrac{\pi}{\beta-\alpha}\right)^2u=0, & t\in(\alpha,\beta),\\ u(\alpha)=u(\beta)=0\end{cases}$$

的第一个特征值.故由 Strum-Liouville 边值问题第一个特征值的变分表示,

$$\begin{aligned}1&=\sup\int_\alpha^\beta g_+(t)\mid w(t)\mid^2\mathrm{d}t\\&=\sup\int_\alpha^\beta\left(\frac{\pi}{\beta-\alpha}\right)^2\mid w(t)\mid^2\mathrm{d}t\\&=\left(\frac{\pi}{\beta-\alpha}\right)^2\sup\int_\alpha^\beta\mid w(t)\mid^2\mathrm{d}t,\end{aligned}\tag{5.2.11}$$

其中,$w\in\left\{v\in W_0^{1,2}(\alpha,\beta)\,\middle|\,\int_\alpha^\beta\mid v'(t)\mid^2\mathrm{d}t=1\right\}$.对 $\forall\, w\in\left\{v\in W_0^{1,2}(\alpha,\beta)\,\middle|\,\int_\alpha^\beta\mid v'(t)\mid^2\mathrm{d}t=1\right\}$,由题设(5.2.7)及假设 $\beta-\alpha\geqslant b_+$ 推知

$$\begin{aligned}\int_\alpha^\beta g_+(t)\mid w(t)\mid^2\mathrm{d}t&\geqslant\int_\alpha^\beta(\lambda_{+,i}+\varepsilon)\mid w(t)\mid^2\mathrm{d}t\\&\geqslant\int_\alpha^\beta\left(\frac{b_+}{\beta-\alpha}\right)^2\lambda_{+,i}\mid w(t)\mid^2\mathrm{d}t+\varepsilon\int_\alpha^\beta\mid w(t)\mid^2\mathrm{d}t\\&=\int_\alpha^\beta\left(\frac{\pi}{\beta-\alpha}\right)^2\mid w(t)\mid^2\mathrm{d}t+\varepsilon\int_\alpha^\beta\mid w(t)\mid^2\mathrm{d}t.\end{aligned}\tag{5.2.12}$$

结合(5.2.11)和(5.2.12),得

$$1\geqslant 1+\varepsilon\left(\frac{\beta-\alpha}{\pi}\right)^2,$$

矛盾.故(5.2.10)成立.

现在,利用(5.1.11),有

$$T=(i+1)(a_{+}+a_{-})=i(b_{+}+b_{-}) \tag{5.2.13}$$

(注意:因$(\lambda_{+,i},\lambda_{-,i})\in C_i$,故(5.1.11)中的 $n_{+}=n_{-}=i$). 从(5.2.10)和(5.2.13)可推出:u的零点将$(0,T)$分成奇数个互不相交的开子区间. 事实上,反设这类开子区间的个数 $m=2p$,则当 $p\leqslant i$时,由(5.2.10)可知 $T<p(b_{+}+b_{-})$;当 $p\geqslant i+1$时,再由(5.2.10),可知 $T>p(a_{+}+a_{-})$. 二者均与(5.2.13)矛盾. 故 $\mathrm{sign}u'(0)\neq\mathrm{sign}u'(T)$成立.

当 $i=0$,因 $\lambda_{\pm,0}\geqslant0$,可以重复上述论证过程,即若 $u\neq0$ 是(5.2.5),(5.2.6)的非平凡解,则 $a_{\pm}<\mathrm{meas}(I_{\pm})$,同时 $a_{+}+a_{-}=T$. 故 u 在$(0,T)$上不变号,即(5.2.9)不能成立. ■

注 5.2.1　设 Δ_d 为$\mathbb{R}^2$的第 d 闭象限. 考察矩形

$$R_g\triangleq[\mathrm{ess\ inf}g_{+},\mathrm{ess\ sup}g_{+}]\times[\mathrm{ess\ inf}g_{-},\mathrm{ess\ sup}g_{-}],$$

则(H1)等价于 $R_g\subset\Delta_1\setminus\left(\bigcup\limits_{k=0}^{\infty}C_k\right)$,而(H3)等价于 $R_g\subset\Delta_3\setminus C_0$.

5.2.2　存在性定理

考虑 T-周期边值问题

$$\begin{cases}u''+cu'+f(t,u)=e(t), & \text{a. e.}\quad 于[0,T], \quad (5.2.14)\\ u(T)-u(0)=0, \quad u'(T)-u'(0)=0 & \quad (5.2.15)\end{cases}$$

的可解性,其中,$c\in\mathbb{R}$,$e\in X\triangleq L^1(0,T)$,$f:[0,T]\times\mathbb{R}\to\mathbb{R}$ 满足 Carathéodory 条件及增长性条件,即存在 $p_1\in X$,$p_2\in\mathbb{R}$,$p_2\geqslant0$,使

$$|f(t,s)|\leqslant p_1(t)+p_2(t)|s|,\quad\forall s\in\mathbb{R},\text{a. e. }t\in[0,T]. \tag{5.2.16}$$

进一步,假设存在数 $r_{\pm}\leqslant s_{\pm}$,使

$$r_{\pm}\leqslant\liminf_{s\to\pm\infty}\frac{f(t,s)}{s}\leqslant\limsup_{s\to\pm\infty}\frac{f(t,s)}{s}\leqslant s_{\pm} \tag{5.2.17}$$

对 a. e. $t\in[0,T]$成立.

定理 5.2.1[74]　设

$$[r_{+},s_{+}]\times[r_{-},s_{-}]\subseteq(\Delta_1\cup\Delta_3)\setminus\bigcup_{k=0}^{\infty}C_k \tag{5.2.18}$$

及

$$\left[r_{+}-\frac{c^2}{4},s_{+}-\frac{c^2}{4}\right]\times\left[r_{-}-\frac{c^2}{4},s_{-}-\frac{c^2}{4}\right]\subseteq(\Delta_1\cup\Delta_3)\setminus\bigcup_{k=0}^{\infty}C_k. \tag{5.2.19}$$

则(5.2.14),(5.2.15)至少有一个解.

注 5.2.2　u为(5.2.14),(5.2.15)的一个解是指 $u\in C^1[0,T]$,$u'\in AC[0,T]$且 u满足(5.2.14)与(5.2.15).

定理 5.2.1 的证明 固定 $\lambda\in\left(0,\left(\frac{2\pi}{T}\right)^2\right)$ 及常数对 $(c_+,c_-)\in[r_+,s_+]\times[r_-,s_-]$. 可以知道:对于 $\forall\, w\in X$,线性周期边值问题

$$\begin{cases} u''+cu'+\lambda u=w, \\ u(T)-u(0)=0, \quad u'(T)-u'(0)=0 \end{cases}$$

有唯一解,记为 Kw,则 $K: X\to X$, $w\mapsto Kw$ 是一个全连续线性算子. 因 f 的 Nemytskii 算子及映射 $u\mapsto u^{\pm}$ 均为 X 到 X 的连续映射且将有界集映成有界集,故映射

$$H:[0,1]\times X\to X,$$

$$H(\tau,u)\triangleq u-K\left(-\tau[f(\cdot,u)-e]-(1-\tau)[c_+u^+-c_-u^-]+\lambda u\right)$$

是一个由恒同映射全连续扰动后得到的同伦映射. 由 Leray-Schauder 延拓定理,为证定理 5.2.1,只需证明如下两点:

(d1) $\exists\, R>0$,使当 $(\tau,u)\in[0,1]\times X$ 满足 $H(\tau,u)=0$ 时,有 $\|u\|<R$($\|\cdot\|$ 表示 $\|\cdot\|_X$).

(d2) $\deg_{L-S}(H(0,\cdot),B_R,0)\neq 0$,其中,$B_R=\{u\in X\mid \|u\|<R\}$.

先证(d1). 反设不然,即存在序列 $\{(\tau_n,u_n)\}\subseteq[0,1]\times X$,使得 $H(\tau_n,u_n)=0$ 并且 $\|u_n\|>n$, $\forall\, n\in\mathrm{N}$. 记 $v_n\triangleq\frac{u_n}{\|u_n\|}$. 则

$$\begin{aligned} v_n = {} & K\left(-\tau_n\left[\frac{f(\cdot,u_n)}{\|u_n\|}-\frac{e}{\|u_n\|}\right]\right. \\ & \left.-(1-\tau_n)[c_+v_n^+-c_-v_n^-]+\lambda v_n\right). \end{aligned} \tag{5.2.20}$$

据(5.2.16),序列 $f_n\triangleq\frac{f(\cdot,u_n)}{\|u_n\|}$ 在 X 中有界. 因此通过选取一个子列,可以假定 v_n 在 $[0,T]$ 上一致收敛于 v 且 $f_n\rightharpoonup g$ 于 X(这里 $\rightharpoonup$ 表序列的弱收敛). 自然可以假定 $\tau_n\to\tau$. 因 X 是一个 Banach 空间,故 $X\to X$ 的任何线性有界映射既连续又弱连续. 现在通过在(5.2.20)两边取弱极限,可得

$$v=K(-\tau g-(1-\tau)[c_+v^+-c_-v^-]+\lambda v). \tag{5.2.21}$$

记

$$V_0\triangleq\{t\in[0,T]\mid v(t)=0\},$$

$$V_+\triangleq\{t\in[0,T]\mid v(t)>0\},$$

$$V_-\triangleq\{t\in[0,T]\mid v(t)<0\},$$

并定义 $h_\pm:[0,T]\to\mathrm{R}$,

$$h_+(t)=\begin{cases} \dfrac{g(t)}{v(t)}, & t\in V_+, \\ c_+, & t\in[0,T]\backslash V_+, \end{cases}$$

$$h_-(t)=\begin{cases}\dfrac{g(t)}{v(t)}, & t\in V_-,\\ c_-, & t\in[0,T]\setminus V_-.\end{cases}$$

下面将证明：

$$g(t)=h_+(t)v^+(t)-h_-(t)v^-(t),\qquad \text{a.e.}\quad t\in[0,T],\tag{5.2.22}$$

并且

$$r_\pm\leqslant h_\pm(t)\leqslant s_\pm,\qquad \text{a.e.}\quad t\in[0,T].\tag{5.2.23}$$

请注意，如果(5.2.22)和(5.2.23)均成立，则 v：$\|v\|=1$ 是如下周期边值问题：

$$\begin{cases}v''+cv'+\gamma_+(t)v^+-\gamma_-(t)v^-=0, & \text{a.e. 于}[0,T], \quad (5.2.24)\\ v(T)-v(0)=0, \qquad v'(T)-v'(0)=0 & \quad (5.2.25)\end{cases}$$

的一个解，其中，$\gamma_\pm(t)\triangleq\tau h_\pm(t)+(1-\tau)c_\pm$ 满足

$$r_\pm\leqslant\gamma_\pm(t)\leqslant s_\pm.\tag{5.2.26}$$

现在证(5.2.22)．由于对 a.e. $t\in[0,T]$，有

$$|f_n(t)|\leqslant\frac{\|p_1(t)\|}{\|u_n\|}+p_2|v_n(t)|\to p_2|v(t)|,$$

故当 $n\to\infty$ 时，$f_n(t)\to0$　a.e. 于 V_0．因 $f_n\rightharpoonup g$ 于 $L^1(V_0)$，有

$$0\leqslant\int_{V_0}|g(t)|\,\mathrm{d}t\leqslant\liminf\int_{V_0}|f_n(t)|\,\mathrm{d}t.$$

利用 Lebesgue 控制收敛定理知：序列 $\int_{V_0}|f_n(t)|\,\mathrm{d}t$ 收敛于 $\int_{V_0}\lim|f_n(t)|\,\mathrm{d}t=0$. 于是 $g(t)=0$ a.e. 于 V_0，进而(5.2.22)成立．

下证(5.2.23)．先证 $r_+\leqslant h_+(t)$　a.e. 于$[0,T]$．反设不然．若存在 V_+ 的正测度子集 $A\subseteq V_+$，使当 $t\in A$ 时，$r_+>h_+(t)$，则对 $\forall\, t\in V_+$，有

$$\begin{aligned}\liminf_{n\to\infty}f_n(t)&=\liminf_{n\to\infty}\frac{1}{u_n(t)}f(t,u_n(t))v_n(t)\\&\geqslant\liminf_{s\to+\infty}\frac{f(t,s)}{s}\lim_{n\to\infty}v_n(t)\geqslant r_+\,v(t).\end{aligned}$$

利用 Fatou 引理，得

$$\begin{aligned}r_+\int_A v(t)\mathrm{d}t&\leqslant\int_A\liminf_{n\to\infty}f_n(t)\mathrm{d}t\\&\leqslant\liminf_{n\to\infty}\int_A f_n(t)\mathrm{d}t=\int_A g(t)\mathrm{d}t\\&=\int_A h_+(t)v^+(t)\mathrm{d}t<r_+\int_A v(t)\mathrm{d}t,\end{aligned}$$

矛盾！故 $r_+\leqslant h_+(t)$ a.e. 于 V_+．同理，$s_+<h_+(t)$不能在 V_+ 的任何正测度子集

上成立．若 $t\in[0,T]\setminus V_+$，则由 $h_\pm(t)$ 在 $[0,T]\setminus V_+$ 上的定义，不难看出：$r_+\leqslant h_+(t)\leqslant s_+$ a.e. $t\in[0,T]\setminus V_+$．至此，得到 $r_+\leqslant h_+(t)\leqslant s_+$ 对 a.e. $t\in[0,T]$ 成立．完全类似，可推出 $r_-\leqslant h_-(t)\leqslant s_-$ 对 a.e. $t\in[0,T]$ 成立．

综合上述，(5.2.23)成立．

下面，由(5.2.24)～(5.2.26)推出 $v=0$（这将与 $\|v\|=1$ 矛盾！从而表明(d1)成立！）．

首先，v 不可能是一个非零常函数．反设不然，则由(5.2.24)知，γ_+ 或 γ_- 中至少有一个恒等于 0，这与(5.2.26)及 $[r_+,s_+]\times[r_-,s_-]\subset(\Delta_1\cup\Delta_3)\setminus\bigcup_{k=0}^{\infty}C_k$ 相矛盾！再在 $[0,T]$ 上积分(5.2.24)两边，并利用周期边值条件(5.2.25)知：v 在 $[0,T]$ 上至少有两个零点．因此，除 $v\equiv0$ 外（这时目的已达到！）能选到 $t^*\in[0,T]$，使 $v(t^*)=0$，而 $v'(t^*)>0$．令

$$C\triangleq\frac{1}{v'(t^*)}.$$

将 $v,\gamma_\pm,T$ 周期地延拓到R上后，定义 $\tilde{v},\tilde{\gamma}_\pm:[0,T]\to\mathbb{R}$ 如下：

$$\tilde{v}(t)\triangleq Cv(t+t^*),\qquad \tilde{\gamma}_\pm\triangleq\gamma_\pm(t+t^*),$$

得

$$\begin{aligned}&\tilde{v}''+c\tilde{v}'+\tilde{\gamma}_+(t)\tilde{v}^++\tilde{\gamma}_-(t)\tilde{v}^-=0,\qquad \text{a.e. 于}[0,T],\\&\tilde{v}(0)=\tilde{v}(T)=0,\qquad \tilde{v}'(0)=\tilde{v}'(T)=1.\end{aligned}$$

引入函数 $z:[0,T]\to\mathbb{R}$，

$$z(t)\triangleq\exp\left(\frac{c}{2}t\right)\tilde{v}(t).$$

经过简单的计算可知：z 是非线性 Dirichlet 边值问题

$$\begin{cases}z''+\left(\tilde{\gamma}_+(t)-\dfrac{c^2}{4}\right)z^+-\left(\tilde{\gamma}_-(t)-\dfrac{c^2}{4}\right)z^-=0, & (5.2.27)\\ z(0)=z(T)=0 & (5.2.28)\end{cases}$$

满足

$$\operatorname{sign}z'(T)=\operatorname{sign}z'(0)\tag{5.2.29}$$

的解．由(5.2.26)及题设 $R\triangleq\left[r_+-\dfrac{c^2}{4},s_+-\dfrac{c^2}{4}\right]\times\left[r_--\dfrac{c^2}{4},s_--\dfrac{c^2}{4}\right]\subset(\Delta_1\cup\Delta_3)\setminus\bigcup_{k=0}^{\infty}C_k$ 知，引理 5.2.1 的题设被满足．故由引理 5.2.1 及(5.2.27)～(5.2.29)推得，$z\equiv0$．进而 $\tilde{v}\equiv0$．于是 $v\equiv0$．

再证(d2)．选取一个连通的道路 $\Gamma:[0,1]\to(\Delta_1\setminus\Delta_3)\setminus\bigcup_{k=0}^{\infty}C_k$，$\Gamma:\sigma\mapsto(\mu_\sigma,\nu_\sigma)$ 使

$\Gamma(0)=(c_+,c_-)$，$\Gamma(1)=(\mu_1,\nu_1)$且 $\mu_1=\nu_1$．对每个 $\sigma\in[0,1]$，周期边值问题

$$\begin{cases} u''+cu'+\mu_\sigma u^+-\nu_\sigma u^-=0, \\ u(T)-u(0)=0, \quad u'(T)-u'(0)=0 \end{cases}$$

仅有平凡解．由此知，对 $\forall\,\sigma\in[0,1]$，从 X 到 X 的映射

$$u\longmapsto u-K(-\mu_\sigma u^++\nu_\sigma u^-+\lambda u) \tag{5.2.30}$$

在 0 点关于 $B_R=\{u\in X\mid \|u\|<R\}$ 的 Leray-Schauder 度是一个固定的奇数(注意，当 $\sigma=1$ 时，(5.2.30)定义了一个奇映射．对该映射在 0 点关于 B_R 用 Borsuk 定理)．又因当 $\sigma=0$ 时，(5.2.30)定义的映射即 $H(0,1)$，故(d2)成立． ■

5.3　两点边值问题·跨特征线扰动·延拓定理

第 3 章已经讨论过非线性两点边值问题

$$\begin{cases} u''+u+g(x,u)=h(x), & \text{a.e. } x\in(0,\pi), \\ u(0)=u(\pi)=0 \end{cases} \tag{5.3.1}$$

(其中，g 是一个 Carathéodory 函数，$h\in L^1(0,\pi)$)的可解性，并逐步实现了由渐近一致性条件

$$\lim_{|u|\to\infty}\sup\frac{g(x,u)}{u}=\beta<3, \quad \text{a.e. } x\in[0,\pi]$$

向渐近非一致性条件的过渡．

本节继续考虑(5.3.1)的可解性．这里的非线性项 g 在 $+\infty$ 可以任意增长，只要 g 在 $-\infty$ 的增长有一个相应的限制．为了陈述结果和证明结果，利用了 Fučik 谱．

在本节的最后(见 5.3.3 小节)，也介绍非线性两点边值问题

$$\begin{cases} u''+m^2u+g(x,u)=e(x), & \text{a.e. } x\in(0,\pi), \\ u(0)=u(\pi)=0, \end{cases} \tag{5.3.2}$$

当 g 为跨特征线扰动时的可解性结果．

5.3.1　预备引理

在定理 5.1.2 中取 $\alpha=1$，便得如下引理．

引理 5.3.1　设 $(a,b)\in\mathbb{R}^2$，则非线性边值问题

$$u''+au^+-bu^-=0, \qquad u(0)=u(\pi)=0 \tag{5.3.3}$$

有非平凡解的充要条件为

$$(a,b)\in C_0^*\cup\left[\bigcup_{k=1}^{\infty}(C_k\cup C_k^*)\right],$$

其中，

$$C_0^* = \{(a,b) \in \mathrm{R}^2 \mid (a-1)(b-1) = 0\},$$

$$C_k = \left\{ (a,b) \in \mathrm{R}^2 \mid a > k^2, b > 0, b^{\frac{1}{2}} = \frac{ka^{\frac{1}{2}}}{a^{\frac{1}{2}} - k} \right\},$$

$$C_k^* = \left\{ (a,b) \in \mathrm{R}^2 \mid a > k^2, b > 0, b^{\frac{1}{2}} = \frac{(k+1)a^{\frac{1}{2}}}{a^{\frac{1}{2}} - k} \right\}$$

$$\cup \left\{ (a,b) \in \mathrm{R}^2 \mid a > (k+1)^2, b > 0, b^{\frac{1}{2}} = \frac{ka^{\frac{1}{2}}}{(a^{\frac{1}{2}} - k - 1)} \right\}.$$

注 5.3.1 引理 5.3.1 的证明包含了若干关于(5.3.3)的非平凡解的有用的信息，如：

(1) 若$(a,b)\in C_k$($k=1,2,\cdots$)，$u_{a,b}$为

$$u'' + au^+ - bu^- = 0, \qquad u(0) = u(\pi) = 0$$

的非平凡解，则 $u_{a,b}$精确地有 $2k-1$ 个零点于$(0,\pi)$.

(2) 若$(a,b)\in C_k^*$ ($k=0,1,\cdots$)，$u_{a,b}$为

$$u'' + au^+ - bu^- = 0, \qquad u(0) = u(\pi) = 0$$

的平凡解，则 $u_{a,b}$在$(0,\pi)$内精确地有 $2k$ 个零点 .

(3) 若 $u_{a,b}$在某两个相邻的零点间取正值，则这两点间的距离为 $\pi a^{-\frac{1}{2}}$；若 $u_{a,b}$在某两个相邻的零点间取负值，则这两点间的距离为 $\pi b^{-\frac{1}{2}}$.

引理 5.3.2 设 $g_\pm \in L^\infty(0,\pi)$. 假设存在实数 $a>1$ 及 $\varepsilon>0$，使

$$g_+(x) \leqslant a - \varepsilon, \qquad g_-(x) < \frac{a}{(a^{\frac{1}{2}} - 1)^2} - \varepsilon, \tag{5.3.4}$$

则非线性 Dirichlet 边值问题

$$\begin{cases} u'' + g_+(x)u^+ - g_-(x)u^- = 0, \\ u(0) = u(\pi) = 0 \end{cases} \tag{5.3.5}$$

要么仅有平凡解，要么有一个在$(0,\pi)$内严格正或严格负的非平凡解 .

注 5.3.2 若$(a,b)\in C_1$，则有

$$b = \frac{a}{(a^{\frac{1}{2}} - 1)^2}.$$

引理 5.3.2 的证明 不妨设(5.3.5)有一个非平凡解 u. 利用(5.3.4)，可以比较 u 与 $u_{a,b}$的零点(这里 $u_{a,b}$表示(5.3.3)当$(a,b)\in C_1$ 的非平凡解). 据注 5.3.1，$u_{a,b}$在$(0,\pi)$内仅有一个零点，故由比较知，u 在$(0,\pi]$上仅有一个零点 . 为了满足边值条件 $u(\pi)=0$，u 在$(0,\pi)$内必须严格正或严格负 . ■

5.3.2　Landesman-Lazer 型存在定理

考虑两点边值问题

$$\begin{cases} u''+u+g(x,u)=h, & \text{a.e. } x\in(0,\pi), \\ u(0)=u(\pi)=0, \end{cases} \tag{5.3.6}$$

其中，$h\in X\triangleq L^1(0,\pi)$. 以 $\|\cdot\|$ 记 X 的范数. 设 $g:[0,\pi]\times\mathrm{R}\to\mathrm{R}$ 满足 Carathéodory 条件，且存在 $p_1\in X, p_2\in\mathrm{R}, p_2>0$，使

$$|g(x,s)|\leqslant p_1(x)+p_2(t)|s|, \qquad \text{a.e. } x\in[0,\pi]. \tag{5.3.7}$$

进一步，假定 g 满足：对 a.e. $x\in[0,\pi]$，

(g)　　$g^{-\infty}(x)=\limsup\limits_{s\to-\infty} g(x,s)$ 及 $g_{+\infty}(x)=\liminf\limits_{s\to+\infty} g(x,s)$

分别有上界和有下界.

定理 5.3.1[75]　假设存在数 $a>1$ 及 $\varepsilon>0$，使

$$\limsup_{s\to+\infty}\frac{g(x,s)}{s}\leqslant a-1-2\varepsilon, \tag{5.3.8}$$

$$\limsup_{s\to-\infty}\frac{g(x,s)}{s}\leqslant \frac{a}{(a^{\frac{1}{2}}-1)^2}-1-2\varepsilon \tag{5.3.9}$$

对 a.e. $x\in[0,\pi]$成立. 进一步设(g)成立并且

$$\int_0^\pi g^{-\infty}(x)\sin x\mathrm{d}x<\int_0^\pi h(x)\sin x\mathrm{d}x<\int_0^\pi g_{+\infty}(x)\sin x\mathrm{d}x, \tag{5.3.10}$$

则(5.3.6)至少有一个解.

(注意：u 为(5.3.6)的一个解是指 $u\in C^1[0,\pi], u'\in AC[0,\pi], u(0)=u(\pi)=0$ 且使方程 $u''+u+g(x,u)=h$ 对 a.e. $x\in[0,\pi]$成立.)

定理 5.3.1 的证明(利用 Leray-Schauder 延拓定理)　取数 $d:0<d<\min\{\varepsilon,3\}$. 由于对 $\forall e\in X$，线性边值问题

$$u''+(1+d)u=e, \qquad u(0)=u(\pi)=0$$

有唯一解，记之为 Ke. 这样便定义了一个线性算子 $K:X\to X$

$$K:e\longmapsto Ke.$$

易见 K 是全连续的，且 K 将 $L^1(0,\pi)$中的有界集映成 $C[0,\pi]$中的相对紧集. 由于 g 的 Nemytskii 映射将 X 中的有界集映为 X 中的有界集，故映射 $H:[0,1]\times X\to X$

$$H(\tau,u)=u-K(h+\tau(du-g(\cdot,u)))$$

是一个紧同伦场(即恒同映射的紧摄动). 目的是证明：

(r) 存在数 $r>0$，使对任何满足 $H(\tau,u)=0$ 的$(\tau,u)\in[0,1]\times X$，有

$$\|u\|<r.$$

反设(r)不成立,则存在满足 $H(\tau_n,u_n)=0$ 的序列$\{(\tau_n,u_n)\}\subseteq[0,1]\times X$,使对$\forall n\in\mathbb{N}$,有

$$\|u_n\|>n.$$

记$v_n\triangleq\dfrac{u_n}{\|u_n\|}$,则

$$v_n=K\left(\frac{h}{\|u_n\|}+\tau_n\left(dv_n-\frac{g(\cdot,u_n)}{\|u_n\|}\right)\right).\tag{5.3.11}$$

据(5.3.7),序列 $g_n\triangleq\dfrac{g(\cdot,u_n)}{\|u_n\|}$在 X 中有界. 因此,通过选取一个子序列,可以假定 $v_n\to v$ 于 $C[0,\pi]$(注意:这里利用了 K 的全连续性). 而此时,(5.3.7)表明:存在 $p\in X$,使对 $n\in\mathbb{N}$,有

$$|g_n(x)|\leqslant|p_1(x)|\|u_n\|^{-1}+p_2|v_n|\leqslant p(x).$$

由此可知,当$|x_1-x_2|\to0$ 时,

$$\int_{x_1}^{x_2}|g_n(x)|\,\mathrm{d}x\to0\tag{5.3.12}$$

对 $n\in\mathbb{N}$ 一致成立. 故$\{g_n\}_1^\infty$ 是弱序列紧的,即存在 $f\in X$ 及$\{g_n\}_1^\infty$ 的子列,不妨仍记为$\{g_n\}$,使 $g_n\rightharpoonup f$($\rightharpoonup$表示 X 中的弱收敛). 同时利用(5.3.12)和(5.3.11)可知$\lim\limits_{|x_1-x_2|\to0}|v'_n(x_1)-v'_n(x_2)|=0$ 对 $n\in\mathbb{N}$ 一致成立. 因 $v''_n+v_n+d(1-\tau_n)v_n+\tau_ng_n=\dfrac{h}{\|u_n\|}$, $v_n(0)=v_n(\pi)=0$,故$\{\|v''_n\|\}$有一个不依赖于 n 的界. 由 Rolle 定理,对$\forall n\in\mathbb{N}$, $\exists\zeta_n\in(0,\pi)$,使 $v'_n(\zeta_n)=0$. 又由

$$v'_n(x)-v'_n(\zeta)+\int_{\zeta_n}^{x}\left[v_n+d(1-\tau_n)v_n+\tau_ng_n-\frac{h}{\|u_n\|}\right]\mathrm{d}x=0$$

可知,$\{v'_n\}_1^\infty$ 有界且等度连续. 据 Arzela-Ascoli 定理,不妨假定 $v'_n\to v'$ 于 $C[0,\pi]$. 自然,可以假定 $\tau_n\to\tau\in[0,1]$. 由于每个有界线性映射既连续又弱连续,故在(5.3.11)两边取弱极限知

$$v=K(\tau dv-\tau f).\tag{5.3.13}$$

注意由题设(g)推知

$$\liminf_{s\to\pm\infty}\frac{g(x,s)}{s}\geqslant0,\qquad \text{a.e. } x\in[0,\pi].\tag{5.3.14}$$

至此,利用(5.3.8),(5.3.9),(5.3.13),Lebesgue 控制收敛定理及 Fatou 引理,仿照定理 5.2.1 的证法,可推得:存在 $p_\pm\in L^\infty(0,\pi)$满足

$$0\leqslant p_+(x)\leqslant a-1-2\varepsilon,\quad 0\leqslant p_-(x)\leqslant\frac{a}{(a^{\frac12}-1)^2}-1-2\varepsilon\tag{5.3.15}$$

a.e. 于$[0,\pi]$,使

$$f(x)=p_+(x)v^+(x)+p_-(x)v^-(x) \tag{5.3.16}$$

对 a. e. $x\in[0,\pi]$成立．而由(5.3.15)和 d：$0<d<\min\{\varepsilon,3\}$的事实可知，$\tau p_\pm(x)+1+d(1-\tau)$满足引理 5.3.2 的条件(5.3.4)．故由(5.3.13)，(5.3.16)及引理 5.3.2 知，v 在$(0,\pi)$上不改变符号．

现在假设 $v>0$ 于$(0,\pi)$，将导出矛盾(对于 $v<0$ 于$(0,\pi)$的情形，同理可导出矛盾)：$H(\tau_n,u_n)=0$ 等价于

$$\begin{cases} u''_n+u_n+(1-\tau_n)du_n+\tau_n g(x,u_n)=h(x), & \text{a. e. } x\in(0,\pi), \\ u_n(0)=u_n(\pi)=0. \end{cases} \tag{5.3.17}$$

(5.3.17)两边同乘以 $\sin x$，然后分部积分，得

$$\int_0^\pi [d(1-\tau_n)u_n+\tau_n g(x,u_n)]\sin x\,\mathrm{d}x=\int_0^\pi h(x)\sin x\,\mathrm{d}x. \tag{5.3.18}$$

因 $v'(0)>0$，$v'(\pi)<0$ 又$\lim\limits_{n\to\infty}v'_n=v'$于 $C[0,\pi]$，故当 n 充分大时，$u_n(x)>0$. 由此推知序列 $z_n(x)\triangleq d(1-\tau_n)u_n(x)+\tau_n g(x,u_n)$对 a. e. $x\in[0,\pi]$有一个不依赖于 n 的下界(参题设(g))，且 $u_n(x)\to\infty$在$(0,\pi)$的任何紧子区间上成立．由此再利用题设(5.3.10)推知

$$\int_0^\pi h(x)\sin x\,\mathrm{d}x<\int_0^\pi [\liminf_{n\to\infty} z_n(x)]\sin x\,\mathrm{d}x. \tag{5.3.19}$$

另一方面，据 Fatou 引理及(5.3.18)可知：

$$\begin{aligned}\int_0^\pi [\liminf_{n\to\infty} z_n(x)]\sin x\mathrm{d}x &\leqslant \liminf_{n\to\infty}\int_0^\pi z_n(x)\sin x\mathrm{d}x \\ &=\int_0^\pi h(x)\sin x\mathrm{d}x,\end{aligned} \tag{5.3.20}$$

这便与(5.3.19)相矛盾！故(r)成立．因此

$$\deg(H(1,u);B_r(0),0)=\deg(H(0,u);B_r(0),0), \tag{5.3.21}$$

其中，$B_r(0)=\{u\in X\mid \|u\|<r\}$. 现取 r 充分大，使同伦 $\overline{H}$：$[0,1]\times X\to X$，

$$\overline{H}(\sigma,u)\triangleq u-K((1-\sigma)h)$$

满足 $\overline{H}(\sigma,u)\neq 0$，$\forall(\sigma,u)\in[0,1]\times\partial B_r(0)$. 由于对 $\forall u\in X$，$\overline{H}(0,u)=H(0,u)$，因此由(5.3.21)可推知

$$\deg(H(1,u);B_r(0),0)=\deg(\overline{H}(1,u);B_r(0),0).$$

但因 $u\mapsto\overline{H}(1,u)$是一个线性 1-1 对应，故

$$\deg(H(1,u);B_r(0),0)\neq 0.$$

上式表明

$$u=K(h-g(\cdot,u)+du)$$

至少有一个解，即(5.3.6)至少有一个解． ■

5.3.3　高特征值的情形

Drábek[76]利用 Fŭcik 广义谱研究两点边值问题

$$\begin{cases} u''+m^2u+g(x,u)=e, \\ u(0)=u(\pi)=0 \end{cases} \tag{5.3.22}$$

的可解性,获得如下结果.

定理 5.3.2　设 $m\geqslant 1$. 假设 $g:[0,\pi]\times\mathbf{R}\to\mathbf{R}$ 满足 Carathéodory 条件且存在 $p\in L^\infty(0,\pi)$及实数 $c>0$,使

$$|g(x,u)|\leqslant p(x)+c|u| \tag{5.3.23}$$

对 a. e. $x\in[0,\pi]$成立;假设存在函数 $a,A\in L^1(0,\pi)$及常数 $r,R\in\mathbf{R}:r<0<R$,使当 $u\geqslant R$ 时,

$$g(x,u)\geqslant A(u),\qquad \text{a. e. } x\in[0,\pi], \tag{5.3.24}$$

当 $u\leqslant r$ 时,

$$g(x,u)\leqslant a(u),\qquad \text{a. e. } x\in[0,\pi]. \tag{5.3.25}$$

进一步,假设$(a_{m+1},b_{m+1})\in\widetilde{C}_{m+1}$使对 a. e. $x\in[0,\pi]$,有

$$\begin{cases} \limsup\limits_{x\to+\infty}\dfrac{g(x,u)}{u}\leqslant a_{m+1}-m^2 \\ \limsup\limits_{x\to-\infty}\dfrac{g(x,u)}{x}\leqslant b_{m+1}-m^2 \end{cases} \tag{5.3.26}$$

且严格不等式在$[0,\pi]$的一个正测度集上成立,其中,$\widetilde{C}_1=C_0^*$,$\widetilde{C}_{2k}=C_k$,$\widetilde{C}_{2k+1}=C_k^*$.

若 m 为偶数,还假设$(m^2,a_{m+1})\times(m^2,b_{m+1})\subset\mathbf{R}^2\setminus[C_0^*\cup(\bigcup\limits_{k=1}^{\infty}(C_k\cup C_k^*))]$,则对满足:$\forall\, v\in\mathrm{span}\{\sin mx\}\setminus\{0\}$,有

$$\int_{v>0}g_{+\infty}(x)v(x)\mathrm{d}x+\int_{v<0}g^{-\infty}(x)v(x)\mathrm{d}x>\int_0^\pi e(t)v(t)\mathrm{d}t$$

的 $e\in L^1(0,\pi)$. 问题(5.3.22)至少有一个解(其中,$g_{+\infty}(x)=\liminf\limits_{u\to+\infty}g(x,u)$,$g^{-\infty}(x)=\limsup\limits_{u\to-\infty}g(x,u)$).

注 5.3.3　当$(a_{m+1},b_{m+1})=((m+1)^2,(m+1)^2)$时,这类特殊的问题曾在 3.5 节中深入的讨论过.

注 5.3.4　定理 5.3.1 是定理 3.4.1 的推广. 若在定理 5.3.1 中,特别地,取 $a=b=2^2$,则题设(5.3.8)与(5.3.9)即变为

$$\limsup_{|s|\to\infty}\frac{g(x,s)}{s}\leqslant 3-2\varepsilon.$$

注 5.3.5　也可用符号条件代替定理 5.3.1 中的 Landesman-Lazer 型条件(5.3.10)来建立存在性结果.

5.4　梁方程·不跨特征线扰动·Leray-Schauder 原理

梁是工程建筑的基本构件之一. 对于梁方程的研究,有着非常重大的理论意义和实际意义. 近几十年里,已出现不少关于梁运动和梁弯曲方面的工作. 这里不打算系统地介绍这一发展动态. 感兴趣的读者请参阅文献[77～79]等.

在 5.1 节～5.3 节中,一直在二阶两参数特征值问题的 Fučik 谱下从事工作. 为与此比较,本节介绍一类四阶两参数特征值问题的广义谱,并在扰动项不跨特征线的前提下,给出一类梁方程的可解性定理.

本节内容主要选自文献[80].

5.4.1　两参数特征值问题

弹性梁的形变在数学上是由四阶常微分方程来描写的. 本节讨论四阶边值问题

$$\begin{cases} y^{(4)} = f(x, y, y''), \quad 0 < x < 1, & (5.4.1) \\ y(0) = y_0, \quad y(1) = y_1, \quad y''(0) = \overline{y}_0, \quad y''(1) = \overline{y}_1 & (5.4.2) \end{cases}$$

的可解性,其中,$f:[0,1]\times\mathbf{R}\times\mathbf{R}\to\mathbf{R}$ 连续.

为研究(5.4.1),(5.4.2)的可解性,先搞清楚两参数特征值问题

$$y^{(4)} = \alpha y - \beta y'', \tag{5.4.3}$$

$$y(0) = y(1) = y''(0) = y''(1) = 0 \tag{5.4.4}$$

的谱结构是必要的.

定理 5.4.1　$(\alpha,\beta)\in\mathbf{R}^2$ 使(5.4.3),(5.4.4)有非平凡解的充分必要条件是

$$\frac{\alpha}{(k\pi)^4} + \frac{\beta}{(k\pi)^2} = 1 \tag{5.4.5}$$

对某 $k\in\mathbf{N}$ 成立.

证明　设 $Ly = y''$,则存在 $r_1, r_2\in\mathbf{C}$,使

$$y^{(4)} + \beta y'' - \alpha y = (L + r_1)(L + r_2)y. \tag{5.4.6}$$

不难看出,若(5.4.3),(5.4.4)有非平凡解,则 $r_1 = (k\pi)^2$ 或者 $r_2 = (k\pi)^2$,对某 $k\in\mathbf{N}$. 不管是哪种情形,(5.4.3),(5.4.4)始终有非平凡解 $\sin k\pi x$. 把这个非平凡解代入(5.4.3),便可推出(5.4.5).

反过来,若(5.4.5)成立,则不难验证 $\sin k\pi x$ 确是(5.4.3)与(5.4.4)的非平凡解. ■

现在,对 $j\in \mathbf{N}$,令

$$L_j=\left\{(\alpha,\beta)\left|\frac{\alpha}{(j\pi)^4}+\frac{\beta}{(j\pi)^2}=1\right.\right\}. \tag{5.4.7}$$

称 L_j 为(5.4.3),(5.4.4)的特征线．值得注意的是,特征值对(α,β)属于至多两条特征线．当(α,β)仅属于一条特征线 L_j 时,(α,β)所对应的特征子空间为 span$\{\sin j\pi x\}$;当$(\alpha,\beta)\in L_j\cap L_k(j\neq k)$时,$(\alpha,\beta)$所对应的特征子空间为 span$\{\sin j\pi x,\sin k\pi x\}$.

下面假设(α,β)不是(5.4.3),(5.4.4)的特征值对,即

$$\frac{\alpha}{(k\pi)^4}+\frac{\beta}{(k\pi)^2}\neq 1,\qquad \forall k\in \mathbf{N}. \tag{5.4.8}$$

再假设 $h\in L^2(0,1)$. 由 Fredholm 抉择可知,如下边值问题:

$$\begin{cases} y^{(4)}=\alpha y-\beta y''+h(x), & (5.4.9)\\ y(0)=y(1)=y''(0)=y''(1)=0, & (5.4.10)\end{cases}$$

对 $\forall h\in L^2(0,1)$,均有唯一解．进一步,这个解可以 Fourier 展开成

$$y(x)=\sum_{k=1}^{\infty}\frac{h_k}{k^4\pi^4-\alpha-\beta k^2\pi^2}\sin k\pi x, \tag{5.4.11}$$

其中,

$$h(x)=\sum_{k=1}^{\infty}h_k\sin k\pi x. \tag{5.4.12}$$

此外,还有

$$y''(x)=-\sum_{k=1}^{\infty}\frac{k^2\pi^2 h_k\sin k\pi x}{k^4\pi^4-\alpha-\beta k^2\pi^2}. \tag{5.4.13}$$

定义算子 $A,B:L^2(0,1)\to L^2(0,1)$,

$$A(h)=y,\quad B(h)=y'', \tag{5.4.14}$$

则由(5.4.11)和(5.4.13)知:A,B 为紧的线性算子．在(5.4.14)中,y 为相应于 h 的问题(5.4.9),(5.4.10)的唯一解．不难看出,

$$\|A\|=\max_{k\in \mathbf{N}}\left\{\frac{1}{|k^4\pi^4-\alpha-\beta k^2\pi^2|}\right\};$$

$$\|B\|=\max_{k\in \mathbf{N}}\left\{\frac{k^2\pi^2}{|k^4\pi^4-\alpha-\beta k^2\pi^2|}\right\}.$$

5.4.2　存在性定理

定理 5.4.2　设$(\alpha,\beta)\in \mathrm{R}^2$满足

$$\frac{\alpha}{(k\pi)^4}+\frac{\beta}{(k\pi)^2}\neq 1,\quad \forall\, k\in \mathrm{N}. \tag{5.4.15}$$

假设存在正常数 $a,b,c>0$,使

$$a\max_{k\in \mathrm{N}}\left\{\frac{1}{|k^4\pi^4-\alpha-\beta k^2\pi^2|}\right\}+b\max_{k\in \mathrm{N}}\left\{\frac{k^2\pi^2}{|k^4\pi^4-\alpha-\beta k^2\pi^2|}\right\}<1, \tag{5.4.16}$$

并且

$$|f(x,y,z)-(\alpha y-\beta z)|\leqslant a|y|+b|z|+c \tag{5.4.17}$$

对 $\forall\, x\in[0,1],y\in \mathrm{R}\,,z\in \mathrm{R}$ 成立,则(5.4.1),(5.4.2)至少有一个解.

注 5.4.1　(5.4.15)和(5.4.16)蕴含:对 $\forall\, k\in \mathrm{N}$,有

$$\left|\frac{a}{k^4\pi^4-\alpha-\beta k^2\pi^2}\right|+\left|\frac{bk^2\pi^2}{k^4\pi^4-\alpha-\beta k^2\pi^2}\right|<1. \tag{5.4.18}$$

而(5.4.18)等价于矩形$[\alpha-a,\alpha+a]\times[\beta-b,\beta+b]$与每一条特征线 L_j 不交. 从这一点上看,(5.4.15)和(5.4.16)是一类不跨越特征线的条件.

注 5.4.2　定理 5.4.2 仅在比(5.4.18)较强的条件(5.4.15)和(5.4.16)下获得存在性结果. 在 5.2 节中,曾在$[r_+,s_+]\times[r_-,s_-]\subseteq(\Delta\cup\Delta_s)\setminus\bigcup\limits_{k=0}^{\infty}C_k$ 下,证得 Duffing 方程 T-周期解的存在性. 但迄今为止,能否在$[\alpha-a,\alpha+a]\times[\beta-b,\beta+b]\subset \mathrm{R}^2\setminus\bigcup\limits_{j=1}^{\infty}L_j$(即(5.4.18))下获得(5.4.1),(5.4.2)的可解性结果,仍然是一个公开问题.

定理 5.4.2 的证明　选取 $w\in C^2[0,1]$:

$$w(0)=y_0,\quad w(1)=y_1,\quad w''(0)=\bar{y}_0,\quad w''(0)=\bar{y}_1,$$

作变换 $y=z+w$,则(5.4.1),(5.4.2)化为

$$\begin{cases}\dfrac{\mathrm{d}^4 z}{\mathrm{d}x^4}=\hat{f}(x,z,z''), & (5.4.19)\\ z(0)=z(1)=z''(0)=z''(1)=0. & (5.4.20)\end{cases}$$

故不失一般性,假设(5.4.2)中的 $y_0=y_1=\bar{y}_0=\bar{y}_1=0$. 定义 $T:L^2(0,1)\times L^2(0,1)\to L^2(0,1)\times L^2(0,1)$,

$$T(y,z)=(A[f(\cdot,y,z)-(\alpha y-\beta z)],B[f(\cdot,y,z)-(\alpha y-\beta z)]), \tag{5.4.21}$$

其中,A,B 的定义见(5.4.14). 显见,(5.4.1),(5.4.2)的解即为 T 在 $L^2(0,1)\times$

$L^2(0,1)$中的不动点.

为证

$$(y,z)=T(y,z) \tag{5.4.22}$$

有不动点,利用 Leray-Schauder 原理. 为此只需证得同伦族方程

$$(y,z)=\lambda T(y,z),\qquad \lambda\in[0,1] \tag{5.4.23}$$

的所有可能解有一个不依赖于 $\lambda\in[0,1]$的先验界. 由 T 的定义(5.4.21)易知

$$\|y\|_{L^2}\leqslant\|A\|\{a\|y\|_{L^2}+b\|z\|_{L^2}+c\}, \tag{5.4.24}$$

$$\|z\|_{L^2}\leqslant\|B\|\{a\|y\|_{L^2}+b\|z\|_{L^2}+c\}. \tag{5.4.25}$$

结合(5.4.24)和(5.4.25),并利用(5.4.16)和 $\|A\|$, $\|B\|$ 的定义,推知:存在常数 $M=M(a,b,c,\|A\|,\|B\|)>0$,使

$$\|y\|_{L^2}+\|z\|_{L^2}\leqslant M.$$

■

附　注　V

1. 利用变分方法在 Fǔcik 谱下讨论周期边值问题的工作,请参看文献[81].

2. 关于梁方程、链桥方程研究动态的综述型文献,有文献[60].

3. Gupta[77,78,82]等讨论其他边值条件下同时当非线性项含有 y,y',y'',y'''等变量时的可解性. Gupta[83]及马如云[84]讨论扰动项跨特征值时,梁弯曲方程解的存在性和多解的存在性.

4. Ding 等[30]利用时间映射的渐近常数,给出新的非共振条件(涉及 Fǔcik 谱的情形). 再利用特型的延拓定理,证明半线性 Duffing 方程 T-周期解的存在性.

第 6 章　非线性常微分方程边值问题的正解

基于丰富的实际应用背景，非线性常微分方程边值问题正解的存在性问题在整个常微分方程研究领域显得尤为重要．本章通过讨论 Green 函数的构造及性质，并借助 1.9 节的锥上的不动点定理和正算子理论，论述非线性二阶常微分方程两点边值问题的正解的存在性及多个正解的存在性，并将所得主要结果推广到多点边值问题的情形．本章只介绍一些基础内容．对这一专题感兴趣的读者，可参看参考文献．

6.1　二阶常微分方程两点边值问题的 Green 函数

从一个特例入手，逐步过渡到一般情形．

考虑 Dirichlet 型两点边值问题

$$\begin{cases} u'' + f(t,u) = 0, \quad t \in (0,1), & (6.1.1) \\ u(0) = u(1) = 0, & (6.1.2) \end{cases}$$

其中，$f:[0,1]\times \mathbf{R} \to \mathbf{R}$ 连续．为了利用非线性分析工具研究上述问题解的存在性，需要将其转化为等价的积分方程．这里介绍两种简单的转化方法．

定理 6.1.1　(6.1.1)，(6.1.2)等价于积分方程

$$u(t) = \int_0^1 G(t,s) f(s,u(s))\mathrm{d}s, \tag{6.1.3}$$

其中，

$$G(t,s) = \begin{cases} (1-t)s, & 0 \leqslant s \leqslant t \leqslant 1, \\ t(1-s), & 0 \leqslant t \leqslant s \leqslant 1. \end{cases} \tag{6.1.4}$$

证明　设 u 是(6.1.1)，(6.1.2)的一个解．给(6.1.1)两边同乘以 t，再从 0 到 1 积分，得

$$u'(1) + \int_0^1 t f(t,u(t))\mathrm{d}t = 0. \tag{6.1.5}$$

给(6.1.1)两边同乘以 $1-t$，再从 0 到 1 积分，得

$$-u'(0) + \int_0^1 (1-t) f(t,u(t))\mathrm{d}t = 0. \tag{6.1.6}$$

对(6.1.1)两边积分，得

$$u'(t) = u'(0) - \int_0^t f(s,u(s))\mathrm{d}s, \tag{6.1.7}$$

上式两边从 0 到 t 积分,并利用边界条件 $u(0)=0$,得

$$u(t) = u'(0)t - \int_0^t\int_0^\eta f(s,u(s))\mathrm{d}s\mathrm{d}\eta. \tag{6.1.8}$$

(6.1.8)右边的第二项可以看作一个 $s\eta$-平面上的二重积分. 交换积分次序,并计算得

$$\begin{aligned} u(t) &= u'(0)t - \int_0^t (t-s)f(s,u(s))\mathrm{d}s \\ &= t\int_0^1 (1-s)f(s,u(s))\mathrm{d}s - \int_0^t (t-s)f(s,u(s))\mathrm{d}s \\ &= \int_0^1 G(t,s)f(s,u(s))\mathrm{d}s, \end{aligned}$$

其中,

$$G(t,s) = \begin{cases} (1-t)s, & 0 \leqslant s \leqslant t \leqslant 1, \\ t(1-s), & 0 \leqslant t \leqslant s \leqslant 1. \end{cases}$$

反之,设 u 是积分方程(6.1.3)的一个解,则

$$\begin{aligned} u(t) &= \int_0^1 G(t,s)f(s,u(s))\mathrm{d}s \\ &= \int_0^t (1-t)sf(s,u(s))\mathrm{d}s + \int_t^1 t(1-s)f(s,u(s))\mathrm{d}s, \end{aligned}$$

显见 $u(0)=u(1)=0$,并且

$$\begin{aligned} u'(t) &= -\int_0^t sf(s,u(s))\mathrm{d}s + t(1-t)f(t,u(t)) \\ &\quad + \int_t^1 (1-s)f(s,u(s))\mathrm{d}s - t(1-t)f(t,u(t)) \\ &= -\int_0^t sf(s,u(s))\mathrm{d}s + \int_t^1 (1-s)f(s,u(s))\mathrm{d}s, \end{aligned}$$

进而

$$u''(t) = -tf(t,u(t)) - (1-t)f(t,u(t)) = -f(t,u(t)).$$ ■

定义 6.1.1 称(6.1.4)中的 $G(t,s)$为 Dirichlet 型两点边值问题

$$\begin{cases} -u'' = 0, \quad t \in (0,1), & (6.1.9) \\ u(0) = u(1) = 0 & (6.1.10) \end{cases}$$

的 Green **函数**.

注 6.1.1 Green 函数也可以通过常数变易法求得. 考虑 Dirichlet 型两点边值问题

$$u''(t) + e(t) = 0, \quad t \in (0,1), \tag{6.1.11}$$

$$u(0)=u(1)=0, \tag{6.1.12}$$

其中，$e\in C[0,1]$. 不难验证：函数 $\psi(t):=t,\phi(t):=1-t$ 是方程 $-u''=0$ 的两个线性无关解. 设

$$\begin{aligned}&\psi''(t)=0,\quad t\in(0,1),\\&\psi(0)=0,\quad \psi'(0)=1;\end{aligned} \tag{6.1.13}$$

$$\begin{aligned}&\phi''(t)=0,\quad t\in(0,1),\\&\phi(1)=0,\quad \phi'(1)=-1,\end{aligned} \tag{6.1.14}$$

则

$$\psi(t)=t,\quad \phi(t)=1-t,$$

并且 ψ,ϕ 线性无关.

假设

$$y(t)=c_1(t)\psi(t)+c_2(t)\phi(t) \tag{6.1.15}$$

为(6.1.11)的一个特解，则

$$\begin{pmatrix}\psi(t) & \phi(t)\\ \psi'(t) & \phi'(t)\end{pmatrix}\begin{pmatrix}c'_1(t)\\ c'_2(t)\end{pmatrix}=\begin{pmatrix}0\\ -e(t)\end{pmatrix}.$$

解得

$$c'_1(t)=-(1-t)e(t),\quad c'_2(t)=te(t).$$

取

$$c_1(t)=\int_t^1(1-s)e(s)\mathrm{d}s,\quad c_2(t)=\int_0^t se(s)\mathrm{d}s.$$

代入(6.1.15)，得

$$y(t)=\int_t^1 t(1-s)e(s)\mathrm{d}s+\int_0^t(1-t)se(s)\mathrm{d}s=\int_0^1 G(t,s)e(s)\mathrm{d}s.$$

定理 6.1.2　设 $G(t,s)$ 为(6.1.9)，(6.1.10)的 Green 函数，则

(i) $G(t,s)\geqslant 0,\ \forall(t,s)\in[0,1]\times[0,1]$; $G(t,s)>0,\ \forall(t,s)\in(0,1)\times(0,1)$.

(ii) $G(t,s)\leqslant G(s,s),\ \forall(t,s)\in[0,1]\times[0,1]$.

(iii) $G(t,s)\geqslant G(s,s)\min\{t,1-t\},\ \forall(t,s)\in[0,1]\times[0,1]$.

证明　(i)，(ii)显然成立. 下证(iii).

$$\frac{G(t,s)}{G(s,s)}=\begin{cases}\dfrac{(1-t)s}{(1-s)s}, & 0\leqslant s\leqslant t\leqslant 1,\\[2mm] \dfrac{t(1-s)}{(1-s)s}, & 0\leqslant t\leqslant s\leqslant 1\end{cases}=\begin{cases}\dfrac{1-t}{1-s}, & 0\leqslant s\leqslant t\leqslant 1,\\[2mm] \dfrac{t}{s}, & 0\leqslant t\leqslant s\leqslant 1\end{cases}$$

$$\geqslant\begin{cases}1-t, & 0\leqslant s\leqslant t\leqslant 1,\\ t, & 0\leqslant t\leqslant s\leqslant 1\end{cases}\geqslant\min\{t,1-t\}.$$

■

下面讨论 Sturm-Liouville 问题的 Green 函数.

考虑 Sturm-Liouville 问题

$$\begin{cases} u''(t)+e(t)=0, \quad t\in(0,1), & (6.1.16)\\ au(0)-bu'(0)=0, \quad cu(1)+du'(1)=0, & (6.1.17)\end{cases}$$

其中,$e\in C[0,1]$,$a,b,c,d\in[0,\infty)$满足

$$\rho:=ac+bc+ad>0. \tag{6.1.18}$$

不难验证,函数 $\psi(t):=b+at$,$\phi(t):=c+d-ct$ 分别满足初值问题

$$\begin{cases} -\psi''(t)=0, \quad t\in(0,1),\\ \psi(0)=b, \quad \psi'(0)=a\end{cases} \tag{6.1.19}$$

和

$$\begin{cases} -\phi''(t)=0, \quad t\in(0,1),\\ \phi(1)=d, \quad \phi'(1)=-c,\end{cases} \tag{6.1.20}$$

并且 ψ,ϕ 线性无关. 利用类似于注 6.1.1 的方法,可以构造问题(6.1.16)、(6.1.17)的 Green 函数如下:

$$g(t,s)=\frac{1}{\rho}\begin{cases}\phi(t)\psi(s), & 0\leqslant s\leqslant t\leqslant 1,\\ \psi(t)\phi(s), & 0\leqslant t\leqslant s\leqslant 1.\end{cases} \tag{6.1.21}$$

定理 6.1.3　设 $g(t,s)$为(6.1.16),(6.1.17)的 Green 函数,则

(i) $g(t,s)\geqslant 0$, $\forall (t,s)\in[0,1]\times[0,1]$; $g(t,s)>0$, $\forall (t,s)\in(0,1)\times(0,1)$.

(ii) $g(t,s)\leqslant g(s,s)$, $\forall (t,s)\in[0,1]\times[0,1]$.

(iii) $g(t,s)\geqslant \min\left\{\dfrac{\psi(t)}{\psi(1)},\dfrac{\phi(t)}{\phi(0)}\right\}g(s,s)$, $\forall (t,s)\in[0,1]\times[0,1]$.

再讨论更一般的 Sturm-Liouville 问题的 Green 函数.

考虑边值问题

$$\begin{cases}(p(t)u')'-q(t)u+e(t)=0, \quad r<t<R,\\ au(r)-bp(r)u'(r)=0,\\ cu(R)+dp(R)u'(R)=0,\end{cases} \tag{6.1.22}$$

其中,$p\in C^1([r,R],(0,\infty))$,$q\in C([r,R],(0,\infty))$,$e\in C[0,1]$,$a,b,c,d\in[0,\infty)$满足

$$\rho:=ac+bc+ad>0.$$

令 $\psi(t)$,$\phi(t)$分别为齐次方程初值问题

$$\begin{cases}-(p(t)\psi')'+q(t)\psi=0, \quad r<t<R,\\ \psi(r)=b, p(r)\psi'(r)=a\end{cases}$$

和

$$\begin{cases}-(p(t)\phi')'+q(t)\phi=0, & r<t<R,\\ \phi(R)=d, p(R)\phi'(R)=-c\end{cases}$$

的解,则 ψ,ϕ 线性无关.

定理 6.1.4 (i) ψ 在 $[r,R]$ 上严格单调递增,并且对任意 $t\in(r,R]$,$\psi(t)>0$.

(ii) ϕ 在 $[r,R]$ 上严格单调递减,并且对任意 $t\in[r,R)$,$\phi(t)>0$.

证明 仅对(i)进行证明,(ii)的证明类似. 不难验证,问题 $-(p(t)\psi')'+q(t)\psi=0,\psi(r)=b,p(r)\psi'(r)=a$ 等价于问题

$$\begin{cases}\psi''(t)+\dfrac{p'(t)}{p(t)}\psi'(t)-\dfrac{q(t)}{p(t)}\psi(t)=0,\\ \psi(r)=b,\quad \psi'(r)=\dfrac{a}{p(r)}.\end{cases} \tag{6.1.23}$$

以下分三步证明:

第一步. 存在 $\sigma\in(0,R-r)$,使得 ψ 在 $(r,r+\sigma)$ 上严格单调递增.

如果 $a>0$,结果显然. 如果 $a=0$,则由条件 $\rho=ac+bc+ad>0$ 可知 $b>0$. 结合(6.1.23),有

$$\psi''(r)=\frac{q(r)}{p(r)}\psi(r)>0.$$

由此可知,存在 $\sigma>0$,使得 $\psi'(t)>0,t\in(r,r+\sigma)$. 因此,$\psi$ 在 $(r,r+\sigma)$ 上严格单调递增.

第二步. ψ 在 (r,R) 上不存在极大值.

事实上,由第一步可知,ψ 在 $(r,r+\sigma)$ 上是正的、严格单调递增的. 因此,由极大值原理可知,ψ 在 (r,R) 上不存在极大值,并且 ψ 在 (r,R) 上是非减的.

第三步. ψ 在 $[r,R]$ 上是严格单调递增的.

反设不然,则存在 $t_2,t_3\in[r,R]$,满足 $t_2<t_3$,但 $\psi(t_2)=\psi(t_3)$. 于是,有

$$\psi(t)\equiv\psi(t_3),t\in[t_2,t_3],$$

上式蕴含了

$$\psi'(t)=\psi''(t)=0,\quad t\in[t_2,t_3].$$

而由第一步和第二步可知,$\psi(t_3)>0$. 因此结合(6.1.23)有

$$\psi''(t_3)=\frac{q(t_3)}{p(t_3)}\psi(t_3)>0,$$

这与 $\psi''(t_3)=0$ 矛盾. ■

利用类似于注 6.1.1 的方法,可以构造问题(6.1.22)的 Green 函数如下:

$$\mathcal{G}(t,s)=\frac{1}{\Delta}\begin{cases}\phi(t)\psi(s), & 0\leqslant s\leqslant t\leqslant 1,\\ \psi(t)\phi(s), & 0\leqslant t\leqslant s\leqslant 1,\end{cases} \tag{6.1.24}$$

其中,

$$\Delta := p(r)\begin{vmatrix} \phi(r) & \psi(r) \\ \phi'(r) & \psi'(r) \end{vmatrix}.$$

定理 6.1.5　设 $\mathscr{G}(t,s)$为(6.1.22)的 Green 函数, 则

(i) $\mathscr{G}(t,s)\geqslant 0, \forall (t,s)\in[0,1]\times[0,1]$; $\mathscr{G}(t,s)>0, \forall (t,s)\in(0,1)\times(0,1)$.

(ii) $\mathscr{G}(t,s)\leqslant \mathscr{G}(s,s), \forall (t,s)\in[0,1]\times[0,1]$.

(iii) $\mathscr{G}(t,s)\geqslant \min\left\{\dfrac{\psi(t)}{\psi(1)},\dfrac{\phi(t)}{\phi(0)}\right\}\mathscr{G}(s,s), \forall (t,s)\in[0,1]\times[0,1]$.

6.2　非线性二阶常微分方程 Sturm-Liouville 问题正解的存在性

本节主要内容选自文献[85].

考虑非线性二阶常微分方程 Sturm-Liouville 问题

$$\begin{cases} u''(t)+f(t,u(t))=0, & t\in(0,1), & (6.2.1)\\ au(0)-bu'(0)=0, cu(1)+du'(1)=0, & & (6.2.2)\end{cases}$$

其中, $f\in C([0,1]\times[0,\infty);[0,\infty))$, $a,b,c,d\in[0,\infty)$满足

$$\rho := ac+bc+ad>0. \tag{6.2.3}$$

设 $g(t,s)$为问题(6.2.1),(6.2.2)所对应的 Green 函数

$$g(t,s)=\frac{1}{\rho}\begin{cases}\phi(t)\psi(s), & 0\leqslant s\leqslant t\leqslant 1,\\ \psi(t)\phi(s), & 0\leqslant t\leqslant s\leqslant 1,\end{cases} \tag{6.2.4}$$

其中, $\phi(t)=c+d-ct$, $\psi(t)=b+at$, $t\in[0,1]$.

引理 6.2.1　设

$$M := \min\left\{\frac{c+4d}{4(c+d)},\frac{a+4b}{4(a+b)}\right\},$$

则

(i) $0<M<1$.

(ii) 对于$(t,s)\in\left[\dfrac{1}{4},\dfrac{3}{4}\right]\times[0,1]$,有

$$g(t,s)\geqslant Mg(s,s).$$

证明　(i)显然正确.

(ii) 利用定理 6.1.3,

$$g(t,s)\geqslant \min\left\{\frac{\psi(t)}{\psi(1)},\frac{\phi(t)}{\phi(0)}\right\}g(s,s),\quad \forall (t,s)\in[0,1]\times[0,1].$$

当$(t,s)\in\left[\frac{1}{4},\frac{3}{4}\right]\times[0,1]$时，

$$g(t,s)\geqslant\min\left\{\frac{\psi\left(\frac{1}{4}\right)}{\psi(1)},\frac{\phi\left(\frac{3}{4}\right)}{\phi(0)}\right\}g(s,s)=Mg(s,s),\ \forall(t,s)\in[0,1]\times[0,1].\ \blacksquare$$

定理 6.2.1　假设存在两个不同的正常数 λ,η 使得

$$f(t,u)\leqslant\lambda\left(\int_0^1 g(s,s)\mathrm{d}s\right)^{-1},\quad(t,u)\in[0,1]\times[0,\lambda],\tag{6.2.5}$$

$$f(t,u)\geqslant\eta\left(\int_{\frac{1}{4}}^{\frac{3}{4}}g\left(\frac{1}{2},s\right)\mathrm{d}s\right)^{-1},\quad(t,u)\in\left[\frac{1}{4},\frac{3}{4}\right]\times[M\eta,\eta],\tag{6.2.6}$$

则问题(6.2.1),(6.2.2)至少存在一个正解 u,满足 $\|u\|$ 介于 λ 与 η 之间,其中,$\|u\|=\max\limits_{t\in[0,1]}|u(t)|$.

证明　不失一般性,总假定 $\lambda<\eta$. 显然 u 是问题(6.2.1),(6.2.2)的解当且仅当 u 是算子方程

$$u(t)=\int_0^1 g(t,s)f(s,u(s))\mathrm{d}s:=Au(t),\quad u\in C[0,1]$$

的解.

假设

$$K=\{u\in C[0,1]\mid u(t)\geqslant 0,\ \min_{t\in\left[\frac{1}{4},\frac{3}{4}\right]}u(t)\geqslant M\|u\|\}.$$

显然,K 是 $C[0,1]$中的一个锥.

由 K 的定义以及引理 6.2.1 可知

$$\begin{aligned}\min_{t\in\left[\frac{1}{4},\frac{3}{4}\right]}(Au)(t)&=\min_{t\in\left[\frac{1}{4},\frac{3}{4}\right]}\int_0^1 g(t,s)f(s,u(s))\mathrm{d}s\\&\geqslant M\int_0^1 g(s,s)f(s,u(s))\mathrm{d}s\\&\geqslant M\int_0^1 g(t,s)f(s,u(s))\mathrm{d}s.\end{aligned}$$

因此,$\min\limits_{t\in\left[\frac{1}{4},\frac{3}{4}\right]}(Au)(t)\geqslant M\|Au\|$,即 $AK\subset K$. 进一步,不难验证,$A:K\to K$ 是全连续的. 以下分两步进行证明:

第一步. 令 $\Omega=\{u\in K\mid\|u\|<\lambda\}$. 由(6.2.5)和引理 6.2.1 可知,当 $u\in\partial\Omega$ 时,

$$\begin{aligned}(Au)(t)&=\int_0^1 g(t,s)f(s,u(s))\mathrm{d}s\\&\leqslant\int_0^1 g(s,s)f(s,u(s))\mathrm{d}s\end{aligned}$$

$$\leqslant \lambda\left(\int_0^1 g(s,s)\mathrm{d}s\right)^{-1}\left(\int_0^1 g(s,s)\mathrm{d}s\right)\frac{\|u\|}{\lambda}$$
$$= \|u\|.$$

因此，

$$\|Au\| \leqslant \|u\|, \quad u\in\partial\Omega_1.$$

第二步. 令 $\Omega_2=\{u\in K \mid \|u\|<\eta\}$，则由 $\|u\|$ 以及 K 的定义可知，当 $u\in\partial\Omega_2$ 时，

$$\begin{cases} u(t)\leqslant \|u\| = \eta, & t\in[0,1], \\ u(t)\geqslant \min\limits_{t\in\left[\frac{1}{4},\frac{3}{4}\right]} u(t)\geqslant M\|u\| = M\eta, & t\in\left[\frac{1}{4},\frac{3}{4}\right], \end{cases}$$

即

$$M\eta\leqslant u(t)\leqslant \eta, \quad t\in\left[\frac{1}{4},\frac{3}{4}\right].$$

因此，由(6.2.6)可知，

$$(Au)\left(\frac{1}{2}\right)=\int_0^1 g\left(\frac{1}{2},s\right)f(s,u(s))\mathrm{d}s$$
$$\geqslant\int_{\frac{1}{4}}^{\frac{3}{4}} g\left(\frac{1}{2},s\right)f(s,u(s))\mathrm{d}s$$
$$\geqslant \eta\left(\int_{\frac{1}{4}}^{\frac{3}{4}} g\left(\frac{1}{2},s\right)\mathrm{d}s\right)^{-1}\left(\int_{\frac{1}{4}}^{\frac{3}{4}} g\left(\frac{1}{2},s\right)\mathrm{d}s\right)\frac{\|u\|}{\eta}$$
$$= \|u\|.$$

因此，

$$\|Au\| \geqslant \|u\|, \quad u\in\partial\Omega_2.$$

从而，由定理 1.9.3(i)，问题(6.2.1)，(6.2.2)至少存在一个正解. ■

注 6.2.1 定义

$$\max f_0 = \lim_{u\to 0^+}\max_{t\in[0,1]}\frac{f(t,u)}{u},$$

$$\min f_0 = \lim_{u\to 0^+}\min_{t\in[0,1]}\frac{f(t,u)}{u},$$

$$\max f_\infty = \lim_{u\to \infty}\max_{t\in[0,1]}\frac{f(t,u)}{u},$$

$$\min f_\infty = \lim_{u\to \infty}\min_{t\in[0,1]}\frac{f(t,u)}{u}.$$

因为

$$\left(\int_0^1 g(s,s)\mathrm{d}s\right)^{-1} = \frac{6\rho}{6\delta\beta+3\gamma\beta+\alpha\gamma+3\alpha\delta} := A,$$

$$\left(\int_{\frac{1}{4}}^{\frac{3}{4}} g\left(\frac{1}{2},s\right)\mathrm{d}s\right)^{-1} = \frac{8\rho}{4\beta\delta+2\beta\gamma+\alpha\gamma+2\alpha\delta} := B,$$

从而以下结果成立：

(a) 假设 $\max f_0 = C_1 \in [0,A)$. 令 $\varepsilon = A - C_1 > 0$,则存在 $\lambda_1 > 0$(λ_1 充分小),使得

$$\max_{t\in[0,1]} \frac{f(t,u)}{u} \leqslant \varepsilon + C_1 = A,\quad u \in (0,\lambda_1].$$

因此,

$$f(t,u) \leqslant Au \leqslant A\lambda_1,\quad (t,u) \in [0,1]\times[0,\lambda_1],$$

且满足(6.2.5).

(b) 假设 $\min f_\infty = C_2 \in \left[\frac{B}{M},\infty\right]$. 令 $\varepsilon = C_2 - \frac{B}{M} > 0$,则存在 $\eta_1 > 0$(η_1 充分大),使得

$$\min_{t\in[0,1]} \frac{f(t,u)}{u} \geqslant -\varepsilon + C_2 = \frac{B}{M},\quad u \in [M\eta_1,\infty).$$

因此,

$$f(t,u) \geqslant \frac{B}{M}u \geqslant \frac{B}{M}M\eta_1 = B\eta_1,$$

$$(t,u) \in \left[\frac{1}{4},\frac{3}{4}\right]\times[M\eta_1,\eta_1] \subseteq [0,1]\times[M\eta_1,\infty),$$

且满足(6.2.6).

(c) 假设 $\min f_0 = C_3 \in \left[\frac{B}{M},\infty\right]$. 令 $\varepsilon = C_3 - \frac{B}{M} > 0$,则存在 $\eta_2 > 0$(η_2 充分小),使得

$$\min_{t\in[0,1]} \frac{f(t,u)}{u} \geqslant -\varepsilon + C_3 = \frac{B}{M},\quad u \in (0,\eta_2].$$

因此,

$$f(t,u) \geqslant \frac{B}{M}u \geqslant \frac{B}{M}M\eta_2 = B\eta_2,$$

$$(t,u) \in \left[\frac{1}{4},\frac{3}{4}\right]\times[M\eta_1,\eta_2] \subseteq [0,1]\times[0,\eta_2],$$

且满足(6.2.6).

(d) 假设 $\max f_\infty = C_4 \in [0,A)$. 令 $\varepsilon = A - C_4 > 0$,则存在 $\delta > 0$(δ 充分大),

使得

$$\max_{t\in[0,1]}\frac{f(t,u)}{u}\leqslant \varepsilon + C_4 = A,\quad u\in[\delta,\infty),\tag{6.2.7}$$

则有以下两种情形：

情形 1　假设 $\max\limits_{t\in[0,1]} f(t,u)$ 有界，即存在常数 L，使得

$$f(t,u)\leqslant L,\quad (t,u)\in[0,1]\times[0,\infty).$$

令 $\lambda_2=\dfrac{L}{A}$（因为可以选取 L 充分大，λ_2 充分大），则

$$f(t,u)\leqslant L = A\lambda_2,\quad (t,u)\in[0,1]\times[0,\infty).$$

情形 2　假设 $\max\limits_{t\in[0,1]} f(t,u)$ 无界，即存在常数 $\lambda_2\geqslant\delta$ 和 $t_0\in[0,1]$（λ_2 充分大），使得

$$f(t,u)\leqslant f(t_0,\lambda_2),\quad (t,u)\in[0,1]\times[0,\lambda_2].$$

结合 $\lambda_2\geqslant\delta$ 和(6.2.7)可知

$$f(t,u)\leqslant f(t_0,\lambda_2)\leqslant A\lambda_2,\quad (t,u)\in[0,1]\times[0,\lambda_2].$$

由情形 1 和情形 2，(6.2.5)满足．

推论 6.2.1　假设 A,B 如注 6.2.1 定义．若 f 满足

(i) $\max f_0 = C_1\in[0,A)$，$\min f_\infty = C_2\in\left[\dfrac{B}{M},\infty\right)$．

或

(ii) $\min f_0 = C_3\in\left[\dfrac{B}{M},\infty\right)$，$\max f_\infty = C_4\in[0,A)$，

则问题(6.2.1)，(6.2.2)至少有一个正解．

推论 6.2.2　假设 A,B 如注 6.2.1 定义．若以下假设成立：

(H1) $\min f_\infty = C_2$，$\min f_0 = C_3\in\left[\dfrac{B}{M},\infty\right)$．

(H2) 存在 $\lambda^*>0$，使得

$$f(t,u)\leqslant A\lambda^*,\quad (t,u)\in[0,1]\times[0,\lambda^*],$$

则问题(6.2.1)，(6.2.2)至少有两个正解 u_1,u_2 满足

$$0<\|u_1\|<\lambda^*<\|u_2\|.$$

推论 6.2.3　假设 A,B 如注 6.2.1 定义．若以下假设成立：

(H3) $\max f_0 = C_1$，$\max f_\infty = C_4\in[0,A)$．

(H4) 存在 $\eta^*>0$，使得

$$f(t,u)\geqslant B\eta^*,\quad (t,u)\in\left[\frac{1}{4},\frac{3}{4}\right]\times[M\eta^*,\eta^*],$$

则问题(6.2.1),(6.2.2)至少有两个正解 u_1, u_2 满足

$$0<\|u_1\|<\eta^*<\|u_2\|.$$

注 6.2.2　关于非线性二阶常微分方程两点边值问题正解的存在性和非线性椭圆方程径向正解的存在性的早期结果,参见文献[86], Liu 和 Li[87] 给出了问题(6.2.1),(6.2.2)存在正解的最优条件为

$$f_0<\lambda<f_\infty$$

或

$$f_\infty<\lambda<f_0.$$

本书 7.2 节将运用 Rabinowitz 全局分歧定理将这一结果发展到高特征值情形.

6.3　二阶常微分方程多点边值问题的 Green 函数

对于线性二阶常微分方程多点边值问题可解性的研究始于 Il'in 和 Moiseev[88,89]. 1992 年,Gupta[90] 运用 Leray-Schauder 延拓定理在至多线性增长条件下研究了非线性二阶常微分方程三点边值问题

$$\begin{cases} x''(t)=f(t,x(t),x'(t))+e(t), & 0<t<1,\\ x(0)=0,x(1)=x(\eta) \end{cases}$$

$(0<\eta<1)$的可解性. 此后,对于非线性二阶常微分方程的各种不同的多点边值问题可解性的研究,出现了许多重要的结果. 参见文献[91].

本节将讨论线性二阶常微分方程多点边值问题的 Green 函数的概念及性质,目的是为下一节研究二阶常微分方程多点边值问题正解的存在性问题作准备.

(1) 考虑三点边值问题

$$\begin{cases} u''+y(t)=0, & t\in(0,1), & (6.3.1)\\ u(0)=0,u(1)=\alpha u(\eta), & & (6.3.2) \end{cases}$$

其中,$y:[0,1]\to\mathbf{R}$ 连续,$\eta\in(0,1)$,$\alpha\in(0,\infty)$均为给定常数.

定理 6.3.1　设 $\alpha\in(0,\infty)$,$\eta\in(0,1)$满足 $\alpha\eta<1$,则(6.3.1),(6.3.2)等价于积分方程

$$u(t)=-\int_0^t(t-s)y(s)\mathrm{d}s-\frac{\alpha t}{1-\alpha\eta}\int_0^\eta(\eta-s)y(s)\mathrm{d}s$$
$$+\frac{t}{1-\alpha\eta}\int_0^1(1-s)y(s)\mathrm{d}s. \tag{6.3.3}$$

若记

$$k(t,s)=\frac{(1-s)t}{1-\alpha\eta}-\begin{cases}\dfrac{\alpha(\eta-s)t}{1-\alpha\eta}, & s\leqslant\eta\\ 0, & s>\eta\end{cases}-\begin{cases}t-s, & s\leqslant t,\\ 0, & s>t,\end{cases} \tag{6.3.4}$$

则(6.3.1),(6.3.2)等价于

$$u(t)=\int_0^1 k(t,s)y(s)\mathrm{d}s. \tag{6.3.5}$$

不难看出,(6.3.4)含有两个负项,一个正项.这会对正解的研究带来较大的困难.下面的结果表明,三点边值问题的 Green 函数往往可以通过两点边值问题的 Green 函数构造出来,并且新的 Green 函数往往只含有正项.

定理 6.3.2　设 $\alpha\in(0,\infty)$,$\eta\in(0,1)$满足 $\alpha\eta<1$. 设 $G(t,s)$为问题(6.1.1),(6.1.2)的 Green 函数,即

$$G(t,s)=\begin{cases}(1-t)s, & 0\leqslant s\leqslant t\leqslant 1,\\ t(1-s), & 0\leqslant t\leqslant s\leqslant 1,\end{cases} \tag{6.3.6}$$

则问题(6.3.1),(6.3.2)的 Green 函数 $k(t,s)$(见(6.3.4))可由下式给出:

$$k(t,s)=G(t,s)+\frac{\alpha t}{1-\alpha\eta}G(\eta,s). \tag{6.3.7}$$

证明　设(6.3.1),(6.3.2)的解为

$$u(t)=\int_0^1 G(t,s)y(s)\mathrm{d}s+At, \tag{6.3.8}$$

则

$$u(1)=\int_0^1 G(1,s)y(s)\mathrm{d}s+A=A, \tag{6.3.9}$$

$$u(\eta)=\int_0^1 G(\eta,s)y(s)\mathrm{d}s+A\eta. \tag{6.3.10}$$

由边界条件 $u(1)=\alpha u(\eta)$,推得

$$A=\frac{\alpha}{1-\alpha\eta}\int_0^1 G(\eta,s)y(s)\mathrm{d}s. \tag{6.3.11}$$

■

(2) 考虑 m-点边值问题

$$u''+y(t)=0,\quad t\in(0,1), \tag{6.3.12}$$

$$u(0)=0,\quad u(1)=\sum_{i=1}^{m-2}\alpha_i u(\eta_i), \tag{6.3.13}$$

其中,$y:[0,1]\to\mathbf{R}$ 连续,$\eta_i\in(0,1)$,$\alpha_i\in(0,\infty)$($i=1,\cdots,m-2$)均为给定常数.

定理 6.3.3　设 $\eta_i\in(0,1)$,$\alpha_i\in(0,\infty)$($i=1,\cdots,m-2$)均为给定常数,满足 $\sum_{i=1}^{m-2}\alpha_i\eta_i<1$. 设 $G(t,s)$ 为问题(6.1.1),(6.1.2) 的 Green 函数,即

$$G(t,s)=\begin{cases}(1-t)s, & 0\leqslant s\leqslant t\leqslant 1,\\ t(1-s), & 0\leqslant t\leqslant s\leqslant 1,\end{cases} \tag{6.3.14}$$

则问题(6.3.12),(6.3.13)的 Green 函数 $K(t,s)$可由下式给出:

$$\mathrm{K}(t,s)=G(t,s)+\frac{\sum_{i=1}^{m-2}\alpha_i t}{1-\sum_{i=1}^{m-2}\alpha_i\eta_i}G(\eta_i,s). \tag{6.3.15}$$

证明　设(6.3.12),(6.3.13)的解为

$$u(t)=\int_0^1 G(t,s)y(s)\mathrm{d}s+At, \tag{6.3.16}$$

则

$$u(1)=A,$$

$$u(\eta_i)=\int_0^1 G(\eta_i,s)y(s)\mathrm{d}s+A\eta_i.$$

结合边界条件 $u(1)=\sum_{i=1}^{m-2}\alpha_i u(\xi_i)$,可推得

$$A=\frac{\sum_{i=1}^{m-2}\alpha_i}{1-\sum_{i=1}^{m-2}\alpha_i\eta_i}\int_0^1 G(\eta_i,s)y(s)\mathrm{d}s.$$ ■

(3) 考虑更一般的 m-点边值问题

$$\begin{cases} u''+y(t)=0, \quad 0<t<1, \\ \alpha u(0)-\beta u'(0)=\sum_{i=1}^{m-2}a_i u(\xi_i), \\ \gamma u(1)+\delta u'(1)=\sum_{i=1}^{m-2}b_i u(\xi_i) \end{cases} \tag{6.3.17}$$

正解的存在性,其中,$\xi_i\in(0,1)$,$a_i,b_i\in(0,\infty)$,$i\in\{1,\cdots,m-2\}$;$\alpha,\beta,\gamma,\delta\geqslant0$,且 $\rho:=\gamma\beta+\alpha\gamma+\alpha\delta>0$是给定的常数. 为了给出(6.3.17)的 Green 函数,令

$$\psi(t)=\beta+\alpha t,\quad \phi(t)=\gamma+\delta-\gamma t,\quad t\in[0,1], \tag{6.3.18}$$

$$\Delta=\begin{vmatrix} -\sum_{i=1}^{m-2}a_i\psi(\xi_i) & \rho-\sum_{i=1}^{m-2}a_i\phi(\xi_i) \\ \rho-\sum_{i=1}^{m-2}b_i\psi(\xi_i) & -\sum_{i=1}^{m-2}b_i\phi(\xi_i) \end{vmatrix}.$$

定理 6.3.4　设 $\xi_i\in(0,1)$,$a_i,b_i\in(0,\infty)$,$i\in\{1,\cdots,m-2\}$;$\alpha,\beta,\gamma,\delta\geqslant0$,且 $\rho:=\gamma\beta+\alpha\gamma+\alpha\delta>0$ 是给定的常数. 若还满足条件

$$\Delta<0,\qquad \rho-\sum_{i=1}^{m-2}a_i\phi(\xi_i)>0,\qquad \rho-\sum_{i=1}^{m-2}b_i\psi(\xi_i)>0, \tag{6.3.19}$$

则问题(6.3.17)的 Green 函数为

$$g(t,s) = G(t,s) + A(s)\psi(t) + B(s)\phi(t), \tag{6.3.20}$$

其中,

$$G(t,s) = \frac{1}{\rho}\begin{cases} \phi(t)\psi(s), & 0 \leqslant s \leqslant t \leqslant 1, \\ \phi(s)\psi(t), & 0 \leqslant t \leqslant s \leqslant 1, \end{cases} \tag{6.3.21}$$

$$A(s) := \frac{1}{\Delta}\begin{vmatrix} \sum_{i=1}^{m-2} a_i G(\xi_i, s) & \rho - \sum_{i=1}^{m-2} a_i \phi(\xi_i) \\ \sum_{i=1}^{m-2} b_i G(\xi_i, s) & -\sum_{i=1}^{m-2} b_i \phi(\xi_i) \end{vmatrix}, \tag{6.3.22}$$

$$B(s) := \frac{1}{\Delta}\begin{vmatrix} -\sum_{i=1}^{m-2} a_i \psi(\xi_i) & \sum_{i=1}^{m-2} a_i G(\xi_i, s) \\ \rho - \sum_{i=1}^{m-2} b_i \psi(\xi_i) & \sum_{i=1}^{m-2} b_i G(\xi_i, s) \end{vmatrix}. \tag{6.3.23}$$

证明　因为 ψ 和 ϕ 是方程

$$-u'' = 0$$

的两个线性无关解,故 $-u''(t)=y(t)$ 的任何解都能表示为

$$u(t) = \int_0^1 G(t,s)y(s)\mathrm{d}s + \widetilde{A}\psi(t) + \widetilde{B}\phi(t), \tag{6.3.24}$$

由此,

$$u(t) = \int_0^t \frac{1}{\rho}\psi(s)\phi(t)y(s)\mathrm{d}s + \int_t^1 \frac{1}{\rho}\phi(s)\psi(t)y(s)\mathrm{d}s + \widetilde{A}\psi(t) + \widetilde{B}\phi(t),$$

$$u'(t) = \phi'(t)\int_0^t \frac{1}{\rho}\psi(s)y(s)\mathrm{d}s + \psi'(t)\int_t^1 \frac{1}{\rho}\phi(s)y(s)\mathrm{d}s + \widetilde{A}\psi'(t) + \widetilde{B}\phi'(t),$$

$$\begin{aligned} u''(t) = {} & \phi''(t)\int_0^t \frac{1}{\rho}\psi(s)y(s)\mathrm{d}s + \phi'(t)\frac{1}{\rho}\psi(t)y(t) \\ & + \psi''(t)\int_t^1 \frac{1}{\rho}\phi(s)y(s)\mathrm{d}s - \psi'(t)\frac{1}{\rho}\phi(t)y(t) + \widetilde{A}\psi''(t) + \widetilde{B}\phi''(t), \end{aligned}$$

从而

$$u''(t) = \frac{1}{\rho}[\psi(t)\phi'(t) - \phi(t)\psi'(t)]y(t) = -y(t). \tag{6.3.25}$$

由

$$u(0) = \beta\int_0^1 \frac{1}{\rho}\phi(s)y(s)\mathrm{d}s + \widetilde{A}\beta + \widetilde{B}(\gamma + \delta),$$

$$u'(0)=\alpha\int_0^1\frac{1}{\rho}\phi(s)y(s)\mathrm{d}s+\widetilde{A}\alpha+\widetilde{B}(-\gamma),$$

可推得

$$\widetilde{B}(\gamma\alpha+\delta\alpha+\gamma\beta)=\sum_{i=1}^{m-2}a_i\left[\int_0^1 G(\xi_i,s)y(s)\mathrm{d}s+\widetilde{A}\psi(\xi_i)+\widetilde{B}\phi(\xi_i)\right]. \tag{6.3.26}$$

又由

$$u(1)=\delta\int_0^1\frac{1}{\rho}\psi(s)y(s)\mathrm{d}s+\widetilde{A}(\alpha+\beta)+\widetilde{B}\delta,$$

$$u'(1)=-\gamma\int_0^1\frac{1}{\rho}\psi(s)y(s)\mathrm{d}s+\widetilde{A}\alpha+\widetilde{B}(-\gamma),$$

得

$$\widetilde{A}(\gamma\alpha+\delta\alpha+\gamma\beta)=\sum_{i=1}^{m-2}b_i\left[\int_0^1 G(\xi_i,s)y(s)\mathrm{d}s+\widetilde{A}\psi(\xi_i)+\widetilde{B}\phi(\xi_i)\right]. \tag{6.3.27}$$

依据(6.3.26)和(6.3.27),有

$$\begin{cases}\left[-\sum_{i=1}^{m-2}a_i\psi(\xi_i)\right]\widetilde{A}+\left[\rho-\sum_{i=1}^{m-2}a_i\phi(\xi_i)\right]\widetilde{B}=\sum_{i=1}^{m-2}a_i\int_0^1 G(\xi_i,s)y(s)\mathrm{d}s,\\ \left[\rho-\sum_{i=1}^{m-2}b_i\psi(\xi_i)\right]\widetilde{A}-\left[\sum_{i=1}^{m-2}b_i\phi(\xi_i)\right]\widetilde{B}=\sum_{i=1}^{m-2}b_i\int_0^1 G(\xi_i,s)y(s)\mathrm{d}s.\end{cases}$$

从而得 $\widetilde{A}$ 和 $\widetilde{B}$ 分别满足

$$\widetilde{A}:=\frac{1}{\Delta}\begin{vmatrix}\sum_{i=1}^{m-2}a_i\int_0^1 G(\xi_i,s)y(s)\mathrm{d}s & \rho-\sum_{i=1}^{m-2}a_i\phi(\xi_i)\\ \sum_{i=1}^{m-2}b_i\int_0^1 G(\xi_i,s)y(s)\mathrm{d}s & -\sum_{i=1}^{m-2}b_i\phi(\xi_i)\end{vmatrix},$$

$$\widetilde{B}:=\frac{1}{\Delta}\begin{vmatrix}-\sum_{i=1}^{m-2}a_i\psi(\xi_i) & \sum_{i=1}^{m-2}a_i\int_0^1 G(\xi_i,s)y(s)\mathrm{d}s\\ \rho-\sum_{i=1}^{m-2}b_i\psi(\xi_i) & \sum_{i=1}^{m-2}b_i\int_0^1 G(\xi_i,s)y(s)\mathrm{d}s\end{vmatrix}.$$

于是,A,B 分别满足(6.3.22)和(6.3.23). ■

定理 6.3.5　设 $\xi_i\in(0,1)$, $a_i,b_i\in(0,\infty)$, $i\in\{1,\cdots,m-2\}$; $\alpha,\beta,\gamma,\delta\geqslant 0$,且 $\rho:=\gamma\beta+\alpha\gamma+\alpha\delta>0$ 是给定的常数. 设

$$\Delta<0,\qquad \rho-\sum_{i=1}^{m-2}a_i\phi(\xi_i)>0,\qquad \rho-\sum_{i=1}^{m-2}b_i\psi(\xi_i)>0. \tag{6.3.28}$$

假设 $\mathscr{G}(t,s)$为(6.3.20)定义的 Green 函数,则

(i) $\mathscr{G}(t,s)\geqslant 0,(t,s)\in[0,1]\times[0,1]$.

(ii) $\mathscr{G}(t,s)\geqslant \mathscr{G}(r,s)\min\left\{\frac{\phi(t)}{\phi(0)},\frac{\psi(t)}{\psi(1)}\right\},t,r,s\in[0,1]$.

证明 由 $G(t,s)$的定义，

$$\frac{G(t,s)}{G(s,s)}\geqslant \min\left\{\frac{\phi(t)}{\phi(0)},\frac{\psi(t)}{\psi(1)}\right\}=:\Gamma(t).$$

显然，

$$0<\Gamma(t)<1,\qquad t\in(0,1). \tag{6.3.29}$$

当 $\Gamma(t)>0$ 时，

$$\begin{aligned}\mathscr{G}(t,s)&=G(t,s)+A(s)\psi(t)+B(s)\phi(t)\\&=\frac{G(t,s)}{G(s,s)}G(s,s)+A(s)\psi(t)+B(s)\phi(t)\\&\geqslant\Gamma(t)G(s,s)+A(s)\psi(t)+B(s)\phi(t)\\&=\Gamma(t)G(s,s)+\Gamma(t)A(s)\frac{\psi(t)}{\Gamma(t)}+\Gamma(t)B(s)\frac{\phi(t)}{\Gamma(t)}\\&\geqslant\Gamma(t)G(s,s)+\Gamma(t)A(s)\frac{\psi(t)}{\psi(t)/\psi(1)}+\Gamma(t)B(s)\frac{\phi(t)}{\phi(t)/\phi(0)}\\&=\Gamma(t)G(s,s)+\Gamma(t)A(s)\psi(1)+\Gamma(t)B(s)\phi(0)\\&\geqslant\Gamma(t)G(r,s)+\Gamma(t)A(s)\psi(r)+\Gamma(t)B(s)\phi(r)\\&=\Gamma(t)\mathscr{G}(r,s).\end{aligned}$$

当 $\Gamma(t)=0$ 时,定理 6.3.5 的(ii)式显然成立. ■

例 6.3.1 当 $\alpha=\delta=0,\gamma=\beta=1,m=3,a_i=0,b_i=b,\xi_i=\eta$时,(6.3.17)退化为如下三点边值问题：

$$\begin{cases}u''+y(t)=0,\quad t\in(0,1), & (6.3.30)\\ u'(0)=0,\quad u(1)=bu(\eta), & (6.3.31)\end{cases}$$

其中,$y:[0,1]\to\mathbf{R}$ 连续,$\eta\in(0,1),b\in(0,\infty)$均为给定常数. 许多文献就问题(6.3.30),(6.3.31)已经进行了专门研究. 以下作进一步讨论. 对问题(6.3.30),(6.3.31),条件(6.3.19)退化为

$$b<1. \tag{6.3.32}$$

定理 6.3.6 设 $0<b<1$, 则(6.3.30),(6.3.31)等价于积分方程

$$u(t)=-\int_0^t(t-s)y(s)\mathrm{d}s-\frac{b}{1-b}\int_0^\eta(\eta-s)y(s)\mathrm{d}s+\frac{1}{1-b}\int_0^1(1-s)y(s)\mathrm{d}s,\quad t\in[0,1]. \tag{6.3.33}$$

若记

$$g^*(t,s)=\frac{1-s}{1-b}-\begin{cases}\dfrac{b(\eta-s)}{1-b}, & s\leqslant\eta\\ 0, & s>\eta\end{cases}-\begin{cases}t-s, & s\leqslant t,\\ 0, & s>t,\end{cases}\tag{6.3.34}$$

则(6.3.30),(6.3.31)等价于

$$y(t)=\int_0^1 g^*(t,s)y(s)\mathrm{d}s.\tag{6.3.35}$$

不难看出,(6.3.34)含有两个负项,一个正项. 这会对正解的研究带来较大的困难. 与定理 6.3.3 类似,可以通过 Robin 型边值问题

$$\begin{cases}u''(t)+y(t)=0, & t\in(0,1), & (6.3.36)\\ u'(0)=0, & u(1)=0 & (6.3.37)\end{cases}$$

的 Green 函数:

$$\mathrm{R}(t,s)=\begin{cases}1-t, & 0\leqslant s\leqslant t\leqslant 1,\\ 1-s, & 0\leqslant t\leqslant s\leqslant 1\end{cases}$$

来构造(6.3.30),(6.3.31)的 Green 函数:

$$g^*(t,s)=\mathrm{R}(t,s)+\frac{b}{1-b}\mathrm{R}(\eta,s).$$

此时它只含有两个正项. ■

6.4　非线性常微分方程多点边值问题正解的存在性

非线性常微分方程边值问题正解的存在性问题有着丰富的实际应用背景. 对于经典的边值问题(如 Dirichlet 型两点边值问题,Robin 型两点边值问题,Sturm-Liouville 边值问题等),近三十年来,已取得深入而系统的结果.

1999 年,Ma[92] 开始研究非线性常微分方程三点边值问题

$$\begin{cases}u''+a(t)f(u)=0, & t\in(0,1), & (6.4.1)\\ u(0)=0, & \alpha u(\eta)=u(1) & (6.4.2)\end{cases}$$

正解的存在性,其中,$\eta\in(0,1)$,$\alpha\in(0,\infty)$为常数,并提出了研究这类问题的关键条件

$$0<\alpha\eta<1.\tag{6.4.3}$$

同时,在非线性项满足超线性或次线性条件的前提下,建立了正解的存在性结果. 此后,Karakostas 和 Tsamatos[93,94],Webb[95],Plamides[96],Infante[97],Ma 和 Wang[98],He 和 Ge[99],Kaufmann[100],Ma[101~106] 等推广和发展上述结果到更广泛的边界条件及更一般的线性微分算子的情形.

限于篇幅,本节不可能全面介绍非局部问题正解研究领域的所有结果,而只能介绍一些基础性的并且方法上有代表性的工作.

令

$$f_0=\lim_{u\to 0^+}\frac{f(u)}{u},\quad f_\infty=\lim_{u\to\infty}\frac{f(u)}{u},$$

则 $f_0=0$ 且 $f_\infty=\infty$ 对应超线性情形,$f_0=\infty$ 且 $f_\infty=0$ 对应次线性情形.

首先,在 f 满足超线性或次线性条件下,通过运用定理 1.9.3,讨论非线性三点边值问题(6.4.1),(6.4.2)正解的存在性.

假定

(A1) $f\in C([0,\infty),[0,\infty))$.

(A2) $a\in C([0,1],[0,\infty))$且存在 $x_0\in[\eta,1]$使得 $a(x_0)>0$.

定义 6.4.1　称 u 是(6.4.1),(6.4.2)的正解,是指 $u(\cdot)\in C^2[0,1]$满足方程(6.4.1)及边界条件(6.4.2),且对 $t\in(0,1)$,有 $u(t)>0$.

本节的主要结果为如下定理.

定理 6.4.1　设常数 η,α 满足 $0<\eta<1,0<\alpha<\dfrac{1}{\eta}$,且(A1),(A2)成立. 假设 f 满足下列条件之一:

(i) $f_0=0$ 且 $f_\infty=\infty$(超线性).

(ii) $f_0=\infty$且 $f_\infty=0$(次线性),

则问题(6.4.1),(6.4.2)至少有一个正解.

证明上述定理需要以下一些预备结果.

引理 6.4.1　设 $0<\alpha<\dfrac{1}{\eta}$. 若 $y\in C[0,1]$且 $y\geqslant 0$,则问题

$$\begin{cases} u''+y(t)=0,\quad t\in(0,1), & (6.4.4)\\ u(0)=0,\quad \alpha u(\eta)=u(1) & (6.4.5)\end{cases}$$

的唯一解 u 满足

$$u\geqslant 0,\quad t\in[0,1].$$

证明　由 $u''(t)=-y(t)\leqslant 0$ 可知:$u(t)$的图像在(0,1)上向上凸. 因此,结合边界条件 $u(0)=0$,只要 $u(1)\geqslant 0$,对任意的 $t\in[0,1]$,就有 $u\geqslant 0$.

若 $u(1)<0$,则有

$$u(\eta)<0 \tag{6.4.6}$$

及

$$u(1)=\alpha u(\eta)>\frac{1}{\eta}u(\eta),$$

这与 u 的向上凸性相矛盾. ■

引理 6.4.2　设 $\alpha\eta>1$. 若 $y\in C[0,1]$且 $y\geqslant 0$,则问题(6.4.4),(6.4.5)没有正解.

证明　反设问题(6.4.4),(6.4.5)存在正解 u.

当 $u(1)>0$ 时,有 $u(\eta)>0$ 且

$$\frac{u(1)}{1}=\frac{\alpha u(\eta)}{1}>\frac{u(\eta)}{\eta}, \tag{6.4.7}$$

这与 u 的凸性相矛盾.

若 $u(1)=0$ 且存在 $\tau\in(0,1)$,使得 $u(\tau)>0$,则

$$u(\eta)=u(1)=0,\quad \tau\neq\eta. \tag{6.4.8}$$

当 $\tau\in(0,\eta)$时,$u(\tau)>u(\eta)=u(1)$,与 u 的凸性相矛盾. 当 $\tau\in(\eta,1)$时,$u(0)=u(\eta)<u(\tau)$,也与 u 的凸性相矛盾. 故(6.4.4),(6.4.5)没有正解. ■

本节以下部分总假定 $\alpha\eta<1$. 工作空间是 $C[0,1]$,范数取最大值范数 $\|\cdot\|$.

引理 6.4.3　设 $0<\alpha<\dfrac{1}{\eta}$. 若 $y\in C[0,1]$且 $y\geqslant 0$,则问题(6.4.4),(6.4.5)的唯一解 u 满足

$$\inf_{t\in[\eta,1]}u(t)\geqslant\gamma\|u\|,$$

其中,$\gamma=\min\left\{\alpha\eta,\dfrac{\alpha(1-\eta)}{1-\alpha\eta},\eta\right\}$.

证明　分两步完成证明.

情形 1　$0<\alpha<1$.

此时,由引理 6.4.1 可知

$$u(\eta)\geqslant u(1). \tag{6.4.9}$$

令

$$u(\bar{t})=\|u\|. \tag{6.4.10}$$

若 $\bar{t}\leqslant\eta<1$,则

$$\min_{t\in[\eta,1]}u(t)=u(1), \tag{6.4.11}$$

且

$$u(\bar{t})\leqslant u(1)+\frac{u(1)-u(\eta)}{1-\eta}(0-1)=u(1)\left[1-\frac{1-1/\alpha}{1-\eta}\right]=u(1)\frac{1-\alpha\eta}{\alpha(1-\eta)},$$

结合(6.4.11),可推得

$$\min_{t\in[\eta,1]}u(t)\geqslant\frac{\alpha(1-\eta)}{1-\alpha\eta}\|u\|. \tag{6.4.12}$$

若 $\eta<\bar{t}<1$,则

$$\min_{t\in[\eta,1]}u(t)=u(1), \tag{6.4.13}$$

由 u 的凸性可知

$$\frac{u(\eta)}{\eta} \geqslant \frac{u(\bar{t})}{\bar{t}}. \tag{6.4.14}$$

(6.4.14)结合边界条件 $\alpha u(\eta)=u(1)$,可推知

$$\frac{u(1)}{\alpha\eta} \geqslant \frac{u(\bar{t})}{\bar{t}} \geqslant u(\bar{t}) = \| u \|.$$

所以,

$$\min_{t\in[\eta,1]} u(t) \geqslant \alpha\eta \| u \|. \tag{6.4.15}$$

情形 2　$1\leqslant\alpha<\dfrac{1}{\eta}$.

此时,

$$u(\eta) \leqslant u(1). \tag{6.4.16}$$

记

$$u(\bar{t}) = \| u \|, \tag{6.4.17}$$

则可选取 $\bar{t}$,使得

$$\eta \leqslant \bar{t} \leqslant 1 \tag{6.4.18}$$

(注意:若 $\bar{t}\in[0,1]\setminus[\eta,1]$,则点$(\eta,u(\eta))$落在由$(1,u(1))$和$(\bar{t},u(\bar{t}))$所确定的直线的下方,这与 u 的凸性相矛盾). 再由(6.4.16)和 u 的凸性可推知

$$\min_{t\in[\eta,1]} u(t) = u(\eta). \tag{6.4.19}$$

应用引理 6.4.1 和 u 的凸性,可得

$$\frac{u(\eta)}{\eta} \geqslant \frac{u(\bar{t})}{\bar{t}}. \tag{6.4.20}$$

故

$$\min_{t\in[\eta,1]} u(t) \geqslant \eta \| u \|. \tag{6.4.21}$$

定理 6.4.1 的证明 ■

超线性情形　$f_0=0$ 且 $f_\infty=\infty$.

据定理 6.3.1, $y=y(t)$是(6.4.1),(6.4.2)的解当且仅当 y 是算子方程

$$\begin{aligned} y(t) = & -\int_0^t (t-s)a(s)f(y(s))\mathrm{d}s - \frac{\alpha t}{1-\alpha\eta}\int_0^\eta (\eta-s)a(s)f(y(s))\mathrm{d}s \\ & + \frac{t}{1-\alpha\eta}\int_0^1 (1-s)a(s)f(y(s))\mathrm{d}s \\ := & Ay(t) \end{aligned} \tag{6.4.22}$$

的解.

定义

$$K=\{y\mid y\in C[0,1],y\geqslant 0,\min_{\eta\leqslant t\leqslant 1}y(t)\geqslant\gamma\|y\|\}. \tag{6.4.23}$$

显然，K 是 $C[0,1]$中的一个锥. 由引理 6.4.3 知 $AK\subseteq K$. 容易验证 $A:K\to K$ 是全连续算子.

因为 $f_0=0$，所以可选择 $H_1>0$，使当 $0<y\leqslant H_1$ 时，

$$f(y)\leqslant\varepsilon y,$$

其中，$\varepsilon>0$ 满足

$$\frac{\varepsilon}{1-\alpha\eta}\int_0^1(1-s)a(s)\mathrm{d}s\leqslant 1. \tag{6.4.24}$$

因此，取

$$\Omega_1=\{y\in C[0,1]\mid\|y\|<H_1\}, \tag{6.4.25}$$

则当 $y\in K\cap\partial\Omega_1$ 时，由(6.4.22)和(6.4.24)，有

$$\begin{aligned}Ay(t)&\leqslant\frac{t}{1-\alpha\eta}\int_0^1(1-s)a(s)f(y(s))\mathrm{d}s\leqslant\frac{t}{1-\alpha\eta}\int_0^1(1-s)a(s)\varepsilon y(s)\mathrm{d}s\\&\leqslant\frac{\varepsilon}{1-\alpha\eta}\int_0^1(1-s)a(s)\mathrm{d}s\|y\|\leqslant\frac{\varepsilon}{1-\alpha\eta}\int_0^1(1-s)a(s)\mathrm{d}sH_1,\end{aligned} \tag{6.4.26}$$

即得 $\|Ay\|\leqslant\|y\|$.

又因为 $f_\infty=\infty$，故存在 $\hat{H}_2>0$，使得当 $u\geqslant\hat{H}_2$ 时，$f(u)\geqslant\rho u$，其中，$\rho>0$ 满足

$$\rho\frac{\eta\gamma}{1-\alpha\eta}\int_\eta^1(1-s)a(s)\mathrm{d}s\geqslant 1. \tag{6.4.27}$$

设 $H_2=\max\left\{2H_1,\dfrac{\hat{H}_2}{\gamma}\right\}$，并取

$$\Omega_2=\{y\in C[0,1]\mid\|y\|<H_2\},$$

则当 $y\in K$ 且 $\|y\|=H_2$ 时，

$$\min_{\eta\leqslant t\leqslant 1}y(t)\geqslant\gamma\|y\|\geqslant\hat{H}_2.$$

又

$$\begin{aligned}Ay(\eta)=&-\int_0^\eta(\eta-s)a(s)f(y(s))\mathrm{d}s-\frac{\alpha\eta}{1-\alpha\eta}\int_0^\eta(\eta-s)a(s)f(y(s))\mathrm{d}s\\&+\frac{\eta}{1-\alpha\eta}\int_0^1(1-s)a(s)f(y(s))\mathrm{d}s\\=&-\frac{1}{1-\alpha\eta}\int_0^\eta(\eta-s)a(s)f(y(s))\mathrm{d}s+\frac{\eta}{1-\alpha\eta}\int_0^1(1-s)a(s)f(y(s))\mathrm{d}s\end{aligned}$$

$$=-\frac{1}{1-\alpha\eta}\int_0^\eta \eta a(s)f(y(s))\mathrm{d}s+\frac{1}{1-\alpha\eta}\int_0^\eta sa(s)f(y(s))\mathrm{d}s$$

$$+\frac{\eta}{1-\alpha\eta}\int_0^1 a(s)f(y(s))\mathrm{d}s-\frac{\eta}{1-\alpha\eta}\int_0^1 sa(s)f(y(s))\mathrm{d}s$$

$$=\frac{\eta}{1-\alpha\eta}\int_\eta^1 a(s)f(y(s))\mathrm{d}s+\frac{1}{1-\alpha\eta}\int_0^\eta sa(s)f(y(s))\mathrm{d}s$$

$$-\frac{\eta}{1-\alpha\eta}\int_0^1 sa(s)f(y(s))\mathrm{d}s$$

$$\geqslant\frac{\eta}{1-\alpha\eta}\int_\eta^1 a(s)f(y(s))\mathrm{d}s-\frac{\eta}{1-\alpha\eta}\int_\eta^1 sa(s)f(y(s))\mathrm{d}s\quad(\text{据 }\eta<1)$$

$$=\frac{\eta}{1-\alpha\eta}\int_\eta^1(1-s)a(s)f(y(s))\mathrm{d}s,\tag{6.4.28}$$

所以,对 $y\in K\cap\partial\Omega_2$,有

$$\|Ay\|\geqslant\rho\frac{\eta\gamma}{1-\alpha\eta}\int_\eta^1(1-s)a(s)\mathrm{d}s\|y\|\geqslant\|y\|.$$

由定理 1.9.3 的第一部分可得,A 在 $K\cap(\overline{\Omega}_2\setminus\Omega_1)$中有一个不动点 u 满足

$$H_1\leqslant\|u\|\leqslant H_2.$$

故定理在超线性情形下得证.

次线性情形 $f_0=\infty$且 $f_\infty=0$.

首先由 $f_0=\infty$知,对满足

$$M\gamma\left(\frac{\eta}{1-\alpha\eta}\right)\int_\eta^1(1-s)a(s)\mathrm{d}s\geqslant 1\tag{6.4.29}$$

的 M,存在 $H_3>0$,使得当 $0<y\leqslant H_3$ 时,$f(y)\geqslant My$.

令

$$\Omega_3=\{y\in C[0,1]\mid\|y\|<H_3\},$$

则类似于(6.4.28)可证:当 $y\in K$, $\|y\|=H_3$ 时,

$$Ay(\eta)=-\int_0^\eta(\eta-s)a(s)f(y(s))\mathrm{d}s-\frac{\alpha\eta}{1-\alpha\eta}\int_0^\eta(\eta-s)a(s)f(y(s))\mathrm{d}s$$

$$+\frac{\eta}{1-\alpha\eta}\int_0^1(1-s)a(s)f(y(s))\mathrm{d}s$$

$$\geqslant\frac{\eta}{1-\alpha\eta}\int_\eta^1(1-s)a(s)f(y(s))\mathrm{d}s$$

$$\geqslant\frac{\eta}{1-\alpha\eta}\int_\eta^1(1-s)a(s)My(s)\mathrm{d}s$$

$$\geqslant\frac{\eta}{1-\alpha\eta}\int_\eta^1(1-s)a(s)M\gamma\mathrm{d}s\|y\|\geqslant H_3.\tag{6.4.30}$$

从而得

$$\| Ay \| \geqslant \| y \|, \quad y \in K \cap \partial\Omega_3.$$

因为 $f_\infty = 0$，所以存在 $\hat{H}_4 > 0$，使当 $y \geqslant \hat{H}_4$ 时，$f(y) \leqslant \lambda y$，其中，$\lambda > 0$ 满足

$$\frac{\lambda}{1-\alpha\eta}\left[\int_0^1 (1-s)a(s)\mathrm{d}s\right] \leqslant 1. \tag{6.4.31}$$

分以下两种情形讨论：

情形 1　f 有界，即存在 $N > 0$，使得对所有的 $y \in [0,\infty)$，有 $f(y) \leqslant N$. 选取

$$H_4 = \max\left\{2H_3, \frac{N}{1-\alpha\eta}\int_0^1 (1-s)a(s)\mathrm{d}s\right\},$$

则当 $y \in K$ 且 $\| y \| = H_4$ 时，

$$\begin{aligned} Ay(t) &= -\int_0^t (t-s)a(s)f(y(s))\mathrm{d}s - \frac{\alpha t}{1-\alpha\eta}\int_0^\eta (\eta - s)a(s)f(y(s))\mathrm{d}s \\ &\quad + \frac{t}{1-\alpha\eta}\int_0^1 (1-s)a(s)f(y(s))\mathrm{d}s \\ &\leqslant \frac{t}{1-\alpha\eta}\int_0^1 (1-s)a(s)f(y(s))\mathrm{d}s \\ &\leqslant \frac{1}{1-\alpha\eta}\int_0^1 (1-s)a(s)N\mathrm{d}s \leqslant H_4, \end{aligned}$$

从而 $\| Ay \| \leqslant \| y \|$.

情形 2　f 无界，则由(A1)知，存在 H_4：$H_4 > \max\left\{2H_3, \frac{1}{\gamma}\hat{H}_4\right\}$，使得

$$f(y) \leqslant f(H_4), \quad 0 < y \leqslant H_4.$$

故对 $y \in K$ 且 $\| y \| = H_4$，

$$\begin{aligned} Ay(t) &= -\int_0^t (t-s)a(s)f(y(s))\mathrm{d}s - \frac{\alpha t}{1-\alpha\eta}\int_0^\eta (\eta - s)a(s)f(y(s))\mathrm{d}s \\ &\quad + \frac{t}{1-\alpha\eta}\int_0^1 (1-s)a(s)f(y(s))\mathrm{d}s \\ &\leqslant \frac{t}{1-\alpha\eta}\int_0^1 (1-s)a(s)f(H_4)\mathrm{d}s \\ &\leqslant \frac{1}{1-\alpha\eta}\int_0^1 (1-s)a(s)\lambda H_4\mathrm{d}s \leqslant H_4. \end{aligned}$$

从而 $\| Ay \| \leqslant \| y \|$.

可见无论 f 属于上述哪一种情形，只要令

$$\Omega_4 = \{ y \in C[0,1] \mid \| y \| < H_4 \},$$

就有

$$\| Ay \| \leqslant \| y \|, \quad y \in K \cap \partial\Omega_4 .$$

根据定理 1.9.3 的第二部分可得,问题(6.1.1),(6.1.2)至少有一个正解. ■

其次,讨论更一般的 m-点边值问题

$$\begin{cases} u'' + h(t)f(u) = 0, \quad 0 < t < 1, \\ \alpha u(0) - \beta u'(0) = \sum_{i=1}^{m-2} a_i u(\xi_i), \\ \gamma u(1) + \delta u'(1) = \sum_{i=1}^{m-2} b_i u(\xi_i) \end{cases} \tag{6.4.32}$$

正解的存在性,其中,$\xi_i \in (0,1)$,$a_i, b_i \in (0,\infty)$,$i \in \{1,\cdots,m-2\}$是给定的常数.

令

$$\psi(t) = \beta + \alpha t, \quad \phi(t) = \gamma + \delta - \gamma t, \quad t \in [0,1], \tag{6.4.33}$$

$$\Delta = \begin{vmatrix} -\sum_{i=1}^{m-2} a_i \psi(\xi_i) & \rho - \sum_{i=1}^{m-2} a_i \phi(\xi_i) \\ \rho - \sum_{i=1}^{m-2} b_i \psi(\xi_i) & -\sum_{i=1}^{m-2} b_i \phi(\xi_i) \end{vmatrix},$$

并假设

(H) $\Delta < 0, \rho - \sum_{i=1}^{m-2} a_i \phi(\xi_i) > 0, \rho - \sum_{i=1}^{m-2} b_i \psi(\xi_i) > 0$.

引理 6.4.4 设(H)成立,则问题(6.4.32)有解 $u = u(t)$当且仅当 u 是算子方程

$$u(t) = \int_0^1 [G(t,s)h(s)f(u(s)) + A(s)h(s)f(u(s))\psi(t) + B(s)h(s)f(u(s))\phi(t)]ds$$
$$:= (Tu)(t) \tag{6.4.34}$$

的解,其中,G, A 和 B 分别由(6.3.21)~(6.3.23)所定义.

引理 6.4.5 设(H)成立,则对任意 $\sigma \in (0,1/2)$,存在 $\gamma > 0$,使对任意 $y \in C[0,1]$且 $y \geqslant 0$,问题(6.3.17)的唯一解 u 满足

$$\min\{u(t) \mid t \in [\sigma, 1-\sigma]\} \geqslant \gamma \| u \| .$$

证明 据定理 6.3.4,u 满足

$$u(t) = \int_0^1 [G(t,s)y(s) + A(s)y(s)\psi(t) + B(s)y(s)\phi(t)]ds$$
$$= \int_0^1 \mathcal{G}(t,s)y(s)ds, \tag{6.4.35}$$

其中,$\mathcal{G}$ 由(6.3.20)定义. 由定理 6.3.5 可知

$$\mathscr{G}(t,s) \geqslant \mathscr{G}(r,s)\min\left\{\frac{\phi(t)}{\phi(0)},\frac{\psi(t)}{\psi(1)}\right\},\qquad t,r,s\in[0,1]. \tag{6.4.36}$$

设 $u(t_0)=\|u\|$.则

$$\begin{aligned} u(t) &= \int_0^1 \mathscr{G}(t,s)y(s)\mathrm{d}s \\ &= \int_0^1 \mathscr{G}(t_0,s)y(s)\mathrm{d}s\min\left\{\frac{\phi(t)}{\phi(0)},\frac{\psi(t)}{\psi(1)}\right\} \\ &\geqslant \|u\| \min\left\{\frac{\phi(t)}{\phi(0)},\frac{\psi(t)}{\psi(1)}\right\}. \end{aligned}$$

对 $\sigma\in(0,1/2)$,取

$$\gamma = \min\left\{\min\left\{\frac{\phi(t)}{\phi(0)},\frac{\psi(t)}{\psi(1)}\right\}\,\middle|\, t\in[\sigma,1-\sigma]\right\},$$

则 $\gamma>0$,并且满足

$$\min\{u(t)\mid t\in[\sigma,1-\sigma]\}\geqslant\gamma\|u\|. \qquad \blacksquare$$

现在定义

$$K=\{u\in C[0,1]\mid u\geqslant 0,\min\{u(t)\mid t\in[\sigma,1-\sigma]\}\geqslant\gamma\|u\|\}, \tag{6.4.37}$$

则(6.4.34)定义的算子 T 满足

$$T(K)\subseteq K.$$

运用与定理 6.2.1 的证明完全类似的方法,可证得如下定理.

定理 6.4.2　假设存在两个不同的正常数 λ,η,使得

$$f(u)\leqslant\lambda\left\{\int_0^1[G(s,s)h(s)+A(s)\psi(1)+B(s)\phi(0)]\mathrm{d}s\right\}^{-1},$$

$$(t,u)\in[0,1]\times[0,\lambda],$$

$$f(u)\geqslant\eta\left\{\int_\sigma^{1-\sigma}\mathscr{G}\left(\frac{1}{2},s\right)h(s)\mathrm{d}s\right\}^{-1},\quad (t,u)\in[\sigma,1-\sigma]\times[\gamma\eta,\eta],$$

则问题(6.4.32)至少存在一个正解 u 满足 $\|u\|$ 介于 λ 与 η 之间.

第 7 章　分歧理论在非线性常微分方程边值问题中的应用

7.1　非线性四阶常微分方程两点边值问题正解的存在性

本节考虑非线性四阶常微分方程两点边值问题

$$\begin{cases} u'''' = f(t,u,u''), & 0 < t < 1, \quad (7.1.1) \\ u(0) = u(1) = u''(0) = u''(1) = 0 & (7.1.2) \end{cases}$$

正解的存在性.

假设

(H1) $f:[0,1]\times[0,\infty)\times(-\infty,0]\to[0,\infty)$是一个连续函数,并且存在常数$a,b,c,d\in[0,\infty)$:$a+b>0$,$c+d>0$,使得

$$f(t,u,p) = au - bp + o(|(u,p)|),\text{当} |(u,p)|\to 0 \text{时} \tag{7.1.3}$$

对 $t\in[0,1]$一致成立,及

$$f(t,u,p) = cu - dp + o(|(u,p)|),\text{当} |(u,p)|\to \infty \text{时} \tag{7.1.4}$$

对 $t\in[0,1]$一致成立,其中,$|(u,p)|:=\sqrt{u^2+p^2}$.

(H2) $f(t,u,p)>0$ 对 $t\in[0,1]$,$(u,p)\in([0,\infty),(-\infty,0])\setminus\{(0,0)\}$.

(H3)存在常数 a_0, $b_0\in[0,\infty)$:$a_0^2+b_0^2>0$,使得

$$f(t,u,p)\geqslant a_0 u - b_0 p,(t,u,p)\in[0,1]\times[0,\infty)\times(-\infty,0]. \tag{7.1.5}$$

本节的主要结果选自文献[107].下面给出本节要用到的一些预备知识.

引理 7.1.1([107]命题 2.1)　(ν,η)是线性特征值问题

$$\begin{cases} u'''' = \nu u - \eta u'', & 0 < t < 1, \quad (7.1.6) \\ u(0) = u(1) = u''(0) = u''(1) = 0 & (7.1.7) \end{cases}$$

的特征值当且仅当

$$\frac{\nu}{(k\pi)^4} + \frac{\eta}{(k\pi)^2} = 1, \qquad \text{对某个 } k\in \mathbf{N}, \tag{7.1.8}$$

其中,$\nu\in\mathbf{R}$,$\eta\in\mathbf{R}$ 是参数.

定义 7.1.1　设$(E,\|\cdot\|)$是一个 Banach 空间,$K\subset E$ 是 E 中的一个锥.$A:[0,\infty)\times K\to E$是一个非线性算子.如果 $A([0,\infty)\times K)\subseteq K$,则称非线性算子

A 是正的.

若 A 是连续的且 A 将 $[0,\infty)\times K$ 中的有界子集映为 E 中的准紧子集,则称非线性算子 A 是 K-全连续的.

设 $V:E\to E$ 是一个正线性算子,如果 $A(\lambda,u)\geqslant\lambda V(x)$ 对 $(\lambda,u)\in[0,\infty)\times K$ 成立,则称 V 是关于 A 的线性弱函数(linear minorant).

记 $r(B)$ 为线性连续算子 B 的谱半径.

本节的主要工具如下.

引理 7.1.2　假设

(i) K 有非空的内部,且 $E=\overline{K-K}$.

(ii) $A:[0,\infty)\times K\to E$ 是 K-全连续的正算子,对 $\lambda\in\mathbf{R}$, $A(\lambda,0)=0$,对 $u\in K$, $A(0,u)=0$,且

$$A(\lambda,u)=\lambda Bu+F(\lambda,u),$$

其中,$B:E\to E$ 是线性强正紧算子且 $r(B)>0$, $F:[0,\infty)\times K\to E$,满足当 $\|u\|\to 0$ 时, $\|F(\lambda,u)\|=o(\|u\|)$ 对 λ 局部一致成立,

则集合

$$\mathscr{D}_K(A)=\{(\lambda,u)\in[0,\infty)\times K:u=A(\lambda,u),u\neq 0\}\cup\{((r(B))^{-1},0)\}$$

存在一个无界连通分支 $\mathscr{C}$ 且 $(r(B)^{-1},0)\in\mathscr{C}$.

更进一步,如果 V 是 A 的一个线性弱函数,且存在

$$(\mu,y)\in(0,\infty)\times K$$

使得 $\|y\|=1$ 且 $\mu Vy\geqslant y$,则

$$\mathscr{C}\subseteq\{\mathscr{D}_K(A)\cap([0,\mu]\times K)\}.$$

注 7.1.1　关于引理 7.1.2 的证明,可参考文献[108]中定理 2.

为研究问题(7.1.1),(7.1.2),需要考虑线性特征值问题

$$\begin{cases} u''''=\lambda(\alpha u-\beta u''),0<t<1, & (7.1.9)\\ u(0)=u(1)=u''(0)=u''(1)=0, & (7.1.10)\end{cases}$$

其中,$\lambda\in\mathbf{R}$ 为参数,$(\alpha,\beta)\in[0,\infty)\times[0,\infty)$ 为给定常数且 $\alpha+\beta>0$.

定义 7.1.2　如果 λ 使得线性特征值问题(7.1.9),(7.1.10)有非平凡解,则称 λ 是问题(7.1.9),(7.1.10)的广义特征值.

定理 7.1.1　线性问题(7.1.9),(7.1.10)的广义特征值是一列严格递增的序列,即

$$\lambda_1(\alpha,\beta)<\lambda_2(\alpha,\beta)<\cdots<\lambda_n(\alpha,\beta)<\cdots,\tag{7.1.11}$$

其中,

$$\lambda_k(\alpha,\beta) = \frac{(k\pi)^4}{\alpha + \beta(k\pi)^2}, \qquad k \in \mathrm{N}. \tag{7.1.12}$$

对应于 $\lambda_k(\alpha,\beta)$的广义特征函数为

$$\varphi_k(t) = \sin k\pi t. \tag{7.1.13}$$

证明 利用文献[80]中命题 2.1,λ是问题(7.1.9),(7.1.10)的广义特征值当且仅当对某个 $k\in\mathrm{N}$,

$$\frac{\lambda\alpha}{(k\pi)^4} + \frac{\lambda\beta}{(k\pi)^2} = 1, \tag{7.1.14}$$

所以(7.1.12)成立.

为证明(7.1.11),定义函数

$$F(x) = \frac{x^2}{\alpha + \beta x}, \qquad x \in [\pi^2, \infty).$$

因为

$$F'(x) = \frac{2\alpha x + x^2\beta}{(\alpha + \beta x)^2} > 0$$

且 $\lambda_k = F(k^2\pi^2)$,于是$\{\lambda_k\}$是严格递增的.

下面证明对应于 $\lambda_k(\alpha,\beta)$的广义特征函数为 $\varphi_k(t) = \sin k\pi t$.

设 u 是

$$\begin{cases} u'''' = \lambda_k(\alpha,\beta)(\alpha u - \beta u''), \qquad 0 < t < 1, & (7.1.15) \\ u(0) = u(1) = u''(0) = u''(1) = 0 & (7.1.16) \end{cases}$$

的非平凡解.

令 $L_0 u = u''$, $\forall\, u \in D(L_0)$,其中,$D(L_0) = \{u \in C^2[0,1] \mid u(0) = u(1) = 0\}$,则存在常数 $r_1, r_2 \in \mathrm{C}$,满足

$$u'''' - \lambda_k(\alpha,\beta)(\alpha u - \beta u'') = (L_0 + r_1 I)(L_0 + r_2 I)u.$$

如果$(L_0 + r_2 I)u = 0$,则对某个 $j \in \mathrm{N}$,有

$$r_2 = (j\pi)^2, \tag{7.1.17}$$

而且

$$u(x) = c\sin j\pi t, \tag{7.1.18}$$

其中,$c \in \mathrm{R}\setminus\{0\}$.

如果$(L_0 + r_2 I)u \neq 0$,则

$$(L_0 + r_2 I)u \in \ker(L_0 + r_1 I).$$

这表明对某个 $j \in \mathrm{N}$,

$$r_1 = (j\pi)^2, \quad r_2 = -\frac{\alpha}{j^2\pi^2},$$

且

$$L_0 u - \frac{\alpha}{j^2\pi^2} u = r\sin j\pi t, \qquad u(0) = u(1) = 0, \tag{7.1.19}$$

其中，$r \in \mathbf{R} \setminus \{0\}$.通过简单的计算有

$$u(t) = \left[-j^2\pi^2 - \frac{\alpha}{j^2\pi^2}\right]^{-1} r\sin j\pi t. \tag{7.1.20}$$

因此无论哪种情形，问题(7.1.9)，(7.1.10)的非平凡解都具有下面的形式：

$$u(t) = A\sin j\pi t, \tag{7.1.21}$$

其中，$A \neq 0$.

将(7.1.21)代入(7.1.15)，有

$$\frac{\lambda_k(\alpha,\beta)\alpha}{(j\pi)^4} + \frac{\lambda_k(\alpha,\beta)\beta}{(j\pi)^2} = 1.$$

结合(7.1.11)，(7.1.12)表明

$$j = k.$$

所以(7.1.13)成立. ■

定理 7.1.2　如果

$$\frac{\alpha}{\pi^4} + \frac{\beta}{\pi^2} < 1, \tag{7.1.22}$$

则 $\lambda_1(\alpha,\beta) > 1$.

证明　利用(7.1.14)，有

$$\frac{\lambda_1(\alpha,\beta)\alpha}{\pi^4} + \frac{\lambda_1(\alpha,\beta)\beta}{\pi^2} = 1,$$

于是由(7.1.22)，有 $\lambda_1(\alpha,\beta) > 1$. ■

类似地，能获得下面的结果.

定理 7.1.3　如果

$$\frac{\alpha}{\pi^4} + \frac{\beta}{\pi^2} > 1, \tag{7.1.23}$$

则 $\lambda_1(\alpha,\beta) < 1$.

定理 7.1.4　设(H1)，(H2)，(H3)成立.假设下列之一成立：

(i) $\lambda_1(c,d) < 1 < \lambda_1(a,b)$.

(ii) $\lambda_1(a,b) < 1 < \lambda_1(c,d)$,

则问题(7.1.1)，(7.1.2)至少有一个正解.

注 7.1.2　值得注意的是，如果

$$\lambda_1(c,d) = 1 = \lambda_1(a,b),$$

则问题(7.1.1),(7.1.2)正解的存在性不能被保证.

推论 7.1.1 设(H1),(H2),(H3)成立.假设下列之一成立:

(i) $\frac{c}{\pi^4}+\frac{d}{\pi^2}>1$ 及 $\frac{a}{\pi^4}+\frac{b}{\pi^2}<1$.

(ii) $\frac{a}{\pi^4}+\frac{b}{\pi^2}>1$ 及 $\frac{c}{\pi^4}+\frac{d}{\pi^2}<1$,

则问题(7.1.1),(7.1.2)至少有一个正解.

注 7.1.3 推论 7.1.1 是定理 7.1.2～定理 7.1.4 的直接结果.

在证明定理 7.1.4 之前,先记

$$e(t):=\sin\pi t,\quad t\in[0,1]. \tag{7.1.24}$$

设

$$X=\{u\in C^2[0,1]\mid u(0)=u(1)=u''(0)=u''(1)=0\},$$

且 X 中的元素还满足:存在 $\gamma\in(0,\infty)$,使得

$$-\gamma e(t)\leqslant -u''(t)\leqslant \gamma e(t),\quad t\in[0,1]. \tag{7.1.25}$$

对 $u\in X$,有

$$u(t)=\int_0^1 G(t,s)[-u''(s)]\mathrm{d}s, \tag{7.1.26}$$

其中,

$$G(t,s)=\begin{cases}(1-t)s, & 0\leqslant s\leqslant t\leqslant 1,\\ (1-s)t, & 0\leqslant t\leqslant s\leqslant 1.\end{cases}$$

结合(7.1.25),(7.1.26)及 $\frac{1}{\pi^2}e(t)=\int_0^1 G(t,s)e(s)\mathrm{d}s$,如果 $u\in X$ 满足(7.1.25),则

$$-\frac{\gamma}{\pi^2}e(t)\leqslant u(t)\leqslant \frac{\gamma}{\pi^2}e(t),\quad t\in[0,1].$$

因为 $\frac{\gamma}{\pi^2}<\gamma$,定义 X 的范数为

$$\|u\|_X:=\inf\{\gamma\mid -\gamma e(t)\leqslant -u''(t)\leqslant \gamma e(t),t\in[0,1]\},$$

可以验证 $(X,\|\cdot\|_X)$ 是一个 Banach 空间.设

$$P:=\{u\in X\mid u''(t)\leqslant 0,u(t)\geqslant 0,t\in[0,1]\},$$

则 P 是正规的,$\mathrm{int}P\neq\varnothing$ 且 $X=\overline{P-P}$.

设 $Y=C[0,1]$,其范数为

$$\|u\|_\infty=\max_{t\in[0,1]}|u(t)|. \tag{7.1.27}$$

定义线性算子 $L:D(L)\to Y$,

$$Lu := u'''', \quad u \in D(L), \tag{7.1.28}$$

其中,

$$D(L) = \{u \in C^4[0,1] \mid u(0) = u(1) = u''(0) = u''(1) = 0\}. \tag{7.1.29}$$

容易验证, $L^{-1}: Y \to X$ 有定义且为全连续的.

引理 7.1.3　设 $h \in Y, h \geqslant 0$ 且对某个 $t_0 \in [0,1], h(t_0) > 0$,若

$$Lu - h = 0, \tag{7.1.30}$$

则 $u \in \operatorname{int} P$.

证明　只需证存在两个常数 $r_1, r_2 \in (0,\infty)$,使得

$$r_1 e(t) \leqslant -u''(t) \leqslant r_2 e(t), \quad t \in [0,1]. \tag{7.1.31}$$

事实上,由(7.1.30)有

$$-u''(t) = \int_0^1 G(t,s)h(s)\mathrm{d}s. \tag{7.1.32}$$

利用 $t(1-t)G(s,s) \leqslant G(t,s) \leqslant t(1-t)$,表明

$$\left[\int_0^1 G(s,s)h(s)\mathrm{d}s\right]t(1-t) \leqslant \int_0^1 G(t,s)h(s)\mathrm{d}s \leqslant \|h\|_\infty t(1-t). \tag{7.1.33}$$

结合(7.1.32),(7.1.33)及

$$c_1 \sin\pi t \leqslant t(1-t) \leqslant c_2 \sin\pi t, \qquad t \in [0,1]$$

(其中, $c_1, c_2 \in (0,\infty)$ 为常数),可推得(7.1.31)成立. ■

设 $\zeta, \xi \in C([0,1] \times [0,\infty) \times (-\infty,0])$,使得

$$f(t,u,p) = au - bp + \zeta(t,u,p), \tag{7.1.34}$$

$$f(t,u,p) = cu - dp + \xi(t,u,p). \tag{7.1.35}$$

显然,由(H1)可得

$$\lim_{|(u,p)| \to 0} \frac{\zeta(t,u,p)}{|(u,p)|} = 0, \quad \text{对 } t \in [0,1] \text{ 一致成立}, \tag{7.1.36}$$

$$\lim_{|(u,p)| \to \infty} \frac{\xi(t,u,p)}{|(u,p)|} = 0, \quad \text{对 } t \in [0,1] \text{ 一致成立}. \tag{7.1.37}$$

设

$$\tilde{\xi}(r) = \max\{|\xi(t,u,p)| : 0 \leqslant |(u,p)| \leqslant r, t \in [0,1]\}, \tag{7.1.38}$$

则 $\tilde{\xi}$ 是非减的且

$$\lim_{r \to \infty} \frac{\tilde{\xi}(r)}{r} = 0. \tag{7.1.39}$$

考虑分歧问题

$$Lu = \lambda(au - bu'') + \lambda\zeta(t, u, u'') \tag{7.1.40}$$

从平凡解 $u\equiv 0$ 处产生的分歧.(7.1.40)等价于

$$\begin{aligned} u(t) = {} & \lambda\left\{\int_0^1\int_0^1 G(t,x)G(x,s)au(s)\mathrm{d}s\mathrm{d}x + \int_0^1 G(t,x)bu(x)\mathrm{d}x\right\} \\ & + \lambda\left\{\int_0^1\int_0^1 G(t,x)G(x.s)\zeta(s,u(s),u''(s))\mathrm{d}s\mathrm{d}x\right\} \\ =: {} & A(\lambda,u)(t). \end{aligned}$$

定义 $B: X\to X$,

$$Bu(t) := \int_0^1\int_0^1 G(t,x)G(x,s)au(s)\mathrm{d}s\mathrm{d}x + \int_0^1 G(t,x)bu(x)\mathrm{d}x.$$

由引理 7.1.3,B 是 X 上的线性强正算子,而且可以验证 $B: X\to X$ 全连续.利用定理 7.1.1 及文献[109]中定理 3.2,有

$$r(B) = [\lambda_1(a,b)]^{-1}.$$

定义 $F:[0,\infty)\times X\to X$,

$$F(\lambda,u) := \lambda\left\{\int_0^1\int_0^1 G(t,x)G(x,s)\zeta(s,u(s),u''(s))\mathrm{d}s\mathrm{d}x\right\},$$

则由(7.1.36)及

$$\|u\|_\infty \leqslant \|u''\|_\infty \leqslant \|u\|_X, \tag{7.1.41}$$

推知

$$\|F(\lambda,u)\|_X = o(\|u\|_X),$$

对 λ 局部一致成立.

如果$(\lambda,u)(\lambda>0)$是(7.1.40)的一个非平凡解,则由(H2)及引理 7.1.3,有

$$u\in \operatorname{int} P.$$

于是由引理 7.1.2,集合

$$\{(\lambda,u)\in(0,\infty)\times P \mid u = A(\lambda,u), u\in \operatorname{int}P\}\cup\{(\lambda_1(a,b),0)\}$$

含有一个无界连通分支 $\mathscr{C}$ 满足:$(\lambda_1(a,b),0)\in\mathscr{C}$.

定理 7.1.4 的证明　显然,(7.1.40)形如$(1,u)$的解均产生问题(7.1.1),(7.1.2)的一个解 u.将证明在 $R\times X$ 中,连通分支 $\mathscr{C}$ 将穿过超平面$\{1\}\times X$.而为了证明这一点,只需证 $\mathscr{C}$ 连接$(\lambda_1(a,b),0)$和$(\lambda_1(c,d),\infty)$.

设$(\mu_n, y_n)\in\mathscr{C}$满足

$$\mu_n + \|y_n\|_X\to\infty.$$

注意到,对 $\forall n\in\mathbf{N}$,$\mu_n>0$.这是因为对 $\lambda=0$,(7.1.40)仅有平凡解,而且 $\mathscr{C}\cap(\{0\}\times X)=\varnothing$.

情形 1　$\lambda_1(c,d)<1<\lambda_1(a,b)$.

在这种情形下，证明

$$(\lambda_1(c,d),\lambda_1(a,b))\subseteq\{\lambda\in\mathrm{R}\mid\exists(\lambda,u)\in\mathscr{C}\}.$$

下面分两步证明：

第一步．如果存在常数 $M>0$，使得

$$\mu_n\subset(0,M],\tag{7.1.42}$$

那么 $\mathscr{C}$ 连接 $(\lambda_1(a,b),0)$ 和 $(\lambda_1(c,d),\infty)$.

首先由(7.1.42)，有 $\|y_n\|_X\to\infty$. 以下考虑问题

$$Ly_n=\mu_n(cy_n-dy''_n)+\mu_n\xi(t,y_n(t),y''_n(t)).\tag{7.1.43}$$

令 $\bar{y}_n=\dfrac{y_n}{\|y_n\|_X}$，因为 $\bar{y}_n$ 在 X 中有界，所以存在 $\bar{y}\in X$，使得 $\bar{y}_n\to\bar{y}$（这里仍用 $\bar{y}_n$ 代表它的收敛子列），并且 $\|\bar{y}\|_X=1$.

注意到

$$\frac{|\xi(y_n(t))|}{\|y_n\|_X}\leqslant\frac{\xi(|y_n(t)|)}{\|y_n\|_X}\leqslant\frac{\xi(\|y_n\|_\infty)}{\|y_n\|_X}\leqslant\frac{\xi(\|y_n\|_X)}{\|y_n\|_X},$$

再由(7.1.39)，有

$$\lim_{n\to\infty}\frac{|\xi(y_n(t))|}{\|y_n\|_X}=0.$$

因此

$$\bar{y}(t):=\int_0^1\int_0^1G(t,x)G(x,s)c\bar{y}(s)\mathrm{d}s\mathrm{d}x+\int_0^1G(t,x)d\bar{y}(x)\mathrm{d}x,$$

其中，$\bar{\mu}:=\lim\limits_{n\to\infty}\mu_n$（这里仍用 μ_n 代表它的收敛子列）. 于是

$$L\bar{y}=\bar{\mu}(c\bar{y}-d\bar{y}'').$$

由定理 7.1.1，有 $\bar{\mu}=\lambda_1(c,d)$. 因此 $\mathscr{C}$ 连接 $(\lambda_1(a,b),0)$ 和 $(\lambda_1(c,d),\infty)$.

第二步．证明存在常数 $M>0$，使得对 $\forall n\in\mathrm{N}$，有 $\mu_n\subset(0,M]$.

据引理 7.1.2，只需证 A 有一个线性弱函数 V 及存在

$$(\mu,y)\in(0,\infty)\times P,$$

使得 $\|y\|_X=1$ 且 $\mu Vy\geqslant y$.

由(H3)，存在常数 $a_0,b_0\in[0,\infty)$ 满足 $a_0^2+b_0^2>0$ 且

$$f(t,u,p)\geqslant a_0u-b_0p,\quad(t,u,p)\in[0,1]\times[0,\infty)\times(-\infty,0].\tag{7.1.44}$$

现在对 $u\in X$，令

$$Vu(t):=\int_0^1\int_0^1G(t,x)G(x,s)a_0u(s)\mathrm{d}s\mathrm{d}x+\int_0^1G(t,x)b_0u(x)\mathrm{d}x,$$

则 V 是关于 A 的一个线性弱函数.进一步,

$$\left[\frac{a_0}{\pi^4}+\frac{b_0}{\pi^2}\right]^{-1}V\left[\frac{e}{\pi^2}\right]=\frac{e}{\pi^2}. \tag{7.1.45}$$

因此由引理 7.1.2,有

$$|\mu_n|\leqslant\left[\frac{a_0}{\pi^4}+\frac{b_0}{\pi^2}\right]^{-1}.$$

情形 2　$\lambda_1(a,b)<1<\lambda_1(c,d)$.

在这种情形下,若$(\mu_n,y_n)\in\mathscr{C}$,使得

$$\lim_{n\to\infty}(\mu_n+\|y_n\|_X)=\infty,$$

而且

$$\lim_{n\to\infty}\mu_n=\infty,$$

则

$$(\lambda_1(a,b),\lambda_1(c,d))\subseteq\{\lambda\in(0,\infty)\mid(\lambda,u)\in\mathscr{C}\}.$$

更进一步,

$$(\{1\}\times E)\cap\mathscr{C}\neq\varnothing.$$

假设存在常数 $M>0$,使得对 $\forall\, n\in\mathbf{N}$,有 $\mu_n\subset(0,M]$.利用类似于情形 1 第一步的证明过程,可推得

$$(\mu_n,y_n)\to(\lambda_1(c,d),\infty),\quad n\to\infty.$$

于是 $\mathscr{C}$连接$(\lambda_1(a,b),0)$和$(\lambda_1(c,d),\infty)$. ■

7.2　非线性常微分方程边值问题的结点解

Henderson 和 Wang 在文献[110]中研究了以下边值问题:

$$\begin{cases} u''+ra(t)\widetilde{f}(u)=0,\quad 0<t<1, & (7.2.1_r)\\ u(0)=u(1)=0, & (7.2.2)\end{cases}$$

获得了$(7.2.1_r)$,(7.2.2)存在正解的参数 r 的取值范围,其中,

(A) $\widetilde{f}:[0,\infty)\to[0,\infty)$连续.

(B) $a:[0,1]\to[0,\infty)$连续,且在[0,1]的任何子区间上不恒为零.

(C) $\widetilde{f}_0=\lim\limits_{x\to0^+}\dfrac{\widetilde{f}(x)}{x}$,　$\widetilde{f}_\infty=\lim\limits_{x\to\infty}\dfrac{\widetilde{f}(x)}{x}$.

记 $G(t,s)$是

$$\begin{cases} -u''=0,\quad 0<t<1, & (7.2.3)\\ u(0)=u(1)=0 & (7.2.4)\end{cases}$$

的 Green 函数.设 $\tau\in[0,1]$满足

$$\int_{1/4}^{3/4} G(\tau,s)a(s)\mathrm{d}s=\max_{0\leqslant t\leqslant 1}\int_{1/4}^{3/4} G(t,s)a(s)\mathrm{d}s. \tag{7.2.5}$$

通过运用 Guo-Krasnosel'skii 不动点定理,文献[110]证明了如下结果.

定理 7.2.1([110],定理 2 和定理 3)　假设条件(A)、(B)和(C)成立,则对满足以下条件之一的 r:

$$\frac{4}{\left[\int_{1/4}^{3/4} G(\tau,s)a(s)\mathrm{d}s\right]\tilde{f}_\infty}<r<\frac{1}{\int_0^1 G(s,s)a(s)\mathrm{d}s\tilde{f}_0}; \tag{7.2.6}$$

$$\frac{4}{\left[\int_{1/4}^{3/4} G(\tau,s)a(s)\mathrm{d}s\right]\tilde{f}_0}<r<\frac{1}{\int_0^1 G(s,s)a(s)\mathrm{d}s\tilde{f}_\infty}, \tag{7.2.7}$$

问题(7.2.1$_r$),(7.2.2)至少存在一个正解.

本节将函数 $\tilde{f}$ 推广到满足以下条件的连续函数 f:

(H1) $f\in C(\mathbf{R},\mathbf{R})$且 $sf(s)>0, s\neq 0$.

(H2) 存在 $f_0, f_\infty\in(0,\infty)$,使得

$$f_0=\lim_{|s|\to 0}\frac{f(s)}{s},\quad f_\infty=\lim_{|s|\to\infty}\frac{f(s)}{s}.$$

本节讨论边值问题

$$\begin{cases} u''(t)+ra(t)f(u)=0, & t\in(0,1), & (7.2.8_r)\\ u(0)=u(1)=0 & & (7.2.9)\end{cases}$$

结点解(注:解的所有零点均为简单零点的解称为结点解)的存在性和多解性.

本节主要内容选自文献[111].

记 λ_k 是线性边值问题

$$\begin{cases} \varphi''+\lambda a(t)\varphi=0, & 0<t<1,\\ \varphi(0)=\varphi(1)=0\end{cases} \tag{7.2.10}$$

的第 k 个特征值,φ_k 是对应于 λ_k 的特征函数.众所周知,

$$0<\lambda_1<\lambda_2<\cdots<\lambda_k<\lambda_{k+1}<\cdots,\quad \lim_{k\to\infty}\lambda_k=\infty,$$

且 φ_k 在开区间(0,1)内恰有 $k-1$ 个零点[112].通过运用文献[113,114]的全局分歧定理,本节将证明以下定理:

定理 7.2.2　设条件(H1),(H2)和(B)成立.假设对某个 $k\in\mathbf{N}$,以下条件之一成立:

$$\frac{\lambda_k}{f_\infty}<r<\frac{\lambda_k}{f_0}; \tag{7.2.11}$$

$$\frac{\lambda_k}{f_0} < r < \frac{\lambda_k}{f_\infty}, \tag{7.2.12}$$

则问题(7.2.8$_r$),(7.2.9)有两个解 u_k^+ 和 u_k^-,其中,u_k^+ 在开区间(0,1)内恰有 $k-1$ 个零点,且在 0 的附近取正值;而 u_k^- 在开区间(0,1)内也恰有 $k-1$ 个零点,且在 0 的附近取负值.

注 7.2.1　若条件(H1)成立,则

$$f(t) > 0, \quad t \in (0,\infty).$$

由此可见,关于 f 的条件(H1)比条件(A)强.然而当条件(H1)成立时,可以获得保证问题(7.2.8$_r$),(7.2.9)有正解更大的参数变化区间.参见定理 7.2.3 和注 7.2. 3.

注 7.2.2　正解存在性和多解性的研究已经非常广泛.例如,文献[86,115]以及相关参考文献.正解可以看作结点个数为零的一类特殊的结点解.

为证明定理 7.2.2,只引入一个预备结果.

引理 7.2.1　设 a 满足条件(B),$g_n \in C([0,1],[0,\infty))$满足:存在 $\rho>0$,使得

$$g_n(t) \geqslant \rho, \quad t \in [0,1]. \tag{7.2.13}$$

假设序列$\{(\mu_n, y_n)\}$满足

$$-y''_n = \mu_n a(t) g_n(t) y_n, \quad y_n(0) = y_n(1) = 0, \tag{7.2.14}$$

其中,

$$(y_n|_I)(t) > 0, \quad \text{当 } n \text{ 充分大时}, \tag{7.2.15}$$

或者

$$(y_n|_I)(t) < 0, \quad \text{当 } n \text{ 充分大时}, \tag{7.2.16}$$

其中,$I:=[\alpha,\beta](\alpha<\beta)$是(0,1)内给定的闭子区间,则存在正常数 M_0,使得 $\forall\, n\in$ N ,

$$|\mu_n| \leqslant M_0. \tag{7.2.17}$$

证明　以下仅证明当 n 充分大时,$(y_n|_I)(t)>0$ 的情形.另一种情形类似可证.不妨设 $n\in$ N 时,都有$(y_n|_I)(t)>0$.

设(α_n,β_n)是[0,1]的满足以下条件的子区间:

(i) $I\subset(\alpha_n,\beta_n)$.

(ii) $y_n(\alpha_n)=y_n(\beta_n)=0$.

(iii) $y_n(t)>0, t\in(\alpha_n,\beta_n)$.

记 $G_n(t,s)$是

$$\begin{cases} -u''=0, & t\in(\alpha_n,\beta_n), \\ u(\alpha_n)=u(\beta_n)=0 \end{cases} \tag{7.2.18}$$

的 Green 函数，则

$$G_n(t,s)=\frac{1}{\beta_n-\alpha_n}\begin{cases}(t-\alpha_n)(\beta_n-s), & \alpha_n\leqslant t\leqslant s\leqslant\beta_n,\\(s-\alpha_n)(\beta_n-t), & \alpha_n\leqslant s\leqslant t\leqslant\beta_n,\end{cases}$$

且对 $(t,s)\in\left[\alpha+\frac{\beta-\alpha}{8},\beta-\frac{\beta-\alpha}{8}\right]\times\left[\alpha+\frac{\beta-\alpha}{4},\beta-\frac{\beta-\alpha}{4}\right]$，有

$$G_n(t,s)\geqslant\frac{(\beta-\alpha)^2}{32},\quad \text{当 } n \text{ 充分大时}. \tag{7.2.19}$$

因为 $y_n|_I$ 是上凸的正函数，所以

$$\begin{aligned}\min_{t\in\left[\alpha+\frac{\beta-\alpha}{4},\beta-\frac{\beta-\alpha}{4}\right]}y_n(t)&\geqslant\frac{\beta-\alpha}{4}\|(y_n|_I)\|_\infty\\&\geqslant\frac{\beta-\alpha}{4}\left\|\left(y_n|_{\left[\alpha+\frac{\beta-\alpha}{8},\beta-\frac{\beta-\alpha}{8}\right]}\right)\right\|_\infty.\end{aligned}\tag{7.2.20}$$

根据(7.2.18)，有

$$y_n(t)=\mu_n\int_{\alpha_n}^{\beta_n}G_n(t,s)a(s)g_n(s)y_n(s)\mathrm{d}s.$$

结合(7.2.19)和(7.2.20)，对 $t\in\left[\alpha+\frac{\beta-\alpha}{8},\beta-\frac{\beta-\alpha}{8}\right]$，有

$$\begin{aligned}y_n(t)&\geqslant\mu_n\int_I G_n(t,s)a(s)\rho y_n(s)\mathrm{d}s\\&\geqslant\frac{\beta-\alpha}{4}\mu_n\int_{\alpha+\frac{\beta-\alpha}{4}}^{\beta-\frac{\beta-\alpha}{4}}G_n(t,s)a(s)\rho\mathrm{d}s\left\|\left(y_n|_{\left[\alpha+\frac{\beta-\alpha}{8},\beta-\frac{\beta-\alpha}{8}\right]}\right)\right\|_\infty\\&\geqslant\frac{\rho(\beta-\alpha)^3}{128}\mu_n\int_{\alpha+\frac{\beta-\alpha}{4}}^{\beta-\frac{\beta-\alpha}{4}}a(s)\mathrm{d}s\left\|\left(y_n|_{\left[\alpha+\frac{\beta-\alpha}{8},\beta-\frac{\beta-\alpha}{8}\right]}\right)\right\|_\infty.\end{aligned}$$

因此

$$|\mu_n|\leqslant128\left[\rho(\beta-\alpha)^3\int_{\alpha+\frac{\beta-\alpha}{4}}^{\beta-\frac{\beta-\alpha}{4}}a(s)\mathrm{d}s\right]^{-1}.$$ ■

令 $Y=C[0,1]$，$E=\{u\in C^1[0,1]\mid u(0)=u(1)=0\}$，其上范数分别为

$$\|u\|_\infty=\max_{t\in[0,1]}|u(t)|;\quad \|u\|=\max_{t\in[0,1]}|u(t)|+\max_{t\in[0,1]}|u'(t)|.$$

定义 $L:D(L)\to Y$，

$$Lu:=-u'',\quad u\in D(L), \tag{7.2.21}$$

其中，

$$D(L)=\{u\in C^2[0,1]\mid u(0)=u(1)=0\}, \tag{7.2.22}$$

则 $L^{-1}:Y\to E$ 是紧的.

设 $\zeta,\xi\in C(\mathbf{R})$ 满足

$$f(u)=f_0u+\zeta(u),\quad f(u)=f_\infty u+\xi(u). \tag{7.2.23}$$

显然,

$$\lim_{|u|\to 0}\frac{\zeta(u)}{u}=0,\quad \lim_{|u|\to\infty}\frac{\xi(u)}{u}=0. \tag{7.2.24}$$

记

$$\bar{\xi}(u)=\max_{0\leqslant|s|\leqslant u}|\xi(s)|,$$

则 $\bar{\xi}$ 是非减的,且

$$\lim_{u\to\infty}\frac{\bar{\xi}(u)}{u}=0. \tag{7.2.25}$$

以下从平凡解 $u\equiv 0$ 处考虑分歧问题:

$$Lu-\lambda a(t)rf_0u=\lambda a(t)r\zeta(u). \tag{7.2.26}$$

方程(7.2.26)等价于方程

$$\begin{aligned}u(t)&=\int_0^1 G(t,s)[\lambda a(s)rf_0u(s)+\lambda a(s)r\zeta(u(s))]\mathrm{d}s\\&:=(\lambda L^{-1}[a(\cdot)rf_0u(\cdot)]+\lambda L^{-1}[a(\cdot)r\zeta(u(\cdot))])(t).\end{aligned} \tag{7.2.27}$$

因为

$$\begin{aligned}\|L^{-1}[a(\cdot)\zeta(u(\cdot))]\|&=\max_{t\in[0,1]}\left|\int_0^1 G(t,s)a(s)\zeta(u(s))\mathrm{d}s\right|\\&\quad+\max_{t\in[0,1]}\left|\int_0^1 G_t(t,s)a(s)\zeta(u(s))\mathrm{d}s\right|\\&\leqslant C\cdot\max_{s\in[0,1]}|a(s)|\cdot\|\zeta(u(\cdot))\|_\infty,\end{aligned}$$

所以当 u 在 E 中趋于 0 时,$\|L^{-1}[a(\cdot)\zeta(u(\cdot))]\|=o(\|u\|)$.

以 S_k^+ 记 E 中满足以下条件的函数集合:在开区间(0,1)内恰有 $k-1$ 个结点(即非退化的零点),且在 $t=0$ 附近取值为正.记 $S_k^-=-S_k^+$,而 $S_k=S_k^+\cup S_k^-$.在 E 中,它们是互不相交的开集.记 $\Phi_k^\pm=\mathbf{R}\times S_k^\pm$,而 $\Phi_k=\mathbf{R}\times S_k$.

对于具体方程(7.2.26),由 Rabinowitz[113,114] 全局分歧定理可知:对任一整数 $k\geqslant 1$ 和 $\nu\in\{+,-\}$,在 Φ_k^ν 中都存在(7.2.26)的连接$\left(\frac{\lambda_k}{rf_0},0\right)$和$\infty$的连通分支 $C_k^\nu\subseteq\Phi_k^\nu$.进一步,$C_k^\nu\setminus\left\{\left(\frac{\lambda_k}{rf_0},0\right)\right\}\subset\Phi_k^\nu$.

事实上,连通集 C_k^ν 中的每一个函数在(0,1)内均恰有 $k-1$ 个结点.这蕴含:不存在 $j\in\mathbf{N}\setminus\{k\}$,使得 C_k^ν 连接$\left(\frac{\lambda_j}{rf_0},0\right)$.

定理 7.2.2 的证明 显然,若$(1,u)$为(7.2.26)的一个解,则 u 必为$(7.2.8_r)$,(7.2.9)的一个解.以下只需说明 C_k^ν 穿过超平面$\{1\}\times E\subseteq\mathbf{R}\times E$.为此只需证明

C_k^ν 连接$\left(\frac{\lambda_k}{rf_0},0\right)$和$\left(\frac{\lambda_k}{rf_\infty},\infty\right)$.设$(\mu_n,y_n)\in C_k^\nu$满足

$$\mu_n+\|y_n\|\to\infty.$$

因为(0,0)是当 $\lambda=0$ 时(7.2.26)的唯一解,而 $C_k^\nu\cap(\{0\}\times E)=\varnothing$,所以当 $n\in \mathrm{N}$ 时,有 $\mu_n>0$.

情形 1　$\frac{\lambda_k}{f_\infty}<r<\frac{\lambda_k}{f_0}$.

这种情形下,可证

$$\left(\frac{\lambda_k}{rf_\infty},\frac{\lambda_k}{rf_0}\right)\subseteq\{\lambda\in\mathrm{R}\mid\exists(\lambda,u)\in C_k^\nu\}.$$

以下分两步证明.

首先证明:若存在常数 $M>0$,使得

$$\mu_n\subset(0,M],\tag{7.2.28}$$

则 C_k^ν 连接$\left(\frac{\lambda_k}{rf_0},0\right)$和$\left(\frac{\lambda_k}{rf_\infty},\infty\right)$.

注意到此时必有

$$\|y_n\|\to\infty.\tag{7.2.29}$$

在方程

$$Ly_n-\mu_na(t)rf_\infty y_n=\mu_na(t)r\xi(y_n(t))\tag{7.2.30}$$

两端同除以 $\|y_n\|$,再令 $\bar{y}_n=\frac{y_n}{\|y_n\|}$.因为 $\bar{y}_n$ 在 $C^2[0,1]$中有界,所以在 E 中有收敛子列,仍记作 $\bar{y}_n$,即存在 $\bar{y}\in E$, $\|\bar{y}\|=1$,使得 $\bar{y}_n\to\bar{y}$.进一步,根据条件(H1)和(7.2.25),以及 ξ 非减,可得$\frac{|\xi(y_n(t))|}{\|y_n\|}\leqslant\frac{\xi(|y_n(t)|)}{\|y_n\|}\leqslant\frac{\xi(\|y_n\|_\infty)}{\|y_n\|}\leqslant\frac{\xi(\|y_n\|)}{\|y_n\|}$,从而

$$\lim_{n\to\infty}\frac{|\xi(y_n(t))|}{\|y_n\|}=0.\tag{7.2.31}$$

所以

$$\bar{y}(t)=\int_0^1G(t,s)\bar{\mu}a(s)f_\infty\bar{y}(s)\mathrm{d}s,$$

其中,$\bar{\mu}:=\lim\limits_{n\to\infty}\mu_n$,因此可得

$$L\bar{y}-\bar{\mu}ra(t)f_\infty\bar{y}=0.\tag{7.2.32}$$

以下证明

$$\bar{y}\in C_k^\nu.\tag{7.2.33}$$

反设 $\bar{y}\notin C_k^\nu$.因为 $\bar{y}\neq0$ 是(7.2.32)的一个解,所以 $\bar{y}$ 在[0,1]上的所有零点都

是非退化的.因此存在 $h\in\mathbf{N}$，$\iota\in\{+,-\}$，使得 $\bar{y}\in C_h^{\iota}\neq C_k^{\nu}$.

由于 $E\backslash C_k^{\nu}$ 是开集，故存在邻域 $U(\bar{y},\rho_0)$，使得

$$U(\bar{y},\rho_0)\subset E\backslash C_k^{\nu},$$

这与 $\bar{y}_n\to\bar{y}$，$y\in E$ 和 $\bar{y}_n\in C_k^{\nu}$ 矛盾.因此 $\bar{y}\in C_k^{\nu}$.进一步，根据 Sturm-Liouville 特征值理论，$\bar{\mu}rf_\infty=\lambda_k$，从而

$$\bar{\mu}=\frac{\lambda_k}{rf_\infty}.$$

因此 C_k^{ν} 连接 $\left(\dfrac{\lambda_k}{rf_0},0\right)$ 和 $\left(\dfrac{\lambda_k}{rf_\infty},\infty\right)$.

其次，证明存在常数 M，使得 $\forall\, n\in\mathbf{N}$，$\mu_n\in(0,M]$.

反设不存在这样的 M，则存在 $\{\mu_n\}$ 的子列，仍记作 $\{\mu_n\}$，满足

$$\lim_{n\to\infty}\mu_n=\infty. \tag{7.2.34}$$

记

$$0=\tau(0,n)<\tau(1,n)<\cdots<\tau(k,n)=1$$

为 y_n 的全体零点，则存在 $\tau(l,n)$的子列，不妨仍记作 $\tau(l,n)$，满足

$$\lim_{n\to\infty}\tau(l,n):=\tau(l,\infty),\quad l\in\{0,1,\cdots,k\}. \tag{7.2.35}$$

可证对任意的 $l\in\{0,1,\cdots,k-1\}$，都有

$$\tau(l+1,\infty)-\tau(l,\infty)=0. \tag{7.2.36}$$

反设存在 $l_0\in\{0,1,\cdots,k-1\}$，使得

$$\tau(l_0,\infty)<\tau(l_0+1,\infty). \tag{7.2.37}$$

定义函数 $p:\mathbf{R}\to\mathbf{R}$ 为

$$p(u):=\begin{cases}\dfrac{rf(u)}{u}, & u\neq0,\\ rf_0, & u=0,\end{cases} \tag{7.2.38}$$

则根据条件(H1)和 $f_\infty\in(0,\infty)$，存在 ρ_1 和 ρ_2，使得

$$\rho_1\leqslant\frac{f(u)}{u}\leqslant\rho_2,\quad u\neq0. \tag{7.2.39}$$

选取具有正长度的闭区间 $I\subset(\tau(l_0,\infty),\tau(l_0+1,\infty))$，则根据引理 7.2.1，$y_n$($\{y_n\}$的子列仍记作$\{y_n\}$)在 I 上必然改变符号.这与 n 充分大时，$I\subset(\tau(l_0,n),\tau(l_0+1,n))$，但

$$(-1)^{l_0}\nu y_n(t)>0,\quad t\in(\tau(l_0,n),\tau(l_0+1,n))$$

矛盾.因此，(7.2.36)成立.

另一方面，

$$1=\tau(k,n)-\tau(0,n)=\sum_{l=0}^{k-1}(\tau(l+1,n)-\tau(l,n)),$$

从而

$$1=\sum_{l=0}^{k-1}(\tau(l+1,\infty)-\tau(l,\infty)),$$

这与(7.2.36)矛盾.

因此,存在与 $n\in\mathbf{N}$ 无关的常数 $M>0$,使得 $\forall\, n\in\mathbf{N}$,

$$|\mu_n|\leqslant M.$$

情形 2　$\frac{\lambda_k}{f_0}<r<\frac{\lambda_k}{f_\infty}$.

这种情形下,有

$$\frac{\lambda_k}{rf_0}<1<\frac{\lambda_k}{rf_\infty}.$$

若$(\mu_n,y_n)\in C_k^\nu$ 满足

$$\lim_{n\to\infty}(\mu_n+\|y_n\|)=\infty$$

和

$$\lim_{n\to\infty}\mu_n=\infty,$$

则

$$\left[\frac{\lambda_k}{rf_0},\frac{\lambda_k}{rf_\infty}\right]\subseteq\{\lambda\in(0,\infty)\mid(\lambda,u)\in C_k^\nu\}.$$

进一步,有

$$(\{1\}\times E)\cap C_k^\nu\neq\varnothing.$$

若存在 $M>0$,使得对任意 $n\in\mathbf{N}$,都有

$$\mu_n\in(0,M].$$

运用与情形 1 第一步中类似的证明方法,可得

$$(\mu_n,y_n)\to\left[\frac{\lambda_k}{rf_\infty},\infty\right],\qquad n\to\infty.$$

因此,C_k^ν 连接$\left[\frac{\lambda_k}{rf_0},0\right]$和$\left[\frac{\lambda_k}{rf_\infty},\infty\right]$,结论得证.　■

以下定理是对文献[110]主要结果的一个改进.

定理 7.2.3　设条件(H1),(H2)和(B)成立.假设以下条件之一成立:

$$\frac{4}{f_\infty\int_{1/4}^{3/4}G(\tau,s)a(s)\mathrm{d}s}<r<\frac{1}{f_0\int_0^1G(s,s)a(s)\mathrm{d}s};\tag{7.2.40}$$

$$\frac{4}{f_0\int_{1/4}^{3/4}G(\tau,s)a(s)\mathrm{d}s}<r<\frac{1}{f_\infty\int_0^1 G(s,s)a(s)\mathrm{d}s},\tag{7.2.41}$$

则(7.2.8$_r$),(7.2.9)至少存在两个解 u^+ 和 u^-,其中,u^+ 在(0,1)内取正值,而 u^- 在(0,1)内取负值.

证明 在定理 7.2.2 中,取 $k=1$,可得

$$\frac{1}{\int_0^1 G(s,s)a(s)\mathrm{d}s}\leqslant\lambda_1\leqslant\frac{4}{\int_{1/4}^{3/4}G(\tau,s)a(s)\mathrm{d}s},\tag{7.2.42}$$

其中,τ 由(7.2.5)定义;设 $\varphi_1>0$ 是 λ_1 对应的特征函数,则

$$\varphi''_1+\lambda_1 a(t)\varphi_1=0,\quad 0<t<1,\quad \varphi_1(0)=\varphi_1(1)=0,\tag{7.2.43}$$

即

$$\varphi_1(t)=\lambda_1\int_0^1 G(t,s)a(s)\varphi_1(s)\mathrm{d}s.\tag{7.2.44}$$

从而有

$$\|\varphi_1\|_\infty\leqslant\lambda_1\int_0^1 G(s,s)a(s)\|\varphi_1\|_\infty\mathrm{d}s.$$

因此,

$$\lambda_1\geqslant\frac{1}{\int_0^1 G(s,s)a(s)\mathrm{d}s}.\tag{7.2.45}$$

根据(7.2.44)和 $\min\limits_{t\in[1/4,3/4]}\varphi_1(t)\geqslant\frac{1}{4}\|\varphi_1\|_\infty$,$t\in[0,1]$,有

$$\begin{aligned}\varphi_1(t)&\geqslant\lambda_1\int_{1/4}^{3/4}G(t,s)a(s)\varphi_1(s)\mathrm{d}s\\&\geqslant\lambda_1\int_{1/4}^{3/4}G(t,s)a(s)\frac{1}{4}\|\varphi_1\|_\infty\mathrm{d}s.\end{aligned}\tag{7.2.46}$$

从而

$$\begin{aligned}\|\varphi_1\|_\infty&\geqslant\max_{t\in[0,1]}\lambda_1\int_{1/4}^{3/4}G(t,s)a(s)\frac{1}{4}\|\varphi_1\|_\infty\mathrm{d}s\\&=\lambda_1\int_{1/4}^{3/4}G(\tau,s)a(s)\frac{1}{4}\|\varphi_1\|_\infty\mathrm{d}s.\end{aligned}\tag{7.2.47}$$

因此,

$$\lambda_1\leqslant\frac{4}{\int_{1/4}^{3/4}G(\tau,s)a(s)\mathrm{d}s}.\tag{7.2.48}$$

■

注 7.2.3 若取 $a(t)\equiv1$,则计算易得 $\lambda_1=\pi^2$,$\tau=\frac{1}{2}$,

$$\int_{1/4}^{3/4} G(\tau,s)a(s)\mathrm{d}s=\frac{3}{32},\quad \int_0^1 G(s,s)a(s)\mathrm{d}s=\frac{1}{6}.$$

定理 7.2.1 中的条件(7.2.6)即为

$$\frac{128/3}{\widetilde{f}_\infty}<r<\frac{6}{\widetilde{f}_0}.$$

定理 7.2.2 中的条件(7.2.11)即为

$$\frac{\pi^2}{\widetilde{f}_\infty}<r<\frac{\pi^2}{\widetilde{f}_0}.$$

本节所得到的使(7.2.8$_r$),(7.2.9)存在正解的参数取值范围比文献[110]中的更大.

注 7.2.4　运用得到(7.2.45)的类似方法,可以证得

$$\varphi_k(t)=\lambda_k\int_0^1 G(t,s)a(s)\varphi_k(s)\mathrm{d}s \tag{7.2.49}$$

和

$$\lambda_k\geqslant\frac{1}{\int_0^1 G(s,s)a(s)\mathrm{d}s}. \tag{7.2.50}$$

但是得到一个和(7.2.48)相同的估计是很难的.因为 $\varphi_k(s)$在[0,1]上是变号的.然而在 $a(t)\equiv a,t\in[0,1]$的特殊情形下,可以得到以下结果:

定理 7.2.4　设条件(H1)和(H2)成立,且 a 是取值在$(0,\infty)$内的常值函数.假设对某些 $k\in\mathbf{N}$,以下条件之一成立:

$$\frac{\pi^2k^2}{af_\infty}<r<\frac{\pi^2k^2}{af_0};$$

$$\frac{\pi^2k^2}{af_0}<r<\frac{\pi^2k^2}{af_\infty},$$

则问题

$$\begin{cases} u''(t)+raf(u)=0, & t\in(0,1),\\ u(0)=u(1)=0 \end{cases}$$

至少存在两个解 u_k^+ 和 u_k^-,其中,u_k^+ 在(0,1)内恰有 $k-1$ 个零点,在 0 的附近取正值;而 u_k^- 在(0,1)内也恰有 $k-1$ 个零点,在 0 的附近取负值.

7.3　非线性常微分方程多点边值问题解的全局分歧结构

本节讨论非线性常微分方程多点边值问题解的全局分歧结构.考虑非线性二阶常微分方程 m-点边值问题

$$\begin{cases} u'' + f(u) = 0, \quad 0 < t < 1, & (7.3.1) \\ u(0) = 0, \ u(1) = \sum_{i=1}^{m-2} \alpha_i u(\eta_i), & (7.3.2) \end{cases}$$

其中，$\eta_i \in (0,1)(i=1,2,\cdots,m-2)$，$0<\eta_1<\eta_2<\cdots<\eta_{m-2}<1$；$\alpha_i \in (0,\infty)(i=1,2,\cdots,m-2)$满足 $0<A=\sum_{i=1}^{m-2}\alpha_i<1$；$f\in C^1(\mathbf{R},\mathbf{R})$且 $f(0)=0$.

关于非线性常微分方程多点边值问题结点解的研究起始于 Ma 和 O'Regan[116].文献[116]假定：

(C1) $\eta_i=\dfrac{p_i}{q_i}\in \mathbf{Q}\cap(0,1)(i=1,\cdots,m-2)$，且有 $p_i,q_i\in N$，$(p_i,q_i)=1$（$\mathbf{Q}$，$\mathbf{N}$ 分别指有理数集和自然数集）.

(C2) $f\in C^1(\mathbf{R},\mathbf{R})$，当 $s\neq 0$ 时，有 $sf(s)>0$.

(C3) $f_0, f_\infty \in (0,\infty)$.

在上述条件下，文献[116]通过利用 Rabinowitz 全局分歧定理，建立了一些非线性常微分方程多点边值问题结点解的存在性结果.本节主要内容选自文献[117].Rynne 的工作推广和发展了文献[116]的结果.

为了利用分歧技巧讨论上述问题结点解的存在性，需要研究相应线性问题的特征值及特征函数的相关性质.

记

$$Y = C[0,1], \quad X = \{u \in C^2[0,1] \mid u(0) = 0, u(1) = \sum_{i=1}^{m-2} \alpha_i u(\eta_i)\},$$

则它们分别在范数

$$\| u \|_\infty = \max_{t\in[0,1]} | u(t) |$$

和

$$\| u \|_X = \max\{ \| u \|_\infty, \| u' \|_\infty, \| u'' \|_\infty \}. \tag{7.3.3}$$

下构成 Banach 空间.定义线性算子 $L: X\to Y$，

$$Lu := - u'', \quad u \in X, \tag{7.3.4}$$

则 L 有有界逆 $L^{-1}: Y\to X$.问题(7.3.1)，(7.3.2)可以写成

$$Lu = f(u), \quad u \in X. \tag{7.3.5}$$

下面引入一些记号以描述问题(7.3.1)，(7.3.2)结点解的性质.

对任意整数 $k\geq 1$ 及 $\nu\in\{+,-\}$，定义集合 S_k^ν，$T_k^\nu\subset C^2[0,1]$如下：

S_k^ν：(i) $u(0)=0$，$\nu u'(0)>0$.

(ii) u 在$[0,1]$中只有简单零点，在$(0,1)$内恰有 $k-1$ 个零点.

T_k^ν：(i) $u(0)=0$，$\nu u'(0)>0$ 且 $u'(1)\neq 0$.

(ii) u'在(0,1)中只有简单零点且在(0,1)内恰有 k 个零点.

(iii)在 u'的两个相邻零点之间恰有 u 的一个零点.

注 7.3.1　显然,如果 $u\in T_k^\nu$,则 $u\in S_k^\nu$ 或 $u\in S_{k+1}^\nu$.集合 T_k^ν 是 X 中互不相交的开集.

注 7.3.2　在描述带有两点边值条件的非线性 Sturm-Liouville 问题结点解的性质时,一般选用集合 S_k^ν,但是当考虑带多点边值条件的问题时,集合 T_k^ν 将更加有效.这一点,在下面的证明中可以体现.

考虑线性特征值问题

$$Lu=\lambda u,\quad u\in X. \tag{7.3.6}$$

称(7.3.6)特征值的集合为算子 L 的谱集,记为 $\sigma(L)$.边值条件(7.3.2)保证了如果 $\lambda\in\sigma(L)$,则其相应的特征函数空间是一维的.关于 $\sigma(L)$有下面的结论.

定理 7.3.1　谱集 $\sigma(L)$由一列严格递增的正数序列

$$0<\lambda_1<\lambda_2<\cdots<\lambda_k<\cdots$$

构成.λ_k 所对应的特征函数为 $\varphi_k(x)=\sin(\sqrt{\lambda_k}x)$.此外,还有

(i) $\lim\limits_{k\to\infty}\lambda_k=\infty$.

(ii) 对任意的 $k\geqslant1$,$\varphi_k\in T_k^+$;φ_1 在(0,1)上严格正.

证明　假设 $\lambda=-s^2$ 是算子 L 的一个特征值,则 $u(t)=c_1e^{st}+c_2e^{-st}$是方程

$$-u''(t)=\lambda u(t),\quad t\in(0,1)$$

的通解.由边界条件 $u(0)=0$ 推知:$c_1=-c_2$.于是

$$u(t)=c_1(e^{st}-e^{-st}).$$

当 $c_1>0$ 时,u 在[0,1]上单调递增.由条件(7.3.2)及 $A<1$ 可得

$$u(1)=\sum_{i=1}^{m-2}\alpha_i u(\eta_i)\leqslant u(1)\sum_{i=1}^{m-2}\alpha_i<u(1). \tag{7.3.7}$$

矛盾!当 $c_1<0$ 时,同样可导出矛盾.这些矛盾表明 $\lambda<0$ 不是特征值.

类似地,可以证明 $\lambda=0$ 也不是特征值.故 L 的特征值均为严格正的.

定义函数 $\Gamma:(0,\infty)\to\mathbf{R}$ 为

$$\Gamma(s):=\sin s-\sum_{i=1}^{m-2}\alpha_i\sin(\eta_i s),\quad s\in(0,\infty).$$

易证 $\Gamma(s)=0$ 当且仅当 $\lambda=s^2$ 是(7.3.6)的特征值,而 $u_s(x)=\sin(sx)$是相应的特征函数.所以,只需考察:函数 Γ 的零点.由 $A<1$ 可知:在$\left[0,\dfrac{\pi}{2}\right]$上 $\Gamma(s)>0$,且

$$\Gamma\left(\left(k\pm\frac{1}{2}\right)\pi\right)\neq0,\quad k\geqslant1. \tag{7.3.8}$$

对任意的 $k\geqslant1$,定义区间

$$I_k := \left(\left(k-\frac{1}{2}\right)\pi, \left(k+\frac{1}{2}\right)\pi\right).$$

可以宣称:如果 $s\in I_k$,则 $u_s\in T_k^+$.

为此,只需证明 Γ 恰有一个零点 $s_k\in I_k$.这将通过下面的两个引理来实现. ■

引理 7.3.1　Γ 的所有零点都是简单零点.

证明　反设 s 是 Γ 的一个重零点,即

$$\sin s=\sum_{i=1}^{m-2}\alpha_i\sin(\eta_i s),\quad \cos s=\sum_{i=1}^{m-2}\alpha_i\eta_i\cos(\eta_i s), \tag{7.3.9}$$

则由 $0<A<1$ 可得

$$\begin{aligned}1&=\left[\sum_{i=1}^{m-2}\alpha_i\sin(\eta_i s)\right]^2+\left[\sum_{i=1}^{m-2}\alpha_i\eta_i\cos(\eta_i s)\right]^2\\&\leqslant\sum_{i,j=1}^{m-2}\alpha_i\alpha_j\left[|\sin(\eta_i s)\sin(\eta_j s)|+|\cos(\eta_i s)\cos(\eta_j s)|\right]\\&\leqslant\left(\sum_{i=1}^{m-2}\alpha_i\right)^2<1.\end{aligned}$$

矛盾.所以 Γ 的所有零点都是简单零点. ■

引理 7.3.2　对任意的 $k\geqslant1$,Γ 恰有一个零点 $s_k\in I_k$.

证明　记

$$\alpha=(\alpha_1,\cdots,\alpha_{m-2})\in\mathbf{R}^{m-2},$$

$$D=\left\{\alpha\mid\alpha\in(0,1)^{m-2},\sum_{i=1}^{m-2}\alpha_i<1\right\}.$$

函数 Γ 和 $\frac{\mathrm{d}\Gamma}{\mathrm{d}s}$ 均连续地依赖于 α,引理 7.3.1 和不等式(7.3.8)对所有的 $\alpha\in D$ 及 $\alpha=0$ 均成立.由隐函数定理可知,Γ 的零点连续地依赖于 α,并且当 α 在 D 中变化时(D 是连通的),Γ 在 I_k 中零点的个数是不变的.另外,当 $\alpha=0$ 时,显然 Γ 在 I_k 中恰有一个零点.由隐函数定理,对于充分小的 α,这也是对的.因此,结论对所有的 $\alpha\in D$ 都成立.

最后,证明 φ_1 在(0,1)中是严格正的.

注意到

$$\Gamma(\pi)=-\sum_{i=1}^{m-2}\alpha_i\sin(\eta_i\pi)<0,$$

这便蕴含 $s_1<\pi$.故 $\varphi_1=\sin s_1 x>0$. ■

由定理 7.3.1 可以看出,算子 L 谱的性质类似于两点边界条件下标准的二阶 Sturm-Liouville 算子的谱性质.但是,后者的第 k 个特征函数 φ_k 在(0,1)中恰有 $k-1$个零点,即 $\varphi_k\in S_k^+$.而下面的例子可以说明在定理 7.3.1 中引入集合 T_k^+ 代

替 S_k^+ 的必要性.

例 7.3.1　取 $m=3$, $\alpha=\frac{1}{2}$,有

$$\eta\in\left(0,\frac{1}{2}\right)\Rightarrow\varphi_2\in S_3^+,$$

$$\eta\in\left(\frac{1}{2},1\right)\Rightarrow\varphi_2\in S_2^+,$$

$$\eta\in\left(0,\frac{1}{3}\right)\cup\left(\frac{2}{3},1\right)\Rightarrow\varphi_3\in S_3^+,$$

$$\eta\in\left(\frac{1}{3},\frac{2}{3}\right)\Rightarrow\varphi_3\in S_4^+.$$

特别地,当 $\eta\in\left(0,\frac{1}{3}\right)$ 时,同时有 $\varphi_2\in S_3^+$, $\varphi_3\in S_3^+$,可见集合 S_k^+ 再不能够区别属于不同特征值的特征函数.这个例子也说明了随着 η 的连续变化,特征函数在 $(0,1)$ 中零点的个数也随之改变.

下面的两个例子说明了定理 7.3.1 中条件 $0<A<1$ 是必须的.

例 7.3.2　取 $m=3$, $\alpha=1$, $\eta=\frac{1}{5}$.易证 $\Gamma\left(\frac{15\pi}{2}\right)=0$,相应的特征函数 $u(x)=\sin\left(\frac{15\pi}{2}t\right)$ 满足 $u'(1)=0$,故 u 不属于任何 T_k^+.事实上,u 恰好落在 T_7^+ 与 T_8^+ 的边界上,而此时 $\alpha=1$ 恰好落在引理 7.3.2 中所定义的集合 D 的边界上.

例 7.3.3　取 $m=3$, $\varepsilon>0$, $\alpha=1+\varepsilon$,则存在 $\delta\in(0,\frac{1}{2})$,使得

$$\frac{\pi}{2}-\delta<t<\frac{\pi}{2}+\delta\Rightarrow\alpha\sin t>1.$$

选择任意的 $\omega>0$,令 $\eta=\frac{\delta}{\omega}$.由 Γ 的定义及其与 L 的特征值的关系,可以看出

$$0<\frac{\omega\pi}{2\delta}-\omega<s<\frac{\omega\pi}{2\delta}+\omega\Rightarrow\Gamma(s)\leqslant 1-\alpha\sin(\delta s/\omega)<0,$$

即在一个长度为 2ω 的区间 W 上,Γ 没有零点.因此如果存在一个 k 使得 $I_k\subset W$,则没有特征函数属于 T_k^+.因为 ω 可以充分大,这表明定理 7.3.1 在 $\alpha>1$ 时不再成立!

为了运用分歧理论来讨论问题(7.3.5)的结点解,需要对相应线性问题的谱作进一步的讨论.注意到 L 有逆算子 $L^{-1}:Y\rightarrow X$,可以将其视为 $L^{-1}:Y\rightarrow Y$.据此,λ_k 是逆算子 L^{-1} 的本征值,其代数重数定义为 $\dim\bigcup_{j=1}^{\infty}\ker((I-\lambda_k L^{-1})^j)$,$I$ 是 Y 上的恒同映射.

引理 7.3.3　对任意的 $k\geqslant 1$,算子 $L^{-1}:Y\to Y$ 的本征值的代数重数为 1.

证明　显然,$(I-\lambda_k L^{-1})\varphi_k=0$,$\dim(\ker((I-\lambda_k L^{-1})))=1$.

反设存在一个 $y\in Y$,使得

$$(I-\lambda_k L^{-1})y=\lambda_k^{-1}\varphi_k,$$

则 $y\in X$,且 $Ly-\lambda_k y=\varphi_k$.即 y 满足

$$-y''-s_k^2 y=\sin(s_k t),$$

其中,$s_k=\lambda_k^{1/2}$.结合边值条件(7.3.2),该微分方程满足条件 $u(0)=0$ 的通解为

$$y=C\sin(s_k t)+\frac{1}{2s_k}t\cos(s_k t).$$

根据 s_k 的定义,$C\sin(s_k t)$在 $t=1$ 处满足边值条件(7.3.2),所以 $t\cos(s_k t)$也在 $x=1$ 处满足边值条件(7.3.2).但是,这等价于 s_k 满足(7.3.9).由引理 7.3.1 的证明过程知,这是不可能的.　■

下面,考虑分歧问题

$$Lu=\mu u+g(u),\quad (\mu,u)\in \mathbf{R}\times X. \tag{7.3.10}$$

在以后的讨论中,假设 $g\in C^1(\mathbf{R},\mathbf{R})$满足

$$g(0)=g'(0)=0. \tag{7.3.11}$$

显然,对任意的 $\mu\in\mathbf{R}$,$u\equiv 0$ 总是方程(7.3.10)的平凡解.对方程(7.3.10),将给出一个 Rabinowiz 型的全局分歧定理.

注意:函数 g 所满足的条件保证了方程(7.3.10)所对应的初值问题解的存在唯一性.下面的证明中将多次运用到这个结论.

引理 7.3.4　若(μ,u)是方程(7.3.10)的一个非平凡解,则一定存在着某个 k,ν,使得 $u\in T_k^{\nu}$.

证明　因为(μ,u)是方程(7.3.10)的一个非平凡解,初值问题解的存在唯一性保证了 u 的所有零点都是简单的.特别地,由边值条件 $u(0)=0$ 可得 $u'(0)\neq 0$.下面,考察方程(7.3.10)解的形状.不失一般性,假设 $u'(0)>0$,则 u'在区间$[0,1]$中必有零点.若不然,u将在$[0,1]$上单调递增,这将导致(7.3.7)这样的矛盾.令 x_0 是 u'的最小零点,则 u 在区间$[0,x_0]$上单调递增.假设 $2x_0\leqslant 1$,由于 g 与 t 无关及初值问题解的唯一性,有

$$u(x_0+s)=u(x_0-s),\quad s\in[0,x_0].$$

因此,在区间$[0,2x_0]$上,解 u 的图像形成一个正的凸包,满足 $u(0)=u(2x_0)=0$,且 u'在此区间上有唯一的零点 x_0.另外,$u'(2x_0)=-u'(0)$.依此类推,u 的图像由一列这样的正负凸包构成(区间$[0,1]$上最右端的一个凸包可能不完整),这些凸包有下列性质(最右端的一个凸包除外):

(a) 所有正(负)的凸包都有相同的形状(正负凸包的形状可能不同).

(b) 每个凸包包含唯一的一个 u' 的零点；u' 的相邻两个零点之间必有 u 的一个零点.

(c) 所有正(负)凸包都取得相同的最大值(最小值).

下面,逐条说明 $u\in T_k^\nu$.假定 $u'(1)=0$,则 $u(1)\neq 0$.不妨设 $u(1)>0$($u(1)<0$ 的情形是类似的).由性质(b)和(c)可得:$u(x)\leqslant u(1)$, $x\in[0,1]$,但这与边值条件(7.3.2)及 $0<A<1$ 矛盾！这说明 $u'(1)\neq 0$.因此,u 满足 T_k^ν 定义中的第一条(取 $\nu=+$).

假定存在 $x_0\in(0,1)$ 使 $u'(x_0)=0$, $u''(x_0)=0$,则由方程(7.3.10)可得 $\mu u(x_0)+g(u(x_0))=0$.由初值问题解的存在唯一性可知在区间[0,1]上,有 $u\equiv u(x_0)$.这与边值条件 $u(0)=0$ 及 u 是非平凡解矛盾.故而,u 满足 T_k^ν 定义中的第二条(对某个 k 成立).

最后,由性质(b)可证 u 满足 T_k^ν 定义中的第三条. ■

关于方程(7.3.10),给出下面的分歧定理.

定理 7.3.2 对每个 $k\geqslant 1$ 和 ν,存在着方程(7.3.10)解的一个连通分支 C_k^ν,满足下列性质:

(i) $(\lambda_k,0)\in C_k^\nu$.

(ii) $C_k^\nu\setminus\{(\lambda_k,0)\}\subset \mathbb{R}\times T_k^\nu$.

(iii) C_k^ν 在 $\mathbb{R}\times X$ 中无界.

证明 定义 Banach 空间

$$E:=\{u\in C^1[0,1]\mid u\text{满足边值条件}(7.3.2)\},$$

其范数为

$$\|u\|_E=\max\{\|u\|_\infty,\|u'\|_\infty\}.$$

(7.3.10)两端作用 $L^{-1}:Y\to X$,显然(7.3.10)等价于问题

$$u=\mu L^{-1}u+L^{-1}g(u),\quad (\mu,u)\in\mathbb{R}\times E. \tag{7.3.12}$$

算子 L^{-1} 在 E 上的限制 $L^{-1}:E\to E$ 是一个紧算子,由引理 7.3.3 可知对每个 $k\geqslant 1$,λk 是 L_E^{-1} 的代数重数为 1 的本征值.另外,映射 $u\to L^{-1}g(u):E\to E$ 是一个全连续算子并且当 $\|u\|_E\to 0$ 时,有 $\|L^{-1}g(u)\|_E=o(\|u\|_E)$.结合文献[118]中定理 2 及定理 7.3.1 可推知:对任意的 k 和 ν,存在着问题(7.3.12)解的一个连通分支 $C_k^\nu\subset\mathbb{R}\times E$,使得

(a) $(\lambda_k,0)\in C_k^\nu$,且在一个以$(\lambda_k,0)$为球心,半径充分小的球 $B\subset\mathbb{R}\times E$ 上,有 $(C_k^\nu\setminus\{(\lambda_k,0)\})\cap B\subset\mathbb{R}\times T_k^\nu$;

(b) 或者 C_k^ν 无界,或者 $C_k^+\cap C_k^-\neq\{(\lambda_k,0)\}$.

另外,由问题(7.3.12)和算子 $L^{-1}:Y\to X$ 的连续性可知,集合 $C_k^\nu\subset\mathbb{R}\times X$ 并且映射 $C_k^\nu\to\mathbb{R}\times X$ 是连续映射.因此,C_k^ν 也是 $\mathbb{R}\times X$ 中的连通分支,上述性质(a)

和(b)在$\mathbb{R}\times X$中也成立.

又由于 T_k^ν 是 X 中的开集,由引理 7.3.4 可得

$$(\mu, u)\in C_k^\nu \cap (\mathbb{R}\times\partial T_k^\nu)\Rightarrow u=0.$$

由此可以证明 $C_k^\nu\backslash(\lambda_k,0)\subset\mathbb{R}\times T_k^\nu$,因此,$C_k^\nu$ 在$\mathbb{R}\times X$中是无界的. ■

下面讨论问题(7.3.5)结点解的存在性.定义

$$f_0 := \lim_{|s|\to 0}\frac{f(s)}{s}=f'(0),\quad f_\infty := \lim_{|s|\to\infty}\frac{f(s)}{s}.$$

定理 7.3.3　假设 $f_\infty<\infty$.若存在着 $k\geqslant 1$,使得

$$(\lambda_k-f_0)(\lambda_k-f_\infty)<0, \tag{7.3.13}$$

则问题(7.3.5)有解 $u_k^\pm\in T_k^\pm$.

证明　函数 f 可写成 $f(s)=f_0 s+g(s)$,其中,g 满足条件(7.3.11).考虑分歧问题

$$Lu=\mu u+f_0 u+g(u),\quad (\mu,u)\in\mathbb{R}\times X. \tag{7.3.14}$$

显然,当 $\mu=0$ 时,(7.3.14)的非平凡解恰为问题(7.3.5)的非平凡解.由定理7.3.2可知对每个 ν,从$(\mu,u)=(\lambda_k-f_0,0)$处必然分歧出问题(7.3.14)解的无界连通分支 $C_k^\nu\subset\mathbb{R}\times X$.运用 Sturm 比较定理可知,$C_k^\nu$ 在$\mathbb{R}$上的投影必然是有界的,因此 C_k^ν 包含着序列(μ_n,u_n),$n=1,2,\cdots$,使得$\|u_n\|_X\to\infty$及 $\mu_n\to\lambda_k-f_\infty$.因为 C_k^ν 是连通的,结合条件(7.3.13),可以说明 C_k^ν 与超平面$\{0\}\times X$有交点$(0,u_k^\nu)$,且 $u_k^\nu\neq 0$.显然,u_k^ν 就是问题(7.3.5)的非平凡解. ■

注 7.3.3　对给定的 f_0,f_∞,可能同时有若干个 k 都使得(7.3.13)成立.此时,由定理 7.3.3,对每个 k 都可获得相应的结点解的存在性.故该定理也蕴含着多解的结果.

定理 7.3.4　假设 $f_\infty=\infty$.若存在着 $k_0\geqslant 1$,使得

$$f_0<\lambda_{k_0}, \tag{7.3.15}$$

则对所有的 $k\geqslant k_0$,问题(7.3.5)均有解 $u_k^\pm\in T_k^\pm$.

证明　证明类似于定理 7.3.3 的证明.此时,对任意的 k 和 ν,从$(\mu,u)=(\lambda_k-f_0,0)$处分歧出的连通分支 C_k^ν 必然包含序列(μ_n,u_n),$n=1,2,\cdots$,使得 $\mu_n\to-\infty$.所以当 $\lambda_k-f_0>0$ 时,C_k^ν 必将与超平面$\{0\}\times X$相交于(7.3.14)的一个非平凡解$(0,u_k^\nu)$处. ■

注 7.3.4　本节选用了集合 T_k^ν 来描述带有多点边值条件的非线性问题(7.3.5)结点解的性质.不难看出,集合 S_k^ν 数的是函数 u 的零点个数,而集合 T_k^ν 数的是函数 u 的图像上凸包的个数.文献[116]是利用集合 S_k^ν 来讨论非线性问题(7.3.5)结点解的性质的.

注 7.3.5　文献[119]讨论了 Robin 型多点边值问题

$$\begin{cases} u'' + f(u) = 0, \quad 0 < t < 1, \\ u'(0) = 0, \quad u(1) = \sum_{i=1}^{m-2} \alpha_i u(\eta_i) \end{cases}$$

结点解的存在性.只需将集合 T_k^ν 的定义作适当的修改,并定义函数 $\Gamma:(0,\infty)\to \mathbf{R}$ 为

$$\Gamma(s) := \cos s - \sum_{i=1}^{m-2} \alpha_i \cos(\eta_i s), \quad s \in (0,\infty),$$

则与本节前面所述引理、定理相应的结论均成立.

参 考 文 献

[1] Gilbarg D, Trudinger N S. Elliptic Partial Differential Equations of Second Order. New York: Springer-Verlag, 1977(中译本,叶其孝等译. 上海:上海科技出版社,1981)

[2] Adams R A. Sobolev Spaces. New York: Academic Press, 1975

[3] 李立康,郭毓陶. 索伯列夫空间引论. 上海:上海科技出版社,1981

[4] 郭大钧. 非线性泛函分析. 济南:山东科学技术出版社,1985

[5] Browder F. Problèms non-lineares, les Press de I'Universitè de Montreal, Montreal, 1968

[6] Ambrosetti A, Prodi G. A primer of nonlinear analysis. Cambridge Studies in Advanced Mathematics, 34. Cambridge: Cambridge University Press, 1995

[7] 陈文嫄. 非线性泛函分析. 兰州:甘肃人民出版社,1982

[8] 李树杰,冯德兴. 共振下一类常微分方程组周期解的存在唯一性. 系统科学与数学,1986,6(4):240~246

[9] 丁伟岳. 扭转映射的不动点与常微分方程的周期解. 数学学报,1982,25(2):227~235

[10] Martelli M, Vignoli A. On the structure of the solution set of nonlinear equations. Nonlinear Analysis, 1983, 7(7):685~693

[11] Furi M, Martelli M, Vignoli A. On the solvability of non-linear operator equations in normed spaces. Annali Mat. Pura Appl., 1980, 4(124):321~343

[12] Leray J, Schauder J. Topologie et équations functionelles. Ann. Sci. École Norm. Sup., 1934, (51):45~78

[13] Browder F. On continuity of fixed point under deformations of continuous mappings. Summa Brasil Math., 1960, (4):183~190

[14] Costa D G, Goncalves J V A. Existence and multiplicity results for a class of nonlinear elliptic boundary value problems at resonance. J. Math. Anal. Appl., 1984, (84):328~337

[15] Massabò I, Pesjsachowicz J. On the connectivity properties of the solution set of parametrized families of compact vector fields. J. Function Analysis, 1984, (59):151~166

[16] Bartsch T. The global structure of the zero set of a family of semilinear Fredholm maps. Nonlinear Analysis TMA, 1991, 17(4):313~332

[17] Ize J, Massabó I, Pesjsachowicz J, et al. Nonlinear Multiparametric Equations: Structure and topological dimension of global branches of solutions proceedings of symposia in pure mathematics. 1986(45), Part 1:529~540

[18] Fitzpatrick P M, Pesjsachowicz J. Nonorientability of the index bundle and several-parameter bifurcation. J. Functional Analysis, 1991, 98(1):42~58

[19] Mawhin J. Topological degree methods in nonlinear boundary value problems. in CMBS Regional Conference Series in Mathematics, No. 40. Amer. Math. Soc. Providence, R. I. 1979

[20] 张恭庆. 临界点理论及其应用. 上海:上海科技出版社,1986

[21] Mawhin J, Willem M. Critical Point Theory and Hamiltonian System. New York: Springer-Verlag, 1989

[22] Bartolo P, Benci V, Fortunato F. Abstract critical point theorems and applications to some nonlinear problems with strong resonance at infinity. Nonlinear Analysis, 1983, (7): 981~1012

[23] Solimini S. On the solvability of some elliptic partial differential equation with linear part at resonance. J. Math. Anal. Appl., 1986, 117(4): 138~152

[24] Deimling K. Nonlinear functional analysis. New York: Spring-Verlag, 1985

[25] Zeidler E. Nonlinear functional analysis and its applications. I. Fixed-point theorems. Translated from the German by Peter R. Wadsack. New York: Springer-Verlag, 1986

[26] Mawhin J. An extension of a theorem of A. C. Lazer on forced nonlinear oscillations. J. Math. Anal. Appl., 1972, (40): 20~29

[27] Mawhin J, Ward Jr J R. Nonresonance and existence for nonlinear elliptic boundary value problems. Nonlinear Analysis, 1981, (6): 677~684

[28] 丁同仁．在共振点的非线性振动．中国科学(A 辑), 1982: 1~13

[29] Omari P, Zanolin F. A note on nonlinear oscillations at resonance. Acta. Math. Sinica. (N. S.), 1987, (3): 351~361

[30] Ding T, Zanolin F. Time-maps for the solvability of periodically perturbed nonlinear Duffing equation. Nonlinear Analysis, 1991, 17(7): 635~654

[31] 柳彬．半线性 Duffing 方程调和解的一个存在定理．数学学报, 1991, 34(2): 165~170

[32] De Figueirdo D G, Miyagaki H. Semilinear elliptic equation with the primitive of the nonlinearity awat from the specturm. Nonlinear Analysis, 1991, 17(12): 1201~1219

[33] Lazer A C, Landesman E M, Meyers R D. On saddle point theorem in the calculus of variations, the Ritz algorithm and monotone convergence. J. Math. Anal. Appl., 1975, (52): 591~614

[34] Shen Z. On the periodic solution to the Newtonian equation of motion. Nonlinear Analysis, 1989, 13(2): 145~150

[35] Ekeland I, Temam R. Convex analysis and variational problems. North-Hollard, Amsterdam, 1976

[36] Tersian S A. A minimax theorem and applications to nonresonance problems for semilinear equation. Nonlinear Analysis TMA., 1986, 10(7): 651~668

[37] Cac N P. On an elliptic boundary value problem at double resonance. J. Math. Anal. Appl., 1988, 132(2): 473~383

[38] 马如云．半线性 Duffing 方程周期边值问题的可解性．数学年刊, 1993, 14(4)

[39] Li W. A necessary and sufficient condition on existence and uniqueness of 2π-periodic solution of Duffing equation. Chin. Ann. of Math., 1990, 11B(3): 342~345

[40] Œ sari L. Nonlinear Analysis(A collection of papers in homor of E, H. Rothe), Ed. Œ sari, L. et al. 1978

[41] Fabry C, Fonda A. Nonlinear equations at resonance and generalized eigenvalue problems. Nonlinear Analysis, 1992, 18(5): 427~445

[42] Loud W S. Periodic Solutions of Nonlinear Differential Equations of Duffing Type. Proc. U. S. -Japan Seminar on Differential and Functional Equations(Minneapolis, Minn, 1967), 1967, 199～224

[43] Gossez J P, Omari P. Periodic solution of a second order ordinary differential equation: A necessary and sufficient condition for nonresonance. J. Diff. Eqns. , 1991(94): 67～82

[44] Goncalves J V A. On nonresonant sublinear elliptic problems. Nonlinear Analysis, 1990, 15(10): 915～920

[45] Mawhin J, Eard J R, Willem M. Variatiational methods and semilinear elliptic equations. Archs Ration. Meth. Analysis, 1986, (95): 269～277

[46] De Figuelredo D G, Gossez J P. Nonresonance below the first eigenvalue for a semilinear elliptic problem. Math. Annalen, 1988, (281): 589～610

[47] De Figueirdo D G, Massabo I. Semilinear elliptic equations with the primitive of the nonlinearity interacting with the first eigenvalue. J. Math. Anal. Appl. , 1991, 156(2): 381～394

[48] Fonda A, Gossez J P, Zanolin F. On the resonance condition for a similinear elliptic problem. Differential and Integral Equations, 1991, 4(5): 945～951

[49] 关肇直,张恭庆,冯德兴.线性泛函分析入门.上海:上海科技出版社,1979

[50] Landesman E M, Lazer A C. Nonlinear perturbations of linear elliptic boundary value problems at resonance. J. Math. Mech. , 1970, 19(7): 609～623

[51] Ambrosetti A, Mancini G. Existence and multiplicity results for nonlinear elliptic problems with linear part at resonance, The case of the simple eigenvalue. J. Diff. Eqns. , 1978, (28): 220～245

[52] 姚庆六,马如云. 几类半线性椭圆共振问题. 数学研究与评论,1990,10(1):131～136

[53] Costa D G, Goncalves J V A. Existence and multiplicity results for a class of nonlinear elliptic boundary value problems at resonance. J. Math. Anal. Appl. , 1981, 84(2): 328～337

[54] Ahmad S. A resonance problem in which the nonlinearity may grow linearly. Proc. Amer. Math. Soc. , 1984, (92): 381～384

[55] Gupta C P. Solvability of a boundary value problem with the nonlinearity satisfying a sign condition. J. Math. Anal. Appl. , 1988, (129): 482～492

[56] Gupta C P. Existence and uniqueness results for the bending of an elastic beam equation at resonance. J. Math. Anal. Appl. , 1988, (135): 208～225

[57] Lannacci R, Nkashama M N. Nonlinear boundary value problems at resonance. Nonlinear Analysis, 1987, 11(4): 455～473

[58] Lannacci R, Nkashama M N. Nonlinear two point boudary value problem at resonance without Landesman-Lazer condition. Proc. Amer. Math. Soc. , 1989, 106(4): 943～952

[59] 马如云. 一类半线性两点边值共振问题的可解性. 数学学报,1993,(2):99～105

[60] Lazer A C, Mckenna P J. Large-amplitude periodic oscillations in suspension bridges: some new connections with nonlinear analysis. SIAM Review, 1990, 32(4): 537～578

[61] Del M A Pino, Manasevich R F, Murua A. On the number of 2π periodic solutions for $u''+g(u)=s(1+h(t))$ using the Poincare-Birkhoff theorem. J. Diff. Eqns. ,1992(95):240～258

[62] Ahmad S. Nonselfadjoint resonance problems with unbounded perturbations. Nonlinear Analysis,1986,10(2):147～156

[63] Arias M. Nonselfadjoint boundary value problems at resonance with nonlinearities which may grow linearly. Nonlinear Analysis,1990,15(2):155～164

[64] Mawhin J, Ward J R, Willem M. Necessary and sufficient conditions for the solvability of a nonlinear two-point boundary value problem. Proc. Amer. Math. Soc. ,1985,(93):667～674

[65] M. Schechter, Nonlinear elliptic boundary value problems at strong resonance, Amer. J. Math. ,1990,(112):439～460

[66] 汪守宏．一类波方程的自由强共振问题．数学年刊,1989,10A(3):289～298

[67] Coron J M. Periodic solutions of a nonlinear wave equation without assumption of monotonicity. Math. Annalen. ,1983,(263):273～285

[68] Ward J R Jr. A boundary value problem with a periodic nonlinearity. Nonlinear Analysis TMA,1986,10(2):207～213

[69] Rabinowitz P H. Some minimax theorems and applications to nonlinear elliptic PDE. Nonlinear Analysis,1978,(2):161～177

[70] 徐登洲,姚庆六,马如云．一类椭圆共振问题的可解性．高校应用数学学报,1991,6(1):80～86

[71] Chang K C, Liu J. A strong resonance problem. Chinese Annals of Math. ,1990,11B(2)

[72] Capozzi A, Lupo D, Solimini S. On the existence of a nontrivial solution to nonlinear problems at resonance. Nonlinear Analysis TMA,1989,13(2):151～164

[73] Fŭcik S. Solvability of nonlinear equations and boundary value problems. D. Reidel, Dordrecht,1980

[74] Drábek P, Invernizzi S. On the periodic BVP for the forced Duffing equation with jumping nonlinearity. Nonlinear Analysis TMA,1986,10(7):643～650

[75] Drábek P. On the resonance problem with arbitrary linear growth. J. Math. Anal. Appl. , 1987,(127):435～442

[76] Drábek P. Landesman-Lazer condition for nonlinear problem with jumping nonlinearities. J. Diff. Eqns.,1990,(85):186～199

[77] Gupta C P. Existence of a fourth-order boundary value problem with periodic boundary condition II. Internat. J. Math. & Math. Sci. ,1991,14(1):127～138

[78] Gupta C P. Existence and uniqueness theorems for some fourth-order fully quasilinear boundary value problems. Appl. Anal. ,1990,(36):157～169

[79] Usmari R A. A uniquess theorem for a class of boundary value problem. Proc. Amer. Math. Soc. ,1979,(77):327～335

[80] Del M A Pino, Manásevich R F. Existence for a fourth-order boundary value problem under a two-parameter nonresonance condition. Proc. Amer. Math. Soc. ,1991,112(1):81～86

[81] Cuesta M, Gossez J P. A variational approach to nonresonance with respect to the Fučik spectrum. Nonlinear Analysis TMA, 1992, 19(5): 487～500

[82] Gupta C P. Existence and uniqueness theorems for the bending of an elastic beam equation. Appl. Anal., 1988, (26): 289～304

[83] Gupta C P. Existence and uniqueness results for the bending of an elastic beam equation at resonance. J. Math. Anal. Appl., 1988, (135): 208～225

[84] 马如云. 弹性梁方程共振问题的几个多解存在定理. 应用数学和力学, 1993, 14(2): 181～188

[85] Wei-Cheng Lian, Fu-Hsiang Wong, Chen-Chin Yeh. On the existence of positive solutions of nonlinear second order ordinary differential equations. Proc. Amer. Math. Soc., 1996, 124 (4): 1117～1125

[86] Erbe L H, Wang H. On the existence of positive solutions of ordinary differential equations. Proc. Amer. Math. Soc., 1994, 120(3): 743～748

[87] Liu Z, Li F. Multiple positive solutions of nonlinear two-point boundary value problems. J. Math. Anal. Appl., 1996, 203(3): 610～625

[88] Il'in V A, Moiseev E I. Nonlocal boundary value problem of the first kind for a Sturm-Liouville operator in its differential and finite difference aspects. Differential Equations, 1987, 23(7): 803～810

[89] Il'in V A, Moiseev E I. Nonlocal boundary value problem of the second kind for a Sturm-Liouville operator. Differential Equations, 1987, 23(8): 979～987

[90] Gupta C P. Solvability of a three-point nonlinear boundary value problem for a second order ordinary differential equation. J. Math. Anal. Appl., 1992(168): 540～551

[91] 马如云. 非线性常微分方程非局部问题. 北京: 科学出版社, 2004

[92] Ma R. Positive solutions for a nonlinear three-point boundary value problem. Electronic Journal of Differential Equations, 1999, 34: 1～8

[93] Karakostas G L, Tsamatos P C. Positive solutions of a boundary value problem for second order ordinary differential equations. Electronic Journal of Differential Equations, 2000, 49: 1～9

[94] Karakostas G L, Tsamatos P C. Existence results for some n-dimensional nonlocal boundary value problems. J. Math. Anal. Appl., 2001, (259): 429～438

[95] Webb J R L. Positive solutions of some three-point boundary value problems via fixed point index theory. Nonlinear Analysis, 2001, (47): 4319～4332

[96] Palamides P K. Positive and monotone solutions of an m-point BVP. Electronic J. Diff. Equations, 2002, 18: 1～16

[97] Infante G. Eigenvalues of some non-local boundary-value problems. Proc. Edinb. Math. Soc., 2003, 46(1): 75～86

[98] Ma R, Wang H. Positive solutions of nonlinear three-point boundary value problems. J. Math. Anal. Appl., 2003, 279(1): 1216～1227

[99] He X, Ge W. Triple solutions for second-order three-point boundary value problems. J. Math. Anal. Appl., 2002, 268(1): 256～265

[100] Kaufmann E R. Positive solutions of a three-point boundary value problem on a time scale. 2003, 82: 1～11

[101] Ma R. Multiplicity of positive solutions for second-order three-point boundary value problems. Computers and Mathematics with Applications, 2000, (40): 193～204

[102] Ma R. Positive solutions for second-order three-point boundary value problems. Applied Mathematics Letters, 2001, (14): 1～5

[103] Ma R. Positive solutions of a nonlinear m-point boundary value problem. Computers and Mathematics with Applications, 2001, (42): 755～765

[104] Ma R. Positive solutions for second order functional differential equations. Dynamic Systems and Applications, 2001, (10): 215～224

[105] Ma R. Existence of positive solutions for second order m-point boundary value problems. Ann. Polon. Math., 2002, 79(3): 265～276

[106] Ma R. Existence of positive solutions for superlinear semipositone m-point boundary value problems. Proc. Edinburgh Math. Soc., 2003, 46(2): 279～292

[107] Ma R. Existence of positive solutions of a fourth-order boundary value problem. Appl. Math. Comput., 2005, 168(2): 1219～1231

[108] Dancer E N. Global solution branches for positive mappings. Arch. Rational Mech. Anal., 1973, (52): 181～192

[109] Amann H. Fixed point equations and nonlinear eigenvalue problems in ordered Banach spaces. SIAM Review, 1976, 18(4): 620～709

[110] Henderson J, Wang H. Positive solutions for nonlinear eigenvalue problems. J. Math. Anal. Appl., 1997, (208): 252～259

[111] Ma R, Thompson B. Nodal solutions for nonlinear eigenvalue problems. Nonlinear Analysis TMA, 2004, 59(5): 707～718

[112] Crandall M G, Rabinowitz P H. Bifurcation from simple eigenvalues. J. Functional Analysis, 1971, (8): 321～340

[113] Rabinowitz P H. Some global results for nonlinear eigenvalue problems. J. Functional Analysis, 1971, (7): 487～513

[114] Rabinowitz P H. A note on a nonlinear eigenvalue problem for a class of differential equations. J. Diff. Eqns., 1971, (9): 536～548

[115] Ambrosetti A, Hess P. Positive solutions of asymptotically linear elliptic eigenvalue problems. J. Math. Anal. Appl., 1980, 73(2): 411～422

[116] Ma R, O'Regan D. Nodal solutions for second-order m-point boundary value problems with nonlinearities across several eigenvalues. Nonlinear Analysis TMA, 2006, 64(7): 1562～1577

[117] Rynne B P. Spectral properties and nodal solutions for second-order, m-point, boundary

value problems. Nonlinear Analysis TMA, 2007, 67(12): 3318～3327

[118] Dancer E N. On the structure of solutions of nonlinear eigenvalue problems. Indiana Univ. Math. J., 1974(23): 1069～1076

[119] Ma R. Nodal solutions for a second-order m-point boundary value problem. Czechoslovak Math. J., 2006, 56(131)(4): 1243～1263

[120] 夏道行,吴卓人,严绍宗等.实变函数论与泛函分析. 北京:人民教育出版社,1979

[121] 尤秉礼. 常微分方程补充教程. 北京:人民教育出版社,1981

[122] 丁同仁. 在共振点的非线性振动. 中国科学(A辑),1982,1～13

[123] Shui-Nee Chow. A bifurcation theorem for critical points of variational problems. Nonlinear Analysis, 1988, 12(1): 51～62

[124] Wang T. A static bifurcation theorem for critical point. Nonlinear Analysis, 1990, 15(12): 1181～1186

[125] 葛渭高. n-维 Duffing 型方程 $\ddot{x}+C\dot{x}+g(t,x)=p(t)$的 2π 周期解. 数学年刊,1988,9A(4):498～505

[126] 葛渭高. n-维 Liénard 型方程的调和解. 数学年刊,1990,11A(3):297～307

[127] 黄先开. 具有时滞的保守系统的 2π 周期解. 系统科学与数学,1989,9(4):298～308

[128] Ma R, O'Regan D. Asymptotic nonuniform nonresonance conditions for a nonlinear discrete boundary value problem. Dynamic Systems and Applications, 2007. In press

[129] Amann H. The unique solvability of semilinear operator equation in Hilbert spaces. J. Math. Pures Appl., 1982, (61): 149～175

[130] Dolph C L. Nonlinear integral equations of Hammerstien type. Trans. Amer. Math. Soc., 1949, (66): 289～307

[131] Mawhin J, Ward J R. Asymptotic nonuniform nonresonance condition in the periodic-Dirichlet problem for semilinear wave equations. Annali Mat. Pura Appl., 1983, (135): 85～97

[132] Gossez J P, Omari P. A necessary and sufficient condition of nonresonance for a semilinear Neumann problem. Proc. Amer. Math. Soc., 1992, 114(2): 433～442

[133] Mawhin J, Ward Jr J R. Nonuniform nonresonance conditions at the two first eigenvalues for periodic solution of forced Liénard and Duffing equations. Rocky Mountain J. Math., 1982, (12): 643～654

[134] Lazer A C, Leach D E. Bounded perturbations of forced harmonic oscillators at resonance. Ann. Mat. Pura. Appl., 1969, (82): 49～68

[135] Amann H, Ambrosetti A, Mancini G. Elliptic equations with noninvertible Fredholm linear part and bounded nonlinearities. Math. Z., 1978, (158): 179～194

[136] Amann H, Mancini G. Some applications of monotone operator theory to resonance problems. Nonlinear Analysis, 1979, (3): 815～830

[137] Brezis H, Nirenberg L. Characterizations of somenonlinear operators and application to boundary value problem. Annali Scu. Norm. Sup., Pisa, 1978, (5): 225～236

[138] Cesari L, Kannan R. Qualitative study of a class of nonlinear boundary value problems at resonance. J. Diff. Eqns. ,1985,(56):63～81

[139] Kannan R, Nieto J J, Ray M B. A class of nonlinear boundary value problems without Landesman-Lazer condition. J. Math. Anal. Appl,1985,(105):1～11

[140] Ahmad S, Lazer A C, Paul J L. Elementary critical point theory and perturbations of elliptic boundary value problems at resonance. Ind. Univ. Math. J. ,1976,(25):933～944

[141] Fŭcik S, Hess P. Nonlinear perturbations of linear operators having nullspace with strong unique continuation property. Nonlinear Analysis, 1979,(3):271～277

[142] De Figueiredo D G , Ni W M. Perturbations of second order linear elliptic problems by nonlinearities without Landesman-Lazer condition. Nonlinear Analysis, 1979, (3): 629～634

[143] Stork W. Perturbation by vanishing nonlinearities. Nonlinear Analysis, 1983, 7(7):739～746

[144] Ahmad S. Multiple nontrivial solutions of resonance and nonresonance asymptotically linear problems. Proc. Amer. Math. Soc. ,1986,96(3):405～409

[145] Lannacci R, Nkashama M N. Unbounded perturbations of forced second order ordinary differential equations at resonance. J. Diff. Eqns. ,1987, (69):289～309

[146] Rumbos A. A semilinear elliptic boundary value problem at resonance where the nonlinearity may grow linearly. Nonlinear Analysis, 1991, 16(12):1159～1168

[147] Santanilla J. Solvability of a nonlinear boundary value problem without Landesman-Lazer condition. Nonlinear Analysis, 1989, 13(6):683～694

[148] Hirano N. Multiple nontrivial solutions of semilinear elliptic equations. Proc. Amer. Math. Soc. ,1988,103(2):468～472

[149] Hirano N. Existence of nontrivial solution of semilinear elliptic equations. Nonlinear Analysis, 1989, 13(6):695～706

[150] Gupta C P. A two-point boundary value problem of Dirichlet type with resonance at infinitely many eigenvalues. J. Math. Anal. Appl. ,1990,146(2):501～511

[151] Ding W. A generalization of the Poincare-Birkhoff theorem. Proc. Amer. Math. Soc. ,1983, (88):341～346

[152] Hart D C, Lazer A C, Mckenna P J. Multiplicity of solutions of nonlinear boundary value problems. SIAM. J. Math. Anal. ,1986,(17):1332～1338

[153] Lazer A C, Mckenna P J. On the number of solutions of a nonlinear Dirichlet problem. J. Math. Anal. Appl. ,1981,(84):282～294

[154] Song-Sun Lin. Some results for semilinear differential equation at resonance. J. Math. Anal. Appl. ,1983,93(2):574～592

[155] Cafagna V, Tarantello G. Multiple solutions for some semilinear elliptic equations. Math. Ann. , 1987,(276):645～656

[156] Ma R. Nonlinear discrete Sturm-Liouville problems at resonance. Nonlinear Analysis TMA, 2007,67(11):3050～3057

[157] Ma R, Yang Y. Existence result for a singular nonlinear boundary value problem at resonance. Nonlinear Analysis TMA, 2008, 68(3): 671～680.

[158] Ma R. Existence results of a m-point boundary value problem at resonance. J. Math. Anal. Appl., 2004, 294(1): 147～157

[159] Ma R. Multiplicity results for a three-point boundary value problem at resonance. Nonlinear Analysis TMA, 2003, 53(6): 777～789

[160] Ma R. Bifurcation from infinity and multiple solutions for periodic boundary value problems. Nonlinear Analysis TMA, 2000, 42(1): 27～39

[161] Ma R. Multiplicity results for a third order boundary value problem at resonance. Nonlinear Analysis TMA, 1998, 32(4): 493～499

[162] Ma R. Multiplicity results for a m-point boundary value problem at resonance. Indian J. Math., 2005, 47(1): 15～31

[163] Ma R. Unbounded perturbations of nonlinear second-order difference equations at resonance. Advances in Difference Equations, 2007, Article ID96415, 12 pages. doi: 10.1155/2007/96415

[164] M. Schechter, Solution of nonlinear problem at resonance. Indiana Univ. Math. J., 1990, (39): 1061～1080

[165] D. Arcoya, A. Canáda, Critical point theorems and applications to nonlinear boundary value problems. Nonlinear Analysis TMA, 1990, (14): 393～411

[166] DE E A, Silva B E. Linking theorems and applications to semilinear elliptic problem at resonance. Nonlinear Analysis TMA, 1991, 16(5): 455～478

[167] Lupo D, Solimini S, Synopsis. A note on a resonance problem. Proceedings of the Royal Society Ediburgy, 1986, (102A): 1～7

[168] Dancer E N. On the use of asymptotics in nonlinear boundary value problems. Annali Mat. Pura Appl., 1982, (131): 167～185

[169] Mawhin J, Willem M. Multiple solutions of the periodic boundary value problem for some forced pendulum-type equations. J. Differential Equation, 1984, 52(2): 264～287

[170] Chang K C. On the periodic nonlinearity and multiplicity of solutions. Nonlinear Analysis TMA, 1989, 13(5): 527～538

[171] Martinez-Amores P, Mawhin J, Ortego R, et al. General results for the existence of nondegenerate periodic solutions of some differential systems with periodic nonlinearities. J. Diff. Eqns. 1991, 91(1): 138～148

[172] Song S L. Some results for semilinear differential equation at resonance. J. Math. Anal. Appl., 1983, 93(2): 574～592

[173] Gossez J P, Omari P. Nonresonance with respect to the Fǔcik spectrum for periodic solution of second order ordinary differential equations. Nonlinear Analysis, TMA., 1990, 14(12): 1079～1104

[174] Gossez J P, Omair P. Periodic solution of a second order ODE: A necessary and sufficient condition for nonresonance. J. Diff. Eqns., 1991, (94): 67～82

[175] Fǔcik S, Nečas J, Souček J, Souček V. Spectral analysis of nonlinear operators. Lecture Notes in Mathematics, New York: Springer-Verlag, 1973

[176] Aftabizadeh A R. Existence and uniqueness theorems for fourth-order boundary value problems. J. Math. Anal. Appl., 1986, (116): 415～426

[177] Yang Y. Fourth-order two-point boundary value problems. Proc. Amer. Math. Soc., 1988, 104(1): 175～180

[178] Gupta C P. A nonlinear boundary value problem associated with the static equilibrium of an elastic beam supported by sliding clamps. Internat. J. Math. & Math. Sci., 1989, 12(4): 697～712

[179] Gupta C P. Solvability of a fourth-order boundary value problem with periodic boundary conditons. Internat. J. Math. & Math. Sci., 1988, 11(2): 275～284

[180] Lazer A C, Mckenna J P. Existence, uniqueness and stability of ascillations in differential equations with asymmetric nonlinearities. Trans. Amer. Math. Soc., 1989(315): 721～739

[181] Golver J, Lazer A C, Mckenna P J. Existence of stability of large scale nonlinear oscillation in suspension bridge. J. Appl. Math. Phys. (ZAMP), 1989, (40): 172～220

[182] Lazer A C, Mekenna P J. Critical point theory and boundary value problems with nonlinearity crossing multiple eigenvalues II. Comm. Partial. Diff. Eqns., 1986, (11): 1053～1976

[183] Ma R, Tisdell C. Positive solutions of singular sublinear fourth-order boundary value problems. Appl. Anal., 2005, 84(12): 1199～1220

[184] Ma R. Multiple positive solutions for a semipositone fourth-order boundary value problem. Hiroshima Math. J., 2003, 33(2): 217～227

[185] Ma R. Existence of positive solutions for a nonlinear fourth order boundary value problem. Ann. Polon. Math., 2003, 81(1): 79～84

[186] Ma R. Existence and uniqueness theorems for some fourth-order nonlinear boundary value problems. Int. J. Math. Math. Sci., 2000, 23(11): 783～788

[187] Ma R. Positive solutions of fourth-order two-point boundary value problems. Ann. Differential Equations, 1999, 15(3): 305～313

[188] Ma R. On a nonlinear fourth-order elliptic problem. Appl. Anal., 1997, 66(1～2): 107～117

[189] Ma R, Wang H. On the existence of positive solutions of fourth-order ordinary differential equations. Appl. Anal., 1995, 59(1～4): 225～231

[190] Ma R, Zhang J, Fu S. The method of lower and upper solutions for fourth-order two-point boundary value problems. J. Math. Anal. Appl., 1997, 215(2): 415～422

[191] Ma R, Wu H. Positive solutions of a fourth-order two-point boundary value problem (in Chinese). Acta Math. Sci. Ser. A Chin. Ed., 2002, 22(2): 244～249

[192] Yao Q. Positive solutions for eigenvalue problems of fourth-order elastic beam equations. Appl. Math. Lett., 2004, 17(2): 237～243

[193] Bai Z, Wang H. On positive solutions of some nonlinear fourth-order beam equations. J. Math. Anal. Appl. ,2002,270(2):357～368

[194] Agarwal R P, O'Regan D, Staněk S. Positive solutions of singular problems with sign-changing Carathéodory nonlinearities depending on x'. J. Math. Anal. Appl., 2003(279): 597～616

[195] Anuradha V, Hai D D, Shivaji R. Existence results for superlinear semipositone BVP's. Proc. Amer. Math. Soc., 1996, 124(3): 757～763

[196] Bailey P B, Shampine L F, Waltman P E. Nonlinear two-point boundary value problems. New York: Academic Press, 1968

[197] Baxley J V. Nonlinear second-order boundary value problems: intervals of existence, uniqueness and continuous dependence. J. Differential Equations, 1982, 45(3): 389～407

[198] Benchohra M, Ntouyas S K. On three and four point boundary value problems for second order differential inclusions. Math. Notes(Miskolc), 2001, 2(2): 93～101

[199] Benchohra M, Ntouyas S K. A note on a three-point boundary value problem for second order differential inclusions. Math. Notes(Miskolc), 2001, 2(1): 39～47

[200] Boucherif A. Nonlinear three-point boundary value problems. J. Math. Anal. Appl., 1980, (77): 577～600

[201] Boucherif A. Nonlinear multipoint boundary value problems. Nonlinear Analysis, 1986, 10(9): 957～964

[202] Boucherif A. Nonlocal Cauchy problems for first-order multivalued differential equations. Electronic Journal of Differential Equations, 2002, 47: 1～9

[203] Byszewski L. Existence and uniqueness of a classical solution to a functional-differential abstract nonlocal Cauchy problem. J. Appl. Math. Stochastic Anal. 1999, 12(1): 91～97

[204] Byszewski L, Akca H. Existence of solutions of a semilinear functional-differential evolution nonlocal problem. Nonlinear Analysis TMA, 1998, 34(1): 65～72

[205] Constantin A. On a two-point boundary value problem. J. Math. Anal. Appl., 1995, (193): 318～328

[206] Constantin A. On an infinity interval boundary value problem. Annali di Matematica pura ed applicata, 1999, 176(4): 379～394

[207] Coppel W A. Disconjugacy, Lecture Notes in Mathematics. Vol. 220. Berlin-New York; Springer-Verlag, 1971

[208] Dang H, Schmitt K. Existence of positive solutions for semilinear elliptic equations in annular domains. Differential and Integral Equations, 1994, 7(3): 747～758

[209] Dunninger D R, Wang H. Existence and multiplicity of positive solutions for elliptic systems. Nonlinear Analysis TMA, 1997, 29(9): 1051～1060

[210] Dunninger D R, Wang H. Multiplicity of positive radial solutions for an elliptic system on an annulus. Nonlinear Analysis TMA, 2000, 42(5): 803～811

[211] Ehme J A. Differentiation of solutions of boundary value problems with respect to nonlinear boundary conditions. J. Diff. Eqns., 1993(101): 139～147

[212] Eloe P W, Henderson J. Multipoint boundary value problems for ordinary differential systems. J. Diff. Eqns., 1994, 114(1): 232～242

[213] Eloe P W, Henderson J. Positive solutions and nonlinear multi-point conjugate eigenvalue problems. Electronic Journal of Differential Equations, 1997, 3: 1～11

[214] Eloe P W, Hankerson D, Henderson J. Positive solutions and conjugate points for multipoint boundary value problems. J. Diff. Eqns., 1992, (95): 20～32

[215] Eloe P W, Henderson J. Inequalities for solutions of multipoint boundary value problems. Rocky Mountain J. Math., 1999, 29(3): 821～829

[216] Eloe P W, Zhang L. Comparison of Green's functions for a family of multi-point boundary value problems. J. Math. Anal. Appl., 2000, (246): 296～307

[217] Erbe L H, Hu S, Wang H. Multiple positive solutions of some boundary value problems. J. Math. Anal. Appl., 1994, 184(3): 640～648

[218] Feng W. On an m-point boundary value problem. Nonlinear Analysis, 1997, 30(8): 5369～5374

[219] Feng W, Webb J R L. Solvability of a m-point boundary value problems with nonlinear growth. J. Math. Anal. Appl., 1997(212): 467～480

[220] Feng W, Webb J R L. Solvability of three-point boundary value problems at resonance. Nonlinear Analysis, 1997, 30(6): 3227～3238

[221] 葛渭高. 非线性常微分方程边值问题. 北京: 科学出版社, 2007

[222] Guo D, Lakshmikantham V. Nonlinear Problems in Abstract Cones. San Diego: Academic Press, 1988

[223] Gupta C P. A second order m-point boundary value problem at resonance. Nonlinear Analysis, 1995, 24(10): 1483～1489

[224] Gupta C P. Existence theorems for a second order m-point boundary value problem at resonance. Internat. J. Math. & Math. Sci., 1995, 18(4): 705～710

[225] Gupta C P. A Dirichlet type multi-point boundary value problem for second order ordinary differential equations. Nonlinear Analysis, 1996, 26(5): 925～931

[226] Gupta C P. A sharper condition for the solvability of a three-point second order boundary value problem. J. Math. Anal. Appl., 1997, (205): 586～597

[227] Gupta C P. A generalized multi-point boundary value problem for second order ordinary differential equations. Appl. Math. Comput., 1998, 89(1～3): 133～146

[228] Gupta C P. A new a priori estimate for multi-point boundary value problems. Electronic Journal of Differential Equations Conf., 2001, (7): 47～59

[229] Gupta C P, Ntouyas S K, Tsamatos P C. On an m-point boundary value problem for second order ordinary differential equations. Nonlinear Analysis, 1994, 23(11): 1427～1436

[230] Gupta C P, Ntouyas S K, Tsamatos P Ch. Solvability of an m-point boundary value prob-

lem for second order ordinary differential equations. J. Math. Anal. Appl., 1995, (189): 575～584

[231] Gupta C P, Trofimchuk S I. A sharper condition for the solvability of a three-point second order boundary value problem. J. Math. Anal. Appl., 1997, (205): 586～597

[232] Gupta C P, Trofimchuk S I. Existence of a solution of a three-point boundary value problem and the spectral radius of a related linear operator. Nonlinear Analysis, 1998, (34): 489～507

[233] Gupta C P, Trofimchuk S I. Solvability of a multi-point boundary value problem and related a priori estimates. Canad. Appl. Math. Quart., 1998, 6(1): 45～60

[234] Gupta C P, Trofimchuk S I. Solvability of a multi-point boundary value problem of Neumann type. Abstr. Appl. Anal., 1999, 4(2): 71～81

[235] Hai D D. Positive solutions to a class of elliptic boundary value problems. J. Math. Anal. Appl., 1998, (227): 195～199

[236] Hai D D, Schmitt K, Shivaji R. Positive solutions of quasilinear boundary value problems. J. Math. Anal. Appl., 1998, 217(2): 672～686

[237] Henderson J, Thompson H B. Existence and multiple solutions for second order boundary value problems. J. Diff. Eqns., 2000, (166): 443～454

[238] Infante G, Webb J R L. Nonzero solutions of Hammerstein integral equations with discontinuous kernels. J. Math. Anal. Appl., 2002, 272(1): 30～42

[239] Infante G, Webb J R L. Three-point boundary value problems with solutions that change sign. J. Integ. Eqns. Appl., 2003, (15): 37～57

[240] Krasnosel'skii M A. Topological methods in the theory of nonlinear integral equations. Translated by Armstrong A H. New York: Pergamon Press/Macmillan, 1964

[241] Lan K, Webb J R L. Positive solutions of semilinear differential equations with singularities. J. Diff. Eqns., 1998, (148): 407～421

[242] Li Y, Zhou Q, Lu X. Periodic solutions and equilibrium states for functional-differential inclusions with nonconvex right-hand side. Quart. Appl. Math., 1997, 55(1): 57～68

[243] Liu B. Solvability of multi-point boundary value problem at resonance II. Appl. Math. Comput., 2003, 136(2～3): 353～377

[244] Liu B. Solvability of multi-point boundary value problem at resonance IV. Appl. Math. Comput., 2003, 143(2～3): 275～299

[245] Liu B, Yu J. Solvability of multi-point boundary value problem at resonance III. Appl. Math. Comput., 2002, 129(1): 119～143

[246] Liu B. Yu J. Solvability of multi-point boundary value problems at resonance I. Indian J. Pure Appl. Math., 2002, 33(4): 475～494

[247] Liu Y, Ge W. Multiple positive solutions to a three-point boundary value problem with p-Laplacian. J. Math. Anal. Appl., 2003, 277(1): 293～302

[248] Lloyd N G. Degree Theory. Cambridge: Cambridge Univ. Press, 1978

[249] Ma R. Existence theorem for a second order m-point boundary value problem. J. Math. Anal. Appl., 1997, (211): 545~555

[250] Ma R. Existence theorem for a second order three-point boundary value problem. J. Math. Anal. Appl., 1997, (212): 430~442

[251] Ma R. Existence and uniqueness of solutions to first-order three-point boundary value problems. Applied Mathematics Letters, 2002, (15): 211~216

[252] Ma R, Castaneda N. Existence of solutions of nonlinear m-point boundary value problems. J. Math. Anal. Appl., 2001, (256): 556~567

[253] Ma R, O'Regan D. Solvability of singular second order m-point boundary value problems. J. Math. Anal. Appl., 2005, 301(1): 124~134

[254] Ma R, Thompson B. Solvability of singular second order m-point boundary value problems of Dirichlet type. Bull. Austral. Math. Soc., 2005, 71(1): 41~52

[255] Ma R. Sign-variations of solutions of nonlinear discrete boundary value problems. Bull. Austral. Mats. Soc., 2007, 76(1): 33~42

[256] Marano S. A remark on a second-order three-point boundary value problem. J. Math. Anal. Appl., 1994, 183(3): 518~522

[257] Mawhin J. Topological degree methods in nonlinear boundary value problems. Expository lectures from the CBMS Regional Conference held at Harvey Mudd College, Claremont, Calif., June 9~15, 1977. CBMS Regional Conference Series in Mathematics, 40. American Mathematical Society, Providence, R.I., 1979

[258] Mawhin J. Topological degree and boundary value problems for nonlinear differential equations. in Topological methods for ordinary differential equations (Montecatini Terme, 1991), 74~142, Lecture Notes in Math., 1537, Berlin: Springer, 1993

[259] Pao C V. Dynamics of reaction-diffusion equations with nonlocal boundary conditions. Quart. Appl. Math., 1995, 53(1): 173~186

[260] Pao C V. Reaction diffusion equations with nonlocal boundary and nonlocal initial conditions. J. Math. Anal. Appl., 1995, 195(3): 702~718

[261] Pao C V. Asymptotic behavior of solutions of reaction-diffusion equations with nonlocal boundary conditions. J. Comput. Appl. Math., 1998, 88(1): 225~238

[262] Pao C V. Periodic solutions of parabolic systems with nonlinear boundary conditions. J. Math. Anal. Appl., 1999, 234(2): 695~716

[263] Pao C V. Numerical solutions of reaction-diffusion equations with nonlocal boundary conditions. J. Comput. Appl. Math., 2001, 136(1~2): 227~243

[264] Protter M H, Weinberger H F. Maximum principles in differential equations, New York: Springer-Verlag, 1984

[265] Przeradzki B, Stańczy R. Solvability of a multi-point boundary value problem at resonance. J. Math. Anal. Appl., 2001, (264): 253~261

[266] Rachunková I. Upper and lower solutions and topological degree. J. Math. Anal. Appl.,

1999,(234):311～327

[267] Stakgold I. Green's functions and boundary value problems. A Wiley-Interscience Publication. Pure and Applied Mathematics, New York-Chichester-Brisbane: John Wiley & Sons, 1979

[268] Staněk S. Multiplicity results for functional boundary value problems. Nonlinear Analysis, 1997,30(5):2617～2628

[269] Staněk S. Multiple solutions for some functional boundary value problems. Nonlinear Analysis, 1998,32(3):427～438

[270] Wang H. On the existence of positive solutions for semilinear elliptic equations in the annulus. J. Diff. Eqns., 1994,109(1):1～7

[271] Wang J, Jiang D. A unified approach to some two-point, three-point, and four-point boundary value problems with Carathéodory functions. J. Math. Anal. Appl., 1997,211(1):223～232

[272] Dancer E N. Bifurcation theory in real Banach space. Proc. London Math. Soc., 1971,23(3):699～734

[273] Drábek P. Solvability and bifurcations of nonlinear equations, Pitman Research Notes in Mathematics Series. 264. Harlow: Longman Scientific & Technical, 1992

[274] Elias U. Eigenvalue problems for the equation $Ly+\lambda p(x)y=0$. J. Diff. Eqns., 1978,(29):28～57

[275] Hartman P. Ordinary differential equations. New York-London-Sydney: John Wiley & Sons, Inc., 1964

[276] Henderson J. Disconjugacy, disfocality, and differentiation with respect to boundary conditions. J. Math. Anal. Appl., 1987,(121):1～9

[277] Jiang M. Periodic solutions of second order differential equations with an obstacle. Nonlinearity, 2006,19(5):1165～1183

[278] Kielhöfer H. Bifurcation theory. An introduction with applications to PDEs, Applied Mathematical Sciences, 156. New York: Springer-Verlag, 2004

[279] Krasnosel'skii M A, Zabreiko P P. Geometrical methods of nonlinear analysis, Translated from the Russian by Christian C. Fenske. 263. Berlin: Springer-Verlag, 1984

[280] Lee Y H, Sim I. Global bifurcation phenomena for singular one-dimensional p-Laplacian. J. Diff. Eqns., 2006,229(1):229～256

[281] Li S, Su J. Existence of multiple solutions of a two-point boundary value problem at resonance. Topol. Methods Nonlinear Anal., 1997,10(1):123～135

[282] López-Gómez J. Spectral theory and nonlinear functional analysis, Chapman & Hall/CRC Research Notes in Mathematics, 426. Chapman & Hall/CRC, Boca Raton, FL, 2001

[283] Ma R. Nodal solutions for a fourth-order two-point boundary value problem. J. Math Anal. Appl., 2006,314(1):254～265

[284] Ma R. Nodal solutions of boundary value problems of ourth-order ordinary differential equations. J. Math. Anal. Appl., 2006,319(2):424～434

[285] Ma R. Nodal solutions of second-order boundary value problems with superlinear or sublinear nonlinearities. Nonlinear Analysis TMA, 2007, 66(4): 950～961

[286] Ma R. Nodal solutions for singular nonlinear eigenvalue problems. Nonlinear Analysis TMA, 2007, 66(6): 1417～1427

[287] Ma R, Thompson B. Multiplicity results for second-order two-point boundary value problems with superlinear or sublinear nonlinearities. J. Math. Anal. Appl., 2005, 303(2): 726～735

[288] Ma R, Thompson B. Global behavior of positive solutions of nonlinear three-point boundary value problems. Nonlinear Analysis TMA, 2005, 60(4): 685～701

[289] Ma R, Thompson B. A note on bifurcation from an interval. Nonlinear Analysis, 2005, 62(4): 743～749

[290] Naito Y, Tanaka S. On the existence of multiple solutions of the boundary value problem for nonlinear second-order differential equations. Nonlinear Analysis TMA, 2004, 56(4): 919～935

[291] Qian D, Torres, Pedro J. Periodic motions of linear impact oscillators via the successor map. SIAM J. Math. Anal., 2005, 36(6): 1707～1725

[292] Rabinowitz P H. On bifurcation from infinity. J. Diff. Eqns., 1973, (14): 462～475

[293] Ruf B. Remarks and generalizations related to a recent multiplicity result of A. Lazer and P. McKenna. Nonlinear Analysis TMA, 1985, 9(12): 1325～1330

[294] Ruf B, Srikanth P N. Multiplicity results for ODEs with nonlinearities crossing all but a finite number of eigenvalues. Nonlinear Analysis TMA, 1986, 10(2): 157～163

[295] Rynne B P. Second-order, three-point, boundary value problems with jumping nonlinearities. Nonlinear Analysis TMA, to appear

[296] Rynne B P. Infinitely many solutions of superlinear fourth order boundary value problems, Topol. Methods Nonlinear Anal., 2002, 19(2): 303～312

[297] Rynne B P. Global bifurcation for 2mth-order boundary value problems and infinitely many solutions of superlinear problems. J. Diff. Eqns., 2003, 188(2): 461～472

[298] Shi J. Persistence and bifurcation of degenerate solutions. J. Funct. Anal., 1999, 169(2): 494～531

[299] Sun J, Zhang G. Nontrivial solutions of singular sublinear Sturm-Liouville problems. J. Math. Anal. Appl., 2007, 326(1): 242～251

[300] Walter W. Ordinary differential equations. New York: Springer-Verlag, 1998

[301] Xu X. Multiple sign-changing solutions for some m-point boundary value problems. Electronic Journal of Differential Equations, 2004, 204(89): 1～14

[302] Yuan R. On almost periodic solutions of logistic delay differential equations with almost periodic time dependence. J. Math. Anal. Appl., 2007, 330(2): 780～798

[303] Zhang M. The rotation number approach to the periodic Fučik spectrum. J. Diff. Eqns., 2002, 185(1): 74～96

《现代数学基础丛书》已出版书目

1 数理逻辑基础(上册) 1981.1 胡世华 陆钟万 著
2 数理逻辑基础(下册) 1982.8 胡世华 陆钟万 著
3 紧黎曼曲面引论 1981.3 伍鸿熙 吕以辇 陈志华 著
4 组合论(上册) 1981.10 柯 召 魏万迪 著
5 组合论(下册) 1987.12 魏万迪 著
6 数理统计引论 1981.11 陈希孺 著
7 多元统计分析引论 1982.6 张尧庭 方开泰 著
8 有限群构造(上册) 1982.11 张远达 著
9 有限群构造(下册) 1982.12 张远达 著
10 测度论基础 1983.9 朱成熹 著
11 分析概率论 1984.4 胡迪鹤 著
12 微分方程定性理论 1985.5 张芷芬 丁同仁 黄文灶 董镇喜 著
13 傅里叶积分算子理论及其应用 1985.9 仇庆久 陈恕行 是嘉鸿 刘景麟 蒋鲁敏 编
14 辛几何引论 1986.3 J.柯歇尔 邹异明 著
15 概率论基础和随机过程 1986.6 王寿仁 编著
16 算子代数 1986.6 李炳仁 著
17 线性偏微分算子引论(上册) 1986.8 齐民友 编著
18 线性偏微分算子引论(下册) 1992.1 齐民友 徐超江 编著
19 实用微分几何引论 1986.11 苏步青 华宣积 忻元龙 著
20 微分动力系统原理 1987.2 张筑生 著
21 线性代数群表示导论(上册) 1987.2 曹锡华 王建磐 著
22 模型论基础 1987.8 王世强 著
23 递归论 1987.11 莫绍揆 著
24 拟共形映射及其在黎曼曲面论中的应用 1988.1 李 忠 著
25 代数体函数与常微分方程 1988.2 何育赞 萧修治 著
26 同调代数 1988.2 周伯壎 著
27 近代调和分析方法及其应用 1988.6 韩永生 著
28 带有时滞的动力系统的稳定性 1989.10 秦元勋 刘永清 王 联 郑祖庥 著
29 代数拓扑与示性类 1989.11 [丹麦] I.马德森 著
30 非线性发展方程 1989.12 李大潜 陈韵梅 著

31　仿微分算子引论　1990.2　陈恕行　仇庆久　李成章　编
32　公理集合论导引　1991.1　张锦文　著
33　解析数论基础　1991.2　潘承洞　潘承彪　著
34　二阶椭圆型方程与椭圆型方程组　1991.4　陈亚浙　吴兰成　著
35　黎曼曲面　1991.4　吕以辇　张学莲　著
36　复变函数逼近论　1992.3　沈燮昌　著
37　Banach 代数　1992.11　李炳仁　著
38　随机点过程及其应用　1992.12　邓永录　梁之舜　著
39　丢番图逼近引论　1993.4　朱尧辰　王连祥　著
40　线性整数规划的数学基础　1995.2　马仲蕃　著
41　单复变函数论中的几个论题　1995.8　庄圻泰　杨重骏　何育赞　闻国椿　著
42　复解析动力系统　1995.10　吕以辇　著
43　组合矩阵论(第二版)　2005.1　柳柏濂　著
44　Banach 空间中的非线性逼近理论　1997.5　徐士英　李　冲　杨文善　著
45　实分析导论　1998.2　丁传松　李秉彝　布　伦　著
46　对称性分岔理论基础　1998.3　唐　云　著
47　Gel'fond-Baker 方法在丢番图方程中的应用　1998.10　乐茂华　著
48　随机模型的密度演化方法　1999.6　史定华　著
49　非线性偏微分复方程　1999.6　闻国椿　著
50　复合算子理论　1999.8　徐宪民　著
51　离散鞅及其应用　1999.9　史及民　编著
52　惯性流形与近似惯性流形　2000.1　戴正德　郭柏灵　著
53　数学规划导论　2000.6　徐增堃　著
54　拓扑空间中的反例　2000.6　汪　林　杨富春　编著
55　序半群引论　2001.1　谢祥云　著
56　动力系统的定性与分支理论　2001.2　罗定军　张　祥　董梅芳　著
57　随机分析学基础(第二版)　2001.3　黄志远　著
58　非线性动力系统分析引论　2001.9　盛昭瀚　马军海　著
59　高斯过程的样本轨道性质　2001.11　林正炎　陆传荣　张立新　著
60　光滑映射的奇点理论　2002.1　李养成　著
61　动力系统的周期解与分支理论　2002.4　韩茂安　著
62　神经动力学模型方法和应用　2002.4　阮　炯　顾凡及　蔡志杰　编著
63　同调论——代数拓扑之一　2002.7　沈信耀　著
64　金兹堡-朗道方程　2002.8　郭柏灵　黄海洋　蒋慕容　著

65 排队论基础 2002.10 孙荣恒 李建平 著

66 算子代数上线性映射引论 2002.12 侯晋川 崔建莲 著

67 微分方法中的变分方法 2003.2 陆文端 著

68 周期小波及其应用 2003.3 彭思龙 李登峰 谌秋辉 著

69 集值分析 2003.8 李 雷 吴从炘 著

70 强偏差定理与分析方法 2003.8 刘 文 著

71 椭圆与抛物型方程引论 2003.9 伍卓群 尹景学 王春朋 著

72 有限典型群子空间轨道生成的格(第二版) 2003.10 万哲先 霍元极 著

73 调和分析及其在偏微分方程中的应用(第二版) 2004.3 苗长兴 著

74 稳定性和单纯性理论 2004.6 史念东 著

75 发展方程数值计算方法 2004.6 黄明游 编著

76 传染病动力学的数学建模与研究 2004.8 马知恩 周义仓 王稳地 靳 祯 著

77 模李超代数 2004.9 张永正 刘文德 著

78 巴拿赫空间中算子广义逆理论及其应用 2005.1 王玉文 著

79 巴拿赫空间结构和算子理想 2005.3 钟怀杰 著

80 脉冲微分系统引论 2005.3 傅希林 闫宝强 刘衍胜 著

81 代数学中的 Frobenius 结构 2005.7 汪明义 著

82 生存数据统计分析 2005.12 王启华 著

83 数理逻辑引论与归结原理(第二版) 2006.3 王国俊 著

84 数据包络分析 2006.3 魏权龄 著

85 代数群引论 2006.9 黎景辉 陈志杰 赵春来 著

86 矩阵结合方案 2006.9 王仰贤 霍元极 麻常利 著

87 椭圆曲线公钥密码导引 2006.10 祝跃飞 张亚娟 著

88 椭圆与超椭圆曲线公钥密码的理论与实现 2006.12 王学理 裴定一 著

89 散乱数据拟合的模型、方法和理论 2007.1 吴宗敏 著

90 非线性演化方程的稳定性与分歧 2007.4 马 天 汪宁宏 著

91 正规族理论及其应用 2007.4 顾永兴 庞学诚 方明亮 著

92 组合网络理论 2007.5 徐俊明 著

93 矩阵的半张量积:理论与应用 2007.5 程代展 齐洪胜 著

94 鞅与 Banach 空间几何学 2007.5 刘培德 著

95 非线性常微分方程边值问题 2007.6 葛渭高 著

96 戴维-斯特瓦尔松方程 2007.5 戴正德 蒋慕蓉 李栋龙 著

97 广义哈密顿系统理论及其应用 2007.7 李继彬 赵晓华 刘正荣 著

98 Adams 谱序列和球面稳定同伦群 2007.7 林金坤 著

99 矩阵理论及其应用 2007.8 陈公宁 编著
100 集值随机过程引论 2007.8 张文修 李寿梅 汪振鹏 高 勇 著
101 偏微分方程的调和分析方法 2008.1 苗长兴 张 波 著
102 拓扑动力系统概论 2008.1 叶向东 黄 文 邵 松 著
103 线性微分方程的非线性扰动(第二版) 2008.3 徐登洲 马如云 著
104 数组合地图论(第二版) 2008.3 刘彦佩 著
105 半群的 S-系理论(第二版) 2008.3 刘仲奎 乔虎生 著
106 巴拿赫空间引论(第二版) 2008.4 定光桂 著
107 拓扑空间论(第二版) 2008.4 高国士 著
108 非经典数理逻辑与近似推理(第二版) 2008.5 王国俊 著
109 非参数蒙特卡罗检验及其应用 2008.8 朱力行 许王莉 著
110 Camassa-Holm 方程 2008.8 郭柏灵 田立新 杨灵娥 殷朝阳 著
111 环与代数(第二版) 2009.1 刘绍学 郭晋云 朱 彬 韩 阳 著
112 泛函微分方程的相空间理论及应用 2009.4 王 克 范 猛 著
113 概率论基础(第二版) 2009.8 严士健 王隽骧 刘秀芳 著
114 自相似集的结构 2010.1 周作领 瞿成勤 朱智伟 著
115 现代统计研究基础 2010.3 王启华 史宁中 耿 直 主编
116 图的可嵌入性理论(第二版) 2010.3 刘彦佩 著
117 非线性波动方程的现代方法(第二版) 2010.4 苗长兴 著
118 算子代数与非交换 L_p 空间引论 2010.5 许全华 吐尔德别克 陈泽乾 著
119 非线性椭圆型方程 2010.7 王明新 著
120 流形拓扑学 2010.8 马 天 著
121 局部域上的调和分析与分形分析及其应用 2011.4 苏维宜 著
122 Zakharov 方程及其孤立波解 2011.6 郭柏灵 甘在会 张景军 著
123 反应扩散方程引论(第二版) 2011.9 叶其孝 李正元 王明新 吴雅萍 著
124 代数模型论引论 2011.10 史念东 著
125 拓扑动力系统——从拓扑方法到遍历理论方法 2011.12 周作领 尹建东 许绍元 著
126 Littlewood-Paley 理论及其在流体动力学方程中的应用 2012.3 苗长兴 吴家宏 章志飞 著
127 有约束条件的统计推断及其应用 2012.3 王金德 著
128 混沌、Mel′nikov 方法及新发展 2012.6 李继彬 陈凤娟 著
129 现代统计模型 2012.6 薛留根 著
130 金融数学引论 2012.7 严加安 著
131 零过多数据的统计分析及其应用 2013.1 解锋昌 韦博成 林金官 著

132　分形分析引论　2013.6　胡家信　著
133　索伯列夫空间导论　2013.8　陈国旺　编著
134　广义估计方程估计方程　2013.8　周　勇　著
135　统计质量控制图理论与方法　2013.8　王兆军　邹长亮　李忠华　著
136　有限群初步　2014.1　徐明曜　著
137　拓扑群引论(第二版)　2014.3　黎景辉　冯绪宁　著
138　现代非参数统计　2015.1　薛留根　著